电力系统广域电压稳定分析与控制

Power System Wide-area Voltage Stability Analysis and Control

姜　涛　陈厚合　李国庆　著

科 学 出 版 社

北　京

内 容 简 介

本书系统介绍电力系统广域电压稳定分析与控制的基本理论与方法。全书共 5 章。第 1 章介绍电力系统发展历史、发展趋势、电压稳定分析与控制研究现状；第 2 章介绍基于潮流模型和基于广域量测信息的电压稳定评估指标，详细阐述基于连续潮流法、直接法、最优潮流法及戴维南等值法的电压稳定评估方法；第 3 章介绍电力系统广域电压稳定评估与在线监测方法，介绍用于评估电力系统电压稳定性的局部电压稳定指标、改进局部电压稳定指标、简化局部电压稳定指标；第 4 章介绍电力系统广域电压稳定控制分区方法，包括基于广域电压稳定裕度灵敏度、基于相对增益和基于谱聚类的电压稳定控制分区方法；第 5 章介绍电力系统广域电压稳定控制方法。

本书注重物理概念，理论与实践并重，可供电力系统规划和运行专业的技术人员和管理人员、高等院校相关专业研究生和高年级本科生阅读参考。

图书在版编目（CIP）数据

电力系统广域电压稳定分析与控制 / 姜涛, 陈厚合, 李国庆著. —北京：科学出版社，2024.11

ISBN 978-7-03-075165-2

Ⅰ. ①电… Ⅱ. ①姜… ②陈… ③李… Ⅲ. ①电力系统稳定–稳定分析–研究 Ⅳ. ①TM712

中国国家版本馆 CIP 数据核字（2023）第 044816 号

责任编辑：吴凡洁　王楠楠 / 责任校对：王萌萌
责任印制：师艳茹 / 封面设计：赫　健

科学出版社 出版
北京东黄城根北街 16 号
邮政编码：100717
http://www.sciencep.com
涿州市般润文化传播有限公司印刷
科学出版社发行　各地新华书店经销
*
2024 年 11 月第 一 版　开本：787×1092　1/16
2024 年 11 月第一次印刷　印张：14 1/2
字数：323 000

定价：120.00 元

（如有印装质量问题，我社负责调换）

前 言

随着高比例新能源并网消纳、高比例电力电子装备大量接入，电力系统的电压稳定问题越来越复杂，系统电压失稳所带来的大停电风险越来越大。电力系统的电压稳定性是指在给定初始运行状态下，系统遭受扰动后所有母线维持电压稳定的能力。根据扰动的大小，电力系统的电压稳定性可分为大干扰下的暂态电压稳定和长期电压稳定以及小干扰下的静态电压稳定。大干扰下系统的电压稳定问题动态过程复杂，系统中各元件在电压失稳时所起的作用及元件间、元件与电网间的强非线性交互耦合对电力系统电压稳定性的影响机理仍处于探索阶段，尚未形成共识。相比之下，静态电压稳定分析与控制的理论和方法经过多年研究和实践，取得了很大的进展，已形成了完备的理论和方法体系，并在实际电网中得到了应用。

根据方法的不同，电力系统静态电压稳定分析与控制方法可分为模型驱动和数据驱动两大类。模型驱动的电力系统静态电压稳定分析与控制方法，根据电力系统潮流方程在系统电压失稳时的特征来分析相关指标和改善系统的电压稳定性，其分析和控制的准确性与精度依赖于电力系统模型和参数的准确性，而对含高比例新能源的大规模电力系统，系统详细模型和准确参数通常难以获取。数据驱动的电力系统静态电压稳定分析与控制方法，通过挖掘电力系统量测数据中所蕴含的电压稳定信息来分析和控制系统的电压稳定性，由于该方法不依赖于电力系统的模型和参数，所获取的数据信息均来源于电力系统的实测数据，因此其分析结果可真实体现电力系统当前运行状态下的电压稳定性，受到了广大学者和电网运行专家的高度重视，已成为电力系统广域电压稳定分析与控制技术发展的趋势。

本书是在全面总结作者在数据驱动的电力系统电压稳定分析与控制的多年研究成果，并结合国内外相关研究成果的基础上撰写的，系统、全面、深入地介绍了在电力系统广域电压稳定分析、电压稳定控制区域划分、电压稳定控制等方面的研究工作。

博士研究生王长江和硕士研究生张琳玮、张香松在本书的撰写、整理等方面做了大量的工作，在此对他们的辛勤劳动和创造性贡献致以诚挚的谢意。

衷心感谢我的导师贾宏杰教授，是他将我引入电力系统电压稳定研究之门，并在之后的探索之路上不断予我以鼓励并指点迷津，本书撰写过程中也得到了贾老师大量的帮助。贾老师乐观豁达、谦和真诚、学养精深、思维敏锐、治学严谨的精神品质，于潜移默化中感染着我，使我终身受益。

本书研究成果获得了国家自然科学基金项目（51607034）的资助。

由于作者水平有限，书中难免存在一些疏漏和不当之处，真诚期待读者批评指正。

姜 涛

2024 年 7 月

目　　录

第1章 绪 论

1.1 引 言

能源是人类社会赖以生存和发展的基础，是国民经济的命脉[1, 2]。电能作为能源的一种重要形式，经过百余年发展，已渗透到人类社会发展的方方面面，给人类社会的生产和生活方式带来了根本性的变革，已成为人类社会发展不可或缺的能源形式[3]。充裕的电能供应是保证国家经济发展、社会进步和稳定的重要基石。电力系统作为电能生产和消费的载体，其安全、稳定、可靠运行是保证电能持续稳定供给的基础，一旦电力系统失去稳定，不仅会产生巨大的经济损失，也会带来严重的社会影响[4, 5]。开展电力系统安全稳定性研究和工程实践，提高电网抵御事故风险的能力，一直以来是国内外电力工业运行、研究人员关注的重点。

全球经济在过去 30 多年的增长速度较快，电力工业也已进入了快速发展期，在此背景下保证电力可靠供应和安全稳定运行，关乎社会安全和发展全局[6, 7]。2021 年全世界范围内总发电量为28.466万亿kW·h，相较于2020年的26.825万亿kW·h增长了6.1%，同时跨省跨区送电量也在逐年增加。电力系统的发展特点使得电源供应与电能需求呈逆向分布结构，而高压直流输电具有传输容量大、距离远、损耗低等技术优势，为解决电力系统源-荷分布不均问题提供了有效途径，可将电能远距离输送到负荷中心实现跨省跨区电力支援[8, 9]。

随着传统高压直流输电传输容量和建设规模不断扩大、密集接入负荷中心，受端系统电压大幅度波动会增加传统高压直流换相失败风险，故障过程中传统高压直流将吸收大量无功而恶化受端系统电压稳定性，导致电力系统失稳模式逐渐由功角失稳转变为电压失稳问题[10-12]。此外，受环境和建设成本等因素制约，电网结构相对薄弱，普遍运行在重载工况下，进而导致世界范围由电压失稳引起的电网解列事故频频发生，造成了巨大的经济损失和严重的社会影响，电压稳定问题越来越受到运行人员的广泛关注[13]。因此，急需构建快速、准确的电力系统静态电压稳定分析方法，设计静态电压稳定区域划分模型，根据电压稳定分级分区调控原则，实现电力系统静态电压稳定有效控制，满足电力系统静态电压稳定分析与控制需求。

由于电力系统电压失稳是一个动态过程，需计及系统各元件的动态特性，但动态失稳机理极为繁杂，难以准确刻画，因此普遍采用静态方法分析电压稳定机理和制定控制措施。目前，电力系统静态电压稳定性研究主要分为三方面，包括静态电压稳定评估、电压控制区域划分和控制措施制定。本章首先简要介绍电力系统发展历史和趋势；然后阐述电力系统静态电压稳定性的基本概念；最后介绍电力系统静态电压稳定分析、控制区域划分和控制策略制定的国内外研究现状。

1.2 电力系统发展历史

1831 年法拉第发现的电磁感应定律可以说是发电机和电动机出现的起源[14]。在此基础上，很快出现了早期的交流发电机、直流发电机和直流电动机。这些发现和发明为电力工业的发展奠定了基础。自此，经过半个世纪的曲折发展，伴随着大批发明家的不断探索，电力工业终于迎来了新的发展契机。

1875 年，法国巴黎北火车站建成世界上第一座火电厂，标志着世界电力时代的来临，美国、俄国、英国也相继建成小火电厂[15]。

1882 年 9 月，爱迪生在纽约城珀尔（Pearl）大街建成的第一个完整的直流电力系统投入运行，由 1 台蒸汽机拖动直流发电机经 110V 地下电缆供给半径约 1.5km 范围内的 59 盏白炽灯[14]。

1885 年，匈牙利布达佩斯发明了具有现代实用性能的电力变压器，为大容量、远距离三相交流输电奠定了基础[15]。

1891 年，第一条三相交流高压输电线路在德国运行。这一系统起自劳芬镇，止于法兰克福，全长 175km。设在劳芬镇的水轮发电机所发电力经 1 台 95/15200V 升压变输送至法兰克福，在法兰克福经 2 台 13800/112V 降压变将电压降至 112V，供电给白炽灯和水泵。

20 世纪以来，随着电能应用的日益广泛，电力系统所覆盖的范围越来越大，为提高输送容量、增大输电距离和减小输电损耗，电力系统的输电电压等级应不断提高[16]。1908 年，美国建成了世界上第一条 110kV 输电线路；1952 年，苏联建成世界上第一条 330kV 线路，同年，瑞典建成世界上第一条 380kV 线路；1965 年，加拿大建成世界上第一条 735kV 线路。

20 世纪 60 年代，为了适应城市电力负荷日益增长的需要、克服城市架空输电线路走廊用地困难，地下高压电缆得到了迅速发展[15]，地下高压电缆的电压等级也由 220kV、275kV、345kV 发展到 70 年代的 400kV、500kV。

20 世纪 70 年代，世界各国电力工业从生产规模、建设规模、能源结构到电源和电网技术都发生了巨大的变化，工业发达国家逐步形成了全国统一的电力系统和跨国电力系统[17]。电力工业进入以大机组、超高压、特高压、交直流混合为特征的新时期。

20 世纪后期，电力系统大机组比例不断提升，有效缓解了供电紧张问题[18, 19]。1981 年，苏联制造并投运了世界上容量最大的 120 万 kW 单轴汽轮发电机组。1983 年，日本有百万千瓦以上的火电厂 32 座，其中鹿儿岛电厂总容量为 440 万 kW。1994 年，中国正式动工兴建世界上设计容量最大的三峡水电站，采用 32 台单机容量为 70 万 kW 的水电机组，设计总容量达到了 2250 万 kW。大机组比例提升使得电源更加集中，对长距离输电也提出了更高的需求，为此，各国电网逐步发展跨区长距离输电以满足供电侧集中而用电侧分散的源-荷分布不均问题。

21 世纪初至今，特高压建设实现了跨省跨区联网，包括特高压交流工程和特高压直流工程，解决了发电与供电不均问题，提高了供电可靠性，停电次数也有所降低[20-23]。在特高压交流建设方面：2009 年，晋东南—南阳—荆门 1000kV 特高压交流试验示范工程投入商业运行，线路全长 654km；2022 年，南阳—荆门—长沙 1000kV 特高压交流工程投入运行，途经河南、湖北、湖南三省，线路全长 625.8km；2021 年，南昌—长沙 1000kV 特高压交流工程投入运行，线路全长 2×341km。在特高压直流工程方面：2010 年，云南—广州±800kV 特高压直流输电工程投入运行，全长 1373km，额定容量为 500 万 kW；2018 年，世界上电压等级最高、输送容量最大、输送距离最远的特高压直流输电工程——昌吉—古泉±1100kV 特高压直流工程全线贯通，线路总长度约 3304.7km，输送容量为 1200 万 kW；2021 年，雅中—江西±800kV 特高压直流工程投入运行，额定容量为 800 万 kW，途经四川、云南、贵州、湖南和江西 5 省，线路全长 1696km。

相较于采用晶闸管的常规直流输电技术，柔性直流输电以绝缘栅双极晶体管（IGBT）为换流元器件，具有多端互联、故障穿越等优异特性，适用于海岛供电、新能源并网等特殊场景，随着线路电压及输送容量的快速增加，柔性直流输电的应用空间不断提升[24-27]。2013 年，世界首个多端柔性直流输电工程——南澳±160kV/200MW 多端柔性直流输电示范工程投入运行，为远距离大容量输电、大规模间歇性清洁电源接入、多直流馈入、海上或偏远地区孤岛系统供电、构建直流输电网络等提供了安全高效的解决方案。2014 年，世界首个五端柔性直流工程——浙江舟山五端柔性直流输电工程投入运行，电压等级为±200kV。2020 年，世界首个柔性直流电网工程——张北柔性直流电网工程投入运行，电压等级为±500kV，首次应用柔性直流技术实现了陆地新能源大规模并网。2020 年，世界首个特高压柔性直流输电工程——乌东德电站送电广东广西特高压多端柔性直流示范工程投入运行，电压等级为±800kV，总输送容量达到 8000MW，柔直换流阀容量达到 5000MW，使世界特高压输电技术从此迈进柔性直流输电的时代。

特高压交流/直流输电容量和电压等级的不断提高，将助力世界电网逐步向高质量、绿色、清洁方向发展[28]。2021 年全球可再生能源的装机总量为 3064GW，同比增长 9.1%，其中，水电装机总量为 1230GW，水电装机容量占总装机容量的 40%，中国水利发电量由 277.4TW·h 增加到 1300TW·h，成为世界最大的水力发电国，包含世界上最大的三峡水电站（装机容量约为 2250 万 kW），以及溪洛渡水电站（装机容量约为 1386 万 kW）。太阳能和风能装机量分别为 849GW、825GW，占比分别为 28%和 27%。由于可再生能源发电比例不断增加，短时间内无法快速消纳，弃风、弃光问题逐步凸显，急需进一步加强电力系统特高压交流/直流输电建设，将可再生能源富集地区电能输送到用电需求较高地区，并增加电网储能建设来提高调节能力、创新建设柔性直流输电、提高电力系统的智能化水平，以此提高新能源消纳能力，高比例新能源电力系统发展必将对智能化水平和电网的安全稳定运行提出更高的要求。

1.3 电力系统发展趋势

现代电力系统已经发展为一个由高温、高压、超临界、超超临界机组以及大容量远距离输电网、实时变化负荷组成的大型互联系统，具有地域分布广、传输能量大、动态过程复杂等特点。随着传统发电机组容量和数量的增多，化石能源消耗量逐年增多，严重威胁人类社会的能源安全，为节约化石能源保护地球环境，风能、太阳能等新能源正在迅速发展，新能源大规模并网能够有效减少化石能源消耗，缓解环境污染，新能源替代传统能源是全球实现可持续发展的重要途径，现代电力系统已经逐步发展为含高比例新能源的电力系统，其发展趋势主要体现在以下几个方面。

1）新能源并网容量不断提高

高比例新能源电力系统的核心特征在于新能源占据主导地位，有助于世界各国构建低碳可持续能源系统的重要战略目标[29-31]。美国与欧盟提出于 2050 年前实现碳中和目标，中国提出于 2030 年前实现碳达峰及 2060 年前实现碳中和目标，新能源在一次能源消费的比重不断增加，原因在于新能源发电形式多种多样，与传统能源相比具备污染少、储量大等优点，在缓解当前资源枯竭、能源污染的难题方面发挥着至关重要的作用[32-34]。高比例新能源电力系统逐步呈现出“风光领跑、多源协调”的发展模式，新能源的广泛接入也将呈现集中式与分布式并举的态势，格陵兰岛风电基地、挪威海和巴伦支海风电基地、俄罗斯北部风电基地，中国“三北”（东北、华北、西北）风电基地和西北太阳能发电基地、美国中西部风电基地和西南部太阳能发电基地、墨西哥太阳能发电基地等，以及因地制宜、数量可观、就近消纳的分布式电源，共同缓解了资源逆向分布、环境污染和化石能源消耗等问题。欧美等地传统发电行业已经在为新能源行业“让路”，2015 年，全球新能源发电新增装机容量首次超过火力发电装机容量，加快了全球能源结构转型的进程。

新能源出力取决于实时天气条件，存在间歇性、波动性、难以准确预测等特点，仍有较多技术难题需要解决[35, 36]。①在超短周期调节方面，新能源出力快速波动，频率和电压耐受能力不足、稳定难度加大。风电、光伏采用电力电子装备接入电网，使系统转动惯量减小，降低系统抗扰动能力，导致系统故障时频率、电压波动加剧[37]。此外，电力电子装备本身抗干扰能力也弱于常规机电设备，系统故障时风电、光伏机组易大规模脱网，可能引发严重的连锁故障。②在短周期调节方面，新能源短时出力随机性和波动性易造成系统频率和潮流控制困难。单个新能源场站小时级最大功率波动可达装机容量的 15%～25%，常规电源不仅要跟踪负荷变化，还要平衡新能源出力波动，大幅增加了电力系统的调节难度[38]。③在日内调节方面，新能源发电特性与用电负荷特性匹配度低，凌晨负荷较低而风电出力处于较高水平，午时或晚间负荷较高而风电出力处于较低水平，导致电力系统净负荷峰谷差增大，增加电力系统调峰压力[39]。④在多日、周时间尺度调节方面，新能源发电“靠天吃饭”特征明显，受气象条件影响，新能源出力可能出现较长时间偏低的情况，如长时间阴雨天导致光伏出力持续偏低，台风来袭时风机会自动处于停转顺桨状态，在极寒天气条件下新能源设备耐受能力脆弱，将导致出力受限甚至停机，增加了电力系统供需失衡风险[40, 41]。

为平抑高比例新能源电力系统中新能源间歇性、波动性的不利影响，通常采用储能和需求响应技术解决此问题，但电能难以大规模高效存储，传统电负荷的灵活性响应能力也相对有限[42]。为此，燃气轮机组的快速爬坡能力起到了灵活性调节资源的作用，进一步加深了电力系统与天然气系统之间的耦合，多能源耦合下的多能流（包括电力流、天然气流、热力流、交通流等）协同技术为间歇性新能源消纳提供了新的解决思路，使得天然气系统与热力系统的运行灵活性更高。此外，高比例新能源电力系统难以消纳的新能源，可通过多能源耦合设备（如电转气（P2G）、电转热、电制氢等）转化为更易于大规模存储的天然气、热能或氢能，而高比例新能源也为综合能源系统的低碳化转型提供了支撑。

2）高比例电力电子化电力系统

源-网-荷侧高比例电力电子化是当前电力一次系统发展的重要趋势和特征。电力电子装备以其在电能形式及参数变换方面的灵活性，近年来已被广泛应用于可再生能源发电、无功补偿、直流输电及负荷供电等电力系统源-网-荷主要环节，正深刻改变着高比例新能源电力系统的动态行为[42]。随着直流输电传输容量的不断提高，以及受端系统可再生能源的同步开发，送受端系统电力电子化程度更高，动态行为更加复杂[43, 44]。

在电力系统电源侧，电力电子变换装备因在电能形式及参数变换方面具有灵活性，在风电、光伏发电等领域获得广泛应用，大幅度提高了发电效率[28, 45]。同时，电力电子变换设备在实现常规水电、火电的变速运行以提高发电效率方面也将有一定空间。截至2021 年，全球太阳能和风能装机量分别为 849GW 和 825GW。电力系统发电机模型的电力电子化改变了电源的动态特性，严重影响了电力电子化电力系统的稳定性，尤其在资源与负荷逆向分布、大规模新能源发电经高压直流远距离输送的格局下，送受端电力系统电力电子化程度提高，安全稳定性更加复杂。

在电力系统输电侧，直流输电技术可实现交流电网之间的异步互联，大幅度提高了远距离输电能力[46]。2021 年，德国—挪威直流海缆 NordLink 正式投运，全长 623km（挪威 Tonstad—德国北部 Wilster，包括 516km 海缆、54km 地下电缆和 53km 架空线路），采用±525kV 直流输电技术，输送容量为 140 万 kW。2021 年，英国—法国 ElecLink 互联直流线路试运行，全长 75km（其中 51km 下穿英吉利海峡），采用±320kV 直流输电技术，输送容量为 100 万 kW。截至 2021 年底，国家电网有限公司累计建成“15 交 13 直”世界先进的特高压输电工程，跨省跨区输电能力超过 2.3 亿 kW。同时，柔性直流技术不断成熟，预期将在海上风电并网、直流电源及负荷、远距离输电和电网分区等方面得到应用。截至 2015 年底，世界范围内已投运的柔性直流输电工程达到 25 条，其中最高电压等级达±350kV，最大输送容量达 1000MW。直流输电改变了电源包括负荷装备间的动态相互作用机理，同时直流输电本身的稳定性也成为必须关注的新问题。

电力系统负荷侧大规模应用了电力电子变换装备，将交流电能根据负荷需要变为相应形式的电能，并根据负荷水平调整电能参数，可大幅度提高负荷的用电效率[47]。

目前，我国工业电机能效等级落后海外，机组效率约为75%，比国外低约10个百分点，系统运行效率为30%～40%，比国际先进水平低20～30个百分点，2020年我国工业高效电机产量仅占工业电机总产量的31.8%左右。在全球降低能耗的背景下，推广高效节能电机已成为全球电机产业发展的共识。2022年，工业和信息化部、国家发展改革委等部门联合发布的《工业能效提升行动计划》提出，实施电机能效提升行动，到2025年新增高效节能电机占比达到70%以上。为提高电机系统的能源利用效率，引导企业的节能技术进步，促进中国电机系统高效的应用，全国能源基础与管理标准化技术委员会组织制定了《电机系统能效评价》，该标准指出，通过具有高成本效益的工程解决方案（包括电气和机械）来匹配这些高能效电机及设备，可以节约15%～25%的能耗。通过采用高效设备和提高系统效率等综合措施的实施，有可能将电机系统的能效提高20%～30%，可以减少全球大约10%的能源消耗。因此，负荷作为电力系统动态过程的核心环节之一，其电力电子化对系统经济性和稳定性有关键影响。

随着有功电源、输电网络及负荷电力电子化程度的不断提高，系统对无功电源的需求将呈现不同特点[48]。与同步调相机、补偿电容器等相比，静止无功补偿装备以其响应速度和响应能力方面的优越性，将得到持续发展。无功电源的电力电子化是系统电力电子化的有机组成部分，无功电源与有功电源、输配电网络、负荷的相互耦合作用共同决定了系统动态稳定性。

3）高比例新能源电力系统的储能技术需求提高

新能源发电随机性、波动性特点导致输出功率与电网负荷的不同步，新能源四季出力均呈明显的峰、谷变化规律，而储能技术有助于实现削峰填谷、提高电能可控性。美国能源部于2020年底发布名为《储能大挑战路线图》的储能系统综合战略文件，以应对储能系统在技术和部署方面的挑战[49]。国家发展改革委和国家能源局于2022年发布《“十四五”新型储能发展实施方案》，指出到2025年新型储能由商业化初期步入规模化发展阶段，具备大规模商业化应用条件[50]。但目前储能产品成本还较高，用户侧储能营利手段更多在于峰谷电价差套利，辅助服务市场的激励作用还没有体现出来，高比例新能源电力系统建设有待于储能技术的突破和发展。

“十四五”时期是实现碳达峰的关键窗口期，储能技术作为实现碳达峰碳中和的重要技术支撑，被大规模应用，目前仍面临不少挑战[51]。但储能的大规模应用目前仍面临不少挑战：①关于储能安全、规模、成本、寿命的技术先进性和成熟度还不能完全满足应用的要求，部分核心技术尚未完全掌握；②储能设备与储能电站的标准体系仍需完善；③储能的成本疏导难题依然存在，尚未形成稳定、成熟的价格机制。

在未来，需要强化储能技术创新，明确技术应用的发展路线，传统大型抽水蓄能仍是电力储能的主体，国家将在传统技术基础上研制大型变速抽水蓄能机组的关键设备，建立变速抽水蓄能技术体系[52, 53]。储能电池将是技术创新的重点领域之一，急需攻克大容量长时储能和长寿命低成本锂离子电池技术，开展液流电池关键材料、电堆设计及系统模块集成设计研究。重点突破储能电池老化检测与评估等相关技术，在保证电池安全性的同时延长循环寿命，提高电池修复与回收再利用能力。在此基础上，关注并发展分布式储能与分布式电源协同技术，掌握多点布局储能系统聚合调峰、调频及紧急控制理论与成套技术，实现广域布局的分布式储能、储能电站的规模化集群协同聚合。

4）电力信息化技术快速发展

随着电力行业投资规模的不断扩大，以及云计算、大数据、人工智能等新一代信息技术在电力行业的广泛应用，电力信息化市场规模也不断扩大[54]。根据 Smart Cities World 预测，截止到 2026 年，德国预计将在智能电网上投入 236 亿美元，配电网高级传感器、通信、软件部分投资将达到 141 亿美元，占比约为 59.7%。2011～2020 年国家电网区域配电环节投资占总智能化信息化投资比例为 24%，预计“十四五”时期配电环节投资占比增至 40%。电力系统的信息化、智能化投资，有助于加快数字电网和现代化电网建设进程，推动以新能源为主体的高比例新能源电力系统构建。

随着电力能源开始向清洁化方向快速发展，新能源发电装机容量稳步提升[55]。新能源发电易受天气影响且供电稳定性欠佳的缺点进一步突出，导致整体发电侧的供电波动显著加剧，给电网带来了较大的冲击和压力；伴随着工业化进程以及生活电气化程度的快速提升，全社会最高用电负荷持续上行，且波峰波谷间的负荷差持续变大，用电侧波动性日益加剧，这对电力系统的信息化程度提出了更高的要求。迫切需要加强新一代信息技术如人工智能、云计算、区块链、物联网、大数据等在能源领域的推广应用。积极开展电厂、电网、终端用电等领域的智能化升级，提高电力系统灵活感知和高效生产运行能力。适应数字化、自动化、网络化能源基础设施发展要求，建设智能电力调度体系，实现源-网-荷-储互动、多能协同互补及用能需求的智能调控。

5）综合能源系统

电力无法长期有效地存储是新能源难以消纳的重要影响因素之一，如果能利用天然气、热力等系统的惯性将电力转化成其他形式的能源存储，弃风、弃光问题会大幅度改善[56, 57]。而综合能源系统集成理论与方法，是解决新能源消纳问题的有效途径，综合能源系统是指一定区域内利用先进的物理信息技术和创新管理模式，整合区域内煤炭、石油、天然气、电能、热能等多种能源，实现多种异质能源子系统之间的协调规划、优化运行，协同管理、交互响应和互补互济，在满足系统内多元化用能需求的同时，有效提升能源利用效率，促进能源可持续发展的新型一体化的能源系统。国内外政府和机构已经在多能源系统集成方面展开了一些前期工作[58, 59]。能源系统集成国际联合研究会 2014 年成立，解决了能源系统的协调与优化问题，并在国际上得到了迅速的发展与认可。2008 年美国国家可再生能源实验室成立了多能源系统集成部门，专门针对这方面问题展开研究。2015 年中国在《国务院关于积极推进“互联网＋”行动的指导意见》中提出了“互联网＋”智慧能源的战略构想。2017 年，首批“多能互补集成优化示范工程”获得国家发展改革委和国家能源局的批准，终端一体化集成供能系统、风光水火储多能互补系统等 23 个项目开始建设和推动。

综合能源系统面临的主要难题是多时间尺度问题，即热力、燃气系统的时间常数远远大于电力系统，存在不可忽略的动态特性[60-62]。因此，多能源系统可根据稳态、动态模型的应用场景分为“以综合能源系统规划、评估等应用为主的稳态问题”和“以综合能源系统运行、控制等应用为主的动态问题”两大类，对于不同应用场景需要选择适当的模型进行分析。

6）高比例新能源电力系统的区块链技术广泛应用

区块链作为新一代信息技术的翘楚，与传统技术相比，在建设高比例新能源电力系统的过程中能够从自身特性出发，与高比例新能源电力系统的特征和面临的挑战相结合，形成具有优良匹配性能的解决方案，助推电力系统的转型升级[63]。

区块链将在提升高比例新能源电力系统智能化水平、适应市场机制和服务双碳等方面发挥重要作用。①增强高比例新能源电力系统智能化水平[64, 65]。在高比例新能源电力系统中，源-网-荷-储各环节需要紧密衔接和协调互动，实现高度的智能运行控制。区块链技术需在深化已有应用的基础上，拓展对运行风险预判、新型负荷双向互动等场景的创新应用，通过技术手段提升电网韧性，在发用电产消者涌现的情况下，发展区块链在微电网、虚拟电厂、新型储能等方面的应用，着力提升电力系统的调节能力，实现灵活调节，强化数字技术的融合应用，释放电力大数据的价值，以提高电力系统的数字化、信息化和网络化水平，实现电力系统的智能调度。②增强高比例新能源电力系统适应市场机制变化的能力。随着高比例新能源消纳、碳排放权交易、电碳市场协同等领域的不断演进，区块链与高比例新能源电力系统的结合需要与电力市场转变相匹配，在继续构建电力市场信任机制的基础上，深化新能源的电力现货和中长期交易的模式创新，提出电碳市场联动的区块链解决方案，积极融入全国统一电力市场建设，共同推动电力市场、碳市场、电价机制等多种政策与市场工具的完善，形成对能源电力、碳市场创新的强大牵引，以区块链为动力，构建能源数字新生态，提升电力市场的兼容性[66-68]。

7）电力市场化

电力市场化就是建立电力行业平等竞争的市场机制，通过对电力行业放松管制，使电力工业产权私有化，引入竞争，通过市场机制对电力资源进行优化配置，提高效率、降低电价、促进社会经济发展[69]。电力市场已形成了一定的规模，在优化资源配置方面的作用显著增强，电力市场交易的主要类型包括电能交易、输电权交易、发电权交易和辅助服务交易等。北欧电力现货交易市场（NordPool）被誉为全球真正的跨国电力市场，欧洲电力现货交易所（European Power Exchange Spot，EPES）是欧洲最大的电力现货交易所，此外中国建立了北京、广州电力交易中心和 32 个省级电力交易中心，2021 年市场交易电量达 37787.4 亿 kW·h。

目前，电力市场仍然存在体系不完整、功能不完善、交易规则不统一、跨省跨区交易存在市场壁垒、新能源消纳能力不足等问题[70]。美国建立以独立的系统运行机构（ISO）或区域输电组织（RTO）为代表的批发电力市场，约有 2/3 的电力负荷都在 ISO/RTO 市场框架下，同时加利福尼亚州 ISO 增加了具有爬坡能力的市场，保证获取足够的调节能力来应对可再生能源发电的波动。国家发展改革委和国家能源局出台了《关于加快建设全国统一电力市场体系的指导意见》，旨在健全多层次统一电力市场体系、交易规则和技术标准，推进适应能源结构转型的电力市场，推动分布式发电市场化交易机制，鼓励分布式光伏、分散式风电等主体与周边用户直接交易，建设相应的交易平台[71]。可见，分布式发电市场化交易有望成为未来中国电力市场中促进新能源就地消纳，解决“弃风、弃光”问题的一个重要机制。

1.4 电力系统静态电压稳定性

电力系统是一个统一的整体，其稳定性问题当然也应该是一个整体的概念，即从稳定性的观点看，运行中的电力系统只有两种状态，稳定或不稳定，但依据系统的失稳特性、扰动大小和时间框架的不同，系统失稳可能表现为多种不同的形式。为识别电力系统失稳的主要诱因，以便对特定问题进行合理的简化以及采用恰当的数学模型和计算分析方法，从而安排合理的运行方式和采取有效的控制策略，以提高系统的安全运行水平、规划和优化电网结构，研究人员通常都将电力系统稳定细分为功角稳定、频率稳定和电压稳定等不同的类型。电力系统电压稳定的定义及分类是电力系统稳定性研究中的基础问题，清晰理解不同类型的稳定问题以及它们之间的相互关系对于电压稳定性的研究以及电力系统安全规划和运行非常必要。

电力系统的两大国际组织：电气电子工程师学会电气工程分会（Institute of Electrical and Electronic Engineers，Power Engineering Society，IEEE PES）和国际大电网会议（International Council on Large Electric System，CIGRE）将电压稳定性定义为在给定的初始运行状态下，电力系统遭受扰动后系统中所有母线维持电压稳定的能力，其依赖于负荷需求与系统向负荷供电之间保持和恢复平衡的能力[72]。这种能力取决于发电和输电系统提供负荷所需电力的能力，而且受到特定传输母线的最大功率的限制，并与有功/无功功率流经输电网络产生的电压降有关。电压不稳定可能导致某个区域的功率缺额，因元件保护动作导致系统的级联停电、因停电或不满足励磁电流限制的运行条件导致一些发电机失去同步等[73, 74]。在此定义的基础上，又将电压稳定进一步分为大干扰电压稳定和小干扰电压稳定。

（1）大干扰电压稳定是指电力系统在遭受大的扰动，如系统短路、切机、线路故障后，保持电压稳定的能力。它由系统和负荷特性以及两者间连续和不连续控制及保护的相互作用所决定，判断大扰动电压稳定性，需要在一段时间内考虑电力系统的非线性响应特性，研究的时间从几秒到几十分钟。

（2）小干扰电压稳定是指电力系统在遭受小的扰动，如系统负荷增加后，保持电压稳定的能力。它由负荷特性以及给定时间内的连续和不连续控制作用所决定，如慢动态设备的控制。分析小扰动后电压的稳定性可进行适当的假设，系统方程能被线性化，通过灵敏度计算确定影响电压稳定的因素。但线性化无法计及诸如有载调压变压器（OLTC）死区、不连续性、延时的非线性影响，因此，应当使用线性和非线性相结合的方法进行补充分析。

《电力系统安全稳定导则》（GB 38755—2019）从数学计算方法和稳定预测的角度，对电力系统电压稳定性进行了定义和分类，指出电压稳定是电力系统受到小扰动或大扰动后，系统电压能够保持或恢复到允许的范围内，不发生电压崩溃的能力[75]。根据受扰动的严重程度不同，将电压稳定性进一步分为大干扰电压稳定和静态电压稳定。

（1）大干扰电压稳定包括暂态电压稳定（短期过程）和长期电压稳定，是指电力系统受到大扰动后，系统不发生电压崩溃的能力。

（2）静态电压稳定是指系统受到小扰动后，系统电压能够保持或恢复到允许的范围内，不发生电压崩溃的能力。

我国电力行业标准中关于大干扰电压稳定的分类与IEEE/CIGRE的大干扰电压稳定分类是一致的。而我国电力行业标准中对于静态电压稳定的分类则与IEEE/CIGRE的小干扰电压稳定分类存在一定的差异。其实，人们对电压稳定分类认识的不统一，也从侧面反映了对电压稳定性研究的不成熟性。静态电压稳定主要指轻微扰动对系统电压稳定性的影响，通常以寻找系统功率极限、分析系统正常运行和事故后运行方式下所具有的静态电压稳定裕度为研究重点，进而引导和辅助调度人员制定合理的调度方案，保证系统运行在具有充足安全裕度的状态下，提高系统稳定性。

1.5 电力系统静态电压稳定分析方法

电压稳定问题是一个非常古老的课题，电压稳定问题的研究工作始于20世纪50年代初，最早由苏联学者马尔科维奇提出。但是当时电力系统结构相对简单、负荷比较单一、无功补偿设备很少且其控制策略简单、大容量机组以及长距离大容量的输电线路非常少等，使得电压稳定问题不是很突出，所以电压稳定问题一直未受到电力界的重视。进入70年代后，用电量的迅速增长、负荷的多样化、电网规模的不断扩大及结构不断复杂化、长距离超高压输电线路相继建成以及新技术新设备的不断投入，加剧了电网的电压不稳定问题，另外，世界范围内相继发生了多起大面积的停电事故，对人民的生活秩序产生了巨大的影响，同时也给社会造成了巨大的经济损失，从而一度被搁置的电压稳定问题才得到了电力界专家学者的普遍重视。

电压稳定问题的研究主要可分为两个方面：一是弄清电压失稳的机理，其中主要涉及电压稳定问题的定义和电压稳定问题的模型建立；二是电压稳定指标的求取方法和防止电压失稳的控制措施。第二个方面以第一个方面为基础，只有对第一个方面有了深入、成熟的认识，建立起相应的理论体系，才能很好地解决第二个方面的问题。但是由于电压失稳过程的复杂性，人们对电压失稳机理有不同认识。一部分学者认为电压稳定是一个静态问题，致力于用静态模型和基于潮流方程的静态分析方法来分析电压稳定问题。另一部分学者认为电力系统是一个非线性动力系统，因此电压不稳定也是非线性动力学系统失稳的一种典型表现形式，与电力系统的逆变器、无功补偿器和有载调压变压器等设备的动态特性有密切关系，因此，这一部分学者致力于用动态模型和基于微分方程的动态分析方法来分析电压稳定问题。随着人们对电压稳定问题认识的不断深入，时至今日电压稳定性研究取得了丰硕的成果。学者一致认为电压稳定问题是一个动态问题。但是，由于电压稳定性理论研究受重视时间较晚，以及电压稳定问题动态过程复杂，因此各个动态元件在电压失稳中所起的作用以及它们之间的相互影响至今未达成共识，相应的动态分析方法也耗时较长。所以暂态电压稳定和动态电压稳定的理论以及分析方法都处在一个成长阶段，需进一步深入研究。相比之下，静态电压稳定理论和分析方法经过多年的研究和实践，取得了大量实质性的进展，特别是以潮流方程和扩展潮流方法为基础的静态电压稳定性分支研究，理论上已基本达成了共识，且基于静态电压稳定理论建立了通用的分析模型和相应的研究方法体系。即使在电压稳定的动态特性受到普遍重视以后，由于电压崩溃的动态机理尚不完全清楚，静态分析仍然是实用中最重要也最有效的手段之一。

静态电压稳定分析方法通过建立系统电压稳定分析的静态模型，把电压稳定问题转化成潮流方法是否有可行解的问题，也就是把系统的功率传输极限作为静态电压稳定运行极限点。静态电压稳定分析方法可用于计算稳定裕度，获得灵敏度信息，并可对大量预想故障情况进行快速分析。与动态电压稳定分析方法相比，静态电压稳定分析方法具有以下优点。

（1）在计算时间上，静态电压稳定分析方法无须考虑扰动后系统的中间动态过程，只需判断扰动后系统是否存在稳定平衡点，因此耗时短，更符合在线电压稳定实时监视与控制要求。

（2）在计算模型上，动态电压稳定分析方法考虑了扰动的中间动态过程，对系统动态模型的精度要求较高，所需动态参数较多。而这些参数又是时常变化的，在线应用中难以保证其精度，其仿真结果经常与实际系统的动态响应相差甚远。而静态电压稳定分析方法相对于时域仿真方法对模型进行了一定的简化，只需考虑系统各场景时间框架的静态模型，所以需要的计算参数较少。

在实际的工程应用中，往往只需要确定系统当前运行点距离电压崩溃点还有多远、发生扰动后系统是否具有新的电压稳定运行点等问题，因此静态电压稳定分析方法因其成熟的理论技术、较快的计算速度、较为简单的计算模型和可被接受的计算精度而得到了广泛应用。目前电力系统静态电压稳定分析方法主要分为以下两类：模型驱动的静态电压稳定分析方法和数据驱动的静态电压稳定分析方法。

1.5.1 模型驱动的电力系统静态电压稳定分析方法

模型驱动的电力系统静态电压稳定分析方法的基本思想是利用电力系统潮流方程在电压稳定和电压失稳（崩溃）时的不同特征，提取相关指标来表征和判定系统的电压稳定性[76]。

早期在求取电压崩溃点时用的是常规潮流法，通过逐步增加负荷功率，直到潮流计算不收敛，此时认为该点即为电压崩溃点（也称电压稳定临界点）。实际上，在静态电压稳定临界点附近，潮流方程雅可比矩阵接近奇异，在达到临界点之前常规潮流计算方法，如快速解耦法或牛顿法等就已经难以收敛。因此基于常规潮流方法得到的功率极限点只能是近似的临界点，其可信程度值得怀疑。为了克服潮流方程雅可比矩阵接近奇异这一困难，经过几十年的发展和不断完善，学者相继提出了电纳法、连续潮流法、直接法（或者称崩溃点法）、非线性规划法等计算电压稳定临界点的方法[77-89]。

连续潮流法能很好地解决潮流方程雅可比矩阵接近奇异这一问题。连续潮流法从系统基态运行点出发，基于负荷功率的变化以及发电机的功率分配，按一定增长步长沿曲线对下一运行点进行预测校正，直至追踪系统的运行轨迹到电压崩溃点。现有的连续潮流算法都是在常规潮流方程的基础上增加一个方程，然后利用参数化的方法保证了扩展后的潮流方程雅可比矩阵在电压稳定临界点不奇异。参数化是连续潮流法的核心，根据引入参数方式的不同，连续潮流法有局部参数法和伪弧长参数法两种不同类型。文献[77]运用改进局部参数法，能够可靠地计算到临界点及曲线的下半支，而且具有很好的收敛性。文献[78]运用伪弧长参数法来增加一维潮流方程，消除了功率极限点附近的雅可比矩阵奇异的现象。连续潮流法经过多年的研究和不断完善已经被公认是一种可靠的计算电压稳定崩溃点的方法，但是算法受增长步长大小的限制，求取崩溃点需要较多次潮流计算，对于在线应用来说，计算速度较慢。

直接法只能针对鞍结分岔类型的崩溃点有效，而对于极限约束诱导分岔类型崩溃点则无法计算。直接法根据系统在电压鞍结分岔点处满足功率平衡、系统雅可比矩阵有一个零特征值和系统雅可比矩阵有一个零奇异值等特点列出系统在崩溃点处的一组非线性方程组。通过设定合适的崩溃点初值，迭代求解该方程组直接得到崩溃点值。但是目前直接法的应用不如连续潮流法广泛，主要有两个难点：难点一是直接法需要求解的非线性方程组为多维的，占用内存空间大，且难以采用稀疏技术求解；难点二是该方法需要一个合适的崩溃点初值，如果初值不合适，迭代很有可能不收敛。针对上述难点一，研究人员试图对该算法进行改进，文献[79]和[80]利用增加变量和增加方程的方法将原高维方程拆成多个低维方程组求解，系统维数降低一半，减少了计算量，但是增加变量和方程以及对高维方程组的拆分举措同时也更改了牛顿迭代方程组的形式，需要进一步验证其收敛性和准确性。另外，针对难点二，文献[81]提出首先用连续潮流法追踪到电压稳定临界点附近，以此值作为直接法求解电压稳定临界点的初值，此方法虽然解决了初值选取问题，但是将大量时间耗费在连续潮流追踪临界点的计算上，严重降低了直接法的计算效率。

非线性规划法将电压稳定临界点的求取转化成一个非线性优化问题求解，即通过等式约束和系统一系列的运行不等式约束，将负荷裕度设置为沿某一确定方向所能增加的负荷最大值的优化问题。文献[82]对零特征根法进行改进，将临界点计算转化为非线性规划问题，并用预测校正原对偶内点法求解，同时证明了零特征根法事实上就是非线性规划法的一个特例。文献[83]将负荷裕度归结为带约束条件的优化问题，并通过引入发电机无功极限约束来判别发电机无功电压约束转换点，以此作为判断系统电压崩溃类型的依据。文献[84]提出了基于现代内点理论的电压稳定临界点新算法，该算法通过引入参数化的潮流方程，避免了雅可比矩阵奇异，通过使用新颖的数据结构使修正方程系数矩阵与节点导纳矩阵具有相同的结构，从而加快了计算速度。文献[85]提出了一种基于最优乘子潮流求电压稳定临界点的迭代算法，设定负荷功率和发电出力的变化方向，以负荷裕度为目标函数，然后从潮流的可行域外出发，不断朝电压稳定临界点逼近，该算法能同时考虑多个约束，其最大的缺点就是计算量大，计算速度较慢。

前面介绍的连续潮流法、直接法以及非线性规划方法都能够较精确地计算出电压崩溃点，但是计算速度都有待提升。为了兼顾速度和精度两个方面，很多学者提出了计算电压崩溃点的近似方法。文献[86]和[87]采用灵敏度分析方法来计算电压稳定临界点，利用发电机节点注入无功功率对负荷参数一阶灵敏度预测负荷增长步长，逐步逼近崩溃点，如果预测步长过大而使运行点超出可行域，可通过步长优化技术来缩短步长，最终求出电压崩溃点。文献[88]基于负荷裕度对支路导纳参数的导数来确定负荷增长步长，然后运用潮流计算得到故障后初始运行点和预测运行点的信息，结合第二个运行点的潮流解的特征方程对故障后系统的P-V曲线进行拟合，从而得到故障后的电压稳定裕度值。文献[89]提出了一种近似计算N–1网络电压稳定临界点的方法，该算法基于泰勒展开理论，以支路导纳系数为参数，计算出负荷裕度对故障支路导纳系数的1～n阶导数，然后通过泰勒级数法逼近N–1网络的电压稳定临界点。

上述几种方法都是静态电压稳定分析中较多采用的方法，其共同点是基于潮流方程或经过修改的潮流方程，在当前运行点处线性化后进行分析计算，本质上都把电力网络的潮流极限作为静态电压稳定的临界点，不同之处在于所采用的求取临界点的方法不同以及使用极限运行状态下的不同特征作为电压崩溃的判据。另外一些学者采用其他方法研究静态电压稳定，文献[90]～[92]使用安全域方法，认为保证静态电压稳定的临界点所形成的安全域的边界可用一个超平面近似描述，通过最小二乘法拟合获得了超平面形式的安全域边界之后，用注入功率或割集功率线性组合的数值大小来判断电压稳定性。相较于传统方法按指定功率增长方向计算得出的静态电压稳定性评估结论，安全域方法对电力系统当前运行状态的全局评价显得尤为重要。

1.5.2 数据驱动的电力系统静态电压稳定分析方法

电力系统高性能态势感知是当前电力领域的研究热点之一，对电力系统状态进行精准评估是其后续安全防控的重要保障[93]。然而，随着新能源、柔性负荷等新型元件的持续投入以及电网互联规模的不断扩大，电力系统的安全稳定分析精度始终无法得到有效的提升。及时、准确地获取电网真实物理行为对于电力系统稳定态势评估至关重要。电力系统静态电压稳定态势评估是电网态势感知的一项重要内容，电压评估的速度和精度一直是电力系统分析中的一个难题。模型驱动的静态电压稳定分析方法经过几十年的发展和应用，对电网安全经济运行发挥了积极辅助作用，但是，面向更加复杂、多源、互联、开放的新一代电网难免有局限性，且对广域测量信息利用的深度和广度不足导致宝贵的信息资源浪费严重。迫切需要充分利用现有电网状态数据进行研究，实时分析静态电压稳定性。

1993年，美国弗吉尼亚理工大学James S. Thorp教授和Arun G. Phadke教授研制了基于全球定位系统（global positioning system，GPS）的同步相量测量装置，相量测量单元（phasor measurement unit，PMU）的成功研制，标志着同步相量技术的诞生。由于同步相量技术在数据实时性、同步性以及广域分布性等方面的优势，加上通信技术的飞速发展，以及现代大型互联电网安全稳定监控的实际需求，基于同步相量技术的广域测量系统（wide area measurement system，WAMS）应运而生。WAMS 可以在同一参考时间框架下捕捉到系统各地点的实时信息，从而为大规模电力系统的在线电压稳定性监测提供新的数据平台。近年来，新一代智能电网调度技术支持系统实现了电网静态和动态信息采集的功能，随着在工程中广泛应用，WAMS 可在时空统一角度且具有足够的精度和速度测量电网真实运行状态信息，为大电网稳定态势评估带来新契机。

WAMS 在电力系统中的大规模应用，为电力系统广域电压稳定在线监控提供了新手段[94-96]，如何借助广域量测信息在线监视和控制系统的电压稳定性，已成为广域电压稳定控制的重要方向[97]。文献[98]提出了一个利用节点电压相量计算的电压稳定指标（VSI），利用系统各节点电压相量的幅值和相角，从图论算法的基本思想出发确定系统中易于遭受电压失稳的最弱传输路径，用于电压稳定分析。文献[99]利用同步电压相量测量反映系统的运行状态，并且利用局部同步电压相量测量，即测量被监测负荷节点的同步电压相量及与其相连的同步电压相量，来对系统电压稳定性进行评估。文献[100]利用同步测量的母线电压相量、支路潮流等电气量，经过简单的在线计算，得到被监测支路的电压稳定指标。将系统所有支路电压稳定指标的最大值作为该系统的电压稳定指标，所对应的支路为最弱支路。上述方法均是基于同步相量测量数据建立的在线电压稳定指标，实现了系统电压稳定性的实时监测和评估，为及时采取电压崩溃预防控制措施提供了依据。

大数据技术近年来受到广泛关注，它对大量多源数据进行高速捕捉、发现和分析，利用经济的方法提取有价值的技术体系或架构。广义上讲，大数据不仅指所涉及的数据，还包含了对这些数据进行处理和分析的理论、方法和技术。随着智能电网建设的不断推进和深入，电网量测体系积累了大量的数据，这就使得大数据分析挖掘技术在静态电压稳定评估方面具有可行性。目前，电网存在各种类型的大量仿真或实测数据，启发人们思考如何用数据分析取代机理建模，从而提出了数据驱动模式。

大数据分析和机器学习方法是数据驱动的主流算法。随着以大数据和机器学习为代表的人工智能技术在某些领域的成功应用，人工智能被认为是当前最具颠覆性的技术。目前，电力领域的人工智能技术方兴未艾，国内外专家学者高度重视人工智能技术的研究与应用，积极开展大数据、机器学习等技术来实现在线大规模电力系统的稳定评估工作，取得了不少成果。其中常见的代表性方法有决策树法、支持向量机（support vector machine，SVM）法、神经网络法等，这些方法对数据的处理各有特点。神经网络法计算量大、复杂度高、耗时长、可解释性差，且易出现过/欠拟合的问题。支持向量机法在训练阶段运算量非常大，特别是对于非线性系统，支持向量机数目需求量大。决策树法虽具有简单、可解释性强、易于理解等优点，但是它与 SVM 及神经网络都为单个分类器，存在过拟合与性能提升的瓶颈问题。因此，将多个分类器集成起来，构建具有优化功能、提高分类准确性的方法应运而生，这就是集成学习算法。随机森林（random forest，RF）是由数据驱动的一种非参数分类集成学习方法，适合静态数据的集中分类问题。目前，集成学习算法在电力领域中的应用主要偏向于源荷协同频率控制、配电系统断电事故预测、新能源和负荷预测等。文献[101]将随机森林算法运用于电网静态电压稳定评估分析，首先通过电压稳定指标将静态电压稳定问题转化为分类问题，然后，通过连续潮流仿真工具得到大量的样本数据，分析筛选出与系统静态电压稳定性关联度较高的特征属性，将筛选属性后的样本数据利用稳定指标进行标签分类，用于模型训练，生成随机森林分类器，并用测试样本集测试随机森林模型的分类准确率，随机森林模型的生成，能够映射电网运行状态与静态电压稳定裕度间的关系，电压稳定性评估被简化为数据分类问题，适合用于电力系统实时安全评估。

1.6 电力系统电压稳定区域划分

随着区域电网互联规模不断扩大、电力需求日益增长和可再生能源大规模接入，电网运行工况日趋复杂、电压调节能力急剧降低，使得电力系统电压稳定性面临巨大挑战[102-106]。依据系统电压稳定特点和电压稳定分级分区调控原则，将电网划分为若干区域进行分区电压调控，可实现全网电压稳定控制[107]，与传统电压控制相比，分级式电压控制能够增强系统抵御电压失稳能力。因此，电网电压分区调控有助于提高电力系统的安全稳定性，降低电压失稳风险，具有良好的经济和社会效应，已有电力系统电压调控区域划分方法，主要包括按照行政或者地理区域划分方法、启发式算法、聚类算法以及复杂网络划分方法。

1.6.1 模型驱动的电力系统电压稳定区域划分

电力系统电压稳定研究已取得了较大进展[108, 109]，可利用电压稳定指标评估电压控制区（voltage control area，VCA）的稳定状态，进而采取相应控制措施来改善系统电压稳定性，但这些指标仅给出了节点电压稳定与否的二元信息，难以给出与 VCA 强相关的节点信息。因此，仍需探究快速、准确的电压稳定控制分区方法，为运行人员全面掌握系统电压稳定程度提供技术支撑，较常用的电压稳定区域划分方法一般以运行经验和无功潮流分布作为参考依据，按照行政或者地理区域、启发式算法进行无功电压分区。

按照行政或者地理区域划分电压稳定区域，其无功源控制空间的构成一般包括两个步骤，一是节点灵敏度矩阵的构建，二是节点电气距离的计算。节点灵敏度矩阵构建方法包括潮流雅可比矩阵中无功/电压灵敏度和节点阻抗法，而节点电气距离除了常见的欧几里得距离计算法，还有传输阻抗、短路阻抗距离计算方法。无功源控制空间模型反映相应物理模型的电气参数，其合理与否直接影响之后的电压分区，若综合考虑节点地理位置上的相关性，可使无功源控制空间模型既包含电气特征也涵盖位置信息。文献[110]基于潮流雅可比矩阵，可直观表征节点电压与本地可用无功功率之间的关系，采用电气距离和临界电气距离划分系统的电压控制区；文献[111]考虑了有功功率/电压幅值与无功功率/电压相角之间的耦合关系，以及网络拓扑结构变化特性，采用潮流雅可比矩阵灵敏度确定系统的电压控制区；文献[112]建立了注入电流形式的潮流方程计算全网电压越限节点，进而利用越限电压与其余电压间的线性灵敏度不断校正直到全网节点电压不再越限，判别出全网中枢节点，并以中枢节点为无功电压分区中心，引入云模型实现无功电压分区；文献[113]采用无功潮流追踪法，通过确定无功源节点对各个节点无功输入的贡献比例，以量化节点间的无功耦合程度，该方法可使分区结果随系统运行方式的变化而变化，为解决新形势下的分区问题提供了借鉴，但其前提是将系统等值为无损网络，忽略了线路上的电压降落，对无功-电压分区结果的准确性产生了一定的影响。文献[114]提出基于传输阻抗的电气距离计算新方法，在构建广义支路求取等效传输阻抗的基础上，取其模定义为电气距离，通过等效传输阻抗反映两个功率量间的联系紧密程度，与灵敏度法分区结果相比更能适应系统的动态变化，分区方案更加准确、合理。文献[115]提出了一种基于电源分区与短路阻抗距离的电压无功分区方法，以无功/电压灵敏度来定义电气距离，定义了多无功源节点对单个负荷节点的短路阻抗距离，并以短路阻抗距离最短原则来实现负荷节点的映射分区，该方法可保证电气距离近的无功源在相同区域，并使负荷节点与强控制能力无功电源节点被分在相同区域。但随着电网规模不断扩大、网架结构日趋复杂，区域电网互联更加紧密，通过运行人员的经验和地域属性难以划分合理的电压调控区域。

由于从数学角度看，电力系统无功电压分区可以表示为求解优化问题最优解集的过程，因此可以采用启发式算法划分电压调控区域，近年来应用在电网的启发式算法有遗传算法、禁忌搜索算法、进化算法、免疫算法等方法，均具有较好的电力系统电压分区效果。文献[116]考虑控制分区内二级电压控制作用，提出一种计及区域电网无功平衡的主导节点选择和无功分区方法，借助基于目标相对占优的遗传算法进行模型求解，符合实际系统的二级电压控制模式。文献[117]利用 K-均值对互联电网进行初始分区，通过无功电压分区指标体系实现不同运行方式的量化评估，进而通过改进遗传算法实现了大电网的双阶段无功电压分区。文献[118]基于电压幅值对无功功率的灵敏度定义了电力系统各节点间的电气距离，根据电气节点间的电气距离关系将电气节点映射到几何空间，使电力系统分区问题转化为几何空间中点的聚类问题，建立了电压控制分区的组合优化模型，采用禁忌搜索算法求解该模型。文献[119]在电气距离和聚类分析的基础上，将图分割理论和进化算法相结合，提出一种划分电压稳定控制区的混合算法，并应用在波兰电网。文献[120]建立了考虑节点间电气耦合程度、区域静态无功平衡能力与无功储备分区要求的无功电压优化分区模型，包括使各分区区域电气半径平方和最小与使所有分区中区域负荷无功裕度值最小的分区无功裕度值最大两个目标函数，采用了多目标自适应进化规划算法求解，可直观衡量各分区无功储备大小差异，为无功电压分区提供有效的指导。文献[121]根据系统中节点间的电压/无功的对应关系，将系统各节点映射到多维空间中，将多维空间中节点的距离定义为电力系统的电气距离，利用所定义的电气距离，采用免疫-中心点聚类算法研究了系统电压/无功控制区的划分。可见，在电力系统潮流模型基础上，建立一个恰当、符合工程实际的无功电压分区模型，借助启发式算法可实现电压调控区域的有效划分。

上述电压调控区域划分方法，能较好地适用于运行潮流稳定的电力系统无功分区，但随着大规模风电等可再生能源不断并入电网，风电自身的波动性将导致以节点间无功-电压灵敏度为基础的电气距离矩阵频繁变化，进而无法得到稳定的无功分区。为解决此问题，文献[122]以滑差为状态变量建立了考虑风电波动性的系统潮流计算方程，证明了不同风速条件下分区结果的差异；文献[123]基于无功源控制空间思想求得风电期望场景的全维无功-电压灵敏度矩阵，通过概率方法将风电场的出力变化纳入传递闭包的模糊聚类分区算法，解决了风电出力波动性和分区稳定间的矛盾，并考虑了风电场电源与系统各节点之间的相互影响，可实现系统各节点快速分区；文献[124]将考虑风电功率概率特征的节点间电气距离期望矩阵作为无功分区依据，采用仿射传播聚类分区算法可以自动获取分区数目，有效改善了传统分区方法需要依靠专家经验或经分区方法的比对来获取分区数的不足；文献[125]在牛顿-拉弗森法的雅可比矩阵基础上，采用逐次递归方法得到系统的全维灵敏度矩阵，通过建立全维空间电气距离矩阵反映系统所有节点间电气耦合关系的强弱，将考虑风电概率特性的各潮流状态下的电气距离矩阵之和作为分区依据，实现全网电压稳定分区，利用主成分分析法对修正后的电气距离矩阵进行降维，适用于风电出力波动情况的电网电压稳定分区。

综上所述，基于运行经验和无功潮流分布的电压调控区域划分方法，其共同点是基于潮流方程或扩展潮流方程，以电气距离、临界电气距离、电气距离期望矩阵等作为电压稳定分区依据，通过启发式优化算法进行模型求解，进一步扩展到计及大规模新能源不确定性的电力系统无功电压分区，本质上都把电力网络中电压变化趋势相同或相近的节点合并到相同分区，不同之处在于电压稳定分区依据、电网特征和启发式算法有所差别。

1.6.2 数据驱动的电力系统电压稳定区域划分

电力系统广域电压调控区域划分方法因广域量测系统的大规模应用而得到快速发展，现有数据驱动的电压调控区域划分方法有聚类算法、复杂网络划分。在采用聚类算法划分电压调控区域方面，可通过一定的特征将待聚类的对象进行分类，分成相似的区域的过程称为聚类，实质上是对电气联系紧密程度进行聚类。聚类方法主要包括层次聚类法、模糊聚类法、图论聚类法、模糊 C 均值聚类法等。文献[126]针对传统聚类算法在进行电网电压/无功控制分区时存在容错能力弱的缺点，在电气距离的基础上，通过凝聚类的层次算法计算电网最优分区数和无功源节点所在的分区号，然后通过映射分区算法确定被控节点的分区，该算法的结果仅依赖于电网拓扑结构和参数，不受系统运行状态的影响。文献[127]采用层次分类确定电力系统的电压控制区。文献[128]借助图论的基本原理，在控制分区确定后，将区域内最能代表其他负荷节点电压变化的节点作为主导节点，即强调主导节点的可观性。文献[129]基于谱系数平均距离法和模糊 C 均值聚类算法，考虑了区域内电源对主导节点的可控性，通过求取区域内各个节点的可控性、可观性指标的加权和，将加权和最大的负荷节点作为主导节点，但上述方法都是从区域自身控制的角度出发选择主导节点，没有考虑该主导节点控制对其他区域的影响。文献[130]分别将谱系数平均距离法和模糊 C 均值聚类算法应用于河南电网进行电压分区，依据负荷节点可控性与可观性灵敏度并由贪婪算法实现分区中枢节点选择。文献[131]定义电力系统节点间的连接关系和联系紧密程度的评价指标，建立与电网网架结构相对应的图模型，引入谱聚类算法确定系统的电压稳定控制区，最后将该方法应用于河南电网。文献[132]利用电力系统的准稳态灵敏度关系，将负荷节点映射到发电机节点的空间中，在此基础上形成坐标，定义电气距离，利用聚类算法进行电压/无功分区，在理论和实践中都获得了较好的效果，文献[133]在文献[132]基础上，开发了在线自适应划分电压稳定薄弱区域的自动电压控制策略，并应用于国家电网有限公司和中国南方电网有限责任公司。文献[134]考虑潮流分布不确定性因素对电网分区的影响，提出了一种基于电压临界稳定状态的无功电压分区方法，采用自适应 AP（affinity propagation，聚类）方法实现电网统一分区，通过电源控制力、区域耦合度和无功储备裕度指标实现了无功电压分区的量化分析。文献[135]将辐射状支路连接的无功源节点归并到同一个分区，进一步归并负荷节点到拓扑邻近且电气距离最短的无功源节点所在分区，借助聚类方法获取最终分区。聚类算法中层次聚类算法的优点是它的距离和规则的相似度较易定义，无须预先给定聚类数目，可发现类的层次关系，缺点是计算复杂度高，一些过大的异常值对它也能产生很大的影响。*K*-均值算法的优点是简单且易于实现，时间复杂度低；缺点是对初始值的选取很敏感，需对均值给出定义，预先给定聚类数目。模糊 C 均值聚类算法的优点是可表达样本类属的模糊性，算法简单，可快速有效地处理大型和高维数据，缺点是对初始值特别敏感，比较容易陷入局部极小点而不能搜索到全局聚类中心。遗传算法可进行全局搜索，但是其收敛速度慢。

采用复杂网络划分电压调控区域方面，从拓扑角度而言电网属于一个复杂网络，系统研究人员致力于将网络理论引入系统，通过网络理论进行电压/无功分区。复杂网络应用于无功电压分区研究的必要前提是将电力系统抽象为图，将系统中的电源节点和负荷节点看作点，线路则可以看作图的边，将电气联系通过权重系数量化，即可以映射为图形表达，主要有图分割方法和分级聚类算法等。文献[136]基于无功电压灵敏度的电气距离表征电网架构，结合“分裂”和“凝聚”算法，以模块度最大值对应的分区数为最佳的分区个数。文献[137]根据潮流计算的雅可比矩阵定义电气距离，建立了以电气距离为权重的电力系统加权网络模型，以模块度为标准量化评价无功分区质量，通过改变粒子编码与位置更新方式，有效提高了收敛速度和减少了存储空间，无功分区内部电气联系紧密、无功分区之间电气联系稀疏，结构较为合理。文献[138]基于模块度确定分区方案具有较高时间复杂度的不足，考虑不同类型节点间的电气距离和无功潮流建立了无功传输有向加权拓扑图，并根据分区间耦合特性进行了快速无功分区，具有较高的分区质量，分区内具有充足的无功储备用于就地无功平衡，分区结果与由模块度指标确定的分区方案相仿，分区过程简单迅速，具有一定的工程应用意义。文献[139]采用复杂网络谱平分法进行电压控制分区，通过降低算法时间复杂度来提高电网二级电压控制的分区速度，并引入模块度指标和无功储备校核使分区结果更客观、可信。文献[140]采用电耦合强度矩阵表征系统节点间的耦合关系，提出一种基于深度学习的无功电压快速分区方法，在保证连通性和充足无功储备的前提下具有较高电气模块度。文献[141]考虑电力系统无功网络的强区域解耦特点，采用社区网络挖掘法进行无功拓扑划分，兼顾了电网物理与运行特性。按照系统节点类型不同进行排序划分的分区方式主要有 3 种：先负荷节点分区后电源节点分区、先电源节点分区后负荷节点分区和全网统一分区。文献[142]由负荷节点的局部电压稳定指标推导出局部电压稳定指标灵敏度矩阵公式，据此定义负荷节点间的电气距离，采用递归式谱聚类算法对系统进行负荷分区。文献[143]基于改进的支路静态势能函数，构建无功势能线路权重，建立电网加权拓扑模型，采用最大线路介数法对电网进行分区。

综上所述，对于数据驱动的静态电压调控区域划分方法，其共同点是基于广域信息或部分关键节点信息，辨析主导负荷节点、区域电网耦合关系等电压稳定分区关键因素，借助聚类算法、复杂网络等方法实现无功电压的快速分区。

1.7 电力系统电压稳定控制方法

电力系统预防控制是静态电压稳定评估与分区控制的重要应用，当系统由于故障或者扰动而处于不安全运行状态时，采取相应的控制措施使系统返回安全运行状态。在区域电网互联规模不断扩大、高渗透率可再生能源大规模接入、用电负荷快速增长的大背景下，若不能实时可靠地发现电网运行的异常情况并提前采取相应的预防控制，有可能导致电压水平恢复困难甚至电压崩溃事故的发生[144-151]。因此预防控制作为三道防线中的第一道防线，对电力系统的安全稳定运行来说至关重要，按照研究对象不同，预防控制包括防止设备过载、防止电压越限、保持暂态稳定、保持静态电压稳定，此处聚焦于静态电压稳定的预防控制，控制目标不仅是在预想事故后保持电压稳定，也需要保留一定的静态电压稳定裕度。基于静态电压稳定判据的预防控制研究主要分为两大类：模型驱动的电力系统静态电压稳定控制和数据驱动的电力系统静态电压稳定控制方法[152-156]。

1.7.1 模型驱动的电力系统电压稳定控制方法

基于静态电压稳定判据和电压分区结果的预防控制措施已经取得了丰富的研究成果。在确定电力系统最优无功补偿点布局的前提下，以静态电压稳定裕度（如负荷裕度）作为是否采取预防控制措施的依据，将其作为约束条件处理，以避免所得裕度过于乐观且便于考虑经济和安全的协调。

电力系统最优无功补偿点布局是电力系统预防控制的首要任务，在系统网络结构、电源点及负荷点分布已确定的条件下，合理的无功补偿装置布局可有效改善系统电压质量和稳定运行能力，提高电网经济运行水平及无功补偿投资收益，包括经验法[157]、模态分析法[158]、最优潮流法[159, 160]、连续潮流（continuation power flow，CPF）法[161]等。

经验法完全依靠运行和规划人员的工作经验选取无功补偿点，该方法缺乏理论支撑，所选择的补偿点不一定是符合实际需要的补偿点[162]。模态分析法在轻负荷时，可得到满意的补偿地点；但在重负荷水平下，系统非线性作用增强，模式之间的相互影响急剧增大，计算结果存在较大误差。采用最优潮流法理论上可搜索到实现网络损耗最小或电压质量最优的补偿点，但当系统无功调节能力不足时，采用最优潮流法很难确定系统电压薄弱节点[2]。连续潮流法可准确追踪网络电压最薄弱节点，但随着电网规模不断扩大，在单个节点安装无功补偿装置将很难改善全网电压稳定性、降低网损。为克服常用方法的不足，可采用局部电压稳定指标推导出反映系统各负荷节点间电压相互影响程度的局部电压稳定指标灵敏度，识别出电压/无功调节关键节点和非关键节点，根据无功分层、就地平衡原则，借助动态经济压差计算关键节点补偿容量。

电力系统最优无功补偿点布局确定后，以静态电压稳定裕度为判据构建电力系统预防控制模型，主要分为非线性优化算法、线性优化算法两种。非线性优化算法可直接求解最优预防控制措施，如内点法[163]、改进二进制粒子群优化算法[164]、正约束松弛算法[165]等。该类方法在构建预防控制模型时能够充分考虑系统在临界点处的非线性特征，且所得控制措施较为准确，在传统电力系统潮流优化领域应用广泛。文献[163]提出一种基于内点法的预防/矫正控制措施，在故障发生前电压稳定裕度过小时实施预防控制，故障恢复期间若电压不安全则实施矫正控制，可使系统运行点处于电压安全区域，并具有一定的电压稳定裕度。文献[164]采用改进的二进制粒子群优化算法选择最优的开关动作候选输电线，将电压稳定子问题建立为非线性规划模型，预防控制措施包括需求响应、有功/无功发电重新调度和负荷削减、输电线路的开断，在相同的电压稳定裕度下，采用最优的输电线路切换可以降低成本。文献[165]建立了一个以电压风险最小化为目标的非线性优化模型，提出一种采用正约束松弛方法求解综合决策方案，选择预防故障集中严重因子最小的故障作为紧急故障，并根据故障集变化重新计算电压风险和综合决策，直至电压风险不再降低，该方法不仅能使稳定控制的安全性和经济性达到最优平衡，还能提高决策效率。但决策变量和约束数目会随互联电网规模的扩大而大幅增加，且非线性优化算法本身通常要形成和因子化潮流方程的二阶海森伯矩阵，因此较难适应大电网在线安全防控的需求。

采用线性优化算法求解最优预防控制措施方面，可利用静态电压稳定极限点与控制变量的灵敏度构建线性预防控制优化模型，依据灵敏度可筛选出有效控制措施以减少决策变量的数目，相比于非线性优化计算速度快，灵敏度计算方法包括连续潮流计算负荷裕度灵敏度、戴维南等值参数计算电压稳定裕度的控制灵敏度。针对连续潮流计算负荷裕度灵敏度，文献[166]根据负荷裕度对控制参数灵敏度的关系，建立了电压稳定预防控制的线性规划求解模型，而文献[167]则提出广义负荷裕度概念，并给出统一考虑运行和电压稳定极限约束的线性规划防控算法，该方法分析结果较为准确，但需采用连续潮流获得稳定极限点，且需计算鞍结分岔点处雅可比矩阵零特征值对应的左特征向量，对于大电网而言计算量过大。为解决上述问题，文献[168]利用 Look-Ahead 方法计算控制变量与稳定裕度间的灵敏度，但该方法所利用的 *P-V* 曲线二次近似可能产生负荷裕度的估计误差。文献[169]采用局部电压稳定指标（负载阻抗裕度）求解轨迹灵敏度，提出了一种基于快速灵敏度求解的预防控制模型，相较于传统的负载裕度指标精度高、灵敏度排序确定速度快，无须考虑全系统信息来求解临界点处雅可比矩阵零特征值的左特征向量，更适用于在线应用。该方法主要通过离线分析方式解决传统电网在特定运行方式及对应预想事故集下的静态失稳问题，能够实现安全性与经济性二者的兼顾，但电力系统静态电压稳定极限点处左特征向量及控制灵敏度本身的计算量会随着电网规模的增大而增大，而且新能源渗透率增高及电力电子化加剧了运行状态的随机波动，预防控制的实时性要求显著提升。

采用戴维南等值参数构建电压稳定裕度指标求取控制灵敏度，具有计算简单快速、物理概念清晰的优势，有助于指导预防控制措施的优化协调。文献[170]提出一种考虑区域电网静态电压稳定裕度的广域切负荷控制策略，采用戴维南等值方法对区域电网的外部系统进行等值，并以区域电网在负荷增长状态下的潮流等式约束作为静态电压稳定约束条件，建立了全二次最小切负荷优化模型，可有效实现广域切负荷控制。文献[171]通过调控对状态的影响和单断面的戴维南等值参数辨识方法，推演出调控量与稳定裕度的解析关联灵敏度，该方法不仅避免了中间的潮流计算过程以及参数辨识环节，而且无须求取临界点处潮流雅可比矩阵的零特征值所对应的左特征向量，适用于大规模电力系统的在线优化防控。文献[172]提出基于序列线性规划的预防控制方法，该方法可避免左特征向量计算量大的局限，但其灵敏度计算所需等值参数采用基于多状态断面的局域量测方法辨识，参数时变与漂移问题会影响控制灵敏度的计算精度，进而影响防控决策结果的有效性。若能利用单状态断面信息推导控制参数与稳定裕度间的直接线性映射关系并构建在线防控优化模型，理论上将会获得更为快速有效的辅助决策信息，并对可再生能源大规模接入的电力系统具有更强的适应性。

1.7.2 数据驱动的电力系统电压稳定控制方法

电力系统广域电压稳定在线分析，可借助广域量测信息在线分析电力系统的电压稳定性[173-177]，而基于量测信息辨识电压稳定指标不具有解析特征，而运行人员不仅关注系统当前运行状态下的电压稳定状况，更关心系统在下一时刻是否稳定，以及不稳定时可采取哪些可行的电压控制措施，需进一步拓展广域电压稳定控制的相关研究，从改善电压控制模式和求解方法两方面提高电压稳定性。

从优化电压控制模式角度可以考虑分层、分区协调优化控制，充分利用电力系统不同区域的无功资源。文献[178]对配电网进行有功与无功分区，并在有功分区内调节关键光伏节点的有功出力、在无功分区内调节关键光伏节点逆变器的无功输出，从而迅速将电压控制在安全稳定的运行范围内，可实现电压稳定的快速控制。文献[179]将电网进行无功功率分区，分区后对各子区域内部光伏采用粒子群算法进行有功、无功优化，迅速将电压控制在安全稳定运行范围内。文献[180]基于配电网的无功功率分区，采用日前调度与实时控制相结合的手段对分区内光伏进行无功优化，通过分区控制快速规避光伏预测的不确定性问题。文献[181]提出一种主动配电网电压分区协调优化控制的方法，通过各子分区内光伏优化的并行计算和分区间的协调优化，实现了配电网光伏的分区并行优化控制。文献[182]考虑区域电气距离和区域内静态无功平衡关系，通过无功源聚类与负荷节点归类的两阶段控制，实现了含风电场电力系统的无功电压控制分区，有效解决了分区连通性和无功失衡问题。文献[183]考虑可再生能源出力的间歇性与随机性，提出一种考虑微电网参与的主动配电网无功电压分区控制策略，通过计及微电网参与电压柔性控制的自动电压控制系统，实现了电压控制区域柔性且快速的自动电压控制。

已有学者尝试依靠无模型和数据驱动的人工智能方法解决电压稳定的预防控制问题，其中数据驱动的方法能够用于解决模型不完整的问题，并利用可测量数据训练神经网络模型并学习最优调度结果。文献[184]采用深度强化学习的方法提出了适用于低感知度配电网的连续无功优化方法，该方法将原问题转化为一个多步马尔可夫决策过程，采用基于行动者-评论家的深度强化学习算法进行模型求解，针对配电网缺乏完整潮流模型和观测数据的特点，分别设计了用来拟合投切策略的行动者（actor）网络和用来拟合动作价值函数的评论家（critic）网络。该方法无需潮流建模和分段决策，且不依赖日前的负荷与分布式电源出力预测，可以实现在线的多时间断面下的连续无功优化。使用深度 Q 网络（deep Q network，DQN）优化电容器投切，并在短时间尺度下调节电压偏差，但该算法只能用于处理离散动作控制问题。文献[185]中提出了一种深度确定性策略梯度（deep deterministic policy gradient，DDPG）算法，以缓解由电力系统中不确定性引起的电压越限问题。为解决现有单一智能体难以直接应用于更大规模的配电网系统的问题，可基于多智能体深度强化学习赋予多种调节设备独立决策的能力，从集中式决策转为分散式决策，从而可以更高效地协调多种无功调节设备，以提高配电系统的灵活性和可靠性，如文献[186]利用多智能体 DQN 框架进行无功优化，该框架将电容器和智能逆变器的状态/比率视为动作变量，有效减小了配电网网损。文献[187]提出了一种基于优化数学模型与数据驱动方法相结合的配电网多时间尺度电压调节策略，该策略针对长时间尺度调节的有载调压变压器和电容器组，以最小化有功功率损耗为目标，建立了基于混合整数二阶锥规划的日前无功电压优化模型。多智能体强化学习的日内实时调度方法，将实时无功优化问题转化为马尔可夫博弈过程，满足了短时间尺度调度对于实时性的要求，该方法通信开销低、实时性强并且不依赖于精确的潮流模型。

1.8 本章小结

本章介绍了电力系统静态电压稳定性的基本概念，从常用于评估电力系统静态电压稳定性的指标入手，简要回顾了基于模型的电压稳定性评估指标和基于电力系统量测信息的电压稳定性评估指标。首先，介绍了用于研究电力系统电压稳定性的常用方法，如连续潮流法、直接法、优化方法及戴维南等值方法。然后，介绍了用于电力系统电压稳定分区和控制的相关指标与方法，为后续电力系统广域电压稳定评估与控制奠定了一定的研究基础。

参考文献

[1] 高宗和. 2011 年 IFAC 第 18 届世界大会电力系统方面学术动态[J]. 电力系统自动化, 2012, 36(5): 1-4.

[2] 国际能源署. 中国将成世界可再生电力使用典范[J]. 华东电力, 2013, 41(12): 2651.

[3] 国家能源局. 为美好生活充电为美丽中国赋能[EB/OL]. (2022-08-05)[2023-07-19]. http://www.nea.gov.cn/2022-08/05/c_1310650397.htm.

[4] 曾辉, 孙峰, 李铁, 等. 澳大利亚“9・28”大停电事故分析及对中国启示[J]. 电力系统自动化, 2017, 41(13): 1-6.

[5] 汤涌, 卜广全, 易俊. 印度“7・30”、“7・31”大停电事故分析及启示[J]. 中国电机工程学报, 2012, 32(25): 23, 167-174.

[6] 康重庆, 杜尔顺, 李姚旺, 等. 新型电力系统的“碳视角”: 科学问题与研究框架[J]. 电网技术, 2022, 46(3): 821-833.

[7] Debnath S P, Marthi P R V, Xia Q X, et al. Renewable integration in hybrid AC/DC systems using a multi-port autonomous reconfigurable solar power plant(MARS)[J]. IEEE Transactions on Power Systems, 2021, 36(1): 603-612.

[8] 温家良, 吴锐, 彭畅, 等. 直流电网在中国的应用前景分析[J]. 中国电机工程学报, 2012, 32(13): 7-12.

[9] Mirsaeidi S, Dong X Z. An integrated control and protection scheme to inhibit blackouts caused by cascading fault in large-scale hybrid AC/DC power grids[J]. IEEE Transactions on Power Electronics, 2019, 34(8): 7278-7291.

[10] 李羽晨, 王冠中, 张静, 等. 考虑光伏无功补偿的多馈入直流受端电网强度分析[J]. 电力系统自动化, 2021, 45(15): 28-35.

[11] 杨欢欢, 蔡泽祥, 朱林, 等. 直流系统无功动态特性及其对受端电网暂态电压稳定的影响[J]. 电力自动化设备, 2017, 37(10): 86-92.

[12] 郑超, 周静敏, 李惠玲, 等. 换相失败预测控制对电压稳定性影响及优化措施[J]. 电力系统自动化, 2016, 40(12): 179-183.

[13] 苗伟威, 贾宏杰, 董泽寅. 基于有功负荷注入空间静态电压稳定域的最小切负荷算法[J]. 中国电机工程学报, 2012, 32(16): 44-53.

[14] 梅生伟. 电力系统的伟大成就及发展趋势[J]. 科学通报, 2020, 65(6): 442-452.

[15] 李国庆, 董存, 姜涛. 电力系统输电能力理论与方法[M]. 北京: 科学出版社, 2018.

[16] 20 世纪世界能源回眸[J]. 广西节能, 2001(1): 39, 40.

[17] 舟丹. 世界电力工业发展简史[J]. 中外能源, 2012, 17(5): 103.

[18] 佟贺丰, 曹燕, 张静. 全球核电发展态势分析[J]. 高技术通讯, 2013, 23(7): 762-766.

[19] 钟梓辉, 孙凤鸣. 三峡工程概况[J]. 中国机械工程, 1994(5): 72, 73.

[20] 1000kV 晋东南—南阳—荆门特高压交流试验示范工程扩建工程正式投入运行[J]. 电力系统自动化, 2012, 36(1): 100.

[21] 雅中—江西±800kV 特高压直流输电工程[J]. 电力工程技术, 2021, 40(4): 2.

[22] 刘泽洪. ±1100kV 特高压直流输电工程创新实践[J]. 中国电机工程学报, 2020, 40(23): 7782-7792.

[23] 蔡汉生, 贾磊, 陈喜鹏. 云南—广东特高压直流输电线路孤岛运行方式下过电压水平及其影响因素[J]. 高电压技术, 2012, 38(12): 3140-3145.

[24] 刘静佳, 梅红明, 刘树, 等. 特高压多端混合直流输电系统阀组计划投/退控制方法[J]. 电力自动化设备, 2019, 39(9): 158-165.

[25] 黄润鸿, 朱喆, 陈俊, 等. 南澳多端柔性直流输电工程高压直流断路器本体故障控制保护策略研究及验证[J]. 电网技术, 2018, 42(7): 2339-2345.

[26] 常浩, 厉璇, 马玉龙, 等. 舟山多端柔性直流输电工程直流系统放电特性[J]. 高电压技术, 2017, 43(1): 9-15.

[27] 郭铭群, 梅念, 李探, 等. ±500kV 张北柔性直流电网工程系统设计[J]. 电网技术, 2021, 45(10): 4194-4204.

[28] 陈国平, 李明节, 董昱, 等. 构建新型电力系统仿真体系研究[J]. 中国电机工程学报, 2023, 43(17): 6535-6551.

[29] 许勤华. 中国能源国际合作报告[M]. 北京: 中国人民大学出版社, 2021.

[30] 张智刚, 康重庆. 碳中和目标下构建新型电力系统的挑战与展望[J]. 中国电机工程学报, 2022, 42(8): 2806-2819.

[31] 陈国平, 董昱, 梁志峰. 能源转型中的中国特色新能源高质量发展分析与思考[J]. 中国电机工程学报, 2020, 40(17): 5493-5506.

[32] 邵忍丽. 欧洲拟在2050年前实现碳中和[J]. 生态经济, 2020, 36(2): 1-4.

[33] 黄雨涵, 丁涛, 李雨婷, 等. 碳中和背景下能源低碳化技术综述及对新型电力系统发展的启示[J]. 中国电机工程学报, 2021, 41: 28-51.

[34] 邹才能, 何东博, 贾成业, 等. 世界能源转型内涵、路径及其对碳中和的意义[J]. 石油学报, 2021, 42(2): 233-247.

[35] 卓振宇, 张宁, 谢小荣, 等. 高比例可再生能源电力系统关键技术及发展挑战[J]. 电力系统自动化, 2021, 45(9): 171-191.

[36] 王博, 杨德友, 蔡国伟. 高比例新能源接入下电力系统惯量相关问题研究综述[J]. 电网技术, 2020, 44(8): 2998-3007.

[37] 董雪涛, 冯长有, 朱子民, 等. 新型电力系统仿真工具研究初探[J]. 电力系统自动化, 2022, 46(10): 53-63.

[38] 亢丽君, 王蓓蓓, 薛必克, 等. 计及爬坡场景覆盖的高比例新能源电网平衡策略研究[J]. 电工技术学报, 2022, 37(13): 3275-3288.

[39] 张俊涛, 程春田, 申建建, 等. 考虑风光不确定性的高比例可再生能源电网短期联合优化调度方法[J]. 中国电机工程学报, 2020, 40(18): 5921-5932.

[40] 李明节, 陈国平, 董存, 等. 新能源电力系统电力电量平衡问题研究[J]. 电网技术, 2019, 43(11): 3979-3986.

[41] 王耀华, 焦冰琦, 张富强, 等. 计及高比例可再生能源运行特性的中长期电力发展分析[J]. 电力系统自动化, 2017, 41(21): 9-16.

[42] 陈胜, 卫志农, 顾伟, 等. 碳中和目标下的能源系统转型与变革: 多能流协同技术[J]. 电力自动化设备, 2021, 41(9): 3-12.

[43] 袁小明, 张美清, 迟永宁, 等. 电力电子化电力系统动态问题的基本挑战和技术路线[J]. 中国电机工程学报, 2022, 42(5): 1904-1917.

[44] 杨子千, 马锐, 程时杰, 等. 电力电子化电力系统稳定的问题及挑战:以暂态稳定比较为例[J]. 物理学报, 2020, 69(8): 14.

[45] 李亚楼, 张星, 胡善华, 等. 含高比例电力电子装备电力系统安全稳定分析建模仿真技术[J]. 电力系统自动化, 2022, 46(10): 33-42.

[46] 吕鹏飞. 交直流混联电网下直流输电系统运行面临的挑战及对策[J]. 电网技术, 2022, 46(2): 503-510.

[47] 国家能源局. 国际能源署发布全球电机系统能效报告[EB/OL]. (2012-02-17)[2023-07-19]. http://www.nea.gov.cn/2012-02/17/c_131416734.htm.

[48] 袁小明, 程时杰, 胡家兵. 电力电子化电力系统多尺度电压功角动态稳定问题[J]. 中国电机工程学报, 2016, 36(19): 5145-5154, 5395.

[49] 全国能源信息平台. 美国能源部正式发布储能大挑战路线图[EB/OL]. (2020-12-23)[2023-07-19]. https://baijiahao.baidu.com/s?id=1686845888442293792&wfr=spider&for=pc.

[50] 国家能源局. 《"十四五"新型储能发展实施方案》解读[EB/OL]. (2022-03-21)[2023-07-19]. http://www.nea.gov.cn/2022-03/21/c_1310523223.htm.

[51] 郑琼, 江丽霞, 徐玉杰, 等. 碳达峰、碳中和背景下储能技术研究进展与发展建议[J]. 中国科学院院刊, 2022, 37(4): 529-540.

[52] 谢小荣, 马宁嘉, 刘威, 等. 新型电力系统中储能应用功能的综述与展望[J]. 中国电机工程学报, 2023, 43(1): 158-169.

[53] 姜海洋, 杜尔顺, 朱桂萍, 等. 面向高比例可再生能源电力系统的季节性储能综述与展望[J]. 电力系统自动化, 2020, 44(19): 194-207.

[54] 潘明惠. 电力信息化工程的理论与应用研究[J]. 中国电机工程学报, 2005(15): 96-99.

[55] 陶彤. 信息化技术在电力安全管理工作中的应用研究[J]. 电气时代, 2020(3): 78, 79.

[56] 杨龙, 张沈习, 程浩忠, 等. 区域低碳综合能源系统规划关键技术与挑战[J]. 电网技术, 2022, 46(9): 3290-3304.

[57] 盛四清, 张佳欣, 李然, 等. 考虑综合需求响应的综合能源系统多能协同优化调度[J]. 电力自动化设备, 2023, 43(6): 1-14.

[58] 王丹, 李思源, 贾宏杰, 等. 含可再生能源的区域综合能源系统区间化安全域研究(二): 全维观测与域的几何特征优化[J]. 中国电机工程学报, 2022, 42(21): 7809-7821.
[59] 贾宏杰, 王丹, 徐宪东, 等. 区域综合能源系统若干问题研究[J]. 电力系统自动化, 2015, 39(7): 198-207.
[60] 王伟亮, 王丹, 贾宏杰, 等. 能源互联网背景下的典型区域综合能源系统稳态分析研究综述[J]. 中国电机工程学报, 2016, 36(12): 3292-3306.
[61] 吴潇雨, 孔维政, 代红才. 城市电热综合能源系统分布式鲁棒经济调度[J]. 电力系统及其自动化学报, 2022, 34(8): 110-117,129.
[62] 栗然, 孙帆, 刘会兰, 等. 考虑能量特性差异的用户级综合能源系统混合时间尺度经济调度[J]. 电网技术, 2020, 44(10): 3615-3624.
[63] 王胜寒, 郭创新, 冯斌, 等. 区块链技术在电力系统中的应用: 前景与思路[J]. 电力系统自动化, 2020, 44(11): 10-24.
[64] 王宇倩, 李军祥, 徐敏. 区块链框架下基于前景理论的微网分布式能源协同优化[J]. 系统工程理论与实践, 2022, 42(9): 2551-2564.
[65] 张显, 冯景丽, 常新, 等. 基于区块链技术的绿色电力交易系统设计及应用[J]. 电力系统自动化, 2022, 46(9): 10.
[66] 王浩然, 陈思捷, 严正, 等. 基于区块链的电动汽车充电站充电权交易: 机制、模型和方法[J]. 中国电机工程学报, 2020, 40(2): 425-436.
[67] 蔡元纪, 顾宇轩, 罗钢, 等. 基于区块链的绿色证书交易平台: 概念与实践[J]. 电力系统自动化, 2020, 44(15): 1-9.
[68] 李彬, 覃秋悦, 祁兵, 等. 基于区块链的分布式能源交易方案设计综述[J]. 电网技术, 2019, 43(3): 961-972.
[69] 于尔铿. 电力市场[M]. 北京: 中国电力出版社, 1998.
[70] 武昭原, 周明, 王剑晓, 等. 双碳目标下提升电力系统灵活性的市场机制综述[J]. 中国电机工程学报, 2022, 42(21): 7746-7764.
[71] 林新, 徐宏, 朱策, 等. 电力市场合规管理建设探究[J]. 电网技术, 2022, 46(1): 28-38.
[72] Kundur P, Paserba J, Ajjarapu V, et al. Definition and classification of power system stability IEEE/CIGRE joint task force on stability terms and definitions[J]. IEEE Transactions on Power Systems, 2004, 19(3): 1387-1401.
[73] Hatziargyriou N D, Milanovic J V, Rahmann C, et al. Stability definitions and characterization of dynamic behavior in systems with high penetration of power electronic interfaced technologies[R]. New York: IEEE/FES Power System Stability Subcommittee, 2020.
[74] Hatziargyriou N D, Milanovic J V, Rahmann C, et al. Definition and classification of power system stability revisited & extended[J]. IEEE Transactions on Power Systems, 2021, 36(4): 3271-3281.
[75] 国家能源局. 电力系统安全稳定导则: GB 38755—2019[S]. 北京: 中国标准出版社, 2019.
[76] Cañizares C A. Voltage stability assessment: Concepts, practices and tools[R]. New York: IEEE/FES Power System Stability Subcommittee, 2002.
[77] 杨小煜, 陈兴雷, 刘赫川, 等. 电力系统分析综合程序连续潮流算法的改进[J]. 电网技术, 2017, 41(5): 1554-1560.
[78] 董晓明. 连续潮流理论及其拓展应用的研究[D]. 济南: 山东大学, 2013.
[79] Wu H, Yu C W. An algorithm for point of collapse method to compute voltage stability limit[C]. IEEE International Conference on Electric Utility Deregulation, Hong Kong, 2004: 102-107.
[80] 刘永强, 严正, 倪以信, 等. 基于辅助变量的潮流方程二次转折分岔点的直接算法[J]. 中国电机工程学报, 2003, 23(5): 9-13.
[81] Yan Z, Liu Y, Wu F, et al. Method for direct calculation of quadratic turning points[J]. IEE Proceedings-Generation, Transmission and Distribution, 2004, 151(1): 83-90.
[82] 郭瑞鹏, 韩祯祥, 王勤. 电压崩溃临界点的非线性规划模型及算法[J]. 中国电机工程学报, 1999(4): 15-18.
[83] 李华强, 刘亚梅, Yorino N. 鞍结分岔与极限诱导分岔的电压稳定性评估[J]. 中国电机工程学报, 2005(24): 56-60.
[84] 韦化, 丁晓莺. 基于现代内点理论的电压稳定临界点算法[J]. 中国电机工程学报, 2002(3): 28-32.
[85] 胡泽春, 王锡凡. 基于最优乘子潮流确定静态电压稳定临界点[J]. 电力系统自动化, 2006(6): 6-11.
[86] Borremans P, Calvaer A, DeBeuck J P, et al. Voltage stability-fundamental concepts and comparison of practical criteria[C].

Proceedings of International Conference on Large High Voltage Electric Systems, Paris, 1984.

[87] Chen Y L, Chang C W, Liu C C. Efficient methods for identifying weak nodes in electrical power networks[J]. IEE Proceedings-Generation, Transmission and Distribution, 1995, 142(3): 317-322.

[88] 熊宁, 蔡恒, 程虹. 支路故障后静态电压稳定裕度的估算[J]. 电网技术, 2012, 36(9): 151-154.

[89] 王祥东, 王克文, 蒋德珑. 地区电网 *N*–1 校验中小干扰稳定的快速估算[J]. 电力自动化设备, 2012, 32(8): 75-79.

[90] 姜涛, 李晓辉, 李雪, 等. 电力系统静态电压稳定域边界近似的空间切向量法[J]. 中国电机工程学报, 2020, 40(12): 3729-3744.

[91] 姜涛, 张明宇, 崔晓丹, 等. 电力系统静态电压稳定域边界快速搜索的优化模型[J]. 电工技术学报, 2018, 33(17): 4167-4179.

[92] 王刚, 张雪敏, 梅生伟. 基于随机优化的割集空间电压稳定域可视化[J]. 电力系统自动化, 2008(2): 1-5,39.

[93] 李国庆, 李小军, 彭晓洁. 计及发电报价等影响因素的静态电压稳定分析[J]. 中国电机工程学报, 2008, 28(22): 35-40.

[94] Milosevic B, Begovic M. Voltage-stability protection and control using a wide-area network of phasor measurements[J]. IEEE Transactions on Power Systems, 2003, 18(1): 121-127.

[95] Salehi V, Mohammed O. Real-time voltage stability monitoring and evaluation using synchorophasors[C]. Proceedings of North American Power Symposium, Boston, 2011: 1-7.

[96] Diao R S, Sun K, Vittal V J, et al. Decision tree based on line voltage security assessment using PMU measurements[J]. IEEE Transactions on Power Systems, 2009, 24(2): 832-839.

[97] Moghavvemi M, Omar F M. Technique for contingency monitoring and voltage collapse prediction[J]. IEE Proceedings of Generation, Transmission and Distribution, 1998, 145(6): 634-640.

[98] 周念成, 钟岷秀, 徐国禹, 等. 基于电压相量的电力系统电压稳定指标[J]. 中国电机工程学报, 1997(6): 66-69.

[99] 黄志刚, 邬炜, 韩英铎. 基于同步相量测量的电压稳定评估算法[J]. 电力系统自动化, 2002(2): 28-33.

[100] 刘道伟, 谢小荣, 穆钢, 等. 基于同步相量测量的电力系统在线电压稳定指标[J]. 中国电机工程学报, 2005(1): 16-20.

[101] 梁修锐, 刘道伟, 杨红英, 等. 数据驱动的电力系统静态电压稳定态势评估[J]. 电力建设, 2020, 41(1): 126-132.

[102] Li H J, Li F X, Xu Y, et al. Adaptive voltage control with distributed energy resources: Algorithm, theoretical analysis, simulation, and field test verification[J]. IEEE Transactions on Power Systems, 2010, 25(3): 1638-1647.

[103] Xu Y, Zhao Y D, Ke M, et al. Multi-objective dynamic VAR planning against short-term voltage instability using a decomposition-based evolutionary algorithm[J]. IEEE Transactions on Power Systems, 2014, 29(6): 2813-2822.

[104] Wandhare R G, Agarwal V. Novel stability enhancing control strategy for centralized pv-grid systems for smart grid applications[J]. IEEE Transactions on Smart Grid, 2014, 5(3): 1389-1396.

[105] Kabir M N, Mishra Y, Ledwich G, et al. Coordinated control of grid-connected photovoltaic reactive power and battery energy storage systems to improve the voltage profile of a residential distribution feeder[J]. IEEE Transactions on Industrial Informatics, 2014, 10(2): 967-977.

[106] Wang D, Parkinson S, Miao W, et al. Online voltage security assessment considering comfort-constrained demand response control of distributed heat pump systems[J]. Applied Energy, 2012, 96: 104-114.

[107] Alizadeh O, Cherkaoui R. Maximum voltage stability margin problem with complementarity constraints for multi-area power systems[J]. IEEE Transactions on Power Systems, 2014, 29(6): 2993-3002.

[108] 李鹏, 张保会, 郝治国, 等. 基于系统等值的电压控制方法[J]. 电力自动化设备, 2011, 28(3): 52-56.

[109] 文学鸿, 袁越, 鞠平. 静态电压稳定负荷裕度分析方法比较[J]. 电力自动化设备, 2008, 28(5): 59-62.

[110] Hang L, Bose A, Venkatasubramanian V. A fast voltage security assessment method using adaptive bounding[J]. IEEE Transactions on Power System, 2000, 15(3): 1137-1141.

[111] Verma M K, Srivastava S C. Approach to determine voltage control areas considering impact of contingencies[J]. IEE Proceedings-Generation, Transmission and Distribution, 2005, 152(3): 342-350.

[112] 成煜, 杭乃善. 基于电网中枢点识别的无功电压控制分区方法[J]. 电力自动化设备, 2015, 35(8): 45-52.

[113] 宫一玉, 吴浩, 杨克难. 一种基于潮流追踪的电力系统无功控制分区方法[J]. 电力系统自动化, 2013, 37(9):

29-33,122.

[114] 鲍海, 房国俊. 一种采用等效传输阻抗法的新型电气距离计算方法及其应用[J]. 电网技术, 2019, 43(1): 244-250.

[115] 颜伟, 王芳, 唐文左, 等. 基于电源分区与短路阻抗距离的电压无功分区方法[J]. 电力系统保护与控制, 2013, 41(7): 109-115.

[116] 崔惟, 颜伟, Lee W J, 等. 考虑区域无功平衡的主导节点选择和无功分区的优化方法[J]. 电网技术, 2017, 41(1): 164-170.

[117] 邵雅宁, 唐飞, 王波, 等. 具有多目标量化评估特性的无功电压双阶段分区方法[J]. 中国电机工程学报, 2014, 34(22): 3768-3776.

[118] 刘大鹏, 唐国庆, 陈珩. 基于Tabu搜索的电压控制分区[J]. 电力系统自动化, 2002, 26(6): 18-22.

[119] Cotilla-Sanchez E, Hines P D H, Barrows C, et al. Multi-attribute partitioning of power networks based on electrical distance[J]. IEEE Transactions on Power Systems, 2013, 28(4): 4979-4987.

[120] 颜伟, 高峰, 王芳, 等. 考虑区域负荷无功裕度的无功电压优化分区方法[J]. 电力系统自动化, 2015, 39(2): 61-66.

[121] 熊虎岗, 程浩忠, 孔涛. 基于免疫-中心点聚类算法的无功电压控制分区[J]. 电力系统自动化, 2007, 31(2): 22-26.

[122] 马瑞, 蒋斌. 含风电场并考虑风速随机性的电力系统电压控制区域划分[J]. 长沙理工大学学报(自然科学版), 2008, 5(3): 71-77.

[123] 乔梁, 卢继平, 黄蕙, 等. 含风电场的电力系统电压控制分区方法[J]. 电网技术, 2010, 34(10): 163-168.

[124] 周琼, 负志皓, 丰颖, 等. 风电接入下基于AP聚类的无功功率-电压控制分区方法[J]. 电力系统自动化, 2016, 40(13): 19-27, 158.

[125] 张旭, 陈云龙, 王仪贤, 等. 基于潮流断面修正的含风电电网无功-电压分区方法[J]. 电力自动化设备, 2019, 39(10): 48-54.

[126] 赵晋泉, 刘傅成, 邓勇, 等. 基于映射分区的无功电压控制分区算法[J]. 电力系统自动化, 2010, 34(7): 36-39.

[127] Jin Z, Nobile E, Bose A, et al. Localized reactive power markets using the concept of voltage control areas[J]. IEEE Transactions on Power Systems, 2004, 19(3): 1555-1561.

[128] 丁晓群, 黄伟, 章文俊, 等. 基于电压控制区的主导节点电压校正方法[J]. 电网技术, 2004, 28(14): 44-48.

[129] 代飞, 黄磊, 徐箭, 等. 基于二级电压控制的河南电网分区和主导节点选择[J]. 电力系统保护与控制, 2011, 39(24): 101-105.

[130] 顾全, 黄凯, 范磊, 等. 基于进化策略法的电压无功分区中枢点选择[J]. 电力自动化设备, 2010, 30(11): 79-81.

[131] Zhao J L, Yu Y X. Determination of power system voltage stability regions and critical sections[J]. Automation of Electric Power Systems, 2008, 32(17): 1-5.

[132] 郭庆来, 孙宏斌, 张伯明, 等. 基于无功源控制空间聚类分析的无功电压分区[J]. 电力系统自动化, 2005, 29(10): 36-40.

[133] Sun H B, Guo Q H, Zhang B M, et al. An adaptive zone-division-based automatic voltage control system with applications in China[J]. IEEE Transactions on Power Systems, 2013, 28(2): 1816-1828.

[134] 钟俊, 焦兴伟, 王志川. 基于电压临界稳定状态下的无功电压分区方法[J]. 电网技术, 2019, 43(10): 3761-3768.

[135] 鲍威, 朱涛, 赵川, 等. 基于聚类分析的三阶段二级电压控制分区方法[J]. 电力系统自动化, 2016, 40(5): 127-132.

[136] 倪向萍, 阮前途, 梅生伟, 等. 基于复杂网络理论的无功分区算法及其在上海电网中的应用[J]. 电网技术, 2007, 31(9): 6-12.

[137] 于琳, 孙莹, 徐然, 等. 改进粒子群优化算法及其在电网无功分区中的应用[J]. 电力系统自动化, 2017, 41(3): 89-95.

[138] 郑吉祥, 钟俊. 基于节点类型和分区耦合性的复杂网络无功电压快速分区方法[J]. 电网技术, 2020, 44(1): 223-230.

[139] 许刚, 王紫雷. 基于Normal矩阵谱平分法的快速电压控制分区[J]. 电网技术, 2014, 38(1): 199-204.

[140] 赵晶晶, 贾然, 陈凌汉, 等. 基于深度学习和改进*K*-means聚类算法的电网无功电压快速分区研究[J]. 电力系统保护与控制, 2021, 49(14): 89-95.

[141] 魏震波, 刘俊勇, 程飞. 利用社区挖掘的快速无功电压分区方法[J]. 中国电机工程学报, 2011, 31(31): 166-172.

[142] 陈厚合, 运奕竹, 邢文洋, 等. 基于聚类分析方法的电力系统负荷节点分区策略[J]. 电力系统保护与控制, 2013, 41

(12): 47-53.

[143] 白云, 李华强, 黄昭蒙, 等. 基于能量信息加权复杂网络的社区挖掘电压控制分区[J]. 电力系统保护与控制, 2012, 40(16): 59-64.

[144] 姜涛, 李国庆, 贾宏杰, 等. 电压稳定在线监控的简化 L 指标及其灵敏度分析方法[J]. 电力系统自动化, 2012, 36(21): 13-18.

[145] 姜涛, 陈厚合, 李国庆. 基于局部电压稳定指标的电压/无功分区调节方法[J]. 电网技术, 2012, 32(7): 208-213.

[146] 郑超. 直流逆变站电压稳定测度指标及紧急控制[J]. 中国电机工程学报, 2015, 35(2): 344-352.

[147] 顾卓远, 汤涌. 基于响应信息的电压与功角稳定实时紧急控制方案[J]. 中国电机工程学报, 2014, 34(28): 4876-4885.

[148] Shahrtash S M, Khoshkhoo H. Fast online dynamic voltage instability prediction and voltage stability classification[J]. IET Generation, Transmission & Distribution, 2014, 8(5): 957-965.

[149] Dessaint L A, Kamwa I, Zabaiou T. Preventive control approach for voltage stability improvement using voltage stability constrained optimal power flow based on static line voltage stability indices[J]. IET Generation Transmission & Distribution, 2014, 8(5): 924-934.

[150] Ghiocel S G, Chow J H. A power flow method using a new bus type for computing steady-state voltage stability margins[J]. IEEE Transactions on Power Systems, 2014, 29(2): 958-965.

[151] Londero R R, de Mattos Affonso C, Vieira J P A. Long-term voltage stability analysis of variable speed wind generators[J]. IEEE Transactions on Power Systems, 2014, 29(1): 439-447.

[152] Ashrafi A, Shahrtash S M. Dynamic wide area voltage control strategy based on organized multi-agent system[J]. IEEE Transactions on Power Systems, 2014, 29(6): 2590-2601.

[153] Wang Y F, Pordanjani I R, Li W, et al. Voltage stability monitoring based on the concept of coupled single-port circuit[J]. IEEE Transactions on Power Systems, 2011, 26(6): 2154-2163.

[154] Wang Y, Pordanjani I R, Li W, et al. Strategy to minimize the load shedding amount for voltage stability prevention[J]. IET Generation, Transmission & Distribution, 2011, 5(3): 307-313.

[155] 张靖, 程时杰, 文劲宇, 等. 通过选择 SVC 安装地点提高静态电压稳定性的新方法[J]. 中国电机工程学报, 2007, 27(34): 7-11.

[156] 汤广福, 刘文华. 提高电网可靠性的大功率电力电子技术基础理论[M]. 北京: 清华大学出版社, 2010.

[157] 颜伟, 高强, 余娟, 等. 输电网络的分层分区电压无功调节方法[J]. 电网技术, 2011, 35(2): 71-77.

[158] Chowdhury B H, Taylor C W. Voltage stability analysis: V-Q power flow simulation versus dynamic simulation[J]. IEEE Transactions on Power Systems, 2001, 15(4): 1354-1359.

[159] Mínguez R M, Milano F, Milano R Z, et al. Optimal network placement of SVC devices[J]. IEEE Transactions on Power Systems, 2007, 22(4): 1851-1860.

[160] 卢志刚, 秦四娟, 常磊, 等. 基于 Dempster-Shafer 证据理论的无功/电压控制分区[J]. 电网技术, 2010, 34(10): 99-104.

[161] Taylor C W. Power System Voltage Stability[M]. New York: McGraw-Hill, 1994.

[162] 刘传铨, 张焰. 电力系统无功补偿点及其补偿容量的确定[J]. 电网技术, 2007, 31(12): 78-81.

[163] Wang X R, Ejebe G C, Tong J Z, et al. Preventive/corrective control for voltage stability using direct interior point method[J]. IEEE Transactions on Power Systems, 1998, 13(3): 878-883.

[164] Nojavan M, Seyedi H, Mohammadi-ivatloo B. Voltage stability margin improvement using hybrid non-linear programming and modified binary particle swarm optimisation algorithm considering optimal transmission line switching[J]. IET Generation, Transmission & Distribution, 2018, 12(4): 815-823.

[165] Li S H, Li Y, Cao Y J, et al. Comprehensive decision-making method considering voltage risk for preventive and corrective control of power system[J]. IET Generation, Transmission & Distribution, 2016, 10(7): 1544-1552.

[166] Capitanescu F, Cutsem T V. Preventive control of voltage security margins: A multicontingency sensitivity-based approach[J]. IEEE Transactions on Power Systems, 2002, 17(2): 358-364.

[167] Fu X, Wang X F. Unified preventive control approach considering voltage instability and thermal overload[J]. IET

Generation, Transmission & Distribution, 2007, 1(6): 864-871.

[168] Mansour M R, Geraldi E L, Albertoet L C, et al. A new and fast method for preventivecontrol selection in voltage stability analysis[J]. IEEE Transactions on Power Systems, 2013, 28(4): 4448-4455.

[169] Li S H, Tan Y, Li C B, et al. A fast sensitivity-based preventive control selection method for online voltage stability assessment[J]. IEEE Transactions on Power Systems, 2018, 33(4): 4189-4196.

[170] 颜伟, 文一宇, 余娟, 等. 基于戴维南等值的静态电压稳定广域切负荷控制策略[J]. 电网技术, 2011, 35(8): 88-92.

[171] 崔馨慧, 负志皓, 刘道伟, 等. 大电网静态电压稳定在线防控灵敏度分析新方法[J]. 电网技术, 2020, 44(1): 245-254.

[172] 李帅虎, 曹一家, 刘光晔, 等. 基于电压稳定在线监测指标的预防控制方法[J]. 中国电机工程学报, 2015, 35(18): 4598-4606.

[173] Smon I, Verbic G, Gubina F. Local voltage-stability index using Tellegen's theorem[J]. IEEE Transactions on Power Systems, 2006, 21(3): 1267-1275.

[174] Sodhi R, Srivastava S C, Singh S N. A simple scheme for wide area detection of impending voltage instability[J]. IEEE Transactions on Smart Grid, 2012, 3(2): 818-827.

[175] Gong Y F, Schulz N, Guzman A. Synchrophasor-based real-time voltage stability index[C]. Proceedings of IEEE Power Systems Conference and Exposition, Atlanta, 2006.

[176] Kessel P, Glavitsch H. Estimating the voltage stability of a power system[J]. IEEE Transactions on Power Delivery, 1986, 1(3): 346-354.

[177] Liu J H, Chu C C. Wide-area measurement-based voltage stability indicators by modified coupled single-port models[J]. IEEE Transactions on Power Systems, 2013, 29(2): 756-764.

[178] 肖传亮, 赵波, 周金辉, 等. 配电网中基于网络分区的高渗透率分布式光伏集群电压控制[J]. 电力系统自动化, 2017, 41(21): 147-155.

[179] Zhao B, Xu Z C, Xu C, et al. Network partition-based zonal voltage control for distribution networks with distributed PV systems[J]. IEEE Transactions on Smart Grid, 2018, 9(5): 4087-4098.

[180] Xiao C L, Zhao B, Ding M, et al. Zonal voltage control combined day-ahead scheduling and real-time control for distribution networks with high proportion of PVs[J]. Energies, 2017, 10(10): 1464.

[181] 刘蕊, 吴奎华, 冯亮, 等. 含高渗透率分布式光伏的主动配电网电压分区协调优化控制[J]. 太阳能学报, 2022, 43(2): 189-197.

[182] 韩平平, 张海天, 张炎, 等. 考虑风电场无功调节能力的无功电压控制分区方法研究[J]. 太阳能学报, 2019, 40(2): 363-369.

[183] 潘舒扬, 李勇, 贺悝, 等. 考虑微电网参与的主动配电网分区自动电压控制策略[J]. 电工技术学报, 2019, 34(21): 4580-4589.

[184] 李琦, 乔颖, 张宇精, 等. 配电网持续无功优化的深度强化学习方法[J]. 电网技术, 2020, 44(4): 1473-1480.

[185] Vlachogiannis J G, Hatziargyriou N D. Reinforcement learning for reactive power control[J]. IEEE Transactions on Power System, 2004, 19(3): 1317-1325.

[186] Zhang Y, Wang X, Wang J, et al. Deep reinforcement learning based volt-var optimization in smart distribution systems[J]. IEEE Transactions on Smart Grid, 2020, 12(1): 361-371.

[187] 胡丹尔, 彭勇刚, 韦巍, 等. 多时间尺度的配电网深度强化学习无功优化策略[J]. 中国电机工程学报, 2022, 42(14): 5034-5045.

第 2 章　电力系统静态电压稳定概念及分析方法

电力工业快速发展、受端系统规模不断扩大，特别是用电负荷迅猛增长、占比不断增加[1]，而受端系统电源建设不足，大量电能需经远距离输送到负荷中心，迫使受端系统对区域外电力的依赖程度不断增加[2, 3]，使电网安全稳定运行主要矛盾由功角稳定问题转化为电压稳定问题[4-6]。此外，受环境和建设成本等因素制约，电网结构相对薄弱，电力系统经常运行在重载工况下，这些因素导致世界范围内电压失稳引起的系统电网解列事故频频发生，造成了巨大的经济损失和严重的社会影响，电压稳定问题越来越被运行人员关注[7]。与功角稳定问题相比，在不同时间尺度下，各元件的动态特性对系统电压失稳过程的发生、发展的影响各不相同，使得电压失稳亦表现出不同的事故特征，进而导致系统电压稳定问题极其复杂。因此，准确理解电压稳定本质、正确建立电压稳定研究数学模型、寻求合理的电压稳定安全指标对研究电力系统的电压稳定性具有重要意义[8]。

目前，电压稳定性的研究主要侧重于电压失稳机理的探究和电压稳定指标的寻找。从物理本质而言，系统电压失稳是一个动态过程，在研究过程中需计及各元件的动态特性，但其研究工作极为繁杂、困难，迄今为止，学术界对电压动态失稳机理的认识仍不能统一，其理论体系尚未建立[8, 9]。因此，在分析系统电压稳定和寻找电压稳定监控指标时多采用静态方法，基于静态方法的电压稳定理论已十分成熟，以此为基础研究人员提出了较多系统电压稳定指标，如电压灵敏度指标[10]、负荷裕度指标[11]、雅可比矩阵最小奇异值指标[12]等，均可有效判断系统中各节点的电压稳定性，但上述指标在计算过程中均需跟踪和判断整个系统的潮流或平衡点方程雅可比矩阵奇异性，涉及高维矩阵求逆，计算量大，且随系统节点数目增多，计算时间大幅增加，难以在线实际应用[13, 14]。

由于电力系统电压稳定性具有局部特征，可借助 WAMS 的局部相量量测信息来分析、研究系统的电压稳定性[15-18]，主要采用支路量测信息和节点量测信息进行电压稳定在线监测[19-22]：基于支路量测信息的电压监测，假定在某一时间断面下支路可视为一个给负荷供电的无穷大电源，电压临界稳定情况下支路功率到达极限；基于节点量测信息的电压监测，以电压临界稳定情况下负荷节点消耗功率最大作为参考依据，理论基础坚实，为广大研究者所接受。

在电压稳定评估方法研究方面，目前已有方法总体可分为基于模型的评估方法和基于量测数据的评估方法。基于模型的评估方法主要通过连续潮流、直接法和最优潮流计算系统静态负荷裕度，进而评估系统静态电压稳定性[23-25]；基于量测数据的评估方法主要通过戴维南等值方法来估计系统戴维南等值阻抗，进而评估系统静态电压稳定性[26-28]。

本章首先简要介绍目前电力系统静态电压稳定性分析中常用的评估指标，然后介绍分析电力系统静态电压稳定性的常用方法。

2.1　电力系统电压稳定评估指标

区域电网互联规模的日益扩大、高渗透率可再生能源发电的接入、负荷需求的快速增长，使电力系统的电压稳定问题日益突出[29-35]，引起了越来越广泛的关注[36-40]。目前，较常用的电力系统电压稳定评估指标主要有两种：基于潮流模型的电压稳定评估指标和基于广域量测信息的电压稳定评估指标。

2.1.1　基于潮流模型的电压稳定评估指标

基于潮流模型的电压稳定评估指标的基本思想是利用电力系统潮流方程在电压稳定和电压失稳（崩溃）时的不同特征，提取相关指标来表征和判定系统的电压稳定性[41]。本节主要对基于电力系统潮流模型的电压稳定指标进行简要介绍。

1. 负荷裕度指标

负荷裕度指标已成为评估系统电压稳定的重要指标。该指标表征了当前负荷增长方向下，系统从当前运行点到电压崩溃点的剩余总负荷量[42, 43]。采用负荷裕度指标来衡量系统的电压稳定性具有如下优点：①负荷裕度指标形象、直观，容易理解和接受；②负荷裕度指标的计算不依赖于电力系统的特定模型，它只需要电力系统的静态潮流方程；③负荷裕度指标可充分考虑到系统的非线性特征和电气元件的约束条件（如发电机无功出力约束、变压器分接头约束）对系统电压稳定性的影响；④在负荷裕度指标基础上，所提负荷裕度灵敏度可进一步研究系统运行参数和控制策略对系统电压稳定性的影响，为后续的电压稳定控制提供一定的参考信息[44-50]。

但采用负荷裕度指标来评估系统的电压稳定性会面临如下不足：①负荷裕度是基于所假设的负荷增长方向确定的，当系统的负荷增长方向发生变化后，之前计算得到的负荷裕度已不能真实反映当前运行条件下的系统电压稳定性，需按当前负荷增长方向重新计算；②相对于其他电压稳定指标，负荷裕度指标的计算量较大。

2. 电压灵敏度指标

电压灵敏度指标作为另外一种分析系统电压稳定性的指标，最先基于发电机的 Q-V 曲线来预测系统的电压稳定性[51-53]。该指标的定义为

$$\mathrm{VSF}_i = \max\left\{\frac{\mathrm{d}V_i}{\mathrm{d}Q_i}\right\} \tag{2-1}$$

式中，VSF_i为节点 i 的电压灵敏度指标。当发电机 i 的运行点接近发电机 Q-V 曲线的底部时，VSF_i值急剧变大，并且在电压发生崩溃时，VSF_i的符号会发生变化。

随后，该指标进一步被用来研究所关注的负荷节点和发电机节点对电压稳定性的影响。根据所选节点和参量的不同，该指标又可分为负荷电压-负荷功率型电压灵敏度指标[54]和负荷功率-发电功率型电压灵敏度指标[55-57]。前者的原理：负荷节点电压主要受负荷节点的功率注入影响，在系统达到电压稳定临界状态时，电压对注入功率的灵敏度系数趋于无穷大。后者的原理：在系统电压稳定临界状态附近，关键负荷节点的任意微小功率增量，都将引起全系统发电功率的很大变动。电压灵敏度指标的计算速度快，但在应用时缺乏普遍适用的统一判稳阈值。

3. 基于雅可比矩阵特征值的指标

电力系统潮流方程线性化后，可表示为

$$\begin{bmatrix}\Delta\boldsymbol{P}\\ \Delta\boldsymbol{Q}\end{bmatrix}=\boldsymbol{J}\begin{bmatrix}\Delta\boldsymbol{V}\\ \Delta\boldsymbol{\theta}\end{bmatrix}=\begin{bmatrix}\boldsymbol{P}_\theta & \boldsymbol{P}_V\\ \boldsymbol{Q}_\theta & \boldsymbol{Q}_V\end{bmatrix}\begin{bmatrix}\Delta\boldsymbol{V}\\ \Delta\boldsymbol{\theta}\end{bmatrix} \tag{2-2}$$

式中，$\Delta\boldsymbol{P}$、$\Delta\boldsymbol{Q}$、$\Delta\boldsymbol{\theta}$和$\Delta\boldsymbol{V}$分别为系统节点有功、无功、角度和电压偏差向量；$\boldsymbol{J}$为潮流雅可比矩阵；$\boldsymbol{P}_\theta$、$\boldsymbol{P}_V$、$\boldsymbol{Q}_\theta$和$\boldsymbol{Q}_V$分别为有功、无功对电压角度和幅值的偏导。

假设系统中有功增量$\Delta\boldsymbol{P}$为$\boldsymbol{0}$，则式（2-2）可进一步表示为

$$\Delta\boldsymbol{Q}=\boldsymbol{J}_{QV}\Delta\boldsymbol{V}=\left(\boldsymbol{Q}_V-\boldsymbol{Q}_\theta\boldsymbol{P}_\theta^{-1}\boldsymbol{P}_V\right)\Delta\boldsymbol{V} \tag{2-3}$$

由式（2-3）得

$$\Delta\boldsymbol{V}=\boldsymbol{J}_{VQ}\Delta\boldsymbol{Q} \tag{2-4}$$

结合式（2-2）和式（2-3），式（2-4）可进一步表示为

$$\boldsymbol{J}_{VQ}=\boldsymbol{J}_{QV}^{-1}=\boldsymbol{Q}_V^{-1}+\boldsymbol{Q}_V^{-1}\boldsymbol{Q}_\theta\left(\boldsymbol{P}_\theta+\boldsymbol{P}_V\boldsymbol{Q}_V^{-1}\boldsymbol{Q}_\theta\right)\boldsymbol{P}_V\boldsymbol{Q}_V^{-1} \tag{2-5}$$

由文献[22]可得：$\Delta\boldsymbol{Q}$微小变化对$\Delta\boldsymbol{V}$的影响，将主要由雅可比矩阵$\boldsymbol{J}_{VQ}$的最小特征值来决定，从而$\boldsymbol{J}_{VQ}$的最小特征值就成为确定系统电压稳定程度的一个重要指标。其后，很多学者又在该指标的基础上，提出了许多新的改进型指标，如文献[58]提出了利用多变量频域反馈的电压稳定性指标；文献[59]～[61]提出了一种可计及参数不确定性的电压稳定性指标；文献[62]利用最小特征值与其对应向量之间的关系，提出一种具有较好线性性质的改进电压稳定性指标；文献[63]针对系统电压失稳模式与最小奇异值间的关系，提出采用模态分析技术来研究系统的电压稳定性，由于该方法能提供较丰富的系统电压稳定和控制信息，因而在电压稳定分析的很多方面得到推广使用[64-69]。对于基于雅可比矩阵最小特征值的方法，其优点在于可以提供众多的电压稳定信息，不足之处在于需要进行高维雅可比矩阵的求逆运算。

4. 电压不稳定逼近指标（voltage instability proximity index，VIPI）

由于电力系统是典型的非线性系统，电力系统的潮流解并不唯一，但只有一个解是系统的实际解，由文献[70]～[72]可知，随着系统运行点逐渐接近系统的电压崩溃点，系统潮流解的个数快速减少到两个；在电压崩溃点处，这两个潮流解最终合并为一个，

此时系统发生电压崩溃。文献[73]和[74]在对电力系统潮流方程的多解性进行深入研究后，发现电力系统潮流方程多解性的消失与电力系统鞍结分岔（saddle-node bifurcation）点之间存在直接的联系。随后，文献[71]、[75]和[76]进一步给出了基于潮流多解性的电压稳定性指标。

5. 电压可控性指标

电压可控性指标由 Vournas 在文献[77]提出，该方法通过监测系统中电压可控矩阵的最大特征值来研究系统的电压稳定性。该指标可计及系统电压调节器对系统电压稳定性的影响，但类似于前述的电压稳定指标，该指标也具有强非线性特征。

6. 其他指标

除了上述所提的电压稳定分析指标外，文献[41]进一步全面讨论了局部负荷裕度（local load margin）[78，79]、测试函数（test function）[80]、切向量指标（tangent vector index）[81-83]、基于中心流型的电压稳定指标（voltage stability index based on central flow pattern）[84]、暂态能量函数（transient energy function）[85-87]及无功裕度（reactive power margin）[88-91]等指标间的内在联系。

利用上述电压稳定指标，可有效判断系统中各节点的电压稳定性，研究系统参数变化对其电压稳定性的影响；但上述指标的提出均基于电力系统的潮流模型，其准确性依赖于模型及参数的精度。对于实际电力系统，模型和参数均来自于能量管理系统（EMS）的状态估计值，其精度会受量测噪声、估计误差等多种不确定因素的影响。此外，基于潮流模型的电压稳定指标的计算用时会随着系统规模的扩大而急剧增加。因此，基于系统潮流模型的电压稳定指标在应用到实际电力系统中时会遇到一些技术障碍。

2.1.2　基于广域量测信息的电压稳定评估指标

相对于基于潮流模型的电压稳定评估指标，近年来，WAMS 已在电力系统电压稳定性分析领域得到了大规模应用，为实现电力系统广域电压稳定在线监测提供了新手段[92，93]，也为在线监测电力系统广域电压稳定性提供了一个重要研究方向[94-104]。基于广域量测信息的电压稳定评估指标又可分为基于单端口和基于多端口的广域电压稳定评估指标。

基于单端口的广域电压稳定分析方法可用图 2-1 所示模型来描述。

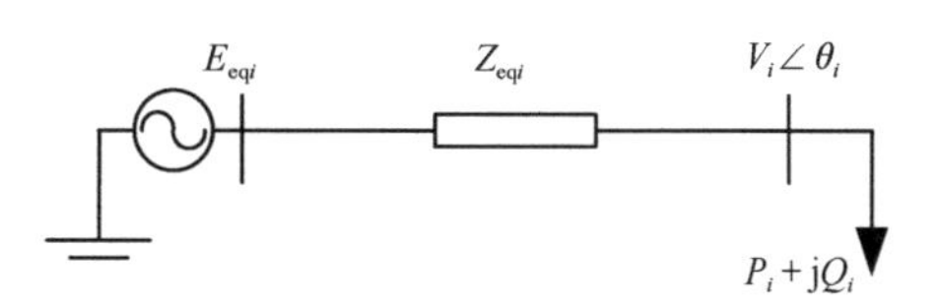

图 2-1　单端口戴维南等值模型

在图 2-1 所示的单端口等值电路中，通过节点 i 的 PMU 装置连续量测节点电压、电流信息，利用最小二乘估计技术可估计节点 i 的系统等值阻抗 Z_{eqi} 和等值电压 E_{eqi}。通过对比系统负荷阻抗 Z_{loadi} 与等值阻抗 Z_{eqi} 的阻抗幅值比 $|Z_{loadi}/Z_{eqi}|$，可确定节点 i 的电压稳定性，进而确定系统电压稳定性：

（1）当 $|Z_{loadi}/Z_{eqi}|<1$ 时，节点 i 的电压稳定，但随着 $|Z_{loadi}/Z_{eqi}|$ 接近于 1，节点 i

的电压稳定性逐渐变弱。

（2）当 $|Z_{\text{load}i}/Z_{\text{eq}i}|=1$ 时，节点 i 的电压临界稳定。

（3）当 $|Z_{\text{load}i}/Z_{\text{eq}i}|>1$ 时，节点 i 的电压失稳。

而系统的电压稳定性则由各节点 $|Z_{\text{load}i}/Z_{\text{eq}i}|$ 的最大值决定。除了采用上述 $|Z_{\text{load}i}/Z_{\text{eq}i}|$ 指标来评估系统的电压稳定性外，根据图 2-1 的单端口戴维南等值模型，文献[99]相应地提出了基于局部电压稳定指标和局部负荷裕度的电压稳定指标来评估节点和系统的电压稳定性。

而基于多端口的广域电压稳定分析方法，可用图 2-2 所示的模型来描述，图中 $y_{\text{GL}1i}$ 为发电机 1 到 i 之间的导纳，$B_{\text{G}10}$ 为发电机 1 端的电纳，$B_{\text{L}i0}$ 为节点 i 处负荷端电纳。在图 2-2 所示的多端口等值电路中，利用各负荷节点和发电机节点所量测得到的节点电压和电流量，可计算出各负荷节点的单端口等值参数。然后借鉴单端口等值电路的电压稳定分析方法，来评估各负荷节点及系统的电压稳定性。与单端口等值模型需要连续多次的节点电压、电流量测信息不同，采用多端口等值模型来监测节点的电压稳定性时，仅需要各负荷节点和发电机节点在同一时间断面下的电压、电流信息即可计算出各负荷节点的电压稳定指标，进而评估系统中各节点和整个系统的电压稳定性。但不足之处在于，基于多端口等值模型的电压稳定评估方法需要系统的网络拓扑信息，来构建其节点阻抗耦合矩阵。当系统网络拓扑、节点类型发生变化后，需重新计算系统的节点阻抗耦合矩阵，耗时较长，但在系统网络拓扑结构和节点类型保持不变时，该方法相对于单端口等值模型计算速度更快。

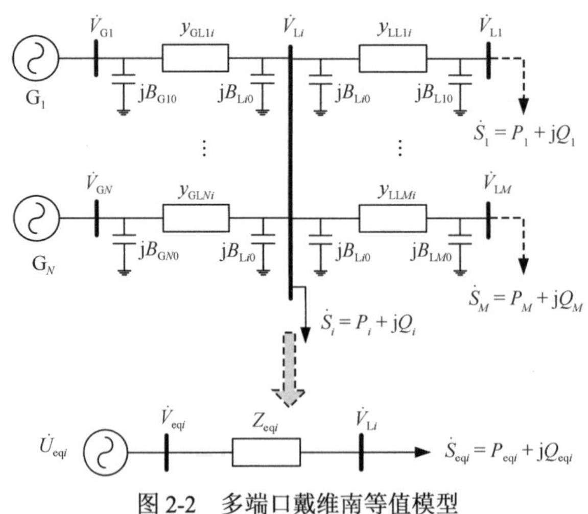

图 2-2　多端口戴维南等值模型

为有效利用广域量测信息监测系统的电压稳定性，文献[94]将离线样本训练与在线模式匹配相结合，将离线决策树和实时广域量测信息相结合，提出了一种电压稳定在线评估方法；文献[95]利用电力系统潮流方程基本特性，提出一种基于支路指标的电压稳定在线监测方法；文献[96]基于特勒根定理提出一种新的电压稳定在线监测指标；文献[97]基于负荷节点连续两次量测的电压偏差，提出一种在线监测系统电压稳定性的电压不稳定指标；文献[98]在电力网络戴维南等值基础上，提出了基于 *P-Q-S*（有功功率-无功功率-视在功率）裕度的电压稳定在线监测方法；文献[99]提出基于局部电压稳定指标的电压稳定在线监测方法；文献[100]在文献[99]的基础上，基于电力系统的负荷模型，提出了基于ZIP负荷模型的电压稳定在线监测指标。上述方法基本都是基于电力系统的戴维南等值理论来研究系统的电压稳定性。理论上讲，虽然任一时间断面的电力网络都可以简化为某一节点的戴维南等值电路，但是戴维南等值是建立在线性电路基础上的，因此将其应用到强非线性电力系统中具有一定的局限性。

文献[101]针对基于多时间断面的戴维南等值存在参数漂移的问题，利用电力系统PMU连续三次测量到的节点电压、电流信息对由量测转差频率引起的相位角偏移进行校正，根据校正后的节点参数值计算各节点戴维南等值参数。虽然这些基于广域量测信息的电压稳定指标均可在线快速评估系统的电压稳定性，但这种完全基于量测信息进行黑箱辨识的戴维南等值电压稳定指标不具有解析特征，只能给出节点电压稳定与否的二元信息。此类方法不能定量分析影响戴维南等值参数的关键因素，也无法给出类似于模型分析法中的灵敏度信息，难以为后续电压稳定预测和控制提供更多的参考信息。

2.2　电力系统电压稳定评估方法

2.2.1　连续潮流法

连续潮流法是研究电力系统静态电压稳定性的基本方法，该方法是将潮流方程与延拓法结合，在常规潮流方程的基础上增加一个功率增长参数，再根据确定的功率增长方向进行逐点迭代，计算系统在满足电压稳定性前提下的最大负荷裕度，通过负荷裕度来评估系统的电压稳定性。计算过程如图2-3所示。

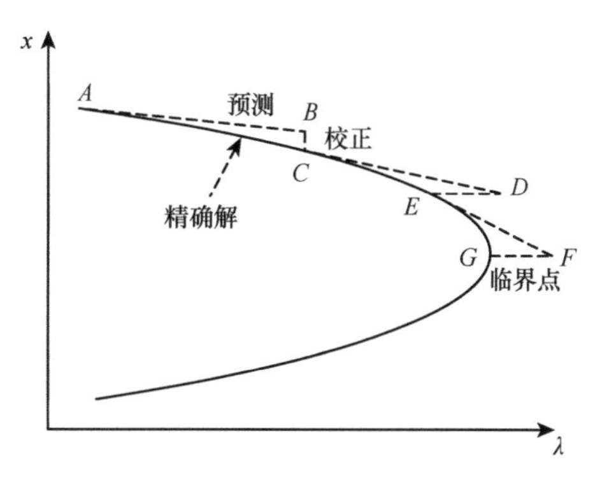

图2-3　连续潮流法计算过程示意图

由于功率增长参数和参数化方程的存在，潮流方程维数增加一维，克服了常规潮流方程在电压崩溃点附近时雅可比矩阵奇异的弊端，可有效搜索出完整的*P-V*曲线。该算法实现方便、收敛性可靠，且具有较高的计算精度，因而在实际电力系统中得到了广泛应用。

设系统中n维含参数的潮流方程为

$$\boldsymbol{f}(\boldsymbol{x},\lambda)=0 \tag{2-6}$$

式中，$\boldsymbol{x}$为系统状态向量，即节点电压幅值和相角；λ为系统负荷裕度。

当负荷增加到接近功率极限点时，雅可比矩阵奇异，潮流计算难以收敛，故通过引入参数λ使雅可比矩阵的结构发生变化。但此时未知量的个数比潮流方程多一个，就必须增加一个方程与式（2-6）联立。

连续潮流法就是通过将负荷增加量作为控制参数，进而克服功率极限点附近潮流雅可比矩阵奇异的问题，得到完整的*P-V*曲线。CPF法的实现主要由四部分组成：参数化方法、预测环节、校正环节和步长控制策略。下面分别从这四个方面对CPF法进行较为详细的介绍。

1. 参数化方法

参数化是 CPF 法重要一环，它融入整个 CPF 法的计算过程，也是解决雅可比矩阵在临界点处奇异的关键。参数化方法需要构造一个方程，它与参数化后的潮流方程一起构成一个具有 $n+1$ 个待求变量的 $n+1$ 维方程组，以此确定曲线上的下一个点。增补方程可表示为

$$e(\boldsymbol{x},\lambda,s)=0 \tag{2-7}$$

式中，s 为步长。

将 λ 作为一个扩展变量，则扩展潮流方程为

$$\boldsymbol{F}(\boldsymbol{X},s)=\begin{pmatrix}\boldsymbol{f}(\boldsymbol{x},\lambda)\\ e(\boldsymbol{x},\lambda,s)\end{pmatrix}=0 \tag{2-8}$$

目前应用较多的参数化方法有弧长参数化方法、局部参数化方法和正交参数化方法等，下面分别对上述三种参数化方法的原理予以介绍。

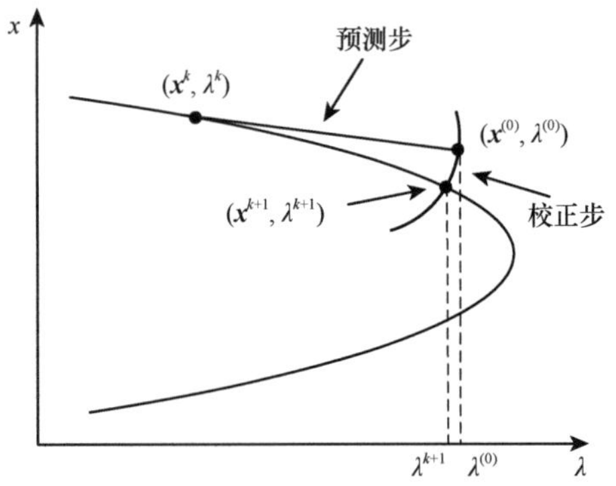

图 2-4　弧长参数化方法示意图

弧长参数化方法定义连续性参数 s 为以已知点（$\boldsymbol{x}^k, \lambda^k$）为起始点的一段圆弧，如图 2-4 所示。以已知状态点为球心，已知状态点与预测点之间的距离为半径作球面，球面与曲线的交点即为所求的校正解，对应的参数化方程为

$$\sum_{i=1}^{n}\left(x_i-x_i^k\right)^2+\left(\lambda-\lambda_k\right)^2=s^2 \tag{2-9}$$

局部参数化方法的列式为

$$x_k-s=0 \tag{2-10}$$

式中，标量 $x_k\in\boldsymbol{x}$，下标 k 的取法为

$$x_k:\left|\dot{x}_k\right|=\max\left\{\left|\dot{x}_1\right|,\left|\dot{x}_2\right|,\cdots,\left|\dot{x}_n\right|\right\} \tag{2-11}$$

其中，$\dot{x}_1$，$\dot{x}_2$，…，$\dot{x}_n$ 为变量 x_1，x_2，…，x_n 的梯度。在局部参数化方法中，连续性参数可以在跟踪过程中不断变换，从而更好地解决极限运行状态下潮流雅可比矩阵奇异的问题，这也是局部参数化方法特有的。

正交参数化的原理如图 2-5 所示。（$\boldsymbol{x}^{(0)}, \lambda^{(0)}$）为运行点（$\boldsymbol{x}^k, \lambda^k$）的预测值，过该点作运行点（$\boldsymbol{x}^k, \lambda^k$）与（$\boldsymbol{x}^{(0)}, \lambda^{(0)}$）所在直线的垂面，该平面与 P-V 曲线的交点即为校正点。其参数化方程为

$$\Delta\lambda(\lambda^{k+1}-\lambda^{(0)})+\Delta\boldsymbol{x}^{\mathrm{T}}(\boldsymbol{x}^{k+1}-\boldsymbol{x}^{(0)})=0 \tag{2-12}$$

式中，$\boldsymbol{x}^{(0)}$为预测步的切向量。

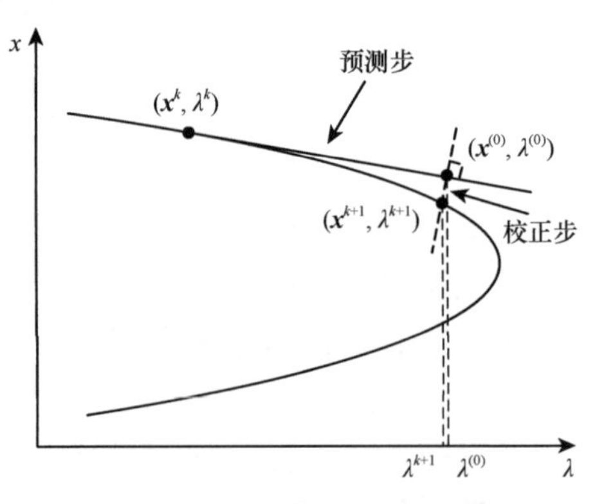

图 2-5　正交参数化方法示意图

2. 预测环节

预测环节就是根据当前点及其之前几点来给出下一个点的估计值，预测值的好坏直接影响计算的效率。预测值距离准确值近时，在校正时能减小迭代的次数；反之，在校正时会增加迭代的次数甚至导致发散。根据预测方式的不同，预测环节可分为线性预测和非线性预测。常用的线性预测法包括切线法和割线法，如图 2-6 和图 2-7 所示，其优点是计算简单、快速，缺点是预测不够精确。非线性预测则是采用多项式或保留高阶项的方式。与线性预测法相比，它可以有效地计及潮流方程的高阶部分并结合曲线特征，因而预测精确度高。下面将以局部参数化形式为例分别给出切线预测、割线预测和二阶预测的计算方法。

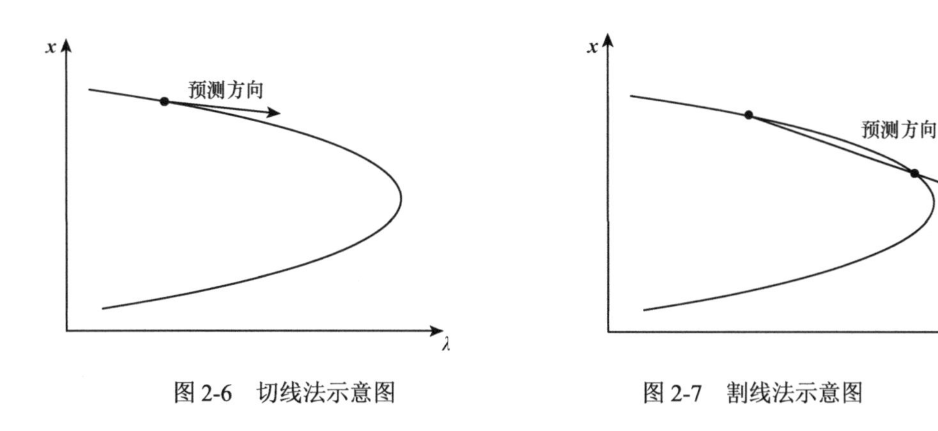

图 2-6 切线法示意图

图 2-7 割线法示意图

切线预测是对当前运行点的潮流方程关于连续性参数 s 求一阶导得到的，可表示为

$$\boldsymbol{f}_x \cdot \boldsymbol{x}' + \boldsymbol{f}_\lambda \cdot \lambda' = 0 \tag{2-13}$$

式中，$\boldsymbol{f}_x$、$\boldsymbol{f}_\lambda$ 为常规潮流雅可比矩阵。

上述方程是 n 维的，而待求量（$\boldsymbol{x}', \lambda'$）却是 n+1 维的，故需补充一个方程。由局部参数化的定义 $s \equiv x_k$，故 $x_k' = 1$。因此增加一个方程 $x_k' - 1 = 0$ 后，（$\boldsymbol{x}', \lambda'$）可通过下述方程求得

$$\begin{bmatrix} \boldsymbol{f}_x & \boldsymbol{f}_\lambda \\ \boldsymbol{e}_k & 0 \end{bmatrix} \cdot \begin{bmatrix} \boldsymbol{x}' \\ \lambda' \end{bmatrix} = \begin{bmatrix} 0 \\ 1 \end{bmatrix} \tag{2-14}$$

式中，$\boldsymbol{e}_k$ 为 n 维的行向量，除第 k 个元素为 1 外其余元素都为 0。

从式（2-13）解得（$\boldsymbol{x}', \lambda'$），则切线预测值的公式为

$$\begin{bmatrix} \boldsymbol{x}^{(0)} \\ \lambda^{(0)} \end{bmatrix} = \begin{bmatrix} \boldsymbol{x}^k \\ \lambda^k \end{bmatrix} + \sigma \cdot \begin{bmatrix} \boldsymbol{x}' \\ \lambda' \end{bmatrix} \tag{2-15}$$

式中，σ 为步长。选择步长的目的是使得预测得到的解在校正环节的收敛域内。

割线预测与切线预测同为线性预测法。该方法不仅计算简单、快速，还不要求运行点处的雅可比矩阵非奇异，应用条件更加宽松。但它需要两个已知的运行点，所以不能用于第一状态点的预测。设点（$\boldsymbol{x}^{k-1}, \lambda^{k-1}$）和点（$\boldsymbol{x}^k, \lambda^k$）是已知的两个运行点，其预测初值可表示为

$$\begin{bmatrix} \boldsymbol{x}^{(0)} \\ \lambda^{(0)} \end{bmatrix} = \begin{bmatrix} \boldsymbol{x}^{k} \\ \lambda^{k} \end{bmatrix} + \sigma \cdot \begin{bmatrix} \boldsymbol{x}^{k} - \boldsymbol{x}^{k-1} \\ \lambda^{k} - \lambda^{k-1} \end{bmatrix} \tag{2-16}$$

所谓二阶是指（$\boldsymbol{x}, \lambda$）对连续性参数 s 的二阶导数，即

$$\boldsymbol{f}_x \cdot \boldsymbol{x}'' + \boldsymbol{f}_\lambda \cdot \lambda'' + \boldsymbol{f}_{xx} \cdot \boldsymbol{x}' \cdot \boldsymbol{x}' = 0 \tag{2-17}$$

考虑到 $s \equiv x_k$，故 $x_k'' = 0$。因此增加一个方程 $x_k'' = 0$ 后，（$\boldsymbol{x}'', \lambda''$）可通过下述方程求得

$$\begin{bmatrix} \boldsymbol{f}_x & \boldsymbol{f}_\lambda \\ \boldsymbol{e}_k & 0 \end{bmatrix} \cdot \begin{bmatrix} \boldsymbol{x}'' \\ \lambda'' \end{bmatrix} = \begin{bmatrix} -\boldsymbol{f}_{xx} \cdot \boldsymbol{x}' \cdot \boldsymbol{x}' \\ 0 \end{bmatrix} \tag{2-18}$$

则二阶预测值为

$$\begin{bmatrix} \boldsymbol{x}^{(0)} \\ \lambda^{(0)} \end{bmatrix} = \begin{bmatrix} \boldsymbol{x}^{k} \\ \lambda^{k} \end{bmatrix} + \sigma \cdot \begin{bmatrix} \boldsymbol{x}' \\ \lambda' \end{bmatrix} + \frac{1}{2}\sigma^2 \cdot \begin{bmatrix} \boldsymbol{x}'' \\ \lambda'' \end{bmatrix} \tag{2-19}$$

3. 校正环节

校正就是以预测值为初始点计算得到实际值。连续潮流法中不同的校正方法主要体现在与 n 维含参潮流方程 $\boldsymbol{f}(\boldsymbol{x}, \lambda)=0$ 联立的校正方程的选取上，具体分为定弦长校正法、局部校正法和正交校正法。

定弦长校正法与前面介绍的弧长参数化方法对应，以已知状态点为球心、已知状态点与预测点之间的距离为半径得到的球面方程，即为定弦长校正法的校正方程，其表达式如下：

$$\begin{cases} \boldsymbol{f}(\boldsymbol{x}, \lambda) = 0 \\ \sum_{i=1}^{n} \left(x_i - x_i^k\right)^2 + \left(\lambda - \lambda_k\right)^2 - \sigma^2 = 0 \end{cases} \tag{2-20}$$

局部校正法的校正方程就是选定的连续性参数等于固定值的等式，该方程形式非常简单，这就对连续性参数的选取提出了更高的要求。局部校正法的求解方程可表示为

$$\begin{cases} \boldsymbol{f}(\boldsymbol{x}, \lambda) = 0 \\ x_k - x_k^{(0)} = 0 \end{cases} \tag{2-21}$$

正交校正法与前面介绍的正交参数化方法对应，其校正方程为

$$\begin{cases} \boldsymbol{f}(\boldsymbol{x}, \lambda) = 0 \\ \Delta\lambda(\lambda^{k+1} - \lambda^{(0)}) + \Delta\boldsymbol{x}^{\mathrm{T}}(\boldsymbol{x}^{k+1} - \boldsymbol{x}^{(0)}) = 0 \end{cases} \tag{2-22}$$

4. 步长控制策略

步长的选取对算法的有效性至关重要，合适的步长能大大提高计算的效率。选择小的步长可以得到较为精确的功率极限点的解，但小步长同时也增加了计算量，浪费了计算时间。较大的步长能够提高计算的速度，但是结果可能不够精确甚至可能引起潮流无解。理想的步长控制方法是在 P-V 曲线的平滑处尽可能地选择较大的步长，在 P-V 曲线较陡峭的地方选择较小的步长。

2.2.2 直接法

采用直接法评估电力系统的电压稳定性，其实质就是根据电力系统电压稳定临界点处潮流雅可比矩阵奇异，且该处零特征值对应的特征向量不为 **0** 这一特点，构造一组表征电压稳定临界点性质的非线性方程组，然后采用牛顿-拉弗森法求解该方程，获取系统的负荷裕度，进而根据该负荷裕度评估系统的静态电压稳定性[105-108]。采用直接法评估电力系统静态电压稳定性的整体过程如下。

根据电力系统电压稳定临界点处潮流雅可比矩阵奇异，且该处零特征值对应的特征向量不为 **0**，构造一组表征电压稳定临界点性质的非线性方程组：

$$\boldsymbol{f}(\boldsymbol{x},\lambda)=0 \tag{2-23}$$

$$\boldsymbol{f}_x(\boldsymbol{x},\lambda)\cdot\boldsymbol{g}=0 \tag{2-24}$$

$$g_p-1=0 \tag{2-25}$$

式（2-23）是含参数的潮流方程，$\boldsymbol{f}$ ：$\mathbf{R}^n\times\mathbf{R}$，$\boldsymbol{x}\in\mathbf{R}^n$ 代表各节点电压的幅值与相角，$n=n_{\text{pv}}+2\times n_{\text{pq}}$，$n_{\text{pv}}$、$n_{\text{pq}}$ 分别为系统中 PV、PQ 节点的个数；$\lambda\in\mathbf{R}$ 表示系统的负荷裕度。式（2-24）是潮流雅可比矩阵的奇异方程，$\boldsymbol{g}\in\mathbf{R}^n$ 为零特征值对应的右特征向量。式（2-25）是规范化方程，g_p 表示 $\boldsymbol{g}$ 的第 p 个分量，确保右特征向量不为 **0**。本章采用的方法为右特征向量形式，同理可采用左特征向量形式列写一组关于电压稳定临界点的非线性方程，计算电力系统负荷裕度。

采用直接法计算系统负荷裕度，实质就是采用牛顿-拉弗森法求解式(2-23)～式(2-25)这一非线性方程组的过程。首先给定临界点初值 $\boldsymbol{x}^0$、零特征值对应的右特征向量初值 $\boldsymbol{g}^0$ 和负荷裕度初值 λ^0，假设 $\Delta\boldsymbol{x}^0$、$\Delta\boldsymbol{g}^0$ 和 $\Delta\lambda^0$ 为各初值修正量，使其满足如下方程：

$$\begin{cases}\boldsymbol{f}(\boldsymbol{x}^0+\Delta\boldsymbol{x}^0,\lambda^0+\Delta\lambda^0)=0\\ \boldsymbol{f}_x(\boldsymbol{x}^0+\Delta\boldsymbol{x}^0,\lambda^0+\Delta\lambda^0)\cdot(\boldsymbol{g}^0+\Delta\boldsymbol{g}^0)=0\\ (\boldsymbol{g}^0+\Delta\boldsymbol{g}^0)_p-1=0\end{cases} \tag{2-26}$$

将式（2-26）按泰勒级数展开，忽略包含 $\Delta\boldsymbol{x}^0$、$\Delta\boldsymbol{g}^0$ 和 $\Delta\lambda^0$ 的二次及以上高次项，则有

$$\begin{bmatrix}\boldsymbol{f}_x & 0 & \boldsymbol{f}_\lambda\\ \boldsymbol{f}_{xx}\cdot\boldsymbol{g} & \boldsymbol{f}_x & 0\\ 0 & \boldsymbol{e}_p^{\mathrm{T}} & 0\end{bmatrix}\cdot\begin{bmatrix}\Delta\boldsymbol{x}\\ \Delta\boldsymbol{g}\\ \Delta\lambda\end{bmatrix}=-\begin{bmatrix}\boldsymbol{f}(\boldsymbol{x},\lambda)\\ \boldsymbol{f}_x\cdot\boldsymbol{g}\\ 0\end{bmatrix} \tag{2-27}$$

式中，$\boldsymbol{f}_{xx}\cdot\boldsymbol{g}\in\mathbf{R}^{n\times n}$，其第 m 行、第 l 列的元素可以表示为 $\sum_{k=1}^{n}\left(\dfrac{\partial^2\boldsymbol{f}_m}{\partial\boldsymbol{x}_l\partial\boldsymbol{x}_k}\cdot\boldsymbol{g}_k\right)$；$\boldsymbol{e}_p^{\mathrm{T}}$ 为除第 p 个元素为 1 外，其余元素均为 0 的单位行向量。

利用式（2-27）求得 $\Delta\boldsymbol{x}$、$\Delta\boldsymbol{g}$ 和 $\Delta\lambda$，然后根据式（2-28）对变量 $\boldsymbol{x}$、$\boldsymbol{g}$ 和 λ 进行修正。

$$\begin{cases}\boldsymbol{x}^{k+1}=\boldsymbol{x}^k+\Delta\boldsymbol{x}^k\\ \boldsymbol{g}^{k+1}=\boldsymbol{g}^k+\Delta\boldsymbol{g}^k, \quad k=0,1,2,\cdots\\ \lambda^{k+1}=\lambda^k+\Delta\lambda^k\end{cases} \tag{2-28}$$

将修正后的 $\boldsymbol{x}$、$\boldsymbol{g}$、λ 代入式（2-23）和式（2-24），判断是否满足收敛条件 $\|\boldsymbol{f}(\boldsymbol{x},\lambda)\|<\varepsilon$ 和 $\|\boldsymbol{f}_x\cdot\boldsymbol{g}\|<\varepsilon$（$\varepsilon$ 为收敛阈值），若满足，求得的 λ 即为系统的负荷裕度；若不满足，将修正后的变量 $\boldsymbol{x}$、$\boldsymbol{g}$ 和 λ 代入式（2-27），重复迭代过程，直至满足收敛条件，计算出负荷裕度为止。

不同于 CPF 法可局部参数化和拟弧长参数化，直接法为快速获得薄弱节点的相关信息，多选择采用电压下降最快节点的电压幅值变量作为连续性参数。参考文献[105]，选择电压幅值下降最快节点的电压幅值变量 x_p 作为连续性参数，计算潮流方程对连续性参数的一阶导和二阶导，将得到的结果分别与 $\dot{x}_p=1$，$\ddot{x}_p=0$ 联立，求得 $\left(\dot{\boldsymbol{x}},\dot{\lambda}\right)$ 和 $\left(\ddot{\boldsymbol{x}},\ddot{\lambda}\right)$。其中，$\dot{x}_p$ 和 $\ddot{x}_p$ 分别是 x_p 对自身的一阶导和二阶导；同理，$\dot{\boldsymbol{x}}$ 和 $\ddot{\boldsymbol{x}}$ 分别为 $\boldsymbol{x}$ 对连续性参数 x_p 的一阶导和二阶导；$\dot{\lambda}$ 和 $\ddot{\lambda}$ 分别为 λ 对连续性参数 x_p 的一阶导和二阶导。

采用直接法计算电力系统负荷裕度，其实质就是利用牛顿-拉弗森法求解一组表征系统电压稳定临界点的非线性方程组，由于牛顿-拉弗森法对初值要求较高，不合理的初值易导致牛顿-拉弗森法难以收敛。为加快计算速度，提高算法的稳定性，通常采用图 2-8 所示的二阶泰勒展开式近似得到系统的初值 λ^0、$\boldsymbol{x}^0$ 和 $\boldsymbol{g}^0$，为直接法计算负荷裕度提供了较为准确的初始值，该二阶泰勒展开式初值预估方法可提高算法的计算效率。

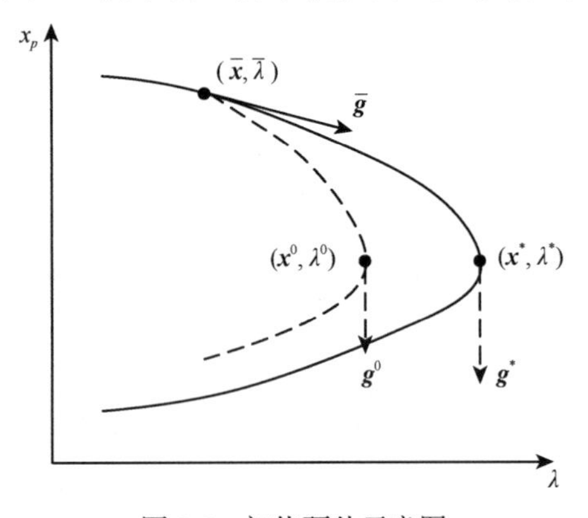

图 2-8　初值预估示意图

采用二阶泰勒展开式近似获取系统初值 λ^0、$\boldsymbol{x}^0$ 和 $\boldsymbol{g}^0$ 的过程如图 2-8 所示，$(\bar{\boldsymbol{x}},\bar{\lambda})$ 表示初值预估的起点；$(\boldsymbol{x}^0,\lambda^0)$ 表示通过预估得到的临界点初值；$\boldsymbol{g}^0$ 表示零特征值对应的右特征向量初值；$(\boldsymbol{x}^*,\lambda^*)$ 表示经直接法计算得到的精确临界点；$\boldsymbol{g}^*$ 表示右特征向量真值。

由潮流方程式（2-23）对连续性参数求导，可得

$$\boldsymbol{f}_x\cdot\dot{\boldsymbol{x}}+\boldsymbol{f}_\lambda\cdot\dot{\lambda}=0 \tag{2-29}$$

将式（2-29）关于连续性参数求导并移项，得

$$\boldsymbol{f}_x\cdot\ddot{\boldsymbol{x}}+\boldsymbol{f}_\lambda\cdot\ddot{\lambda}=-\boldsymbol{f}_{xx}\cdot\dot{\boldsymbol{x}}\cdot\dot{\boldsymbol{x}} \tag{2-30}$$

考虑到待求量 $(\dot{\boldsymbol{x}},\dot{\lambda})$ 与 $(\ddot{\boldsymbol{x}},\ddot{\lambda})$ 均为 n+1 维，而式（2-29）和式（2-30）均为 n 维，故式（2-29）和式（2-30）各需补充一个方程，达到 n+1 维。

令式（2-29）与 $\dot{x}_p=1$ 联立可得式（2-31），从而求得 $(\dot{\boldsymbol{x}},\dot{\lambda})$。

$$\begin{bmatrix}\boldsymbol{f}_x & \boldsymbol{f}_\lambda\\ \boldsymbol{e}_p^{\mathrm{T}} & 0\end{bmatrix}\cdot\begin{bmatrix}\dot{\boldsymbol{x}}\\ \dot{\lambda}\end{bmatrix}=\begin{bmatrix}0\\ 1\end{bmatrix} \tag{2-31}$$

同理，将式（2-30）与 $\ddot{x}_p=0$ 联立可得式（2-32），并求得 $(\ddot{\boldsymbol{x}},\ddot{\lambda})$。

$$\begin{bmatrix}\boldsymbol{f}_x & \boldsymbol{f}_\lambda\\ \boldsymbol{e}_p^{\mathrm{T}} & 0\end{bmatrix}\cdot\begin{bmatrix}\ddot{\boldsymbol{x}}\\ \ddot{\lambda}\end{bmatrix}=\begin{bmatrix}-\boldsymbol{f}_{xx}\cdot\dot{\boldsymbol{x}}\cdot\dot{\boldsymbol{x}}\\ 0\end{bmatrix} \tag{2-32}$$

进一步，按二阶泰勒展开式展开：

$$\lambda = \bar{\lambda} + \dot{\lambda} \cdot \Delta x_p + 1/2\ddot{\lambda} \cdot \Delta x_p^2 \tag{2-33}$$

式中，$\bar{\lambda}$ 为负荷裕度的初始点。

当 $\mathrm{d}\lambda / \Delta x_p = 0$ 即 $\Delta x_p = -\dot{\lambda} / \ddot{\lambda}$ 时，存在 $\lambda_{\max} = 2\ddot{\lambda} \cdot \bar{\lambda} - \dot{\lambda}^2 / (2\ddot{\lambda})$，这就是进行初值预估得到的负荷裕度初值 λ^0。同理可得临界点状态量初值 $\boldsymbol{x}^0$：

$$\boldsymbol{x}^0 = \bar{\boldsymbol{x}} + \dot{\boldsymbol{x}} \cdot \Delta x_p + 1/2\ddot{\boldsymbol{x}} \cdot \Delta x_p^2 \tag{2-34}$$

式中，$\bar{\boldsymbol{x}}$ 为临界点状态量初始点。

右特征向量初值也可采用同样的方法得到，由式（2-32）求得的 $\bar{\boldsymbol{g}}$ 即为点 $(\bar{\boldsymbol{x}}, \bar{\lambda})$ 的切向量，精确临界点的右特征向量可以通过使用 $\ddot{\boldsymbol{x}}$ 线性预测 $\dot{\boldsymbol{x}}$，以此作为 $\boldsymbol{g}$ 的初值，即

$$\boldsymbol{g}^0 = \bar{\boldsymbol{g}} + \ddot{\boldsymbol{x}} \cdot \Delta x_p = \dot{\boldsymbol{x}} + \ddot{\boldsymbol{x}} \cdot \Delta x_p \tag{2-35}$$

式中，$\boldsymbol{g}^0$ 为右特征向量初值；$\bar{\boldsymbol{g}}$ 为零特征值对应的右特征向量初值预估的初始点。

综上所述，通过式（2-36）即可求得负荷裕度、临界点状态量初值与右特征向量初值。

$$\begin{cases} \lambda = \bar{\lambda} + \dot{\lambda} \cdot \Delta x_p + 1/2\ddot{\lambda} \cdot \Delta x_p^2 \\ \boldsymbol{x}^0 = \bar{\boldsymbol{x}} + \dot{\boldsymbol{x}} \cdot \Delta x_p + 1/2\ddot{\boldsymbol{x}} \cdot \Delta x_p^2 \\ \boldsymbol{g}^0 = \bar{\boldsymbol{g}} + \ddot{\boldsymbol{x}} \cdot \Delta x_p = \dot{\boldsymbol{x}} + \ddot{\boldsymbol{x}} \cdot \Delta x_p \end{cases} \tag{2-36}$$

进而，再对式（2-23）～式（2-28）重复迭代，直至满足收敛条件 $\|\boldsymbol{f}(\boldsymbol{x}, \lambda)\| < \varepsilon$ 和 $\|\boldsymbol{f}_x \cdot \boldsymbol{g}\| < \varepsilon$（$\varepsilon$ 为收敛阈值），计算出系统的负荷裕度。

需要指出的是，采用直接法计算电力系统负荷裕度时，修正方程式（2-27）的维数将是潮流方程式（2-23）的两倍，对于大规模电力系统而言，其计算量和计算复杂度将急剧增加，易导致计算结果收敛慢或不收敛。

2.2.3 最优潮流法

采用连续潮流法和直接法可以追踪到电力系统的 SNB 点，而对于电力系统电压稳定性而言，导致系统电压失稳的除 SNB 点外，还有极限诱导分岔（limit induced bifurcation，LIB）点。为搜索电力系统的 LIB 点，连续潮流法通常在其搜索 SNB 点的过程中，不断校核系统中是否会出现发电机无功越限等现象，进而判断系统是否出现 LIB 点，而直接法直接根据电力系统 SNB 点的特性，构造对应的特征方程，其求解过程不涉及系统负荷的累加，进而不能在计算 SNB 点的过程判断系统是否出现 LIB 点，只能在得到系统 SNB 点前提下，进一步根据 SNB 点的潮流分布结果，来校核系统是否已出现 LIB 点。不同于连续潮流法和直接法，最优潮流法以系统负荷裕度最大为目标函数，以系统潮流方程和系统运行约束（如发电机无功出力和变压器分接头挡位）为约束条件进行寻优，根据终止条件确定系统的 SNB 点或者 LIB 点；系统终止条件是系统潮流方程起到约束作用时，所搜索得到的负荷裕度最大点为系统的 SNB 点；系统终止条件是描述系统运行安全性的不等式约束起到约束作用时，所搜索得到的负荷裕度最大点为系统的 LIB 点，即最优潮流模型不需要在寻优过程中不断校核系统的运行状况，仅根据系统优化模型的终止条件即可判断系统电压稳定临界点的类型，因而该方法也常用于

电力系统电压稳定性分析[109]。针对所研究的电压稳定性问题，其对应的最优潮流模型可描述为

$$\begin{cases}\max \quad \lambda \\ \text{s.t.} \quad \boldsymbol{f}(\boldsymbol{x},\boldsymbol{y})-\lambda\boldsymbol{d}=0 \\ \qquad Q_{\mathrm{g},i}^{\min} \leqslant Q_{\mathrm{g},i} \leqslant Q_{\mathrm{g},i}^{\max} \\ \qquad k_{\mathrm{tap},i}^{\min} \leqslant k_{\mathrm{tap},i} \leqslant k_{\mathrm{tap},i}^{\max}\end{cases} \tag{2-37}$$

式中，$Q_{\mathrm{g},i}$为节点i无功电源或负荷；$k_{\mathrm{tap},i}$为节点i有载调压变压器的变化。

式（2-37）所示的最优潮流模型不仅可搜索系统的 SNB 点，也可搜索系统的 LIB 点。进一步，根据研究目标需要，该优化模型可简化为仅搜索系统 SNB 点的最优潮流模型：

$$\begin{cases}\max \quad \lambda \\ \text{s.t.} \quad \boldsymbol{f}(\boldsymbol{x},\boldsymbol{y})-\lambda\boldsymbol{d}=0\end{cases} \tag{2-38}$$

针对式（2-37）和式（2-38）所示的优化模型，目前常用的求解算法是内点法。通过求解式（2-37）和式（2-38），即可求得给定功率增长方向 $\boldsymbol{d}$ 下的负荷裕度λ，通过λ便可评估系统的静态电压稳定裕度。

2.2.4 戴维南等值法

戴维南等值法基于电路理论中极限功率下电压源内阻抗与外部负荷阻抗相等这一原理来分析系统的电压稳定性[27, 28]。显然，当负荷阻抗小于内阻抗时，系统电压稳定；当负荷阻抗等于内阻抗时，系统电压临界稳定；当负荷阻抗大于内阻抗时，系统电压失稳。进一步，将该结论应用到电力系统中可知，含发电机节点、负荷节点及联络节点的系统节点电压方程为

$$\begin{bmatrix}\boldsymbol{I}_{\mathrm{G}} \\ \boldsymbol{I}_{\mathrm{L}} \\ \boldsymbol{0}\end{bmatrix}=\begin{bmatrix}\boldsymbol{Y}_{\mathrm{GG}}' & \boldsymbol{Y}_{\mathrm{GL}}' & \boldsymbol{Y}_{\mathrm{GK}}' \\ \boldsymbol{Y}_{\mathrm{LG}}' & \boldsymbol{Y}_{\mathrm{LL}}' & \boldsymbol{Y}_{\mathrm{LK}}' \\ \boldsymbol{Y}_{\mathrm{KG}}' & \boldsymbol{Y}_{\mathrm{KL}}' & \boldsymbol{Y}_{\mathrm{KK}}'\end{bmatrix}\begin{bmatrix}\boldsymbol{V}_{\mathrm{G}} \\ \boldsymbol{V}_{\mathrm{L}} \\ \boldsymbol{V}_{\mathrm{K}}\end{bmatrix} \tag{2-39}$$

式中，$\boldsymbol{V}_{\mathrm{G}}$和$\boldsymbol{I}_{\mathrm{G}}$分别为发电机节点的电压和电流向量；$\boldsymbol{V}_{\mathrm{L}}$和$\boldsymbol{I}_{\mathrm{L}}$分别为负荷节点的电压和电流向量；$\boldsymbol{V}_{\mathrm{K}}$为系统联络节点的电压向量；$\boldsymbol{Y}_{\mathrm{GG}}'$、$\boldsymbol{Y}_{\mathrm{GL}}'$、$\boldsymbol{Y}_{\mathrm{GK}}'$、$\boldsymbol{Y}_{\mathrm{LG}}'$、$\boldsymbol{Y}_{\mathrm{LL}}'$、$\boldsymbol{Y}_{\mathrm{LK}}'$、$\boldsymbol{Y}_{\mathrm{KG}}'$、$\boldsymbol{Y}_{\mathrm{KL}}'$和$\boldsymbol{Y}_{\mathrm{KK}}'$为节点导纳矩阵的子矩阵。

消去网络中联络节点，网络中节点分为两类：一类为网络中全部发电机节点的集合（α_{G}）；另一类为全部负荷节点的集合（α_{L}）。消去联络节点后，式（2-39）的节点电压方程可变换为

$$\begin{bmatrix}\boldsymbol{I}_{\mathrm{G}} \\ \boldsymbol{I}_{\mathrm{L}}\end{bmatrix}=\begin{bmatrix}\boldsymbol{Y}_{\mathrm{GG}} & \boldsymbol{Y}_{\mathrm{GL}} \\ \boldsymbol{Y}_{\mathrm{LG}} & \boldsymbol{Y}_{\mathrm{LL}}\end{bmatrix}\begin{bmatrix}\boldsymbol{V}_{\mathrm{G}} \\ \boldsymbol{V}_{\mathrm{L}}\end{bmatrix} \tag{2-40}$$

式中

$$\boldsymbol{Y}_{\mathrm{GG}}=\boldsymbol{Y}_{\mathrm{GG}}'-\boldsymbol{Y}_{\mathrm{GK}}'\boldsymbol{Y}_{\mathrm{KK}}'^{-1}\boldsymbol{Y}_{\mathrm{KG}}' \tag{2-41}$$

$$\boldsymbol{Y}_{\mathrm{GL}}=\boldsymbol{Y}_{\mathrm{GL}}'-\boldsymbol{Y}_{\mathrm{GK}}'\boldsymbol{Y}_{\mathrm{KK}}'^{-1}\boldsymbol{Y}_{\mathrm{KL}}' \tag{2-42}$$

$$\boldsymbol{Y}_{\mathrm{LG}}=\boldsymbol{Y}'_{\mathrm{LG}}-\boldsymbol{Y}'_{\mathrm{LK}}\boldsymbol{Y}'^{-1}_{\mathrm{KK}}\boldsymbol{Y}'_{\mathrm{KG}} \tag{2-43}$$

$$\boldsymbol{Y}_{\mathrm{LL}}=\boldsymbol{Y}'_{\mathrm{LL}}-\boldsymbol{Y}'_{\mathrm{LK}}\boldsymbol{Y}'^{-1}_{\mathrm{KK}}\boldsymbol{Y}'_{\mathrm{KL}} \tag{2-44}$$

令消去联络节点后网络中的负荷节点间的阻抗矩阵 $\boldsymbol{Z}_{\mathrm{LL}}$、负荷-发电机阻抗矩阵 $\boldsymbol{Z}_{\mathrm{LG}}$ 分别为

$$\boldsymbol{Z}_{\mathrm{LL}}=\boldsymbol{Y}_{\mathrm{LL}}^{-1} \tag{2-45}$$

$$\boldsymbol{Z}_{\mathrm{LG}}=-\boldsymbol{Z}_{\mathrm{LL}}\boldsymbol{Y}_{\mathrm{LG}} \tag{2-46}$$

将式（2-45）、式（2-46）代入式（2-40）得

$$\begin{bmatrix}\boldsymbol{I}_{\mathrm{G}}\\ \boldsymbol{V}_{\mathrm{L}}\end{bmatrix}=\begin{bmatrix}\boldsymbol{Y}_{\mathrm{GG}}-\boldsymbol{Y}_{\mathrm{GL}}\boldsymbol{Z}_{\mathrm{LL}}\boldsymbol{Y}_{\mathrm{LG}} & \boldsymbol{Y}_{\mathrm{GL}}\boldsymbol{Z}_{\mathrm{LL}}\\ \boldsymbol{Z}_{\mathrm{LG}} & \boldsymbol{Z}_{\mathrm{LL}}\end{bmatrix}\begin{bmatrix}\boldsymbol{V}_{\mathrm{G}}\\ \boldsymbol{I}_{\mathrm{L}}\end{bmatrix} \tag{2-47}$$

分离式（2-47）中的发电机节点及负荷节点，得负荷节点的端电压表达式为

$$\boldsymbol{V}_{\mathrm{L}}=\boldsymbol{Z}_{\mathrm{LL}}\boldsymbol{I}_{\mathrm{L}}+\boldsymbol{Z}_{\mathrm{LG}}\boldsymbol{V}_{\mathrm{G}} \tag{2-48}$$

式（2-48）表明负荷节点端电压是由网络中所有发电机节点的端电压和负荷节点的注入电流共同作用的结果，由式（2-48）进一步得到负荷节点 i 的电压 $\dot{V}_{\mathrm{L}i}$ 为

$$\dot{V}_{\mathrm{L}i}=\sum_{j\in\alpha_{\mathrm{L}}}Z_{\mathrm{LL}ij}\dot{I}_{\mathrm{L}j}+\sum_{k\in\alpha_{\mathrm{G}}}Z_{\mathrm{LG}ik}\dot{V}_{\mathrm{G}k} \tag{2-49}$$

式中，$Z_{\mathrm{LL}ij}$ 为负荷节点 i、j 间的等效阻抗；$\dot{I}_{\mathrm{L}j}$ 为负荷节点 j 注入网络中的电流；$Z_{\mathrm{LG}ik}$ 为负荷节点 i 与发电机节点 k 之间的等效阻抗；$\dot{V}_{\mathrm{G}k}$ 为发电机节点 k 的端电压。

将式（2-49）中负荷节点 i 的电压 $\dot{V}_{\mathrm{L}i}$ 表示为等值电压源 $\dot{V}_{\mathrm{eq}i}$ 与等值电流源 $\dot{I}_{\mathrm{eq}i}$ 共同作用的结果，则 $\dot{V}_{\mathrm{L}i}$ 为

$$\dot{V}_{\mathrm{L}i}=Z_{\mathrm{eq}i}\dot{I}_{\mathrm{eq}i}+\dot{V}_{\mathrm{eq}i} \tag{2-50}$$

式中

$$\dot{I}_{\mathrm{eq}i}=\sum_{j\in\alpha_{\mathrm{L}}}Z_{\mathrm{LL}ij}\dot{I}_{\mathrm{L}j}\Big/Z_{\mathrm{eq}i} \tag{2-51}$$

$$\dot{V}_{\mathrm{eq}i}=-\sum_{k\in\alpha_{\mathrm{G}}}Z_{\mathrm{LG}ik}\dot{V}_{\mathrm{G}k} \tag{2-52}$$

$$Z_{\mathrm{eq}i}=Z_{\mathrm{LL}ii} \tag{2-53}$$

由式（2-50）可得多机多负荷电力网络的负荷节点 i 的等值功率传输模型，如图 2-9 所示。

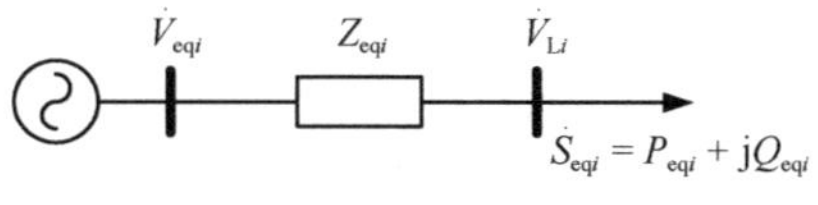

图 2-9 负荷节点 i 的等值功率传输模型

进一步，负荷节点的阻抗为

$$Z_{\mathrm{L}i}=\dot{V}_{\mathrm{L}i}\big/\dot{I}_{\mathrm{eq}i} \tag{2-54}$$

显然，当 $|Z_{\mathrm{L}i}|<|Z_{\mathrm{eq}i}|$ 时，节点 i 的电压稳定；当 $|Z_{\mathrm{L}i}|=|Z_{\mathrm{eq}i}|$ 时，节点 i 的电压临界稳定；当 $|Z_{\mathrm{L}i}|>|Z_{\mathrm{eq}i}|$ 时，节点 i 的电压失稳。通过分析对比系统中每个负荷节点的负荷阻抗与戴维南等值阻抗的大小，即可判断出系统的电压稳定性。

2.3 本章小结

本章首先从常用于评估电力系统静态电压稳定的指标入手，分别介绍了基于潮流模型的电压稳定评估指标和基于广域量测信息的电压稳定评估指标；然后进一步介绍了用于研究电力系统电压稳定性的常用方法，如连续潮流法、直接法、最优潮流法及戴维南等值法，为后续电力系统广域电压稳定评估与控制奠定了研究基础。

参考文献

[1] 田鑫, 孙彦龙, 牛新生, 等. 促进负荷中心实现低碳发展的送电模式[J]. 电网技术, 2015, 39(3): 663-668.

[2] 李羽晨, 王冠中, 张静, 等. 考虑光伏无功补偿的多馈入直流受端电网强度分析[J]. 电力系统自动化, 2021, 45(15): 28-35.

[3] 田宝烨, 袁志昌, 余昕越, 等. 混合双馈入系统中 VSC-HVDC 对 LCC-HVDC 受端电网强度的影响[J]. 中国电机工程学报, 2019, 39(12): 3443-3454.

[4] Kundur P, Paserba J, Ajjarapu V, et al. IEEE/CIGRE joint task force on stability terms and definitions. Definition and classification of power system stability[J]. IEEE Transactions on Power Systems, 2004, 19(3): 1387-1401.

[5] Cañizares C. A. Voltage stability assessment: Concepts, practices and tools[R]. New York: IEEE/FES Power System Stability Subcommittee, 2002.

[6] Pourbeik P, Kundur P S, Taylor C W. The anatomy of a power grid blackout-root causes and dynamics of recent major blackouts[J]. IEEE Power & Energy Magazine, 2006, 4(5): 22-29.

[7] 苗伟威, 贾宏杰, 董泽寅. 基于有功负荷注入空间静态电压稳定域的最小切负荷算法[J]. 中国电机工程学报, 2012, 32(16): 44-53.

[8] 汤涌, 贺仁睦, 鞠平, 等. 电力受端系统的动态特性及安全性评价[M]. 北京: 清华大学出版社, 2010.

[9] 李国庆, 姜涛, 徐秋蒙, 等. 基于局部电压稳定指标的裕度灵敏度分析及应用[J]. 电力自动化设备, 2012, 32(4):1-5.

[10] 夏成军, 王真, 华夏, 等. 基于电压灵敏度的受端系统电压支撑强度评价指标[J]. 电网技术, 2018, 42(9): 2938-2949.

[11] 姜彤, 艾琳, 杨以涵. 基于负荷裕度的在线电压稳定指标[J]. 电力自动化设备, 2009, 29(10): 39-42.

[12] 徐志友, 王胜辉, 许晓峰, 等. 弱节点排序参与因子的等价判据与比较[J]. 电力自动化设备, 2012, 32(12): 48-52, 63.

[13] 薛安成, 刘瑞煌, 李铭凯, 等. 基于支路电压方程的在线电压稳定指标[J]. 电工技术学报, 2017, 32(7): 95-103.

[14] 李佳, 刘天琪, 陈亮, 等. 基于理想点法的多准则综合灵敏度电压稳定评估指标[J]. 电力自动化设备, 2014, 34(3): 108-112.

[15] Taylor C W, Erickson D C, Martin K E, et al. WAC-wide-area stability and voltage control system: R&D and online demonstration[J]. Proceedings of IEEE, 2005, 93(5): 892-906.

[16] Karlsson D, Hemmingsson M, Lindahl S. Wide area system monitoring and control - terminology, phenomena, and solution implementation strategies[J]. IEEE Power & Energy Magazine, 2004, 4(5): 68-76.

[17] Leonardi B, Ajjarapu V. Development of multilinear regression models for online voltage stability margin estimation[J]. IEEE Transactions on Power Systems, 2011, 26(1): 374-383.

[18] 廖国栋, 王晓茹. 基于广域量测的电压稳定在线监测方法[J]. 中国电机工程学报, 2009, 29(4): 8-13.

[19] 赵晋泉, 杨友栋, 高宗和. 基于局部相量量测的电压稳定评估方法评述[J]. 电力系统自动化, 2010, 34(20): 1-6.

[20] 余娟, 李文沅, 颜伟. 对几个基于线路局部信息的电压稳定指标有效性的质疑[J]. 中国电机工程学报, 2009, 29(19): 27-35.

[21] 赵金利, 余贻鑫, Zhang P. 基于本地相量测量的电压失稳指标工作条件分析[J]. 电力系统自动化, 2006, 30(24): 1-5.

[22] 贾宏杰. 电力系统小扰动稳定域的研究[D]. 天津: 天津大学, 2001.

[23] 潘学萍, 李乐, 黄华, 等. 综合灵敏度和静态电压稳定裕度的直流受端交流系统电压薄弱区域评估方法[J]. 电力自动化设备, 2019, 39(3): 1-8.

[24] 伍利, 古婷婷, 姚李孝. 基于改进连续潮流法的静态电压稳定分析[J]. 电网技术, 2011, 35(10): 99-103.

[25] 邱威, 张建华, 刘念. 电压稳定约束下最优潮流的多目标优化与决策[J]. 电力自动化设备, 2011, 31(5): 34-38.

[26] 崔馨慧, 负志皓, 刘道伟, 等. 大电网静态电压稳定在线防控灵敏度分析新方法[J]. 电网技术, 2020, 44(1): 245-254.

[27] 颜伟, 文一宇, 余娟, 等. 基于戴维南等值的静态电压稳定广域切负荷控制策略[J]. 电网技术, 2011, 35(8): 88-92.

[28] 李连伟, 吴政球, 钟浩, 等. 基于节点戴维南等值的静态电压稳定裕度快速求解[J]. 中国电机工程学报, 2010, 30(4): 79-83.

[29] Li H, Li F, Xu Y, et al. Adaptive voltage control with distributed energy resources: Algorithm, theoretical analysis, simulation, and field test verification[J]. IEEE Transactions on Power Systems, 2010, 25(3): 1638-1647.

[30] 李国庆, 李小军, 彭晓洁. 计及发电报价等影响因素的静态电压稳定分析[J]. 中国电机工程学报, 2008, 28(22): 35-40.

[31] 姜涛, 李国庆, 贾宏杰, 等. 电压稳定在线监控的简化 *L* 指标及其灵敏度分析方法[J]. 电力系统自动化, 2012, 36(21): 13-18.

[32] Wang D, Parkinson S, Miao W, et al. Online voltage security assessment considering comfort-constrained demand response control of distributed heat pump systems[J]. Applied Energy, 2005, 96: 104-114.

[33] 姜涛, 陈厚合, 李国庆. 基于局部电压稳定指标的电压/无功分区调节方法[J]. 电网技术, 2012, 32(7): 208-213.

[34] Khoshkhoo H, Shahrtash S M. Fast online dynamic voltage instability prediction and voltage stability classification[J]. IET Generation Transmission & Distribution, 2014, 8(5): 957-965.

[35] Zabaiou T, Dessaint L A, Kamwa I. Preventive control approach for voltage stability improvement using voltage stability constrained optimal power flow based on static line voltage stability indices[J]. IET Generation Transmission & Distribution, 2014, 8(5): 924-934.

[36] Ghiocel S G, Chow J H. A power flow method using a new bus type for computing steady-state voltage stability margins[J]. IEEE Transactions on Power Systems, 2014, 29(2): 958-965.

[37] Londero R R, Affonso C M, Vieira J P A. Long-term voltage stability analysis of variable speed wind generators[J]. IEEE Transactions on Power Systems, 2014, 29(1): 439-447.

[38] Ashrafi A, Shahrtash S M. Dynamic wide area voltage control strategy based on organized multi-agent system[J]. IEEE Transactions on Power Systems, 2014, 29(6): 2590-2601.

[39] Wang Y, Pordanjani I, Li W, et al. Voltage stability monitoring based on the concept of coupled single-port circuit[J]. IEEE Transactions on Power Systems, 2011, 26(6): 2154-2163.

[40] Wang Y, Pordanjani I, Li W, et al. Strategy to minimize the load shedding amount for voltage stability prevention[J]. IET Generation Transmission & Distribution, 2011, 5(3): 307-313.

[41] Liu C, Hu F, Shi D, et al. Measurement-based voltage stability assessment considering generator VAR limits[J]. IEEE Transactions on Smart Grid, 2020, 11(1): 301-311.

[42] Ajjarupu V, Christy C. A tool for steady state voltage stability analysis[J]. IEEE Transactions on Power Systems, 1991, 7(1): 416-423.

[43] Chiang H D, Flueck A J, Shah K S. A practical tool for tracing power system steady-state stationary behavior due to load and generation variations[J]. IEEE Transactions on Power Systems, 1995, 10(4): 623-632.

[44] Greene S, Dobson I, Alvarado F L. Sensitivity of the loading margin to voltage collapse with respect to arbitrary parameters[J]. IEEE Transactions on Power Systems, 1997, 12(1): 262-272.

[45] Dobson I. The irrelevance of electric power system dynamics for the loading margin to voltage collapse and its sensitivities[J]. Nonlinear Theory and its Applications, IEICE, 2011, 2(3): 263-280.

[46] Greene S, Dobson I, Alvarado F L. Contingency ranking for voltage collapse via sensitivities from a single nose curve[J]. IEEE Transactions on Power Systems, 1999, 14(1): 232-240.

[47] Dobson I, Lu L. Computing an optimum direction in control space to avoid saddle node bifurcation and voltage collapse in electric power systems[J]. IEEE Transactions on Automatic Control, 1992, 37(10): 1616-1620.

[48] Flueck A J, Dondeti J R. A new continuation power flow tool for investigating the nonlinear effects of transmission branch parameter variations[J]. IEEE Transactions on Power Systems, 2000, 15(1): 223-227.

[49] Lee B, Ajjarapu V. Invariant subspace parametric sensitivity(ISPS) of structure-preserving power systems models[J]. IEEE Transactions on Power Systems, 1996, 11(2): 845-850.

[50] Long B, Ajjarapu V. The sparse formulation of ISPS and its application to voltage stability margin sensitivity and estimation[J]. IEEE Transactions on Power Systems, 1999, 14(3): 944-951.

[51] Mansour Y. Suggested techniques for voltage stability analysis[R]. New York: IEEE Power and Energy Society, 1993.

[52] Cutsem T V. Indices predicting voltage collapse including dynamic phenomena[R]. Paris: International Council on Large Electric Systems, 1994.

[53] Overbye T J, Dobson I, DeMarco C L. Q-V curve interpretations of energy measures for voltage security[J]. IEEE Transactions on Power Systems, 1994, 9(1): 331-340.

[54] Flatabo N, Ognedal R, Carlsen T. Voltage stability condition in power system transmission system calculated by sensitivity methods[J]. IEEE Transactions on Power Systems, 1990, 5(4): 1286-1293.

[55] Schuelter R A. Voltage stability and security assessment[R]. California: Electric Power Research Institute, 1988.

[56] Borremans P, Calvaer A, DeBeuck J P, et al. Voltage stability-fundamental concepts and comparison of practical criteria[C]. Proceedings of International Conference on Large High Voltage Electric Systems, Paris, 1984.

[57] Chen Y L, Chang C W, Liu C C. Efficient methods for identifying week nodes in electrical power networks[J]. IEE Proceedings of Generation, Transmission and Distribution, 1995, 142(3): 317-322.

[58] 王成山, 余贻鑫. 结构保留电力系统多变量频域反馈模型[J]. 中国电机工程学报, 1991, 11(6): 26-33.

[59] 王成山, 余贻鑫. 电力系统小扰动稳定性分散型频域判据[J]. 天津大学学报, 1991, 24(2): 1-9.

[60] 戴宏伟, 王成山, 余贻鑫. 计及模型不确定性的电力系统小扰动稳定性分析[J]. 天津大学学报, 1999, 32(5): 555-559.

[61] 戴宏伟, 王成山, 余贻鑫. 基于雅可比矩阵修正模型的电压稳定频域分析方法[J]. 电力系统及其自动化学报, 1998, 10(2): 20-26.

[62] Chiang H D, Jumeau R J. Toward a practical performance index for predicting voltage collapse in electric power system[J]. IEEE Transactions on Power Systems, 1995, 10(2): 584-590.

[63] Gao B, Morison G K, Kundur P. Voltage stability evaluation using modal analysis[J]. IEEE Transactions on Power Systems, 1992, 7(4): 1529-1542.

[64] EPRI. VSTAB2-2 user's manual[R]. California: Electric Power Research Institute, 1993.

[65] Abed E, Varaiya P. Oscillations in power systems via hopf bifurcation[C]. Proceedings of the 20th IEEE Conference on Decision and Control, New York, 1981.

[66] Zhou E Z, Chen S S, Ni Y X, et al. Modified selective modal analysis method and its application in the analysis of power system dynamics[J]. IEEE Transactions on Power Systems, 1991, 6(3): 1189-1195.

[67] Wang H F, Swift F J, Li M. Selection of installing locations and feedback signals of FACTS-based stabilizers in multimachine power systems by reduced-order modal analysis[J]. IEE Proceedings of Generation, Transmission and Distribution, 1997, 144(3): 263-269.

[68] Jones L E, Andersson G. Application of modal analysis of zeros to power systems control and stability[J]. Electric Power Systems Research, 1998, 46(3): 205-211.

[69] Kamwa I, Gerin-Lajoie L. State-space system identification - toward MIMO models for modal analysis and optimization of bulk power systems[J]. IEEE Transactions on Power Systems, 2000, 15(1): 326-335.

[70] Nanba M, Huang Y, Kai T, et al. Studies on VIPI based control methods for improving voltage stability[J]. International Journal of Electrical Power and Energy Systems, 1998, 20(2): 141-146.

[71] Tamura Y, Mori H, Iwamoto S. Relationship between voltage instability and multiple load flow solutions in electric power systems[J]. IEEE Transactions on Power Apparatus and Systems, 1983, 102(5): 1115-1125.

[72] Tamura Y, Sakamoto K, Tayama Y. Current issues in the analysis of voltage instability phenomena[C]. Proceedings of Bulk

Power System Voltage Phenomena - Voltage Stability and Security, Potosi, 1989.

[73] Tamura K I, Iwamoto S. A method for finding multiple load flow solutions for general power systems[C]. IEEE Proceedings of the Annual Reliability and Maintainability Symposium, New York, 1980.

[74] Sekine Y, Yokoyama A. Multisolutions for load flow problem of power system and their physical stability[C]. Proceedings of the 7th Power Systems Computation Conference, Yokoyama, 1981.

[75] Tamura Y, Sakamoto K, Tayama Y. Voltage instability proximity index based on multiple load-flow solutions in ill-conditioned power systems[C]. IEEE Proceedings of 27th Conference on Control and Decision, Austin, 1988.

[76] Yorino N, Harada S, Chen H. Method to approximate a closest loadability limit using multiple load flow solutions[J]. IEEE Transactions on Power Systems, 1997, 12(1): 424-429.

[77] Vournas C D. Voltage stability and controllability indices for multimachine power systems[J]. IEEE Transactions on Power Systems, 1995, 10(3): 1183- 1194.

[78] Nagao T, Tanaka K, Takenaka K. Development of static and simulation programs for voltage stability studies of bulk power system[J]. IEEE Transactions on Power Systems, 1997, 12(1): 273-281.

[79] Takahashi K. Formation of a sparse bus impedance matrix and its application to short circuit study[C]. Proceedings of 8th PICA Conference, Minneapolis, 1973.

[80] Seydel R. Practical Bifurcation and Stability Analysis-from Equilibrium to Chaos[M]. New York: Springer-Verlag, 1994.

[81] de Souza A C Z, Canizares C A, Quintana V H. Critical bus and point of collapse determination using tangent vectors[C]. Proceedings of North American Power Symposium, Massachusetts, 1996.

[82] de Souza A C Z, Canizares C A, Quintana V H. New techniques to speed up voltage collapse computations using tangent vectors[J]. IEEE Transactions on Power Systems, 1997, 12(3): 1380-1387.

[83] Ajjarapu V, Christy C. The continuation power flow: A tool for steady state voltage stability analysis[J]. IEEE Transactions on Power Systems, 1992, 7(1): 416-423.

[84] Barquin J, Gomez T, Pagola F L. Estimating the loading limit margin taking into account voltage collapse areas[J]. IEEE Transactions on Power Systems, 1995, 10(4): 1952-1962.

[85] Pai M A. Energy Function Analysis for Power System Stability[M]. New York : Springer-Verlag, 1989.

[86] Overbye T J, de Marco C L. Voltage security enhancement using energy based sensitivities[J]. IEEE Transactions on Power Systems, 1991, 6(3): 1196-1202.

[87] de Marco C L, Canizares C A. A vector energy function approach for security analysis of AC/DC systems[J]. IEEE Transactions on Power Systems, 1992, 7(3): 1001-1011.

[88] Sandberg L, Rouden K, Ekstam L. Security assessment against voltage collapse based on real-time data including generator reactive power capacity[C]. Proceedings of International Conference on Large High Voltage Electric Systems, Paris, 1994.

[89] Taylor C, Ramanathan R. BPA reactive power monitoring and control following the August 10, 1996 power failure[C]. Proceedings of Ⅵ Sepope Conference, Salvador, 1998.

[90] Schlueter R A. A voltage stability security assessment method[C]. Proceedings of IEEE/PES Summer Meeting, Berlin, 1997.

[91] Schlueter R A, Liu S. Intelligent control for a power system in a deregulated environment[C]. Proceedings of North American Power Symposium, Massachusetts, 1996.

[92] Milosevic B, Begovic M. Voltage-stability protection and control using a wide-area network of phasor measurements[J]. IEEE Transactions on Power Systems, 2003, 18(1): 121-127.

[93] Salehi V, Mohammed O. Real-time voltage stability monitoring and evaluation using synchorophasors[C]. Proceedings of North American Power Symposium, Boston, 2011.

[94] Diao R, Sun K, Vittal V, et al. Decision tree based online voltage security assessment using PMU measurements[J]. IEEE Transactions on Power Systems, 2009, 24(2): 832-839.

[95] Moghavvemi M, Omar F M. Technique for contingency monitoring and voltage collapse prediction[J]. IEE Proceedings of Generation, Transmission and Distribution, 1998, 145(6): 634-640.

[96] Smon I, Verbic G, Gubina F. Local voltage-stability index using Tellegen's theorem[J]. IEEE Transactions on Power Systems, 2006, 21(3): 1267- 1275.

[97] Sodhi R, Srivastava S, Singh S. A simple scheme for wide area detection of impending voltage instability[J]. IEEE Transactions on Smart Grid, 2012, 3(2): 818-827.

[98] Gong Y, Schulz N, Guzman A. Synchrophasor-based real-time voltage stability index[C]. Proceedings of IEEE Power Systems Conference and Exposition, Atlanta, 2006.

[99] Kessel P, Glavitsch H. Estimating the voltage stability of a power system[J]. IEEE Transactions on Power Delivery, 1986, 1(3): 346-354.

[100] Jia H, Yu X, Yu Y. An improved voltage stability index and its application[J]. International Journal of Electrical Power Energy Systems, 2005, 27(8): 567-574.

[101] Abdelkader S M. Online tracking of thevenin equivalent parameters using PMU measurements[J]. IEEE Transactions on Power Systems, 2012, 27(2): 975-983.

[102] Corsi S, Taranto G N. A real-time voltage instability identification algorithm based on local phasor measurements[J]. IEEE Transactions on Power Systems, 2008, 23(3): 1271-1279.

[103] Liu J H, Chu C C. Wide-area measurement-based voltage stability indicators by modified coupled single-port models[J]. IEEE Transactions on Power Systems, 2014, 29(2): 756-764.

[104] Wang Y, Wang C, Lin F, et al. Incorporating generator equivalent model into voltage stability analysis[J]. IEEE Transactions on Power Systems, 2013, 28(4): 4857-4866.

[105] 郭瑞鹏, 韩祯祥. 电压崩溃临界点计算的改进零特征根法[J]. 中国电机工程学报, 2000, 20(5): 63-66.

[106] 姜涛, 张明宇, 李雪, 等. 静态电压稳定域局部边界的快速搜索新方法[J]. 中国电机工程学报, 2018, 38(14): 4126-4318.

[107] 赵晋泉, 江晓东, 张伯明. 一种静态电压稳定临界点的识别和计算方法[J]. 电力系统自动化, 2004(23): 28-32.

[108] 曾江, 韩祯祥. 电压稳定临界点的直接计算法[J]. 清华大学学报(自然科学版), 1997(S1): 94-97.

[109] 胡泽春, 王锡凡. 基于最优乘子潮流确定静态电压稳定临界点[J]. 电力系统自动化, 2006(6): 6-11.

第3章　电力系统广域电压稳定评估与在线监测

本章首先详细介绍局部电压稳定指标（L 指标）的构建过程，提出了电力系统广域电压稳定在线监测的新方法，有效计及混合节点中发电机及负荷对电压指标值的影响，实现电力系统电压稳定在线准确监测；然后计及非恒 PQ 负荷成分、发电机励磁特性、不完全量测信息影响来改进局部电压稳定指标，利用改进电压稳定指标快速确定系统电压弱节点，并建立大规模电力系统支路断线故障下的电压稳定裕度模型，快速预测系统电压稳定裕度；最后提出一种可适应大规模电网快速计算的简化 L 指标，借助全微分方程分析系统参数变化对电压稳定性的影响，实现不同电压失稳模式的负荷节点区域划分。

3.1　L 指标

采用 L 指标进行电压稳定评估的物理概念清晰、计算速度快，含有确定上/下界，针对不同系统均可给出归一化指标值，具有较高的实际电网应用价值[1, 2]。因此，本节主要从单机电力系统和多机电力系统两种场景详细分析 L 指标的构建过程和基本原理，为后续电压稳定评估提供理论支撑。

3.1.1　L 指标基本原理

单机电力系统功率传输模型如图 3-1 所示，图中，$V_{\mathrm{s}}\angle\theta_{\mathrm{s}}$ 为电压源侧端电压，$V_{\mathrm{t}}\angle\theta_{\mathrm{t}}$ 为负荷侧端电压，支路导纳为 $\boldsymbol{Y}_{\mathrm{st}}=G_{\mathrm{st}}+\mathrm{j}B_{\mathrm{st}}=|Y_{\mathrm{st}}|\angle\beta_{\mathrm{st}}$，支路对地导纳为 $\boldsymbol{Y}_{\mathrm{s0}}=\boldsymbol{Y}_{\mathrm{t0}}=\mathrm{j}B_{\mathrm{s0}}=\mathrm{j}B_{\mathrm{t0}}$，负荷节点注入功率为 $\dot{S}_0=P_0+\mathrm{j}Q_0=S_0\angle\varphi_0$。

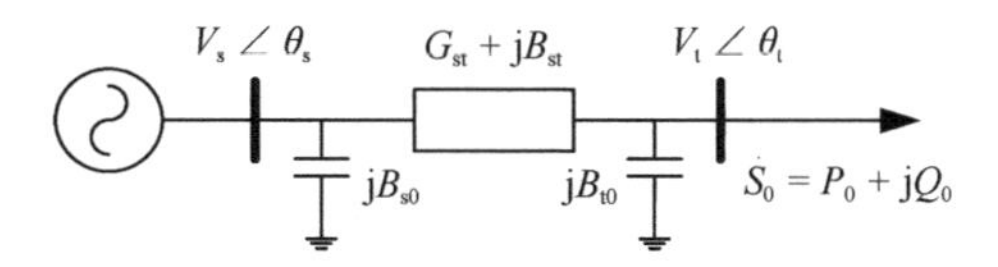

图 3-1　单机电力系统功率传输模型

由节点电压定律有

$$\boldsymbol{Y}_{\mathrm{tt}}\dot{V}_{\mathrm{t}}+\boldsymbol{Y}_{\mathrm{st}}\dot{V}_{\mathrm{s}}=\dot{I}_{\mathrm{t}}=\left(\dot{S}/\dot{V}_{\mathrm{t}}\right)^{*} \tag{3-1}$$

式中，$\boldsymbol{Y}_{\mathrm{tt}}=\boldsymbol{Y}_{\mathrm{st}}+\boldsymbol{Y}_{\mathrm{s0}}=G_{\mathrm{tt}}+\mathrm{j}B_{\mathrm{tt}}=|Y_{\mathrm{tt}}|\angle\beta_{\mathrm{tt}}$；$\dot{V}_{\mathrm{s}}$、$\dot{V}_{\mathrm{t}}$、$\dot{I}_{\mathrm{t}}$ 为相量形式；上标*表示取共轭。

式（3-1）进一步推导可得

$$V_{\mathrm{t}}^2+\left(Y_{\mathrm{st}}/Y_{\mathrm{tt}}\right)V_{\mathrm{s}}\left(V_{\mathrm{t}}\right)^*=\left(\dot{S}\right)^*\Big/Y_{\mathrm{tt}} \tag{3-2}$$

令 $\begin{cases}\dot{V}_{\mathrm{st}}=\left(Y_{\mathrm{st}}/Y_{\mathrm{tt}}\right)\dot{V}_{\mathrm{s}}=\left|\left(Y_{\mathrm{st}}/Y_{\mathrm{tt}}\right)V_{\mathrm{s}}\right|\left(\cos\varphi_{\mathrm{st}}+\mathrm{j}\sin\varphi_{\mathrm{st}}\right)\\ \left(\dot{S}\right)^*\Big/Y_{\mathrm{tt}}=\left|S/Y_{\mathrm{tt}}\right|\left(\cos\varphi_{\mathrm{st}}+\mathrm{j}\sin\varphi_{\mathrm{st}}\right)\end{cases}$，并将式（3-2）的实部、虚部分开有

$$\begin{cases}V_{\mathrm{st}}V_{\mathrm{t}}\cos\theta_{\mathrm{st}}=\left|S/Y_{\mathrm{tt}}\right|\cos\varphi_{\mathrm{st}}-V_{\mathrm{t}}^2\\ V_{\mathrm{st}}V_{\mathrm{t}}\sin\theta_{\mathrm{st}}=-\left|S/Y_{\mathrm{tt}}\right|\sin\varphi_{\mathrm{st}}\end{cases} \tag{3-3}$$

式中，$\varphi_{\mathrm{st}}=-\varphi_0-\beta_{\mathrm{tt}}$； $\theta_{\mathrm{st}}=\phi_{\mathrm{st}}-\theta_{\mathrm{t}}$， $\phi_{\mathrm{st}}=\beta_{\mathrm{st}}+\theta_{\mathrm{s}}-\beta_{\mathrm{tt}}$。

由式（3-3），根据三角函数$\left(\cos\theta_{\mathrm{st}}\right)^2+\left(\sin\theta_{\mathrm{st}}\right)^2=1$，得负荷节点电压 V_{t} 为

$$V_{\mathrm{t}}=\sqrt{V_{\mathrm{st}}^2/2+a\pm\sqrt{V_{\mathrm{st}}^4/4+aV_{\mathrm{st}}^2-b^2}} \tag{3-4}$$

式中，$a=\left|S/Y_{\mathrm{tt}}\right|\cos\varphi_{\mathrm{st}}$； $b=\left|S/Y_{\mathrm{tt}}\right|\sin\varphi_{\mathrm{st}}$。进一步令 $r=V_{\mathrm{st}}^2\left|Y_{\mathrm{tt}}/S\right|/2+\cos\varphi_{\mathrm{st}}$，将 r 代入式（3-4）得

$$V_{\mathrm{t}}=\sqrt{\left|S/Y_{\mathrm{tt}}\right|}\cdot\sqrt{r\pm\sqrt{r^2-1}} \tag{3-5}$$

式中，r 必为大于或等于 1 的实数。当 $r>1$ 时，V_{t} 有两个解，$r+\sqrt{r^2-1}$ 表明负荷节点处于高电压、小电流状态，对应 P-V 曲线的上半支部分，节点电压稳定；$r-\sqrt{r^2-1}$ 表明负荷节点处于低电压、大电流状态，对应 P-V 曲线的下半支部分，节点电压失稳。当 r=1 时，V_{t} 有唯一解，对应 P-V 曲线鼻子点（nose point，NP），节点电压临界稳定。

进一步分析得整个 P-V 曲线上 r 随 V_{t} 变化的趋势：在 P-V 曲线上半支，r 随节点电压 V_{t} 的减小而减小；在 P-V 曲线鼻子点处，r 取到其最小值 r=1；在 P-V 曲线下半支，r 随节点电压 V_{t} 的减小而增大。根据上述分析结果并结合实际系统都运行于高电压、小电流的 P-V 曲线上半支这一特点可知：r 值可有效反映系统电压稳定情况，r 值越远离 1，系统电压稳定性越好：r 值越接近 1，系统电压稳定性越差；当 r 值等于 1 时，系统电压临界稳定，因此定义系统电压稳定指标为 L_{vsi}，为了简化表述，后文统一用 L 指标表示：

$$L=V_{\mathrm{st}}^2\left|Y_{\mathrm{tt}}/S\right|/2+\cos\varphi_{\mathrm{st}} \tag{3-6}$$

3.1.2 *L* 指标应用

上述电压稳定指标 L 只适用于图 3-1 所示的简单系统，而实际电力系统是一个多机多负荷系统，系统中任一发电机出力或负荷功率注入的变化都将会给其他节点的电压稳定性带来一定的影响，因此需结合实际系统的特点，对式（3-6）所示的电压稳定指标 L 进行完善，方可应用于实际电力系统[3,4]。

由式（2-50）得实际电力网络中负荷节点 i 的等效功率传输模型如图 2-2 所示。

对比式（3-2），式（2-50）进一步变换为

$$V_{\mathrm{L}i}^2+\dot{V}_{\mathrm{eq}i}\left(\dot{V}_{\mathrm{L}i}\right)^*=Z_{\mathrm{eq}i}\dot{I}_{\mathrm{eq}i}\left(\dot{V}_{\mathrm{L}i}\right)^* \tag{3-7}$$

定义负荷节点 i 的等效注入视在功率 $\dot{S}_{\mathrm{eq}i}=\dot{V}_{\mathrm{L}i}\left(\dot{I}_{\mathrm{eq}i}\right)^{*}$ ，且有 $Y_{\mathrm{LL}ii}=1/Z_{\mathrm{LL}ii}$，将 $\dot{S}_{\mathrm{eq}i}$ 、$Y_{\mathrm{LL}ii}$ 代入式（3-7）有

$$V_{\mathrm{L}i}^{2}+\dot{V}_{\mathrm{eq}i}\left(\dot{V}_{\mathrm{L}i}\right)^{*}=\left(\dot{S}_{\mathrm{eq}i}\right)^{*}/Y_{\mathrm{LL}ii} \tag{3-8}$$

结合式（3-2）～式（3-6）及式（3-8），得电力网络中负荷节点 i 的电压稳定指标 L_i 为

$$L_{i}=V_{\mathrm{eq}i}^{2}\left|Y_{\mathrm{LL}ii}/S_{\mathrm{eq}i}\right|/2+\cos\varphi_{\mathrm{eqLL}i} \tag{3-9}$$

式中，$\varphi_{\mathrm{eqLL}i}=-\arctan\left(b_{\mathrm{eq}i}/a_{\mathrm{eq}i}\right)-\arctan\left(G_{\mathrm{LL}ii}/B_{\mathrm{LL}ii}\right)$，$a_{\mathrm{eq}i}$ 为等效电纳，$b_{\mathrm{eq}i}$ 为等效电导。

根据式（3-5），由式（2-50）～式（2-53）进一步可计算得到节点 i 的戴维南等值计算电压 $V'_{\mathrm{L}i}$：

$$V'_{\mathrm{L}i}=\sqrt{\left|S_{\mathrm{eq}i}/Y_{\mathrm{LL}ii}\right|}\cdot\sqrt{L_{i}+\sqrt{L_{i}^{2}-1}} \tag{3-10}$$

在系统各个运行点，借助式（3-9）即可求出各负荷节点的当前电压稳定指标，由系统电压失稳具有局部性的特点可知：系统电压崩溃通常从系统局部一个或几个负荷节点的电压失稳开始，逐渐扩大到整个系统，在这个过程中，首先出现的失稳节点是系统电压最薄弱环节即系统电压弱节点，系统电压弱节点对应着节点电压稳定指标 L 最小的节点，随着系统电压稳定性的进一步恶化，其 L 值单调递减，当系统电压崩溃时，其对应的负荷节点电压稳定指标值递减到 1。根据系统电压稳定性与电压稳定指标值 L 之间的关系，定义系统的 L 指标为

$$L=\min(\boldsymbol{L}) \tag{3-11}$$

式中，$\boldsymbol{L}=[L_1, L_2, \cdots, L_N]$，$N$ 为网络中负荷节点的数目。

系统稳定对应于指标 $L<1.0$（每个负荷节点的 L 均小于 1.0）；$L=1.0$ 对应于系统的电压稳定临界点（某一个负荷节点的 L 达到 1.0）；而 $L>1.0$ 表示系统已经失稳（某一个负荷节点的 L 大于 1.0），根据 L 与 1.0 的距离，可确定系统稳定的裕度。

3.2 电力系统广域电压稳定在线监测

由于电力系统电压稳定性具有局部特征，可借助 WAMS 的局部相量量测信息来分析、研究系统的电压稳定性[5-8]。基于节点量测信息的系统电压稳定在线监测的理论基础是，当系统电压临界稳定时，负荷节点消耗的功率最大，此时负荷节点阻抗模值与其戴维南等值阻抗模值相等，该方法理论基础坚实，为广大研究者所接受，但该方法在进行戴维南等值过程中存在等值参数漂移的问题，计算误差较大[9, 10]。为此，本节进一步在 3.1 节所建立的电压稳定在线监测基本模型基础上，提出一种电力系统广域电压稳定在线监测新方法[11]，并根据实际电力网络特点，将该模型扩展并应用于大规模电力系统。然后，针对网络中存在发电机和负荷共线的混合节点，将该节点分裂为扩展的发电机内电势节点和电压可控的负荷节点，有效计及发电机负荷共线节点中发电机及负荷对电压稳定指标的共同作用，提高了模型在线监测精度。

3.2.1 负荷与发电机共线节点处理

在电力网络中采用戴维南等值时常面临系统某些节点同时存在发电机和负荷的情况，目前对于如何处理这种混合节点，尚无明确可行的方法，通常的处理办法是在发电机无功出力到达极限前，将该节点视为电压可控节点；当发电机无功出力到达极限后，将该节点视为负荷节点。采用这种方法处理时，在作为电压可控节点过程中，仅计及了混合节点中发电机对其他负荷节点的电压稳定指标作用，未考虑混合节点中负荷功率注入的影响，在系统中存在少量的这种混合节点时，该方法计算结果误差较小；但当系统存在大量上述节点时，计算误差将显著增加。

借鉴 BPA、PSS/E 等商业仿真软件中处理电压可控节点的方法，并结合发电机实际运行特性，采用如图 3-2 所示的考虑发电机内电势的扩展发电机节点，将混合节点分裂为负荷节点和发电机内电势节点，为保证原发电机负荷节点的电压在运行过程中保持不变，将分裂后的负荷节点设置为分裂后的发电机节点的远方电压可控负荷节点，这样在发电机无功输出未超限时，可维持原发电机负荷共线节点的电压不变，发电机内电势随着发电机出力的变化而发生改变；当发电机无功受限时，发电机内电势不变，此时便失去了维持远端负荷节点电压的能力。这种处理方法符合实际系统中发电机的运行特点（类似于 BPA 中的 BG 节点或 PSS/E、VTSAB 中的可控制远方母线（remote bus）电压的发电机节点），有效计及发电机负荷共线节点中的发电机和负荷对模型的影响，提高了模型计算结果的准确度，其中发电机的内电势 E_{q} 为

$$E_{\mathrm{q}} = V\cos(\delta+\theta) + x_{\mathrm{d}} I \sin(\delta+\theta+\alpha) \tag{3-12}$$

式中，V、θ 分别为发电机机端电压幅值、相位；I、α 为发电机注入系统的电流幅值、相位；δ 和 x_{d} 分别为发电机的转子角和同步电抗。其中 V、θ、I、α 及 δ 均可通过 WAMS 获取。

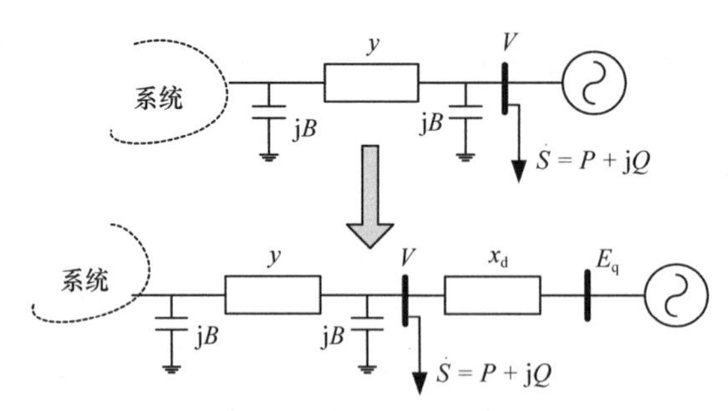

图 3-2　发电机负荷共线节点模型的扩展

需要指出的是：在采用式（3-9）计算负荷节点电压稳定指标 L 的过程中，由于发电机负荷共线的混合节点已分裂为发电机内电势节点和远方电压可控的负荷节点，因此分裂后的远方电压可控的负荷节点的 L 也将会被计算，随着整个系统负荷注入功率的增加，电压可控负荷节点的 L 值将会发生变化，但在发电机无功输出越限前，该负荷节点的电压可控，电压幅值维持不变，因此所计算出来的 L 并不能真实反映此时电

压可控负荷节点的电压稳定性；只有当发电机节点失去无功调节能力，该节点失去维持电压稳定的能力后，上述 L 指标才具有实际参考意义，因此在发电机负荷共线节点中发电机无功未越限时，将计算得到的电压可控负荷节点的 L 值作为无效数据剔除；而在发电机无功受限后，将计算得到的电压可控负荷节点的 L 值作为其节点在线电压稳定监测的指标值。

3.2.2 电压稳定在线监测框架

电力系统正常运行时，系统中元件的运行状态实时变化，使得网络中各节点类型存在相互转换的可能，因此在运行过程中需对系统中各元件的运行状态进行实时监控，根据监测结果对部分特殊节点进行处理，具体方法可参见文献[3]。

结合广域测量系统架构体系，电压稳定在线监测系统整体结构如图 3-3 所示，其主站系统位于区域电网调度控制中心，各子站位于变电站/发电厂内，图中 PDC 为 PMU 的相量数据集中器（phasor data concentrator）；OVSMS 为所提电压稳定在线监测系统（online voltage stability monitoring system）。具体工作流程如下。

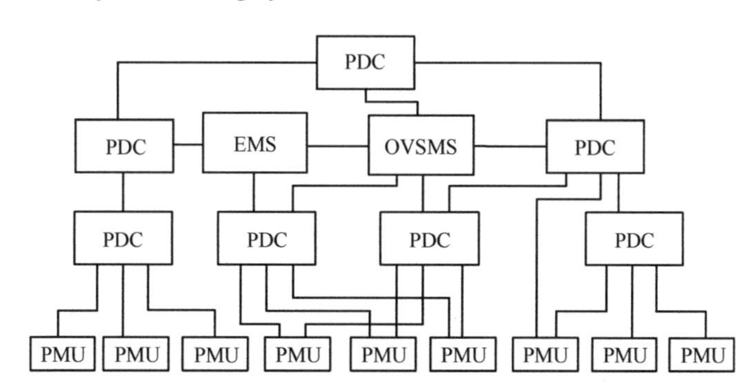

图 3-3 电压稳定在线监测系统整体结构图

（1）子站系统实时监测电力网络的拓扑结构变化信息（如元件开断、有载分接开关分接头调节）、发电机和灵活交流输电（FACTS）装置等电压控制设备的无功越限信息、电容器/电抗器的投切信息，并将上述信息及母线电压相量、电流相量等电气信息通过高速广域通信网络上传至区域调度控制中心的主站系统中。

（2）主站系统对上传的信息进行分类处理，当监测到系统网络拓扑结构发生变化时，主站系统重新读取 EMS 中的网络拓扑信息，再根据式（2-48）计算 $\boldsymbol{Z}_{\mathrm{LL}}$、$\boldsymbol{Z}_{\mathrm{LG}}$；当监测到电压控制节点的发电机、同步调相机、静止无功补偿装置（SVC）、静止同步补偿装置（STATCOM）等 FACTS 装置失去电压控制能力时，将该电压控制节点类型由 PV 节点转化为负荷节点，更新相应的网络节点类型，并重新形成 $\boldsymbol{Z}_{\mathrm{LL}}$、$\boldsymbol{Z}_{\mathrm{LG}}$。

（3）主站系统实时监测系统网络拓扑及节点类型转换信息，更新 $\boldsymbol{Z}_{\mathrm{LL}}$、$\boldsymbol{Z}_{\mathrm{LG}}$ 并结合各子站系统上传的母线电压幅值、相位信息及负荷节点注入的有、无功信息按式（3-9）计算各节点的电压稳定指标值，确定各节点的电压稳定指标，再根据各节点的电压稳定指标按式（3-11）确定系统的电压稳定指标值。

3.2.3 算例分析

为验证所提方法的可行性和有效性，以 New England 39 系统为例进行仿真。负荷增长方向及发电机出力对电压稳定有着重要影响，以全网负荷按恒功率因数增长，发电机出力按各发电机有功剩余容量的比例进行分配。

按照上述负荷及发电机出力增长方式采用 CPF 法计算得到的部分节点 *P-V* 曲线如图 3-4 所示。图 3-4 中分别给出了节点 7、8、12、15、31 和 39 的 *P-V* 曲线，其中节点 31 为系统平衡节点，节点 39 为系统的发电机节点，在采用 CPF 法计算过程中，由于上述两个节点的无功未越限，其发电机具有电压调控能力，因而在整个计算过程中节点 31、39 的机端电压保持不变；节点 7、8、12、15 为部分负荷节点，其中节点 8 的电压最先崩溃，是系统电压崩溃点，节点 7 是系统电压次低节点，而节点 12、15 的电压较节点 7、8 更稳定。采用所提方法跟踪系统负荷的增长，计算得到的部分节点电压稳定指标 L 变化趋势如图 3-5 所示。由图 3-5 可知：随着各负荷节点负荷的增加，各节点的电压稳定指标值都呈单调递减的关系，其中节点 8 的电压指标曲线一直处于系统负荷节点电压指标曲线簇的最下方，且较其他负荷节点而言，值最先为 1，是系统电压崩溃节点，其次是节点 7，图 3-5 中节点电压稳定变化趋势结果与图 3-4 结果一致。

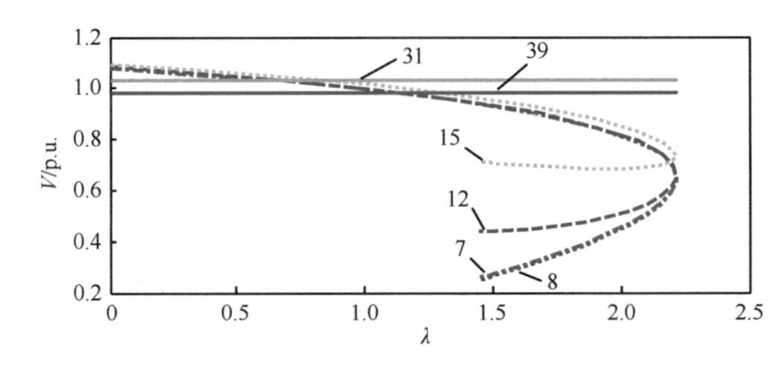

图 3-4 New England 39 系统部分节点的 *P-V* 曲线

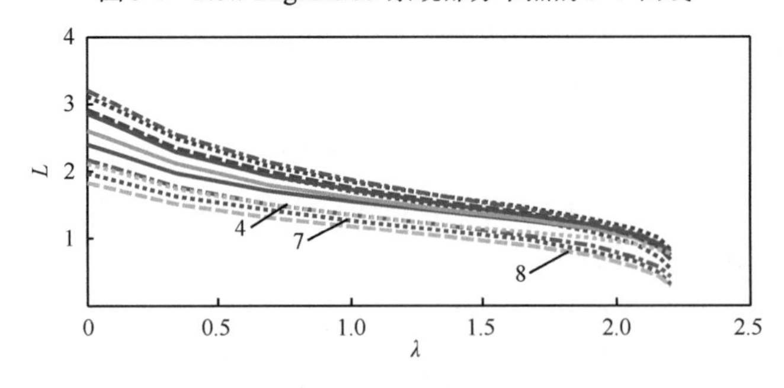

图 3-5 New England 39 系统部分节点的 L 曲线

表 3-1 和表 3-2 详细给出了采用所提方法在负荷因子λ=0、1.3529、2.2051（最大负荷因子）时，由式（2-50）～式（2-53）、式（3-7）～式（3-9）计算得到的各负荷节点的 V_{eq}、S_{eq}、V_L、L。由表 3-1 可知：随着负荷因子的增长，各负荷节点等值电压

源电压幅值变化范围为0～0.02p.u.，主要原因是系统中各发电机的AVR输出未到达励磁顶值，尚具有电压调节能力，可维持机端电压恒定，上述电压幅值的微小变化是由电压相位角的变化引起的；而各负荷节点的等值视在功率幅值随着负荷因子的增长急剧增加。从表3-2中结果可知：随着负荷因子的增长，各负荷节点的戴维南等值计算电压 V_L 和电压稳定指标 L 都单调递减，在电压崩溃点处（λ=2.2051），最小戴维南等值计算电压 V_{Lmin} 和电压稳定指标 L_{min} 分别为0.6862p.u.、0.7469，对应于节点8，即节点8为系统电压最先崩溃的节点（与图3-5相对应），而在电压崩溃点处采用CPF法计算得到的节点8的真实电压为0.70926p.u.，与戴维南等值计算电压 V_L 近似相等，验证了所提方法的有效性，同时在电压崩溃点处计算得到电压稳定指标 L 为0.7469，与理论值1相比较小，因而可知所提方法具有一定的保守性。

表3-1　New England 39系统等值参数

节点	λ=0		λ=1.3529		λ=2.2051	
	V_{eq}/p.u.	S_{eq}/p.u.	V_{eq}/p.u.	S_{eq}/p.u.	V_{eq}/p.u.	S_{eq}/p.u.
3	1.1192	22.8688	1.1100	55.8803	1.0883	78.3140
4	1.1256	27.8094	1.1190	66.5802	1.1015	83.1363
7	1.1385	22.8898	1.1321	53.3876	1.1152	64.6069
8	1.1419	25.8036	1.1354	62.0357	1.1179	75.4189
12	1.1220	10.4033	1.1174	23.1235	1.1044	26.7628
15	1.1136	23.1367	1.1094	54.8708	1.0964	70.8736
16	1.1083	28.8655	1.1047	69.6560	1.0924	96.7092
18	1.1182	20.0666	1.1114	47.5834	1.0930	64.5390
20	1.0234	14.7539	1.0224	37.9951	1.0188	59.0805
21	1.1011	17.6581	1.0983	42.7080	1.0883	59.1697
23	1.0886	13.9713	1.0871	34.3725	1.0799	50.7807
24	1.1067	19.4328	1.1031	48.4432	1.0909	71.1875
25	1.1005	17.7103	1.1015	44.4469	1.0883	67.1861
26	1.1197	14.6513	1.1168	35.2419	1.1020	49.6576
27	1.1205	16.5079	1.1165	40.1345	1.1014	55.1029
28	1.1017	8.8303	1.0996	21.7454	1.0901	32.3371
29	1.0875	10.9032	1.0862	26.9320	1.0795	41.3553

表3-2　不同负荷因子的节点电压幅值及电压稳定指标

节点	λ=0		λ=1.3529		λ=2.2051	
	V_L/p.u.	L	V_L/p.u.	L	V_L/p.u.	L
3	1.0304	3.3237	0.9976	1.9256	0.8245	0.9963
4	1.0036	2.6254	0.9603	1.6407	0.6879	0.8790
7	0.9967	2.4535	0.9533	1.5851	0.7093	0.7832
8	0.9957	2.3080	0.9523	1.4903	0.6862	0.7469
12	1.0000	2.8747	0.9553	1.8506	0.6941	1.2511

续表

节点	λ=0		λ=1.3529		λ=2.2051	
	V_L/p.u.	L	V_L/p.u.	L	V_L/p.u.	L
15	1.0158	3.0577	0.9739	1.8774	0.7551	1.1415
16	1.0323	3.5472	0.9973	2.0731	0.8160	1.2654
18	1.0313	3.3484	0.9958	1.9980	0.8137	1.1134
20	0.9910	4.5655	0.9753	2.3931	0.9087	1.6374
21	1.0321	3.8297	0.9983	2.2008	0.8263	1.5148
23	1.0450	5.3196	1.0215	2.8073	0.9016	2.0233
24	1.0378	3.6499	1.0048	2.0666	0.8304	1.2002
25	1.0575	4.6246	1.0417	2.5653	0.9589	1.7513
26	1.0522	3.8232	1.0214	2.2289	0.8728	1.4397
27	1.0380	3.2882	1.0014	1.9618	0.8244	1.1891
28	1.0502	4.2940	1.0239	2.4033	0.9028	1.7011
29	1.0500	5.3866	1.0297	2.8453	0.9354	2.0221

为深入探究所提方法的保守程度，表 3-3 详细列出了 New England 39 系统中节点 8（最弱电压节点）每步的计算结果，从表 3-3 结果可知：当λ=2.0673 时，计算得到的 L 为 1.0384，若从 L=1 时系统电压崩溃这一理论出发，可判断此时系统电压已接近崩溃，而采用连续潮流计算得到的系统电压崩溃点处的λ_{cr}=2.2051，计算结果误差约为 0.1，因此由表 3-3 及上述分析结果可知，所提方法的保守性极小，进一步验证了所提方法的准确性。此外，需要指出，根据电压稳定的定义[8]：当系统向负荷提供的功率随着电流的增加而增加时，系统处于电压稳定状态；反之，系统处于电压不稳定状态。表 3-3 的计算信息验证了 New England 39 系统电压失稳全过程即在λ从 0 增加到 2.1603 的区间内，随着电流 i_{eq} 从 20.5728p.u.增加到 82.1764p.u.，系统向负荷提供的功率 S_{eq} 从 25.6751p.u.增加至 76.9470p.u.，在此阶段系统处于电压稳定状态；而在λ从 2.1603 增加到 2.2051 时，系统向负荷提供的功率由 76.9470p.u.减少至 75.1350p.u.，表明系统电压失稳。

表 3-3 节点 8 的电压幅值及电压稳定指标

λ	V_{eq}/p.u.	i_{eq}/p.u.	S_{eq}/p.u.	L
0.0000	1.1419	20.5728	25.6751	2.3080
0.3438	1.1410	27.9972	34.8270	1.9863
0.6851	1.1396	35.6645	43.9962	1.7819
1.0223	1.1378	43.6664	53.0516	1.6277
1.3529	1.1354	52.1411	61.7603	1.4903
1.6714	1.1321	61.3235	69.6636	1.3429
1.9108	1.1286	69.5508	74.7646	1.1914
2.0673	1.1250	76.4115	76.9948	1.0384
2.1603	1.1215	82.1764	76.9470	0.8872
2.2051	1.1179	87.0559	75.1350	0.7469

在 New England 39 系统中，存在两个负荷与发电机共线的混合节点，分别为节点 31 和 39。根据提出的混合节点处理方法，计算得到节点 31 和 39 内电势 E_q 变化趋势如图 3-6 所示，由图 3-6 可知：随着负荷因子的增长，节点 31 的内电势变化平缓，而节点 39 的内电势随着负荷因子的增长而急剧增加，导致这种现象的原因如下：节点 31 的负荷 $P_{l31}+jQ_{l31}=0.092+$ j0.046，而节点 39 的负荷 $P_{l39}+jQ_{l39}=11.04+j2.5$，同比例增加负荷时，节点 39 负荷无功消耗是节点 31 负荷无功消耗的 54.35 倍，根据无功分层就地补偿原则，节点 39 的发电机供给本节点负荷的无功是节点 31 的发电机供给本节点负荷的无功的 54.35 倍，同时再加上维持本节点电压的需要，节点 39 发电机的无功注入远大于节点 31 发电机的无功注入的 54.35 倍，因而节点 39 的发电机内电势比节点 31 的发电机内电势随负荷因子增长增加得更加剧烈。采用上述方法处理后的节点 31、39 的电压稳定指标值变化趋势如图 3-7 所示，呈单调递减趋势，而对比图 3-5，节点 31、39 发电机无功未越限，具有电压调控能力，可维持负荷节点 31、39 的电压保持不变，结合混合节点处理方法，图 3-7 所示信息不具有实际参考意义，需剔除。

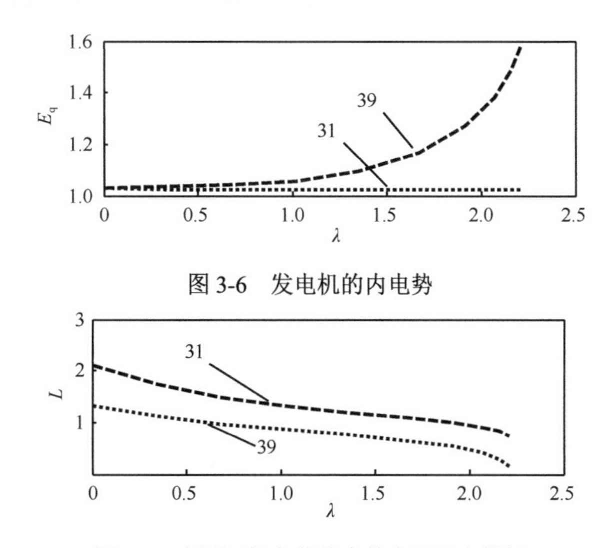

图 3-6　发电机的内电势

图 3-7　电压可控负荷节点的电压稳定指标

本节进一步通过分析节点 8 对比采用所提方法与原方法计算得到的电压稳定指标值的异同，结果如图 3-8～图 3-12 所示，图中所提方法是指将负荷与发电机共线的混合节点分裂为负荷节点和发电机内电势节点；原方法是指将负荷与发电机共线节点处理为发电机节点而不计及负荷作用。图 3-8、图 3-9 为根据式（2-51）计算的节点 8 等值电压源的电压幅值及相位变化趋势，由图中结果可知采用所提方法计算得到的等值电压源电压幅值要比原方法高，主要原因是：①采用 3.2.1 节处理发电机负荷共线节点的方法后，系统节点增加，负荷节点间的阻抗矩阵 $\boldsymbol{Z}_{LL}$ 和负荷发电机节点间的阻抗矩阵 $\boldsymbol{Z}_{LG}$ 都发生了变化；②原方法中发电机节点的电压向量 $\boldsymbol{V}_G$ 为发电机的机端电压向量，不考虑发电机的无功越限，其机端电压幅值保持不变，仅相位变化，因而采用式（2-51）计算得到的负荷节点等值电压源幅值变化较小，而采用所提方法计算时，由于考虑了分裂发电机的内电势，在整个过程中，发电机的内电势变化趋势如图 3-6 所示，因而计算得到的等效电压源电压幅值要较原方法大。

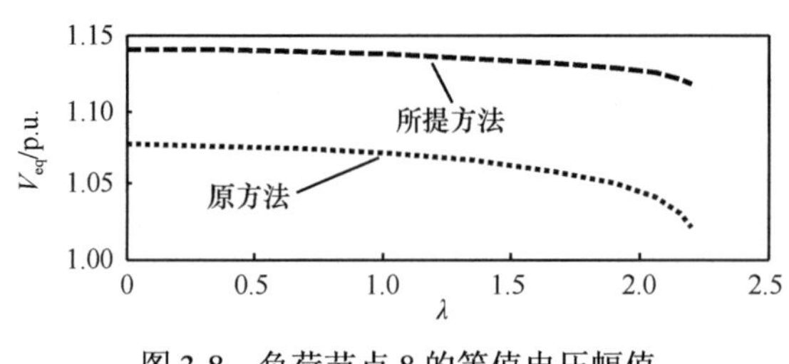

图 3-8 负荷节点 8 的等值电压幅值

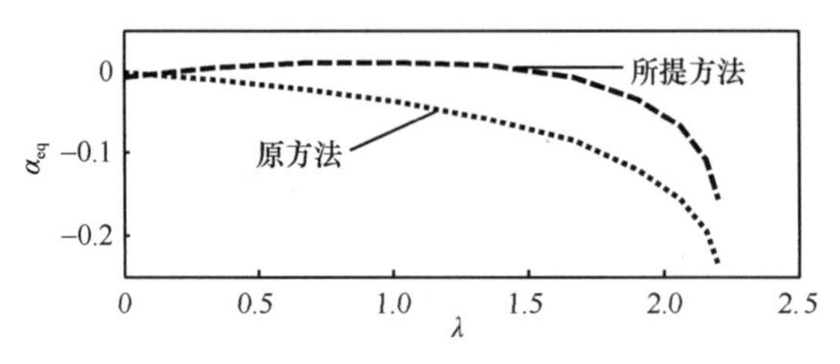

图 3-9 负荷节点 8 的等值电压相位

图 3-10 和图 3-11 为节点 8 的等值视在功率幅值及相位变化趋势，可知采用所提方法计算得到的视在功率幅值较原方法小，造成这种现象的原因主要是：分裂负荷发电机共线节点后计算得到的负荷阻抗矩阵 $\boldsymbol{Z}_{\mathrm{LL}}$ 中的自阻抗比分裂前大而互阻抗比分裂前小，通过式（2-51）计算得到的等效等值电流源 $\dot{I}_{\mathrm{eq}i}$ 要比分裂前小，式（2-50）中 $\dot{I}_{\mathrm{eq}i}$ 的减少平衡了 $\dot{V}_{\mathrm{eq}i}$ 的增加，因而戴维南等值计算电压 V_{L} 在分裂前后基本保持不变，但 $\dot{I}_{\mathrm{eq}i}$ 的减小导致等效注入视在功率 $\dot{S}_{\mathrm{eq}i}=\dot{V}_{\mathrm{L}i}\left(\dot{I}_{\mathrm{eq}i}\right)^{*}$ 的幅值要比未分裂时小。

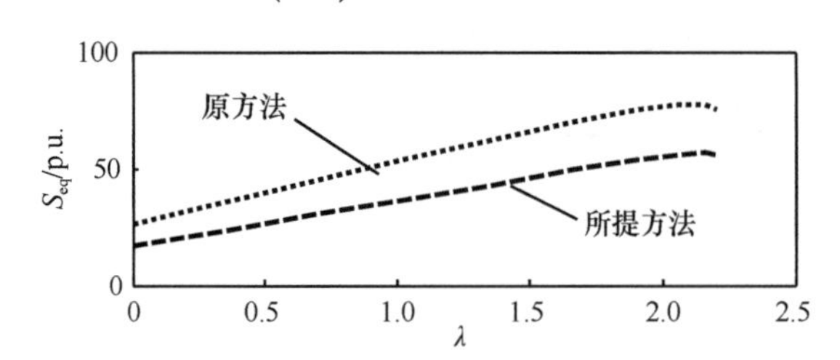

图 3-10 负荷节点 8 的等值视在功率幅值

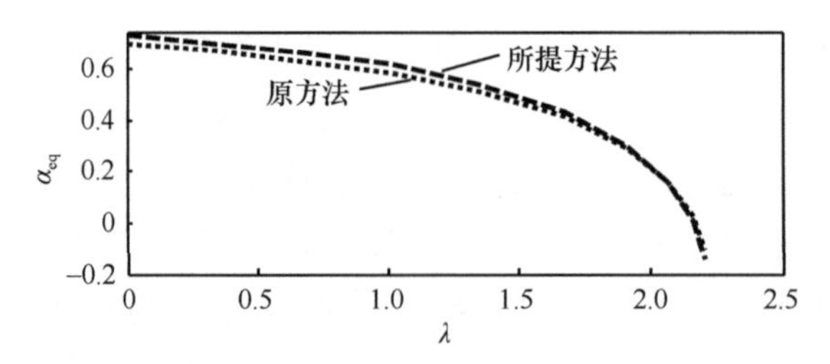

图 3-11 负荷节点 8 的等值视在功率相位

图 3-12 比较了所提方法和原方法计算得到的系统电压稳定指标值变化趋势，由图

3-12 可知：采用所提方法计算得到的电压稳定指标随着负荷因子的增长一直处于原方法曲线下方，主要原因为分裂后负荷节点导纳矩阵的变化导致自导纳 Y_{LL88}=45.3193 比未分裂前的 73.0497 小，其减少的幅度远大于 V_{eqi} 增加及 S_{eqi} 减小的幅度，而通过图 3-11 又可知，分裂前后 $\cos\varphi_{eqLLi}$ 变化不大，因而由式（3-9）可知，分裂后的电压指标要比分裂前的指标值小。比较崩溃点处的系统电压稳定指标，可知采用原方法计算得到的系统电压稳定指标值 L=1.0765，相比 L=1 而言偏乐观，而采用所提方法计算的 L=0.7469 较保守，但从上面的分析可知其保守性极小，可以满足电压稳定在线监测的需要，所提出的方法能被电力调度、运行人员所接受，因而证明了所提方法的可行性。

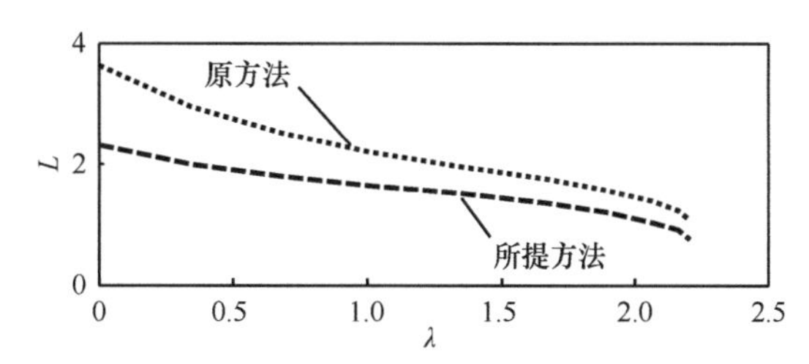

图 3-12　New England 39 系统电压稳定指标

IEEE 118 系统含 54 个发电机节点、91 个负荷节点，其中负荷与发电机共线节点有 37 个。算例中负荷节点 34、35、36、39、40、41、42、43、44、45、46、47、48 的有、无功负荷均按照恒功率因数的增长方式变化，发电机出力按照各发电机有功剩余容量的比例分配，在此方式下的部分节点的 P-V 曲线如图 3-13 所示，其中节点 83 为在此方式下系统的电压崩溃点，系统最大负荷因子为 2.5799，按照上述增长方式计算得到的部分节点电压稳定指标 L 变化如表 3-4 所示。

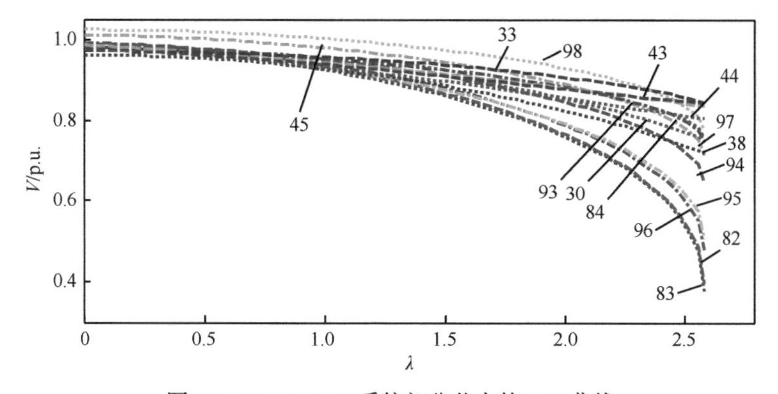

图 3-13　IEEE 118 系统部分节点的 P-V 曲线

表 3-4　IEEE 118 系统部分节点的 L

λ	节点					
	44	82	83	93	94	95
0.0000	5.9855	10.0708	13.4660	13.0200	7.3009	9.9430
0.5022	4.9224	5.5045	7.0670	8.7658	5.5312	6.2374
0.6560	3.8947	4.5994	6.1026	7.3369	4.3824	5.1726

续表

λ	节点					
	44	82	83	93	94	95
0.8534	3.0227	3.8633	5.3042	6.1763	3.5285	4.2985
1.0556	2.4562	3.4123	4.8028	5.4510	3.0338	3.7679
1.5109	1.8449	2.8656	4.0924	4.4879	2.4314	3.0847
1.8021	1.7384	2.6392	3.7527	4.1450	2.2178	2.7664
2.0070	1.7186	2.5070	3.5266	3.9855	2.1285	2.5689
2.2068	1.7007	2.3768	3.2364	3.8028	2.0832	2.3688
2.3233	1.6956	2.2745	2.9563	3.5759	2.0651	2.2216
2.4378	1.6904	2.1055	2.4818	3.1084	2.0193	2.0132
2.5146	1.6897	1.8850	1.9473	2.5759	1.9143	1.7900
2.5537	1.6890	1.6747	1.5455	2.1999	1.7859	1.6104
2.5799	1.6887	1.2511	0.9630	1.6802	1.5113	1.3066

由表 3-4 的结果可知：采用所提方法计算得到的系统电压崩溃节点与 CPF 法计算的系统电压崩溃节点都为 83 节点，其次分别为 82、95、94、93、44，上述节点的电压稳定程度排序结果与图 3-13 的 CPF 法计算结果相一致，验证了所提方法的有效性。

3.3 改进 *L* 指标

现有电力系统局部电压稳定性在线监控研究过程中，普遍采用 *P-V* 曲线作为预防电压失稳的手段，但该方法所确定的系统载荷能力极限点对应于 *P-V* 曲线的 SNB 点，而非 NP，因而单纯依靠 *P-V* 曲线的 NP 进行稳定性监视具有一定局限性，不可避免地带来潜在危险。为此，本节进一步改进现有局部电压稳定指标：①计及非恒 PQ 负荷成分的影响；②计及发电机励磁达到顶值极限的影响；③在信息不完全的情况下，给出较为满意的估计。

3.3.1 *L* 指标的不足之处

在对电力系统电压稳定性的监控中，有很长一段时间，仅利用 *P-V* 曲线作为预防电压失稳的手段（或 *S-V* 曲线，为讨论方便，统一为 *P-V* 曲线），此方法是假定系统的最大传输功率值 P_{max} 为临界点（由于其形状似鼻子，常称为 NP），该点以上为稳定区域，以下为不稳定区域，尽管 *P-V* 曲线的方法在很长时间的电压失稳预防研究中发挥过很大作用，但文献[12]～[16]在分析部分电压失稳事故时均已指出，由电压稳定所决定的系统载荷能力极限点（电压崩溃点）对应于 *P-V* 曲线的 SNB 点，而非 NP，因而单纯依靠 *P-V* 曲线的 NP 进行稳定性监视具有一定的局限性，不可避免地带来潜在危险。从下边这个简单的例子会看出，文献[17]给出的 *L* 指标，是一个能准确跟踪 *P-V* 曲线 NP 的电压稳定指标，在应用时，会具有与 *P-V* 曲线相似的缺点。如图 3-14 所示的两节点系统中，节点 1

为发电机节点，节点电压 $V_1\angle\theta_1=1.0\angle 0°$维持恒定，节点 2 为负荷节点，负荷为 $S_L=P_L+jQ_L$，节点电压 $V_2\angle\theta_2$ 随节点负荷功率的变化而不断改变，系统参数均为标幺值，功率基准 S_b=100MV·A。系统的潮流方程为

$$0=-P_L(\lambda,V_2)-V_1V_2\sin(\theta_2-\theta_1)/x \tag{3-13}$$

$$0=-Q_L(\lambda,V_2)+[V_1V_2\cos(\theta_2-\theta_1)-V_2^2]/x \tag{3-14}$$

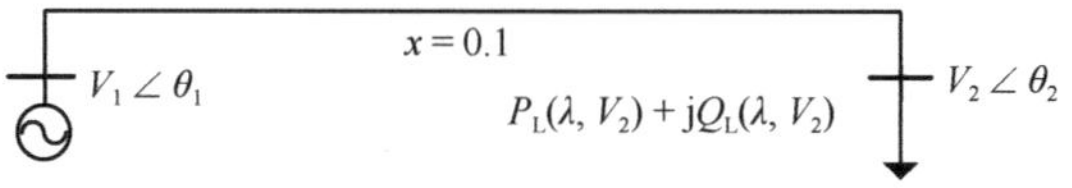

图 3-14　简单的两节点系统示例

为讨论方便，首先假设 $Q_L(\lambda, V_2)=0$，分别将 $P_L(\lambda, V_2)$取为如下五种典型负荷。

某病态负荷：

$$P_L(\lambda,V_2)=\lambda P_0(V_2/V_{20})^k,\quad k<0 \tag{3-15}$$

式中，P_0为额定功率；V_{20}为负荷节点的额定电压。

恒功率负荷：

$$P_L(\lambda,V_2)=\lambda P_0 \tag{3-16}$$

恒功率和恒阻抗各占 50%的负荷：

$$P_L(\lambda,V_2)=\lambda(0.5V_2^2G_0+0.5P_0) \tag{3-17}$$

式中，G_0为额定电导。

恒电流负荷：

$$P_L(\lambda,V_2)=\lambda V_2I_0 \tag{3-18}$$

式中，I_0为额定电流。

恒阻抗负荷：

$$P_L(\lambda,V_2)=\lambda V_2^2G_0 \tag{3-19}$$

图 3-15 给出了上述五种负荷特性下的 P-V、λ-V 和 P-L 曲线，其中λ为负荷因子，即接入系统同类单元负荷（本节将单元负荷取为初始负荷）的个数，并在表 3-5 中给出了系统 NP 与 SNB 点处的 P 和λ的值。从图 3-15 和表 3-5 可以看出，在不同负荷特性下，系统分岔曲线λ-V 和电压崩溃点 SNB 点有很大不同，但它们却具有一个相同的 P-V 曲线[图 3-15（b）中的曲线①]和相同的 NP。在进行电压稳定监控时，若系统中具有恒阻抗或恒电流负荷成分，将 NP 作为系统电压崩溃点，只会给估计结果带来一些保守性；但当系统具有如式（3-15）所示的病态负荷成分时，再利用 NP 作为电压崩溃点，就会有很大的风险。文献[15]和[16]已相继指出，具有负荷依电压幅值呈负指数变化的病态负荷成分存在，而其没有被正确地加以考虑，正是 1987 年东京大停电事故的一个重要原因。在我国，随着人民生活水平的不断提高，空调负荷（它是一种典型的具有依电压幅值呈负指数变化的负荷）将不断加大，如果不能很好地考虑这些病态负荷对电压稳定的影响，将有重蹈东京大停电事故覆辙的危险。对于 $Q_L(\lambda,V_2)\neq 0$ 的情况，上述结论仍然成立，只是相同的规律将表现为（P_L, Q_L, V_2）三维空间中更为复杂的曲线形式[18]。

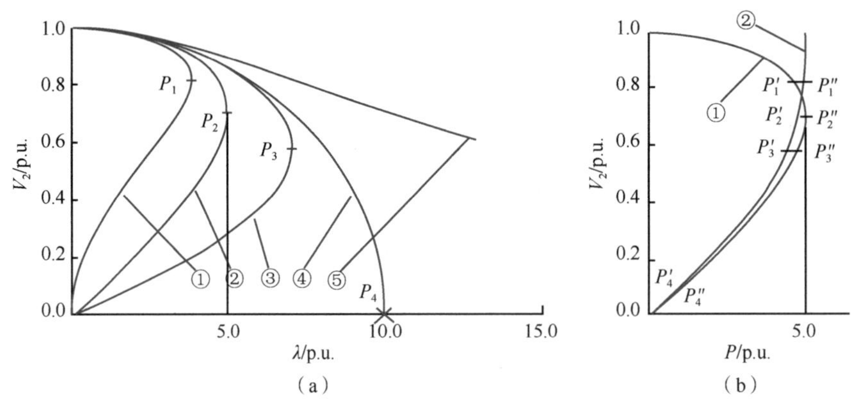

图 3-15 在不同负荷特性下的 *P-V*、*λ-V*、*P-L* 曲线

表 3-5 五种负荷特性下的 NP 和 SNB 点处的系统参数 （单位：p.u.）

变量		类型 1	类型 2	类型 3	类型 4	类型 5
NP	λ	3.536	5.000	6.667	7.071	10.00
	P	5.000	5.000	5.000	5.000	5.000
SNB 点	λ	3.849	5.000	7.071	10.00	$+\infty$
	P	4.714	5.000	4.714	0.000	0.000

（1）图 3-15（a）中曲线①②③④⑤依次对应于上述负荷类型 1～5。

（2）图 3-15（b）中曲线①为不同负荷特性下相同的 *P-V* 曲线；曲线②为不同负荷特性下相同的 *P-L* 曲线。

（3）图 3-15 中点 P_1～P_4 分别为负荷类型 1～4 的 SNB 点，P_1'～P_4' 为负荷类型 1～4 的 SNB 点在 *P-V* 曲线上相应的点，P_1''～P_4'' 为负荷类型 1～4 的 SNB 点在 *P-L* 曲线上相应的点（恒阻抗负荷，取值范围为 0～+∞，不存在 SNB 点，故未在图中标出）。

我们在使用 *L* 指标的过程中，发现该指标主要在以下三方面需要加以改进。

（1）由于 *L* 指标未能考虑负荷模型的影响，只适用于恒 PQ 负荷模型，对于具有非恒 PQ 负荷成分的系统，*L* 指标只能准确跟踪系统 *P-V* 曲线的 NP，而非真正的崩溃点 SNB 点，其结果可能保守也可能乐观。

（2）在多机系统中计算 *L* 指标时，是以假定系统中 PV 节点性质不会发生变化为前提条件的，即假设 PV 节点的电压维持恒定。但由于大量的发电机节点被处理为 PV 节点，它们的机端电压被假定为恒定，当有的发电机励磁达到顶值极限后，其机端电压恒定的假设将不再成立，因而在计算 *L* 指标时，应当充分考虑发电机性质的改变对被监控节点 *L* 指标计算的影响。

（3）以往的电压稳定指标（包括 *L* 指标在内）在计算时，一般都是根据电网全局的信息进行的，当把这些指标用于大系统时，就现有的手段而论，还难以实现，具有明显的局限性。为此，需要研究如何在不完全信息下实现电压稳定性的监控和电压稳定域的估计。

3.3.2 计及多重因素影响的改进 L 指标

针对 3.3.1 节提出的问题，对原有 L 指标进行相应的改进，使之能够：①计及非恒 PQ 负荷成分的影响；②计及发电机励磁达到顶值极限的影响；③在信息不完全情况下，给出较为满意的估计值。在介绍改进方法之前，首先给出改进过程中用到的两个重要概念：负荷节点的相关发电机节点集 R_{G} 和相关负荷节点集 R_{L}。

将系统节点分为两组，一组为全部的 PV 节点，定义为 α_{G}，另一组为全部的负荷节点，定义为 α_{L}。为方便起见，在一个含有 n 个节点的系统中，不妨设 $1, 2, \cdots, n_{\mathrm{L}}$ 为负荷节点，$n_{\mathrm{L}}+1, n_{\mathrm{L}}+2, \cdots, n$ 为发电机节点和平衡节点，从而分组后的系统端口传输方程可表示为

$$\begin{vmatrix} \boldsymbol{V}^{\mathrm{L}} \\ \boldsymbol{I}^{\mathrm{G}} \end{vmatrix} = |\boldsymbol{H}| \cdot \begin{vmatrix} \boldsymbol{I}^{\mathrm{L}} \\ \boldsymbol{I}^{\mathrm{G}} \end{vmatrix} = \begin{vmatrix} \boldsymbol{Z}^{\mathrm{LL}} & \boldsymbol{F}^{\mathrm{LG}} \\ \boldsymbol{K}^{\mathrm{GL}} & \boldsymbol{Y}^{\mathrm{GG}} \end{vmatrix} \begin{vmatrix} \boldsymbol{I}^{\mathrm{L}} \\ \boldsymbol{V}^{\mathrm{G}} \end{vmatrix} \tag{3-20}$$

式中，$\boldsymbol{V}^{\mathrm{L}}$、$\boldsymbol{V}^{\mathrm{G}}$、$\boldsymbol{I}^{\mathrm{L}}$ 和 $\boldsymbol{I}^{\mathrm{G}}$ 分别为 α_{L} 和 α_{G} 对应的电压和电流向量；$\boldsymbol{Z}^{\mathrm{LL}} \in \mathbf{C}^{n_{\mathrm{L}} \times n_{\mathrm{L}}}$；$\boldsymbol{F}^{\mathrm{LG}} \in \mathbf{C}^{n_{\mathrm{L}} \times (n-n_{\mathrm{L}})}$；$\boldsymbol{K}^{\mathrm{GL}} \in \mathbf{C}^{(n-n_{\mathrm{L}}) \times n_{\mathrm{L}}}$ 和 $\boldsymbol{Y}^{\mathrm{GG}} \in \mathbf{C}^{(n-n_{\mathrm{L}}) \times (n-n_{\mathrm{L}})}$ 分别为端口传递矩阵 $\boldsymbol{H} \in \mathbf{C}^{n \times n}$ 的子阵。

对每一个负荷节点 $j \in \alpha_{\mathrm{L}}$，其电压可表示为

$$V_j = \sum_{i \in \alpha_{\mathrm{L}}} Z_{ji} \cdot I_i + \sum_{k \in \alpha_{\mathrm{G}}} F_{jk} \cdot V_k \tag{3-21}$$

式中，F_{jk} 为 $\boldsymbol{F}^{\mathrm{LG}}$ 矩阵的第 j 行第 k 列元素；V_k 为电压向量 $\boldsymbol{V}^{\mathrm{G}}$ 的第 k 个元素。

经推导，式（3-21）可变换为如下形式：

$$V_j^2 + V_{0j} \cdot V_j^* = S_j^{+*} / Y_{jj}^* \tag{3-22}$$

式中，$V_{0j} \triangleq -\sum_{k \in \alpha_{\mathrm{G}}} F_{jk} \cdot V_k$；上角符号*表示变量的共轭转置。

则负荷节点 j 的局部指标 L_j 可定义为

$$L_j \triangleq |\ell_j| = \left|1 + \frac{V_{0j}}{V_j}\right| = \left|1 - \frac{\sum_{k \in \alpha_{\mathrm{G}}} F_{jk} \cdot V_k}{V_j}\right| = \left|\frac{S_j^+}{Y_{jj}^{+*} \cdot V_j^2}\right| \tag{3-23}$$

式中，$Y_{jj}^+ \triangleq 1/Z_{jj}$，其中 Z_{jj} 为 $\boldsymbol{Z}^{\mathrm{LL}}$ 矩阵的第 j 行第 j 列元素；$S_j^+ \triangleq S_j + S_j^{\mathrm{corr}} = S_j + \left(\sum_{\substack{i \in \alpha_{\mathrm{L}} \\ i \neq j}} \frac{Z_{ji}^*}{Z_{jj}^*} \cdot \frac{S_i}{V_i}\right) \cdot V_j$，为节点 j 的等值功率注入。

3.3.2.1 负荷节点的相关发电机节点集 R_{G} 和相关负荷节点集 R_{L}

对于所关心的负荷节点 j（$j \in \alpha_{\mathrm{L}}$），当网络拓扑结构给定后，它与发电机各节点和负荷各节点之间的相关性不同。如果某一台发电机 k（$k \in \alpha_{\mathrm{G}}$）的机端电压或性质发生变化后都会对 j 产生显著影响，则称该节点为 j 的相关发电机节点，j 的所有相关发电机节点组成的集合称为它的相关发电机节点集，记为 $R_{\mathrm{G}j}$；同样，如果某一负荷节点 i 的任

何变动都会对 j 产生显著影响，则称 i 为 j 的相关负荷节点，所有 j 的相关负荷节点的集合称为它的相关负荷节点集，记为 R_{Lj}。

1）负荷节点的相关发电机节点集 R_G

假设第 k 台发电机节点电压 V_k 有一个很小的变化量 ΔV_k，则其对第 j 个负荷节点 ℓ_j 的影响可由式（3-24）和式（3-25）得到

$$\tilde{\ell}_j \triangleq 1-\frac{\sum\limits_{k\in\alpha_G} F_{jk}(V_k+\Delta V_k)}{V_j}=1-\frac{\sum\limits_{k\in\alpha_G} F_{jk}V_k}{V_j}-\frac{\sum\limits_{k\in\alpha_G} F_{jk}\Delta V_k}{V_j}=\ell_j-\frac{\sum\limits_{k\in\alpha_G} F_{jk}\Delta V_k}{V_j} \tag{3-24}$$

$$\Delta\ell_j \triangleq \tilde{\ell}_j-\ell_j=-\sum_{k\in\alpha_G}\frac{F_{jk}}{V_j}\Delta V_k \triangleq \sum_{k\in\alpha_G}\beta_j F_{jk}\Delta V_k \tag{3-25}$$

式中，$\beta_j \triangleq -1/V_j$，由式（3-25）可推得

$$\frac{\partial\ell_j}{\partial V_k}\approx\beta_j F_{jk} \tag{3-26}$$

$$\left|\frac{\partial\ell_j}{\partial V_k}\right|\approx|\beta_j||F_{jk}| \tag{3-27}$$

其中，β_j 因与负荷节点电压 V_j 相对应，对于每一种给定的运行状态是一个定值。由式（3-27）可看出，给定系统运行状态，则 β_j 就给定了，发电机节点 k 的电压改变对负荷节点 j 的影响正比于 $|F_{jk}|$。从而根据 $|F_{jk}|$ 大小的排序，可依次找到影响 L_{Ij}（改进的 L 指标）的发电机的顺序，进而，可确定节点 j 的相关发电机节点集 R_{Gj}。在实际应用时，可针对每一个被监控负荷节点 j 的情况，选择一个合适的门槛值 π_j，相应的相关发电机节点集 R_{Gj} 定义为

$$R_{Gj} \triangleq \{k \mid \text{abs}(F_{jk}) \geqslant \pi_j, \forall k\in\alpha_G\}, \qquad \forall j\in\alpha_L \tag{3-28}$$

2）负荷节点的相关负荷节点集 R_L

根据负荷节点相关负荷节点的定义，并考虑式（3-20），可以看出，其他负荷节点对所关心的负荷节点的影响，是通过矩阵 $\boldsymbol{Z}^{LL}$ 传递的，这里将 $\boldsymbol{Z}^{LL}$ 称为负荷注入转移阻抗矩阵，$\boldsymbol{Z}^{LL}=(\boldsymbol{Y}^{LL})^{-1}$，$\boldsymbol{Y}^{LL}$ 为节点导纳矩阵 $\boldsymbol{Y}$ 中对应于负荷节点部分的子矩阵，$\boldsymbol{Y}^{LL}$ 非常稀疏，导致 $\boldsymbol{Z}^{LL}$ 中大量元素接近于零[18]。对于所关心的负荷节点 j，其相关负荷节点集 R_{Lj} 的求法如下：选取合适的门槛值 Z_{min}，若负荷节点 i 所对应的 $Z_{ij}\geqslant Z_{min}$，则节点 $i\in R_{Lj}$，否则 $i\notin R_{Lj}$，于是被监控负荷节点 j 的相关负荷节点集 R_{Lj} 被定义为

$$R_{Lj} \triangleq \{i \mid \text{abs}(Z_{ij}) \geqslant Z_{min}, \forall i\in\alpha_L\}, \qquad \forall j\in\alpha_L \tag{3-29}$$

注意，负荷注入转移阻抗矩阵 $\boldsymbol{Z}^{LL}$ 与通常的节点阻抗矩阵 $\boldsymbol{Z}$ 是完全不同的，矩阵 $\boldsymbol{Z}^{LL}$ 的元素 Z_{ij} 反映了负荷节点 i、j 之间的电气联络强度，而 $\boldsymbol{Z}$ 的元素 Z_{ij} 并不直接反映节点 i、j 之间的电气距离，有关两者的讨论，参见文献[18]。

3.3.2.2 考虑非恒 PQ 负荷成分的影响

在进行电力系统稳定性分析时，两种常用的负荷模型为 ZIP 负荷模型和依从于节点电压幅值呈指数变化的负荷模型（简称电压指数负荷模型）[19-21]：

1）ZIP 负荷模型

ZIP 负荷模型具体如下：

$$S_{\mathrm{L}}=S_{\mathrm{Z}}+S_{\mathrm{I}}+S_{\mathrm{P}}=\lambda\cdot(K_{\mathrm{G0}}V^2+K_{\mathrm{I0}}V+K_{\mathrm{S0}}) \tag{3-30}$$

式中，S_{Z}为恒阻抗消耗功率；S_{I}为恒电流负荷相对应的功率；S_{P}为恒功率分量；K_{G0}为恒阻抗负荷所占比重；K_{I0}为恒电流负荷所占比重；K_{S0}为恒功率负荷所占比重。

约束条件为

$$K_{\mathrm{G0}}+K_{\mathrm{I0}}+K_{\mathrm{S0}}=1.0 \tag{3-31}$$

2）电压指数负荷模型

电压指数负荷模型具体如下：

$$P_{\mathrm{L}}=\lambda\cdot K_pV^{\alpha_p} \tag{3-32}$$

$$Q_{\mathrm{L}}=\lambda\cdot K_qV^{\alpha_q} \tag{3-33}$$

或

$$S_{\mathrm{L}}=\lambda\cdot(K_pV^{\alpha_p}+\mathrm{j}K_qV^{\alpha_q}) \tag{3-34}$$

针对上述 ZIP 负荷模型和电压指数负荷模型，本节给出两种修正方案。

3）针对 ZIP 负荷模型的修正方案

对负荷节点j及其相关负荷节点集$R_{\mathrm{L}j}$，按如下步骤对L指标进行修正：

（1）将节点j的恒阻抗负荷成分$S_{\mathrm{Z},j}$转化为对地导纳$Y_{\mathrm{LZ},j}$，直接加入系统节点导纳矩阵$\boldsymbol{Y}$（影响Y_{jj}项），然后利用更新后的$\boldsymbol{Y}$矩阵，计算指标ℓ_j和L_j。

（2）对于节点j和任一负荷节点i（$i\in R_{\mathrm{L}j}$），若其含有恒电流和恒阻抗负荷成分，则按如下方式，分别求解系数α_{ji}和β_{ji}：

$$\alpha_{ji}=\lambda_i(K_{\mathrm{I0},i}|V_{i0}|+K_{\mathrm{G0},i}|V_{i0}|^2)\cdot\gamma_{ji} \tag{3-35}$$

$$\beta_{ji}=\lambda_i(K_{\mathrm{I0},i}|V_i|+K_{\mathrm{G0},i}|V_i|^2)\cdot\gamma_{ji} \tag{3-36}$$

式中

$$\gamma_{ji}=\frac{Z_{ji}^*\cdot V_j}{Z_{jj}^*\cdot V_i} \tag{3-37}$$

（3）按式（3-38）对L_j指标进行修正，所得指标记为$L_{\mathrm{I}j}$：

$$L_{\mathrm{I}j}=L_j\cdot\alpha \tag{3-38}$$

式中，α定义为

$$\alpha=\left|S_{j0}^{+}+\sum_{i\in R_{\mathrm{L}j}}[(\beta_{ji}-\alpha_{ji})]\right|\Big/\left|S_{j0}^{+}\right| \tag{3-39}$$

$$S_{j0}^{+}=\left|\ell_j\cdot Y_{jj}^{+*}\cdot V_j^2\right| \tag{3-40}$$

4）针对电压指数负荷模型的修正方案

该修正方法与针对 ZIP 负荷模型的修正基本相同，也是通过式（3-23）的右端项来修正左端项的，其修正的算法如下：

（1）将指数负荷j中与电压幅值平方成正比的成分，转化为对地导纳加入$\boldsymbol{Y}$矩阵，

然后利用更新后的 $\boldsymbol{Y}$ 矩阵，计算指标 ℓ_j 和 L_j[17]。

（2）对于任一负荷节点 $i \in R_{Lj}$，求解系数 μ_{ji} 和 ν_{ji}：

$$\mu_{ji} = \lambda_i (K_{p,i} V_{i0}^{\alpha_p} + jK_{q,i} V_{i0}^{\alpha_q}) \cdot \gamma_{ji} \tag{3-41}$$

$$\nu_{ji} = \lambda_i (K_{p,i} V_i^{\alpha_p} + jK_{q,i} V_i^{\alpha_q}) \cdot \gamma_{ji} \tag{3-42}$$

（3）按式（3-43）对 L_j 指标进行修正：

$$L_{1j} = L_j \cdot \beta \tag{3-43}$$

式中，β 定义为

$$\beta = \frac{\left| S_{j0}^{+} + \sum_{i \in R_{Lj}} [(\nu_{ji} - \mu_{ji})] \right|}{\left| S_{j0}^{+} \right|} \tag{3-44}$$

5）修正原理

对式（3-29）分析后会发现，由于其是针对系统中负荷均为恒 PQ 情况推导出来的，其最后一个等号在系统中存在非恒 PQ 负荷成分时将不再成立，原因在于，等号的左端是由系统的网络拓扑结构直接决定的，没有考虑系统中负荷模型的影响；而等号的右端项，是由系统负荷节点的情况决定的，是考虑了负荷成分后所得的结果。为此可根据式（3-38）来对 L 指标进行改进，使其可以计及非恒 PQ 负荷成分的影响。

对于 ZIP 负荷，当系统的负荷全部假定为恒 PQ 负荷而不计及其中的恒阻抗和恒电流成分时（即令式（3-30）中的 $V=V_0$，从而忽略节点电压变化的影响），所得的“负荷”就等于它的负荷需求系数。所以式（3-35）和式（3-36）所求的系数 α_{ji} 和 β_{ji} 就分别对应于节点 i 中的恒电流和恒阻抗负荷成分的负荷需求子系数（也即将其中的恒电流和恒阻抗负荷处理为恒 PQ 负荷后所得的系统“负荷值”）和真实负荷值对节点 j 形成的等值注入。式（3-38）中的 L_j 是将系统的所有负荷节点都考虑为恒 PQ 负荷后的计算结果，而式（3-39）和式（3-40）中的 S_{j0}^{+} 是将系统负荷全部处理为恒 PQ 成分形成的对节点 j 的等值注入，式（3-39）的分子部分则是考虑了其中的恒电流和恒阻抗成分后对 j 节点等值注入的修正结果，从而系数 α 就是考虑了系统负荷成分后的指标修正系数。

电压指数负荷模型的修正算法与对 ZIP 负荷模型的修正算法类似：式（3-41）和式（3-42）同 ZIP 负荷模型修正中的式（3-35）和式（3-36），μ_{ji} 和 ν_{ji} 含义同系数 α_{ji} 和 β_{ji}，也是负荷处理为恒 PQ 及采用真实负荷特性后对节点 j 的等值注入，β 则是电压指数负荷模型下的指标修正系数。

3.3.2.3 考虑达到励磁顶值发电机的影响

当某台发电机达到励磁顶值时，其机端电压幅值将无法维持恒定，此刻，就不能直接利用文献[17]的方法计算 L_1 指标，而应把达到励磁顶值的发电机用发电机内电势 E（即 X_d（同步电机直轴电抗）后电势）模值恒定的模型来代替，形成如图 3-16 所示的等值电路。其中 $E_{\lim}$ 是与励磁顶值对应的发电机的内电势，可由发电机的饱和曲线给出，是否达到励磁顶值可通过对发电机励磁电流的监视得到。

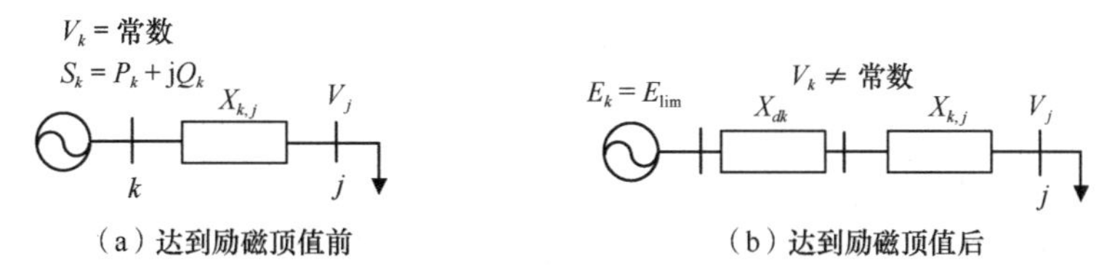

（a）达到励磁顶值前　（b）达到励磁顶值后

图 3-16　达到励磁顶值前后发电机的等值示意图

当已知发电机机端电压 V_k 和 S_k 时，也可以采用式（3-45）近似估计内电势 E_k 的值：

$$E_k = \frac{S_k^* X_{dk} + V_k^2}{V_k^*} \tag{3-45}$$

在计算各负荷节点的 L_{Ij} 时，除用 E_k 代替该发电机的机端电压 V_k 外，还应同时更新系统节点导纳矩阵 $\boldsymbol{Y}$ 中对应于该发电机节点（如 k）和与之相连的节点（如 j）的 Y_{kk}、Y_{kj}、Y_{jk}、Y_{jj} 四个元素。

3.3.2.4　不完全信息下的 L_{Ij} 指标估计（合理的外部等值方案）

在实际运行中，由于电力系统分布范围广、设备众多，快速实时地得到全网信息十分困难，为此需要研究在不完全信息下的稳定性估计，即要选择合适的外部等值方案。

1）内部系统和外部系统的划分

根据对估计结果精度要求的不同，可选用如下几种划分方案：

一级划分：对于被监控负荷节点 j，其相关发电机节点集为 R_{Gj}，相关负荷节点集为 R_{Lj}，将与节点 j、R_{Gj} 和 R_{Lj} 直接相连的节点集记为 DL_{j1}，在一级划分方式下，内部系统定义为 $Net_1=R_{Gj}+R_{Lj}+DL_{j1}$，其他部分归为外部系统。

二级划分：为提高估计的准确性，可选择二级划分方式，即除上述相关节点（$R_{Gj}+R_{Lj}$）、相关节点的直接相连部分（DL_{j1}）以外，再将与 DL_{j1} 直接相连的下一级节点和支路（定义为 DL_{j2}）也归入内部系统，定义为 Net_2，此时 $Net_2=R_{Gj}+R_{Lj}+DL_{j1}+DL_{j2}$，余下的节点为外部系统。

依此办法，还可进行更高级别的划分，以提高计算结果的准确性。对内部系统运行数据的要求是快速实时得到，而对外部系统的运行数据可以非实时得到（如采用异步通信、电话联络等手段）。

2）合理外部等值方案的确定

对系统进行外部等值，已有很多成熟的办法，如 Ward 等值、REI 等值及其扩展方法等，但都不适用于 L_I 的计算，原因在于：

Ward 等值及其修正后的算法[22-24]的基本原理是将外部系统的影响转化为边界节点上的等值注入。由于它直接消去外部电压源，而新生成的等值电流源在计算 L_I 指标时无法利用（计算 L_I 指标主要用到系统内电压源的数据），等值后的结果会有很大误差，因而该等值方法不适于计算 L_I 指标。

REI 等值及其扩展形式[25-28]的基本原理是将待消去节点（PV 节点、PQ 节点和松弛节点）的注入，汇总到一个虚拟的 PV 节点 G，再通过 G 与另一个虚拟节点 R 相连[图

3-17（a）]，然后再消去 G 节点，形成如图 3-17（b）所示的放射状等值网络，一般将 G 节点的电压取为 0。对于图 3-17（a），由于 R 节点直接与 G 节点（PV 节点）相连，因此在 $\boldsymbol{Y}^{\mathrm{LG}}$ 中对应于 R 节点的列全部为零，G 节点的电压又取为零，消去节点 G 前后[图 3-17（a）和图 3-17（b）]又是等价的，结合式（3-20）不难知道，在计算 L_{I} 指标时，此等值方法实质上是完全消去外部发电机对 L_{I} 指标的贡献，等值后计算结果与 Ward 等值类似，误差很大。

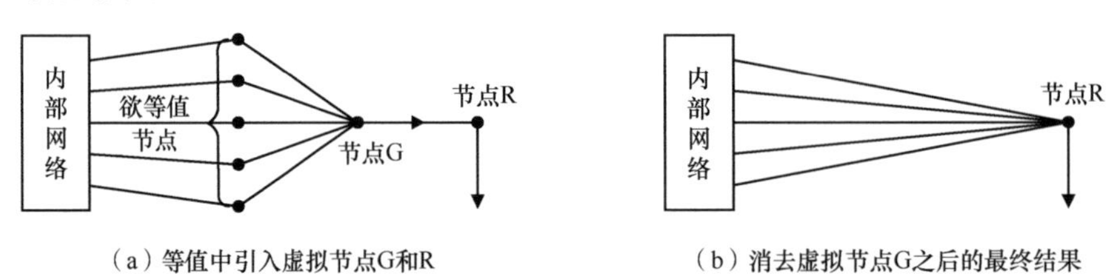

（a）等值中引入虚拟节点G和R　（b）消去虚拟节点G之后的最终结果

图 3-17　REI 等值原理图

由于计算 L_{I} 指标的关键在于发电机节点的信息，等值化简应尽量减小对它的影响，为此采用发电机直接消元法[29]，其原理是将待消去的外部发电机等值成一台发电机，再将其与原有系统的边界节点通过复变比变压器相连：假设原系统由 n 个节点组成，其中有 m（$m\leqslant n$）个节点是内部保留节点，外部的 $n-m$ 台发电机为待消去节点，则由 $\boldsymbol{Y}$ 矩阵表示的系统表达式为

$$\begin{bmatrix} I_1 \\ \vdots \\ I_m \\ \hline I_{m+1} \\ \vdots \\ I_n \end{bmatrix} = \left[\begin{array}{ccc|ccc} Y_{11} & \cdots & Y_{1m} & Y_{1(m+1)} & \cdots & Y_{1n} \\ \vdots & & \vdots & \vdots & & \vdots \\ Y_{m1} & \cdots & Y_{mm} & Y_{m(m+1)} & \cdots & Y_{mn} \\ \hline Y_{(m+1)1} & \cdots & Y_{(m+1)m} & Y_{(m+1)(m+1)} & \cdots & Y_{(m+1)n} \\ \vdots & & \vdots & \vdots & & \vdots \\ Y_{n1} & \cdots & Y_{nm} & Y_{n(m+1)} & \cdots & Y_{nn} \end{array}\right] \begin{bmatrix} V_1 \\ \vdots \\ V_m \\ \hline V_{m+1} \\ \vdots \\ V_n \end{bmatrix} \tag{3-46}$$

将第 $m+1$ 台到第 n 台发电机等值为一台电机 t，系统的表达式变为

$$\begin{bmatrix} I_1 \\ \vdots \\ I_m \\ \hline I_t \end{bmatrix} = \left[\begin{array}{ccc|c} Y_{11} & \cdots & Y_{1m} & Y_{1t} \\ \vdots & & \vdots & \vdots \\ Y_{m1} & \cdots & Y_{mm} & Y_{mt} \\ \hline Y_{t1} & \cdots & Y_{tm} & Y_{tt} \end{array}\right] \begin{bmatrix} V_1 \\ \vdots \\ V_m \\ \hline V_t \end{bmatrix} \tag{3-47}$$

进一步，将等值后节点 t 的电压幅值和功角取为等值发电机（$m+1, \cdots, n$）幅值和功角的平均值，即

$$\left|V_t\right| = \frac{1}{n-m}\sum_{k=m+1}^{n}\left|V_k\right|, \quad \theta_t = \frac{1}{n-m}\sum_{k=m+1}^{n}\theta_k \tag{3-48}$$

等值后 $\boldsymbol{Y}$ 矩阵[式（3-47）]的第 $m+1$ 行和 $m+1$ 列互导纳及自导纳元素 $Y_{\mathrm{b}t}$、$Y_{t\mathrm{b}}$ 和 Y_{tt} 分别为

$$Y_{\mathrm{b}t} = \sum_{k=m+1}^{n}\frac{V_k}{V_t}Y_{\mathrm{b}k} \tag{3-49}$$

$$Y_{t\mathrm{b}} = \sum_{k=m+1}^{n} \frac{V_k^*}{V_t^*} Y_{k\mathrm{b}} \tag{3-50}$$

$$Y_{tt} = \sum_{k=m+1}^{n} \sum_{c=m+1}^{n} \frac{V_k}{V_t} Y_{ck} \frac{V_c^*}{V_t^*} \tag{3-51}$$

式中，下标 b 表示边界节点。

在含有较多发电机节点的大电力系统中，可根据式（3-28）选择合适的π_j值，只保留 R_{Gj} 内的发电机为监控对象（或采用前边提到的一级划分或二级划分办法），而将其他发电机用上述方法加以等值化简，多次验证的计算结果表明，上述等值方案适用于 L_{I} 指标的求解。

3.3.3　改进 L 指标的仿真验证

本节将对 3.3.2 节中给出的三种改进措施逐一加以验证，以证明这些措施的有效性。

3.3.3.1　对不同特性负荷的适应性

采用图 3-14 所示的简单两节点系统，并考虑表 3-6 和表 3-7 给出的几种典型负荷，表中符号含义如下：对于 ZIP 负荷（表 3-6），当系统负荷中恒阻抗成分占 a_1%，恒电流成分占 a_2%，恒功率成分占 a_3%时，表中表示为 Z∶I∶PQ=a_1∶a_2∶a_3；对于指数负荷（表 3-7），采用的是模型式（3-34），为讨论简单，假设有功功率的电压系数与无功功率的电压系数相等。验证结果如图 3-18 所示。

表 3-6　ZIP 负荷的 SNB 点和 NP 分析表

子图	负荷组成/%			SNB 点/p.u.					P-V 曲线 NP/p.u.				
	PQ	I	Z	P	λ	V	L	L_{I}	P	λ	V	L	L_{I}
图 3-18（a）	100	0	0	5.000	5.000	0.707	1.000	1.000	5.000	5.000	0.707	1.000	1.000
	0	100	0	0	10.00	0	+∞	1.000	5.000	7.071	0.707	1.000	0.707
	0	0	100	0	+∞	0	+∞	—	5.000	10.00	0.707	1.000	0.000
图 3-18（b）	80	0	20	4.969	5.590	0.667	1.118	1.000	5.000	5.557	0.707	1.000	0.885
	50	0	50	4.714	7.071	0.577	1.414	1.000	5.000	6.667	0.707	1.000	0.633
	20	0	80	3.727	11.180	0.408	2.236	1.000	5.000	8.341	0.707	1.000	0.278
图 3-18（c）	80	20	0	4.985	5.327	0.679	1.082	1.012	5.000	5.311	0.707	1.000	0.941
	50	50	0	4.859	6.006	0.618	1.272	1.029	5.000	5.858	0.707	1.000	0.854
	20	80	0	4.330	7.297	0.500	1.732	1.039	5.000	6.530	0.707	1.000	0.766
图 3-18（d）	0	80	20	–2.421	12.91	–0.25	3.873	1.000	5.000	7.511	0.707	1.000	0.594
	0	50	50	–∞	+∞	–1	+∞	1.000	5.000	8.284	0.707	1.000	0.383
	0	20	80	–∞	+∞	–0.25	+∞	—	5.000	9.235	0.707	1.000	0.149

表 3-7　具有负指数特性负荷的 SNB 点和 NP 分析表

子图	负荷组成/%		SNB 点/p.u.					P-V 曲线 NP/p.u.				
	α_p	α_q	P	λ	V	L	L_{I}	P	λ	V	L	L_{I}
图 3-18（e）	–0.1	–0.1	4.994	4.835	0.724	0.954	0.985	5.000	4.830	0.707	1.000	1.035
	–0.3	–0.3	4.957	4.551	0.752	0.877	0.977	5.000	4.506	0.707	1.000	1.110
	–0.5	–0.5	4.899	4.312	0.775	0.806	0.968	5.000	4.205	0.707	1.000	1.189

1）ZIP 负荷情况

图 3-18（a）给出了恒功率、恒电流和恒电压三种典型负荷的 *P-V*、*λ-V*、*P-L* 和 λ-$L_{\rm I}$ 曲线，图 3-18（b）～（d）分别给出了上述三种负荷成分不同配比时的各种曲线，不难看出：如前所述，尽管负荷组成不同，但它们却具有相同 *P-V* 和 *P-L* 曲线，表明 *L* 指标只能准确地指示系统的 NP，在应用时，与采用 *P-V* 曲线效果相同；经改进后的 $L_{\rm I}$ 指标能够适应各种 ZIP 负荷模型，准确地指示系统的真正失稳点——SNB 点。

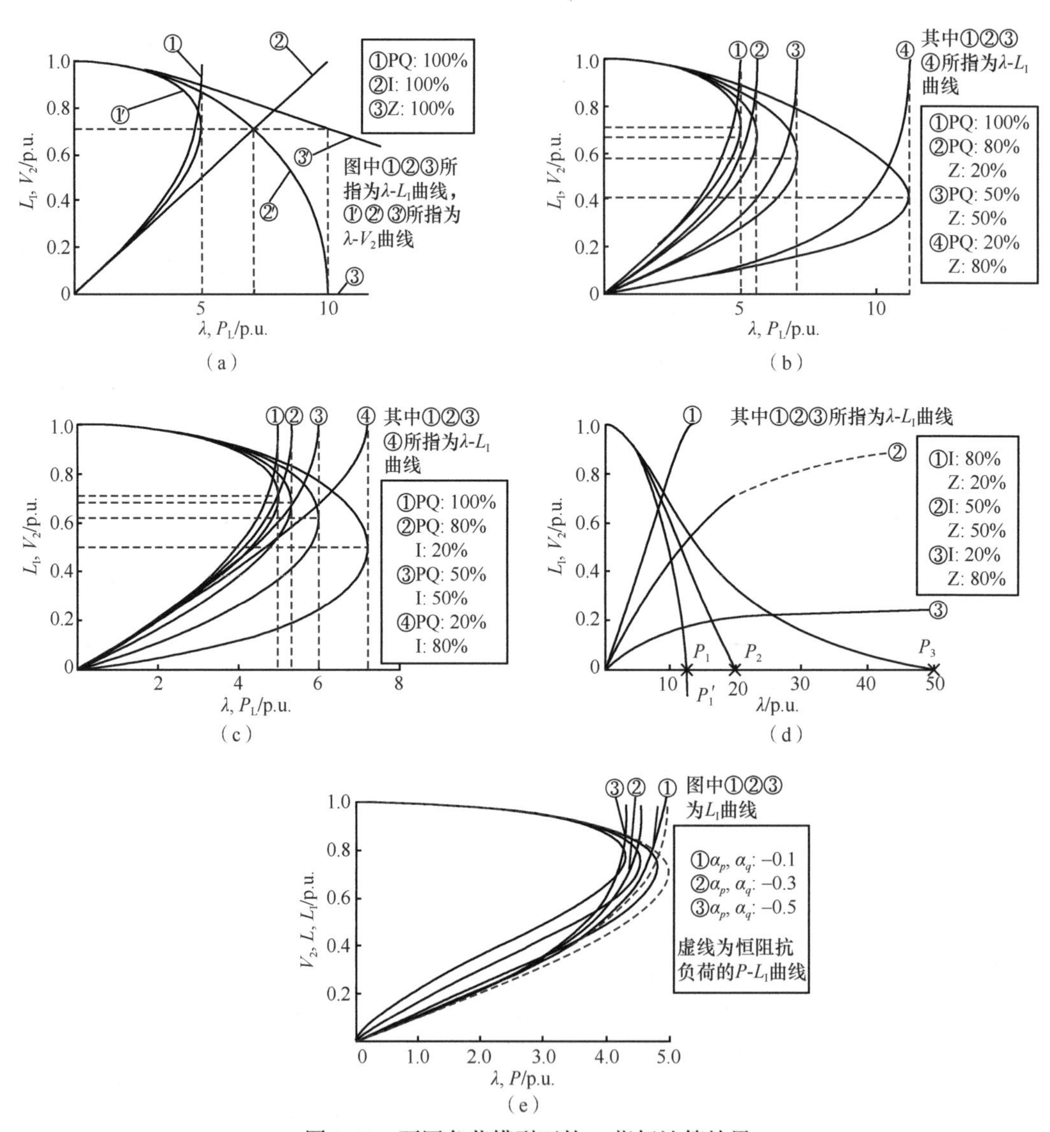

图 3-18　不同负荷模型下的 $L_{\rm I}$ 指标计算结果

此外还需要指出几点：①对于恒阻抗负荷，由于 SNB 点在+∞处，因而可以认为 $L_{\rm I}$ 曲线在+∞处达到 1.0（永远不会失稳），因而在有限区域内 $L_{\rm I}$ 指标取值为 0[图 3-18（a）的曲线③]；②对于由恒电流和恒阻抗成分组成的负荷[图 3-18（d）]，当 Z/I＜1.0 时，系统的 *λ-V* 和 λ-$L_{\rm I}$ 曲线表现出与恒电流负荷相似的特性，即 *λ-V* 曲线是具有 SNB 点的单值曲线，λ-L_I 为最大值是 1.0 的单调曲线，在 SNB 点处 L_I 达到 1.0；在 Z/I＞1.0 时，系统的 λ-V 和 λ-L_I 曲线表现出与恒阻抗负荷相似的特性，λ-V 曲线是不再具有 SNB 点的单调递减曲线，但与恒阻抗负荷的不同之处是，λ-V 具有一个唯一的电压过零点。λ-L_I 同样为单调递增曲线，但不能再达到 1.0，而只能在+∞处逼近于一个小于 1 的固定值，恒阻抗情况下，可认为该值退化为 0。

注：当只有恒电流负荷存在时，SNB 点处的电压为零（V_2=0），恒阻抗负荷时不存在 SNB 点，介于它们两者之间由恒电流和恒阻抗成分组合成的负荷，在 Z/I=50%/50%=1.0 处形成一个临界点，当 0＜Z/I＜1.0 时，理论上系统存在 SNB 点（对应的 V_2＜0，这是由于纯恒电流负荷的 SNB 点对应于 V_2=0），图 3-18（d）中的 P_1' 点就对应于 Z/I=0.25 情况下的 SNB 点；当 Z/I＞1.0 时，系统不再存在 SNB 点，只存在一个唯一的电压过零点，即图 3-18（d）中的 P_1、P_2 和 P_3 点。

2）电压指数负荷模型

考虑到依从于电压且具有负指数特性的负荷对电压稳定监视的重要影响[14, 15]，其他情况下的验证结果相似，这里只示例了 α_p、α_q 小于 0 的情况。图 3-18（e）示例了 α_p 和 α_q 均为–0.1、–0.3、–0.5 时的 P-V、P-L、λ-V 和 λ-L_I 曲线，不难看出，利用改进 L_I 指标，对负指数特性负荷也有很准确的指示，从而可以避免单纯依赖于 P-V 曲线而造成的局限性。

在多机系统中应用时，我们也做了大量的验证工作，收到很好的效果，这里只就 50 机 145 节点系统[30]给出一个示例。

图 3-19、图 3-20 的增长模式如下：系统中所有负荷节点按同一比例、固定步长从基本运行点不断增加直至系统崩溃，图 3-19 示例 88 号节点负荷为恒阻抗时的情况，图 3-20 示例 88 号和 92 号节点负荷为恒阻抗和恒功率成分各占 50%的情况，两图上部单调下降曲线为各节点的 P-V 曲线，下部实线为对应于各节点的 P-L_I 曲线，虚线或点画线对应于相应的 P-L 曲线。

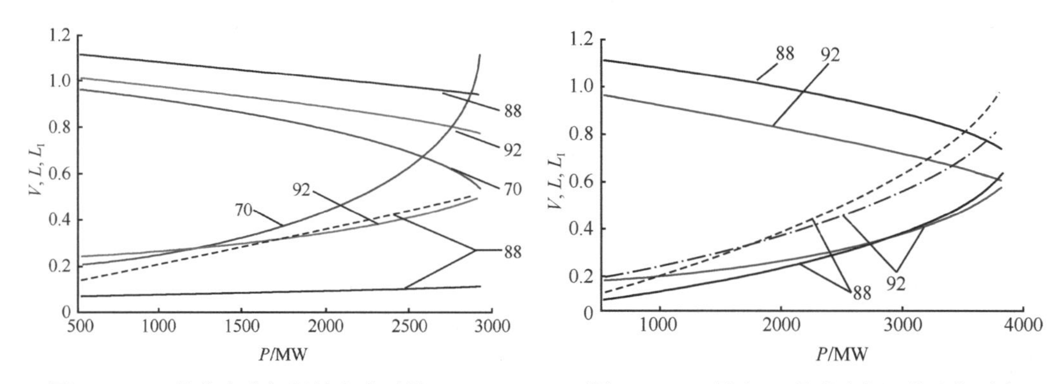

图 3-19　88 号节点为恒阻抗负荷时的 P-V、P-L 以及 P-L_I 曲线

图 3-20　88 号和 92 号节点恒阻抗和恒功率各占 50%的 P-V、P-L 以及 P-L_I 曲线

不难看出，改进 L_I 指标较原 L 指标更为准确，如图 3-19 中 88 号和 92 号节点在负荷增长过程中电压变化规律相似，由 L 指标指示时，它们具有近似相同的稳定程度，但

这与实际情况并不相符[14]，而改进的 L_{I} 指标则能够很好地反映系统中负荷特性的影响。

3.3.3.2　相关发电机节点集和励磁顶值发电机

本节分别以 New England 39 系统[31]和 50 机 145 节点系统[30]为例，验证所提方法的有效性。

1）New England 39 系统（一台发电机达到励磁顶值）

表 3-8 给出了与 34 号发电机节点关系密切的几个负荷节点的 $|F_{j34}|$ 值，图 3-21 给出了 34 号发电机达到励磁顶值后，对系统各个负荷节点电压和 L_{I} 指标的影响。从示例结果不难看出依据 $|F_{jk}|$ 确定负荷节点相关发电机节点集和采用 3.3.2.3 节方法处理励磁顶值发电机的合理性。

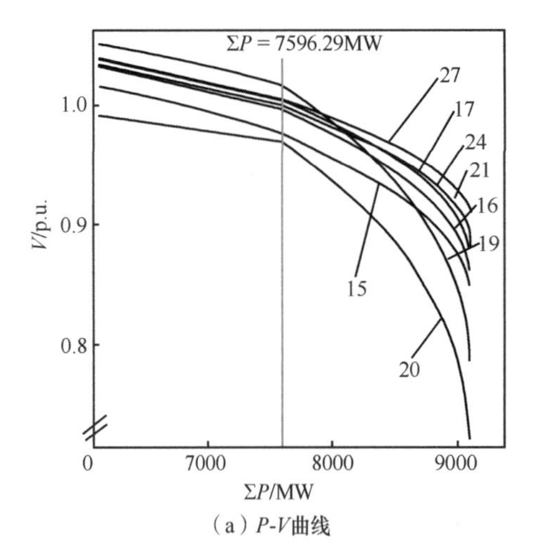

（a）P-V曲线

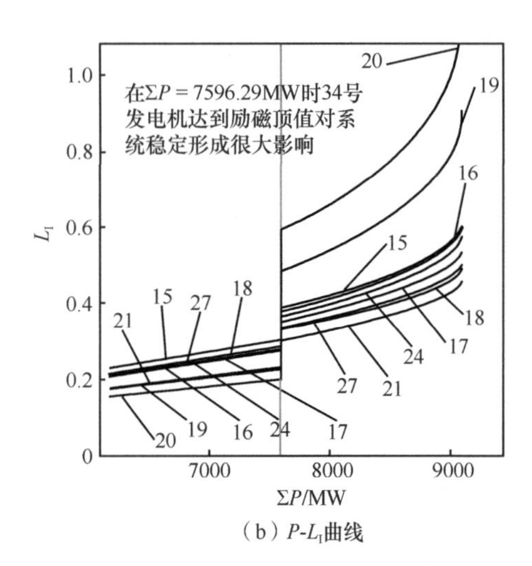

（b）P-L_{I}曲线

图 3-21　New England 39 系统中，当 34 号发电机达到励磁顶值时各负荷节点的 *P-V* 曲线和 L_{I} 指标示意图

表 3-8　与 34 号发电机对应的几个负荷节点的 $|F_{j34}|$ 值

节点	20	19	16	24	15	17
$\|F_{j34}\|$	0.565	0.245	0.093	0.085	0.077	0.069

2）50 机 145 节点系统（三台发电机相继达到励磁顶值）

表 3-9 给出了与 110、99 和 93 号发电机节点关系密切的几个负荷节点的 $|F_{jk}|$ 值和当它们达到励磁顶值时对 L_{I} 指标的影响 $\Delta L_{\mathrm{I}j}$，图 3-22 示例了这一过程，从中也不难看出，依据 $|F_{jk}|$ 确定负荷节点相关发电机节点集的合理性和 3.3.2.3 节处理励磁顶值发电机方法的正确性。

表 3-9　与 110、99 和 93 号发电机节点关系密切的几个负荷节点的 $|F_{jk}|$ 值和相应的 $\Delta L_{\mathrm{I}j}$

110 号发电机			99 号发电机			93 号发电机		
节点	$\|F_{jk}\|$	$\Delta L_{\mathrm{I}j}$	节点	$\|F_{jk}\|$	$\Delta L_{\mathrm{I}j}$	节点	$\|F_{jk}\|$	$\Delta L_{\mathrm{I}j}$
5	0.5823	0.0521	36	0.2251	0.0387	1	0.5853	0.0775

续表

110 号发电机			99 号发电机			93 号发电机		
节点	$\|F_{jk}\|$	ΔL_{Ij}	节点	$\|F_{jk}\|$	ΔL_{Ij}	节点	$\|F_{jk}\|$	ΔL_{Ij}
4	0.5822	0.0521	34	0.1906	0.0325	2	0.5782	0.0766
3	0.5822	0.0521	5	0.1853	0.0341	114	0.5232	0.0766
35	0.5414	0.048	4	0.1853	0.0335	113	0.5231	0.0766
33	0.5414	0.048	3	0.1853	0.0341	35	0.4585	0.0592
38	0.535	0.0478	35	0.1766	0.0302	33	0.4585	0.0592
34	0.5334	0.0473	33	0.1766	0.0302	38	0.4547	0.0584
88	0.5151	0.0468	38	0.1746	0.0316	34	0.4518	0.0578
36	0.5139	0.0455	88	0.1684	0.0311	88	0.4416	0.0558
37	0.4951	0.0445	37	0.1622	0.028	36	0.4352	0.0589

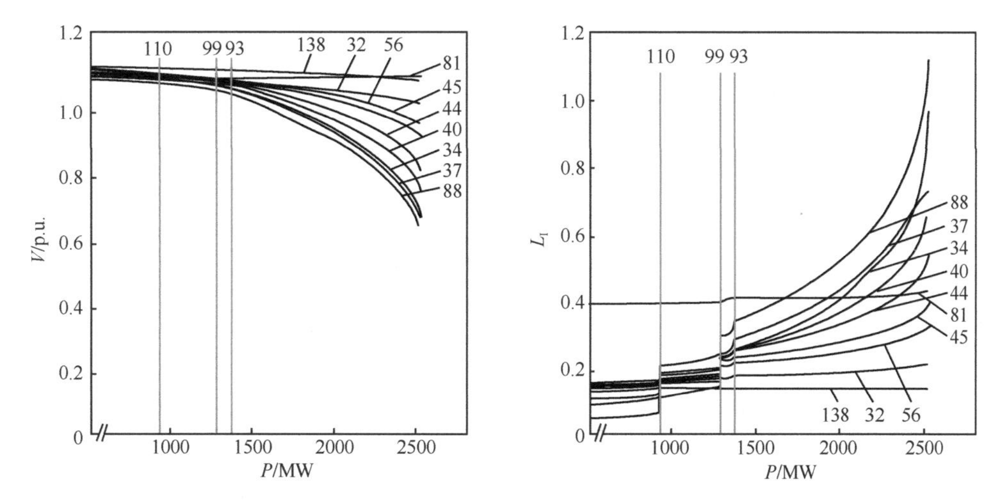

图 3-22　当 110 号、99 号和 93 号发电机相继达到励磁顶值时，典型负荷节点 *P-V* 曲线和 *P*-L_I 曲线

3.3.3.3　不完全信息的情况（外部等值）

本节对 3.3.2.4 节中提出的等值方法进行了多方面的验证，结果显示当采用该方法时，即使系统信息不完全，仍能够得出满意的估计结果，从而表明这种等值方法非常适用。限于篇幅，这里只就 50 机 145 节点系统[30]给出一个示例。

直接根据式(3-20)区分需监控的发电机和被等值的发电机，当发电机对应的$|F_{jk}|\geqslant\pi_j$时处理为被监控发电机，反之作为被等值对象，需监控的发电机的运行数据（电压、功角）随时更新，而被等值发电机的数据只取初始运行状态的值，计算中不再做任何更新，用于模拟系统数据采集中的极端情况（即计算时，外部系统信息完全丢失）。表 3-10 给出针对π_{L88}取不同值时，发电机直接等值法和 REI 等值方法计算误差的比较，图 3-23 给出了当π_{L88}=0.02 时，两种等值方案误差比较的示意图。从中可以看出，当π_{L88}取值较小，从而被等值发电机数目较少时，两种等值方案的误差很接近，而当π_{L88}的值加大，被监控发电机变少，被等值发电机数目增多时，发电机直接等值法的误差增长较缓，而 REI 等值方法的误差增长很快，当π_{L88}=0.02 时，无论以何种模式增长负荷，REI 等值方

法均不再适用，其最大误差最小也为 14.7%，而发电机直接等值法的最大误差最大值只有 6.69%，仍属可接受程度。

表 3-10　采用发电机直接等值法与 REI 等值方法计算的 L_I 指标误差比较

负荷增长模式	是否计及励磁达到顶值	π_{L88}	被等值发电机台数	被监控发电机台数	REI 等值方法 最大误差/%	REI 等值方法 平均误差/%	发电机直接等值法 最大误差/%	发电机直接等值法 平均误差/%
全区负荷按照同一比例同时增长	不计	0.001	23	27	0.14	0.0482	0.153	0.0671
		0.005	30	20	2.03	0.626	0.431	0.159
		0.01	34	16	5.43	1.70	1.17	0.440
		0.02	42	8	27.7	8.14	6.69	2.51
	计及	0.001	23	27	0.0736	0.0374	0.00717	0.00497
		0.005	30	20	1.01	0.476	0.172	0.112
		0.01	34	16	2.74	1.31	0.482	0.320
		0.02	42	8	14.7	6.40	2.68	1.78
只有第 34 号节点负荷按相同的步长增长	不计	0.001	23	27	0.0841	0.0481	0.240	0.00511
		0.005	30	20	1.33	0.658	0.328	0.0994
		0.01	34	16	3.62	1.79	1.07	0.284
		0.02	42	8	18.8	8.80	6.23	1.61
	计及	0.001	23	27	0.160	0.0704	0.00926	0.00629
		0.005	30	20	2.34	0.949	0.238	0.157
		0.01	34	16	6.32	2.56	0.638	0.424
		0.02	42	8	32.7	10.7	3.56	2.36

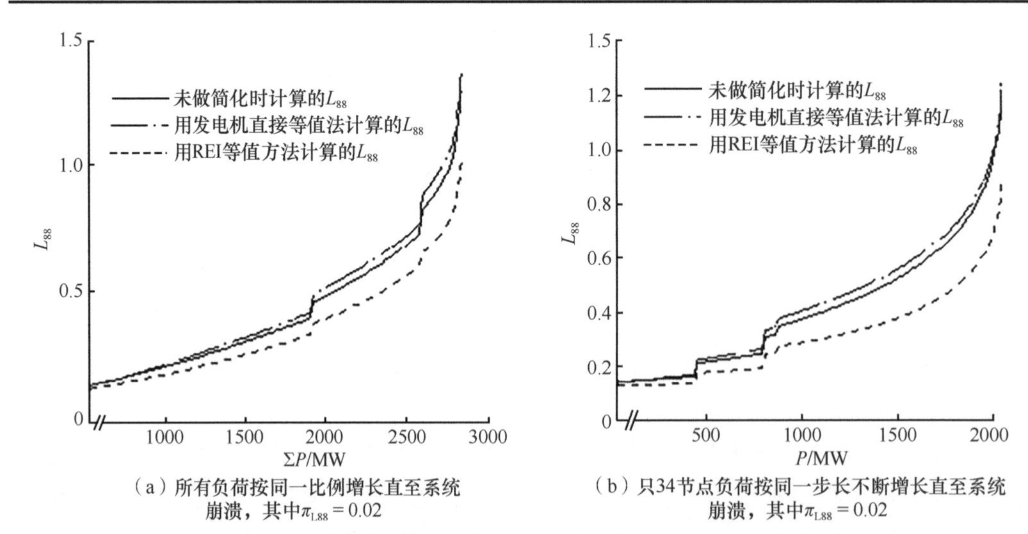

（a）所有负荷按同一比例增长直至系统崩溃，其中$\pi_{L88}=0.02$

（b）只34节点负荷按同一步长不断增长直至系统崩溃，其中$\pi_{L88}=0.02$

图 3-23　计及发电机励磁达到顶值时，系统等值方案误差比较示意图

上述验证计算表明，3.3.2.1 节给出的负荷节点相关发电机节点集，对系统等值化简和不完全信息情况下的稳定性估计有很好的指导意义，同时，计算结果也表明发电机直接等值法适用于利用 L_I 指标的电压稳定性研究。

3.4 改进 L 指标确定系统电压弱节点和弱节点集

3.4.1 电压弱节点和弱节点集

电压失稳是一个典型的局部问题，往往先从系统局部一个或几个负荷节点开始，逐渐扩大到整个系统。其中首先出现失稳的节点是系统的薄弱环节，对应着电压弱节点。文献[32]曾利用潮流多解性和灵敏度分析，证明了电力系统电压弱节点集的存在，并将之定义为电压控制区（VCA），但计算步骤较为复杂。文献[33]利用改进的电压崩溃临近指标（VCPI），给出了确定系统弱节点和电压稳定弱区域（voltage stability area，VSA）的办法，VCPI 指标的计算也较为复杂；文献[34]以系统的强可观性（observability）和可控性（controllability）为前提，研究了系统功角失稳和电压失稳之间的关系以及相应弱区域的确定方法。

下边讨论利用改进电压稳定指标 $L_{\rm I}$ 快速确定电力系统电压弱节点的办法，并与已有方法的计算结果进行比较。首先给出弱节点和弱节点集的定义。

弱节点是在潮流方程鞍结分岔点附近系统内电压最低的节点，在系统失稳过程中低电压节点数不止一个时，即定义为系统的弱节点集。

在第 2 章中已指出，每个负荷节点 j 的 $L_{\rm I}$ 值都直接反映了它与系统稳定性的相关程度，$L_{\rm I}$ 值越大，表明由它引发系统出现电压失稳的可能性就越大。因此，利用 $L_{\rm I}$ 指标确定系统电压弱节点和弱节点集的方法很简单。

弱节点（weak node，WN）：对于给定的系统运行状态，电压弱节点对应于系统中具有最大 $L_{\rm I}$ 值的负荷节点，即

$$\mathrm{WN} \triangleq \{j \mid L_{\mathrm{I}j} = \max(\{L_{\mathrm{I}j}\}_1^{n_{\rm L}}), \quad L_{\mathrm{I}j} \in \{L_{\mathrm{I}j}\}_1^{n_{\rm L}}\} \tag{3-52}$$

式中，$1<j<n_{\rm L}$ 为负荷节点。

弱节点集（WNs）：对于给定的系统运行状态和预先选定的 $L_{\rm I}$ 指标的门槛值 $L_{\rm th}$，WNs 可定义为

$$\mathrm{WNs} \triangleq \{\bigcup j \mid L_{\mathrm{I}j} \geqslant L_{\rm th}, \quad L_{\mathrm{I}j} \in \{L_{\mathrm{I}j}\}_1^{n_{\rm L}}\} \tag{3-53}$$

应用中还要求 $\min(\{L_{\mathrm{I}j}\}_1^{n_{\rm L}}) \leqslant L_{\rm th} \leqslant \max(\{L_{\mathrm{I}j}\}_1^{n_{\rm L}})$。

多次验证结果表明，由上述定义确定的弱节点与文献[32]～[34]所给弱节点是相同的，而给出的弱节点集则对应于文献[32]的电压控制区和文献[33]的电压稳定弱区域，但 $L_{\rm I}$ 指标方法具有计算简便快捷的优点，此外该方法还可利用指标 $L_{\mathrm{I}j}$ 对所得的弱节点集按与系统稳定性的相关程度进行排序。

3.4.2 算例分析

针对 New England 39 系统[31]、50 机 145 节点系统[30]和天津电网（含华北网等值数据时具有 161 机、1658 节点和 2116 支路）[35, 36]等，利用 $L_{\rm I}$ 指标求解系统的弱节点和弱

节点集并进行多次验证，计算结果表明，对于不同的负荷增长模式，L_{I}指标均能很好地反映系统的稳定性状态，并能快速直观地给出系统的弱节点集。限于篇幅，这里仅以这三个系统作简单的示例。

1）New England 39 系统[31]

表 3-11 针对 New England 39 系统节点 11 无功负荷的不同取值，利用 L_{I} 指标计算系统的弱节点集并与文献[32]所给的 VCA 相比较。表中将系统所有负荷节点按 Q_{11}=900Mvar 处的 L_{I} 值从大到小进行排列，并选 L_{I} 较大的前 10 个节点为系统的弱节点集，其结果与文献[32]所给的 VCA（表中阴影部分）完全相同，而利用 L_{I} 指标求解时，只需要知道各节点的运行参量和网络运行状态即可准确地给出弱节点集，计算要快得多。

图 3-24 给出了 New England 系统中 18 号节点的负荷从基本运行状态连续增长直至系统失稳过程中，几个典型节点的电压和 $L_{\mathrm{I}j}$ 指标曲线，从中可以看出，$L_{\mathrm{I}j}$ 指标在接近电压失稳点附近的排序结果能很好地反映系统各负荷节点电压变化情况及与整个系统稳定性的相关程度，从图 3-24 中可直观地看出节点 18 为弱节点，节点 18、3 和 27 为弱节点集。图 3-25 给出了该系统中所有负荷从基本运行状态按同一比例不断增加直至系统失稳过程中，各节点的电压和 $L_{\mathrm{I}j}$ 指标曲线的变化情况，同样可以很方便地确定节点 8 为弱节点，节点 8、7、4 和 15 为弱节点集。

表 3-11 利用 L_{I} 指标计算系统弱节点集与 VCA[32]的比较结果（表中数据为不同工况下的 $L_{\mathrm{I}j}$）

节点	Q_{11}				节点	Q_{11}			
	0Mvar	400Mvar	600Mvar	900Mvar		0Mvar	400Mvar	600Mvar	900Mvar
12	0.1369	0.1844	0.3180	0.4100	16	0.1679	0.1846	0.2103	0.2241
11	0.1245	0.1693	0.3001	0.3932	24	0.1699	0.1852	0.2080	0.2201
10	0.1151	0.1513	0.2900	0.3716	21	0.1459	0.1575	0.1752	0.1847
13	0.1284	0.1645	0.2893	0.3630	26	0.1516	0.1638	0.1774	0.1847
7	0.1683	0.2089	0.2925	0.3498	28	0.1295	0.1383	0.1450	0.1486
8	0.1714	0.2116	0.2921	0.3472	9	0.0698	0.0830	0.1128	0.1300
4	0.1810	0.2164	0.2929	0.3412	20	0.0981	0.1073	0.1120	0.1144
14	0.1586	0.1919	0.2827	0.3361	23	0.0945	0.0997	0.1090	0.1136
5	0.1511	0.1883	0.2733	0.3296	25	0.0864	0.0935	0.1041	0.1095
6	0.1404	0.1771	0.2649	0.3232	2	0.0819	0.0888	0.1020	0.1081
15	0.1871	0.2111	0.2564	0.2815	29	0.0943	0.1005	0.1049	0.1073
18	0.1762	0.1946	0.2236	0.2398	19	0.0829	0.0913	0.0999	0.1040
17	0.1745	0.1918	0.2176	0.2318	22	0.0832	0.0882	0.0972	0.1015
27	0.1836	0.1996	0.2192	0.2302	1	0.0313	0.0339	0.0387	0.0409
3	0.1590	0.1776	0.2114	0.2301					

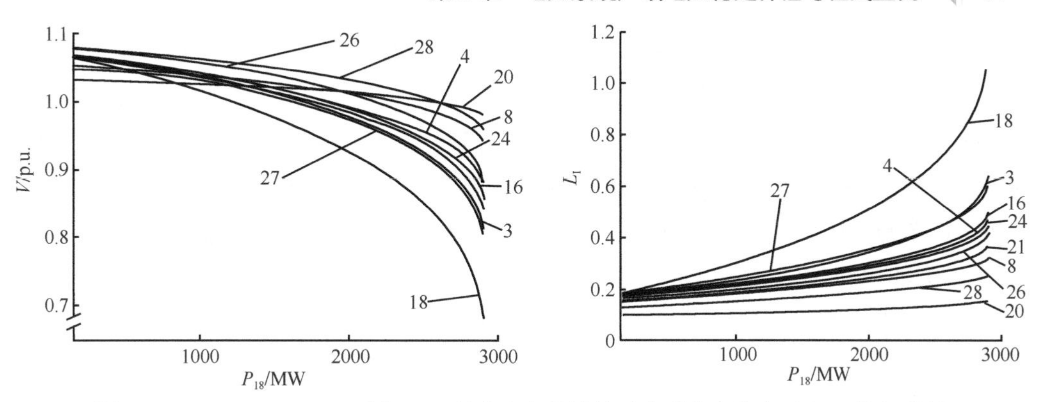

图 3-24　New England 39 系统，18 号节点负荷增长时典型节点的电压和 L_{Ij} 指标曲线

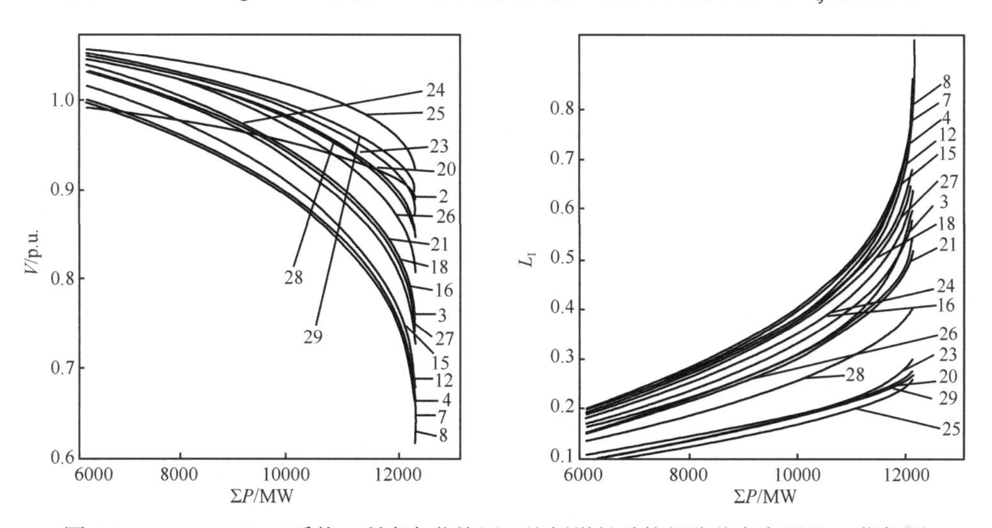

图 3-25　New England 系统，所有负荷按同一比例增长时的部分节点电压和 L_{Ij} 指标图

2）50 机 145 节点系统[30]

图 3-26 给出了 50 机 145 节点系统在两种不同负荷增长模式下对应的 P-V 和 P-L_I 曲

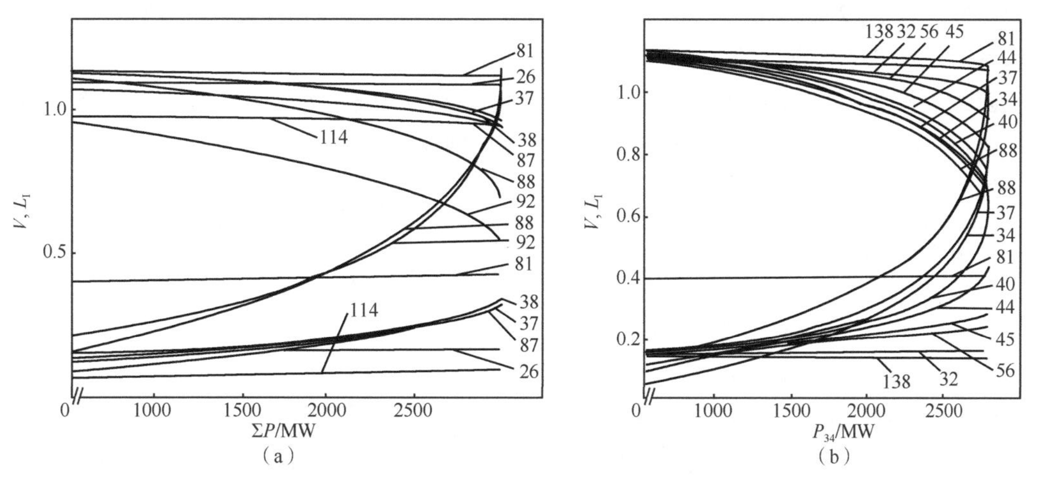

图 3-26　系统两种负荷增长模式下典型负荷节点的 P-V 曲线和 P-L_I 曲线示意图

上部实线为 P-V 曲线，下部实线为 P-L_I 曲线

线，其中，图 3-26（a）对应系统内所有负荷以相同比例、等步长（Δh=10MW）从基本运行状态不断增长直至系统崩溃的过程；图 3-26（b）对应于只有 34 号节点的负荷以等步长（Δh=5MW）增长直至系统失稳的情形，两种情况下的横坐标 P 均为变动节点的负荷值。由图 3-26 可知，对于第一种增长模式，节点 88、92 为弱节点集；对于第二种增长模式，节点 88、34、37 和 40 等节点为弱节点集。

3）天津电网（161 机 1658 节点）

下面分析当天津电网中 220kV 及以上的线路和母线以及关键发电机在出现单一事故时，系统的电压稳定裕度和由 L_{I} 指标指示的系统稳定弱节点集的分布规律。

220kV 及以上线路的 N–1 事故分析：计算结果见附表 3-1。

220kV 及以上母线的 N–1 事故分析：计算结果见附表 3-2。

天津地区一台关键发电机停运事故分析：计算结果见附表 3-3。

通过以上三种校验的计算结果可以得出以下几点结论。

（1）由于天津地区通过 500kV、220kV 变电站和 220kV 线路，已经形成 220kV 电磁环路，环网供电增强了系统抵抗线路单一事故的能力，在任何一条 220kV 线路停运的情况下，系统的稳定裕度都在 1000MW 以上。但由于 500kV 环网未形成，且一些 220kV 和 500kV 变电站的出、入线较多，天津电网中某些 220kV 和 500kV 变电站非常关键，如津北、杨厂和吴庄在三个 220kV 环路中都是关键节点，它们出现事故时，三个环网将同时打开。计算结果也显示，几种可能出现的最危急情况就是由关键的变电站发生事故引起的，如盘山 51（500kV）、双港 21（220kV）、民生 21（220kV）和津北 51（500kV）出现事故时，系统的裕度分别为 587.94MW、175.00MW、4.94MW 和–269.05MW（甩负荷），尤其当津北 51 出现事故时，需要通过甩负荷的办法才能维持系统的稳定运行。

（2）由于天津电厂单机容量都较小，因而一台发电机停运对系统稳定的影响很小，表现在任何一种事故情况下系统的稳定裕度都大于 1100MW。

（3）受天津电网网络结构组成的影响，天津电网的关键节点（弱节点）的分布很有规律性，表 3-12 给出了在上述三种 N–1 校验中，母线作为弱节点出现的次数统计，可以看出，天津地区的弱节点分布非常集中，主要的弱节点为唐官 11、津三 11、吴庄 11、港西 11、海光 14 和双港 11 等几个 110kV 母线。这一规律在任何电力大系统中都存在，表明系统的弱节点集主要受系统网络拓扑结构的影响。

表 3-12　在上述三种 N-1 校验中作为弱节点的母线出现的次数统计

母线	N–1 校验			总计	母线	N–1 校验			总计	母线	N–1 校验			总计
唐官 11	57	42	13	112	上古 11	4	3	0	7	唐官 21	2	1	0	3
津三 11	55	42	13	110	汉沽 11	4	0	0	4	武清 11	1	2	0	3
吴庄 11	54	41	13	108	上古 21	4	0	0	4	双港 21	2	0	0	2
港西 11	50	40	13	103	大港 21	3	0	0	3	津三 21	2	0	0	2
海光 14	48	36	13	97	大港 23	3	0	0	3	张贵 21	2	0	0	2
双港 11	36	20	0	56	大港 22	3	0	0	3	大沽 11	2	0	0	2
蓟县 11	5	4	13	22	大港 24	3	0	0	3	港西 21	2	0	0	2

续表

母线	N–1 校验			总计	母线	N–1 校验			总计	母线	N–1 校验			总计
曹庄 11	1	0	0	1	海光 15	1	0	0	1	曹庄 21	1	0	0	1
白庙 11	1	0	0	1	军粮 27	1	0	0	1	利民 11	1	0	0	1
新开 11	1	0	0	1	军粮 28	1	0	0	1	陈热 11	0	1	0	1
勤俭 25	1	0	0	1	民生 11	1	0	0	1					
勤俭 24	1	0	0	1	军粮 11	1	0	0	1					

需要进一步指出的是，在确定系统的弱节点时，除可以通过 L_{I} 指标计算弱节点集外，还应结合实际系统的运行情况和以往的运行经验，对所得到的弱节点集进行修正（如可通过其他求解弱节点集的办法进行交叉求解），以降低漏选或错选的概率，在天津电网上述的 N–1 事故校验中，研究人员曾应用模态分析方法[22]对用 L_{I} 指标所选弱节点集进行校验，验证结果表明由 L_{I} 指标确定弱节点和弱节点集是行之有效的。

3.5　广域电压稳定裕度在线快速估计

借助广域量测信息进行电力系统电压稳定裕度在线快速估计，已成为电压稳定研究的重要方向之一[5, 7, 8]。文献[37]基于戴维南等值模型，根据电压崩溃点处的边界条件，导出电压稳定裕度与戴维南等值参数之间的内在联系，计算得到了系统的电压稳定裕度，但未考虑系统在遭受扰动时如何充分利用当前信息快速预测扰动后的系统电压稳定裕度。为此，本节提出一种基于广域量测信息和戴维南等值模型的电压稳定裕度在线预测的新方法[38]。首先针对单机单负荷系统推导并给出利用当前信息预测系统电压稳定裕度的基本求解模型；进一步将该模型推广并应用于大规模电力系统中，并给出如何利用大规模电力系统当前电压稳定裕度信息快速估算支路断线故障后系统电压稳定裕度信息的求解模型修正方法，实现电力系统电压稳定裕度的在线快速估计。

3.5.1　电压稳定裕度求解模型提出

由图 3-1 可知，V_{s} 为电压源端电压，其幅值保持不变，进而由式（3-2）和式（3-3）知 V_{st} 不变，此外系统的网络拓扑结构不变所以 Y_{tt} 恒定，负荷按恒功率因数方式增长所以 φ_{st} 不变，再根据 r=1 即可求得节点 t 在系统电压临界处的临界负荷 S_{cr} 为

$$S_{\mathrm{cr}}=\frac{V_{\mathrm{st}}^{2}Y_{\mathrm{tt}}}{2\left(1-\cos\varphi_{\mathrm{st}}\right)} \tag{3-54}$$

由系统当前的负荷值及式（3-54）求得崩溃点处的负荷值，即得节点 t 由当前运行状态距离系统电压崩溃时的电压稳定裕度 $\dot{S}_{\mathrm{m}}$ 为

$$\dot{S}_{\mathrm{m}}=\dot{S}_{\mathrm{cr}}-\dot{S}_{0}=\lambda_{\mathrm{marg}}\dot{S}_{0} \tag{3-55}$$

式中，λ_{marg} 为负荷节点 t 的电压稳定裕度因子。

3.5.2 求解模型在电力网络中推广

3.5.1 节所提出的电力系统电压稳定裕度求解模型基于单机单负荷系统，而实际电力网络是一个多机多负荷的网络，网络中还存在大量的联络节点，因此上述模型不能直接应用于多机多负荷电力网络中，需结合实际电力网络特点对该模型进行深入研究和扩展，才可应用到实际系统中。根据 3.1.2 节电压稳定指标在多机系统的应用，结合式（3-2）～式（3-5）及式（3-8），得电力网络中负荷节点 i 的等效临界负荷 $S_{\text{creq}i}$ 为

$$S_{\text{creq}i} = \frac{V_{\text{eq}i}^2 Y_{\text{LL}ii}}{2\left(1-\cos\varphi_{\text{eqLL}i}\right)} \tag{3-56}$$

式中，$\varphi_{\text{eqLL}i} = -\arctan\left(b_{\text{eq}i}/a_{\text{eq}i}\right) - \arctan\left(G_{\text{LL}ii}/B_{\text{LL}ii}\right)$。

则负荷节点 i 的等效负荷裕度 $\dot{S}_{\text{meq}i}$

$$\dot{S}_{\text{meq}i} = \dot{S}_{\text{creq}i} - \dot{S}_{0\text{eq}i} = \lambda_i \dot{S}_{0\text{eq}i} \tag{3-57}$$

式中，$\dot{S}_{0\text{eq}i}$ 为系统当前运行状态下负荷节点 i 的等效视在功率；λ_i 为负荷节点 i 的电压稳定裕度因子。

通过式（3-57）可求出各负荷节点的电压稳定裕度因子，由系统电压失稳具有局部性的特点可知，系统电压崩溃通常从系统局部一个或几个负荷节点的电压失稳开始，逐渐扩大到整个系统。其中，首先出现的失稳节点是系统电压最薄弱环节，即系统电压弱节点，弱节点对应着节点电压稳定裕度因子 λ 最小的节点，则系统电压稳定裕度因子为

$$\lambda = \min\left(\boldsymbol{\lambda}\right) \tag{3-58}$$

式中，$\boldsymbol{\lambda}=[\lambda_1, \lambda_2, \cdots, \lambda_N]$，$N$ 为网络中负荷节点的数目。

进一步得系统的静态电压稳定裕度 $\sum V_{\text{m}}$：

$$\sum V_{\text{m}} = \lambda \sum_{i\in\alpha_{\text{L}}} V_{0i} \tag{3-59}$$

3.5.3 支路开断时模型修正

电力系统运行过程中经常会遇到各种扰动，元件也有可能会发生故障，从而导致某些元件退出运行。研究元件开断情况下系统的潮流分布，计算系统在某些元件开断下的电压稳定裕度，有助于指导运行调度人员及时、合理地采取相关措施消除系统电压失稳发生的可能性，因此研究开断方式下系统电压稳定裕度的计算具有十分重要的实际意义。

电力系统中元件较多、网络结构复杂，要分析的元件开断情况也非常多，再加上计算要实时进行，所以对电力系统电压稳定裕度的计算速度有较高的要求。电力系统中元件的开断主要包括：支路开断、发电机开断、负荷开断，主要关注网络中支路开断时的电压稳定裕度的计算。对于网络中的支路开断，一般而言开断前后负荷功率和发电机的输出功率不变，即使发生变化，其电气信息也可通过广域量测系统或 EMS 获得，仅涉及网络结构的变化，这样仅需对求解模型中式（2-45）、式（2-46）的 $\boldsymbol{Z}_{\text{LL}}$、$\boldsymbol{Z}_{\text{LG}}$ 进行较

少的修正计算，避免重新计算 $\boldsymbol{Z}_{\mathrm{LL}}$、$\boldsymbol{Z}_{\mathrm{LG}}$，便可求出系统的电压稳定裕度，可有效提高电压稳定裕度的计算速度。

网络支路开断后，系统的负荷阻抗矩阵 $\boldsymbol{Z}_{\mathrm{LL}}$、负荷-发电机阻抗矩阵 $\boldsymbol{Z}_{\mathrm{LG}}$ 如下：

$$\begin{cases}\boldsymbol{Z}_{\mathrm{LL}}=\boldsymbol{Z}_{\mathrm{LL0}}+\boldsymbol{Z}_{\mathrm{LL1}}\\ \boldsymbol{Z}_{\mathrm{LG}}=-\boldsymbol{Z}_{\mathrm{LG0}}-\boldsymbol{Z}_{\mathrm{LG1}}\end{cases}\tag{3-60}$$

式中，$\boldsymbol{Z}_{\mathrm{LL0}}$ 为支路开断前网络的负荷阻抗矩阵；$\boldsymbol{Z}_{\mathrm{LG0}}$ 为支路开断前网络的负荷-发电机阻抗矩阵；$\boldsymbol{Z}_{\mathrm{LL1}}$ 为支路开断后网络的负荷阻抗矩阵的修正矩阵；$\boldsymbol{Z}_{\mathrm{LG1}}$ 为支路开断后网络的负荷-发电机阻抗矩阵的修正矩阵。

对比式（2-39）～式（2-45）可知，式（3-60）修正项 $\boldsymbol{Z}_{\mathrm{LL1}}$、$\boldsymbol{Z}_{\mathrm{LG1}}$ 的计算结果与系统中开断支路的类型有着密切关系，为此推导并给出了联络节点间支路开断、联络节点与负荷节点间支路开断、联络节点与发电机节点间支路开断、负荷节点间支路开断、负荷节点与发电机节点间支路开断以及发电机节点间支路开断时各修正矩阵的计算方法。首先定义 $\boldsymbol{Y}'_{\mathrm{GG0}}$、$\boldsymbol{Y}'_{\mathrm{GL0}}$、$\boldsymbol{Y}'_{\mathrm{GK0}}$、$\boldsymbol{Y}'_{\mathrm{LG0}}$、$\boldsymbol{Y}'_{\mathrm{LL0}}$、$\boldsymbol{Y}'_{\mathrm{LK0}}$、$\boldsymbol{Y}'_{\mathrm{KG0}}$、$\boldsymbol{Y}'_{\mathrm{KL0}}$ 及 $\boldsymbol{Y}'_{\mathrm{KK0}}$ 为式（2-39）支路开断前的节点导纳矩阵的子矩阵；$\boldsymbol{Y}_{\mathrm{GG0}}$、$\boldsymbol{Y}_{\mathrm{GL0}}$、$\boldsymbol{Y}_{\mathrm{LG0}}$ 及 $\boldsymbol{Y}_{\mathrm{LL0}}$ 为式（2-40）支路开断前的节点导纳矩阵的子矩阵；$\boldsymbol{Y}'_{\mathrm{GG1}}$、$\boldsymbol{Y}'_{\mathrm{GL1}}$、$\boldsymbol{Y}'_{\mathrm{GK1}}$、$\boldsymbol{Y}'_{\mathrm{LG1}}$、$\boldsymbol{Y}'_{\mathrm{LL1}}$、$\boldsymbol{Y}'_{\mathrm{LK1}}$、$\boldsymbol{Y}'_{\mathrm{KG1}}$、$\boldsymbol{Y}'_{\mathrm{KL1}}$ 及 $\boldsymbol{Y}'_{\mathrm{KK1}}$ 分别为支路开断时矩阵 $\boldsymbol{Y}'_{\mathrm{GG}}$、$\boldsymbol{Y}'_{\mathrm{GL}}$、$\boldsymbol{Y}'_{\mathrm{GK}}$、$\boldsymbol{Y}'_{\mathrm{LG}}$、$\boldsymbol{Y}'_{\mathrm{LL}}$、$\boldsymbol{Y}'_{\mathrm{LK}}$、$\boldsymbol{Y}'_{\mathrm{KG}}$、$\boldsymbol{Y}'_{\mathrm{KL}}$ 和 $\boldsymbol{Y}'_{\mathrm{KK}}$ 的修正矩阵；$\boldsymbol{Y}_{\mathrm{GG1}}$、$\boldsymbol{Y}_{\mathrm{GL1}}$、$\boldsymbol{Y}_{\mathrm{LG1}}$ 及 $\boldsymbol{Y}_{\mathrm{LL1}}$ 为支路开断时矩阵 $\boldsymbol{Y}_{\mathrm{GG}}$、$\boldsymbol{Y}_{\mathrm{GL}}$、$\boldsymbol{Y}_{\mathrm{LG}}$ 及 $\boldsymbol{Y}_{\mathrm{LL}}$ 的修正矩阵。各支路开断类型的修正矩阵详细推导过程见附录Ⅱ，$\boldsymbol{Z}_{\mathrm{LL1}}$、$\boldsymbol{Z}_{\mathrm{LG1}}$ 的推导结果分别如下。

（1）联络节点间支路开断。由式（3-7）可知，当联络节点间支路发生开断时，导纳子矩阵 $\boldsymbol{Y}'_{\mathrm{LL}}$ 中的参数发生变化，可记为 $\boldsymbol{Y}'_{\mathrm{LL}}=\boldsymbol{Y}'_{\mathrm{LL0}}+\boldsymbol{Y}'_{\mathrm{LL1}}$ 形式，其他子矩阵不变。由式（2-43）～式（2-46）可知，矩阵 $\boldsymbol{Y}'_{\mathrm{LL}}$ 参数的变化必导致矩阵 $\boldsymbol{Z}_{\mathrm{LL}}$、$\boldsymbol{Z}_{\mathrm{LG}}$ 参数的改变，其对应的修正矩阵 $\boldsymbol{Z}_{\mathrm{LL1}}$、$\boldsymbol{Z}_{\mathrm{LG1}}$ 分别为

$$\begin{cases}\boldsymbol{Z}_{\mathrm{LL1}}=\boldsymbol{Y}'^{-1}_{\mathrm{LL0}}\boldsymbol{Y}'_{\mathrm{LK0}}\left(\boldsymbol{Y}'_{\mathrm{KK}}-\boldsymbol{Y}'_{\mathrm{KL0}}\boldsymbol{Y}'^{-1}_{\mathrm{LL0}}\boldsymbol{Y}'_{\mathrm{LK0}}\right)^{-1}\boldsymbol{Y}'_{\mathrm{KL0}}\boldsymbol{Y}'^{-1}_{\mathrm{LL0}}\\ \boldsymbol{Z}_{\mathrm{LG1}}=\boldsymbol{Z}_{\mathrm{LL0}}\boldsymbol{Y}_{\mathrm{LG1}}+\boldsymbol{Z}_{\mathrm{LL1}}\boldsymbol{Y}_{\mathrm{LG0}}+\boldsymbol{Z}_{\mathrm{LL1}}\boldsymbol{Y}_{\mathrm{LG1}}\end{cases}\tag{3-61}$$

式中，$\boldsymbol{Y}_{\mathrm{LG1}}=\boldsymbol{Y}'_{\mathrm{LK0}}\boldsymbol{Y}'^{-1}_{\mathrm{KK0}}\boldsymbol{Y}'_{\mathrm{KK1}}\boldsymbol{Y}'^{-1}_{\mathrm{KK0}}\boldsymbol{Y}'_{\mathrm{KG0}}$。

（2）联络节点与负荷节点间支路开断。根据式（3-7），当联络节点与负荷节点间支路开断时，导纳子矩阵 $\boldsymbol{Y}'_{\mathrm{LK}}$、$\boldsymbol{Y}'_{\mathrm{KL}}$ 可记为 $\boldsymbol{Y}'_{\mathrm{LK}}=\boldsymbol{Y}'_{\mathrm{LK0}}+\boldsymbol{Y}'_{\mathrm{LK1}}$、$\boldsymbol{Y}'_{\mathrm{KL}}=\boldsymbol{Y}'_{\mathrm{KL0}}+\boldsymbol{Y}'_{\mathrm{KL1}}$ 形式。由式（2-43）～式（2-46）可知，$\boldsymbol{Y}'_{\mathrm{LK}}$、$\boldsymbol{Y}'_{\mathrm{KL}}$ 的变化导致 $\boldsymbol{Y}_{\mathrm{LL}}$、$\boldsymbol{Y}_{\mathrm{LG}}$ 的变化，对应的 $\boldsymbol{Z}_{\mathrm{LL}}$、$\boldsymbol{Z}_{\mathrm{LG}}$ 也将改变，相应的修正矩阵 $\boldsymbol{Z}_{\mathrm{LL1}}$、$\boldsymbol{Z}_{\mathrm{LG1}}$ 分别为

$$\begin{cases}\boldsymbol{Z}_{\mathrm{LL1}}=\boldsymbol{Z}_{\mathrm{LL0}}\boldsymbol{Y}_{\mathrm{LL1}}\boldsymbol{Z}_{\mathrm{LL0}}\\ \boldsymbol{Z}_{\mathrm{LG1}}=\boldsymbol{Z}_{\mathrm{LL0}}\boldsymbol{Y}_{\mathrm{LG1}}+\boldsymbol{Z}_{\mathrm{LL1}}\boldsymbol{Y}_{\mathrm{LG0}}+\boldsymbol{Z}_{\mathrm{LL1}}\boldsymbol{Y}_{\mathrm{LG1}}\end{cases}\tag{3-62}$$

式中

$$\begin{cases}\boldsymbol{Y}_{\mathrm{LL1}}=\boldsymbol{Y}'_{\mathrm{LK0}}\boldsymbol{Y}'^{-1}_{\mathrm{KK0}}\boldsymbol{Y}'_{\mathrm{KL1}}+\boldsymbol{Y}'_{\mathrm{LK1}}\boldsymbol{Y}'^{-1}_{\mathrm{KK0}}\boldsymbol{Y}'_{\mathrm{KL1}}+\boldsymbol{Y}'_{\mathrm{LK0}}\boldsymbol{Y}'^{-1}_{\mathrm{KK0}}\boldsymbol{Y}'_{\mathrm{KL0}}\\ \boldsymbol{Y}_{\mathrm{LG1}}=\boldsymbol{Y}'_{\mathrm{LK1}}\boldsymbol{Y}'^{-1}_{\mathrm{KK0}}\boldsymbol{Y}'_{\mathrm{KG0}}\end{cases}$$

（3）联络节点与发电机节点间支路开断。由式（3-7）知，当联络节点与发电机节点间支路开断时，导纳子矩阵 $\boldsymbol{Y}'_{\mathrm{GK}}$、$\boldsymbol{Y}'_{\mathrm{KG}}$ 中参数发生变化，可记为 $\boldsymbol{Y}'_{\mathrm{GK}}=\boldsymbol{Y}'_{\mathrm{GK0}}+\boldsymbol{Y}'_{\mathrm{GK1}}$、

$\boldsymbol{Y}'_{\mathrm{KG}}=\boldsymbol{Y}'_{\mathrm{KG0}}+\boldsymbol{Y}'_{\mathrm{KG1}}$形式，其他子矩阵不变。由式（2-43）～式（2-46）可知，$\boldsymbol{Y}'_{\mathrm{GK}}$、$\boldsymbol{Y}'_{\mathrm{KG}}$参数的变化仅引起$\boldsymbol{Z}_{\mathrm{LG}}$参数的变化，$\boldsymbol{Z}_{\mathrm{LL}}$不变，对应的修正矩阵为

$$\begin{cases}\boldsymbol{Z}_{\mathrm{LL1}}=\boldsymbol{0}\\ \boldsymbol{Z}_{\mathrm{LG1}}=\boldsymbol{Z}_{\mathrm{LL0}}\boldsymbol{Y}_{\mathrm{LG1}}\end{cases}\tag{3-63}$$

式中，$\boldsymbol{Y}_{\mathrm{LG1}}=-\boldsymbol{Y}'_{\mathrm{LK0}}\boldsymbol{Y}'^{-1}_{\mathrm{KK0}}\boldsymbol{Y}'_{\mathrm{KG0}}$。

（4）负荷节点间支路开断。当负荷节点间支路发生开断时，$\boldsymbol{Y}'_{\mathrm{LL}}$可写为$\boldsymbol{Y}'_{\mathrm{LL}}=\boldsymbol{Y}'_{\mathrm{LL0}}+\boldsymbol{Y}'_{\mathrm{LL1}}$的形式，由式（2-43）～式（2-46）可知，$\boldsymbol{Y}'_{\mathrm{LL}}$的改变必引起$\boldsymbol{Z}_{\mathrm{LL}}$、$\boldsymbol{Z}_{\mathrm{LG}}$的变化，其对应的修正矩阵$\boldsymbol{Z}_{\mathrm{LL1}}$、$\boldsymbol{Z}_{\mathrm{LG1}}$分别为

$$\begin{cases}\boldsymbol{Z}_{\mathrm{LL1}}=\boldsymbol{Z}_{\mathrm{LG0}}\boldsymbol{Y}'_{\mathrm{LL1}}\boldsymbol{Z}_{\mathrm{LL0}}\\ \boldsymbol{Z}_{\mathrm{LG1}}=\boldsymbol{Z}_{\mathrm{LL1}}\boldsymbol{Y}_{\mathrm{LG0}}\end{cases}\tag{3-64}$$

（5）负荷节点与发电机节点间支路开断。当负荷节点与发电机节点间发生支路开断时，由式（3-7）可知，$\boldsymbol{Y}'_{\mathrm{GL}}$、$\boldsymbol{Y}'_{\mathrm{LG}}$可记为$\boldsymbol{Y}'_{\mathrm{GL}}=\boldsymbol{Y}'_{\mathrm{GL0}}+\boldsymbol{Y}'_{\mathrm{GL1}}$、$\boldsymbol{Y}'_{\mathrm{LG}}=\boldsymbol{Y}'_{\mathrm{LG0}}+\boldsymbol{Y}'_{\mathrm{LG1}}$形式，其他子矩阵不变，对比式（2-43）～式（2-46）可知，$\boldsymbol{Y}_{\mathrm{LL}}$不变、$\boldsymbol{Y}_{\mathrm{LG}}$改变，即对应的$\boldsymbol{Z}_{\mathrm{LL}}$不变、$\boldsymbol{Z}_{\mathrm{LG}}$改变，则对应修正矩阵$\boldsymbol{Z}_{\mathrm{LL1}}$、$\boldsymbol{Z}_{\mathrm{LG1}}$分别为

$$\begin{cases}\boldsymbol{Z}_{\mathrm{LL1}}=\boldsymbol{0}\\ \boldsymbol{Z}_{\mathrm{LG1}}=\boldsymbol{Z}_{\mathrm{LL0}}\boldsymbol{Y}'_{\mathrm{LG1}}\end{cases}\tag{3-65}$$

（6）发电机节点间支路开断。当发电机节点间支路开断后，$\boldsymbol{Y}'_{\mathrm{GG}}$可记为$\boldsymbol{Y}'_{\mathrm{GG}}=\boldsymbol{Y}'_{\mathrm{GG0}}+\boldsymbol{Y}'_{\mathrm{GG1}}$，其他子矩阵不变，由式（2-43）、式（2-44）可知，$\boldsymbol{Y}_{\mathrm{LL}}$、$\boldsymbol{Y}_{\mathrm{LG}}$不变，对应的$\boldsymbol{Z}_{\mathrm{LL}}$、$\boldsymbol{Z}_{\mathrm{LG}}$不变，其修正矩阵$\boldsymbol{Z}_{\mathrm{LL1}}$、$\boldsymbol{Z}_{\mathrm{LG1}}$分别为

$$\begin{cases}\boldsymbol{Z}_{\mathrm{LL1}}=\boldsymbol{0}\\ \boldsymbol{Z}_{\mathrm{LG1}}=\boldsymbol{0}\end{cases}\tag{3-66}$$

式（3-61）～式（3-66）给出了网络中出现各种断线类型后负荷阻抗矩阵的修正矩阵和负荷-发电机阻抗矩阵的修正矩阵求解方程。当网络中发生支路开断时，借助于高速、可靠的广域测量系统通信网络，将断线信息发送到区域调度控制中心的广域测量主站系统，主站系统与区域调度控制中心的 EMS 对接，根据子站系统上传的支路开断信息，判断支路开断类型，计算对应的负荷阻抗矩阵的修正矩阵$\boldsymbol{Z}_{\mathrm{LL1}}$和负荷-发电机阻抗矩阵的修正矩阵$\boldsymbol{Z}_{\mathrm{LG1}}$；然后主站系统根据得到的修正矩阵$\boldsymbol{Z}_{\mathrm{LL1}}$、$\boldsymbol{Z}_{\mathrm{LG1}}$更新$\boldsymbol{Z}_{\mathrm{LL}}$、$\boldsymbol{Z}_{\mathrm{LG}}$；再读取 WAMS 或者 EMS 中各节点的电压、功率信息，根据式（3-59）快速计算各节点的电压稳定裕度，从而确定系统的电压稳定裕度。

3.5.4　整体实现方案

电力系统广域电压稳定裕度快速估算实现的基础是系统中已有的 WAMS 和 EMS，整体布局采用主从式结构，主站系统位于区域调度控制中心，子站系统位于各变电站及发电厂内，具体工作流程如下。

（1）子站系统实时监测系统网络拓扑结构变化（支路开断、有载变压器分接头调节）信息、发电机和 SVC 等电压控制节点的无功越限信息、电容器组投切信息以及母线电

气量信息（电压幅值、相位，负荷消耗的有功、无功），并将上述信息通过高速广域通信网络上传至位于区域调度控制中心的主站系统中。

（2）主站系统将子站系统上传的信息进行分类处理。当监测到系统网络拓扑结构的变化（支路开断、有载变压器分接头调节）及电容器组投切信息时，采用 3.5.3 节的方法计算阻抗修正矩阵 $\boldsymbol{Z}_{LL1}$、$\boldsymbol{Z}_{LG1}$ 并更新 $\boldsymbol{Z}_{LL}$、$\boldsymbol{Z}_{LG}$；监测电压控制节点的发电机、同步调相机、SVC 及 STATCOM 等 FACTS 装置的无功输出，在无功未到达其输出极限前将该电压控制节点视为系统的 PV 节点，到达输出极限后将该电压控制节点视为负荷节点，读取 EMS 中的系统网络拓扑信息，按式（2-39）～式（2-48）重新形成 $\boldsymbol{Z}_{LL1}$、$\boldsymbol{Z}_{LG}$；若监测到系统中某 PV 节点切机或某负荷节点全部负荷切除，则将该节点视为联络节点，读取 EMS 中的系统网络拓扑信息，按式（2-39）～式（2-45）重新形成 $\boldsymbol{Z}_{LL}$、$\boldsymbol{Z}_{LG}$。

（3）根据主站系统计算得到的 $\boldsymbol{Z}_{LL}$、$\boldsymbol{Z}_{LG}$ 及各子站系统上传的母线电压幅值、相位信息及负荷节点注入的有功、无功信息，按式（3-55）～式（3-57）计算各节点的电压稳定裕度因子，确定各节点的电压稳定裕度。根据计算得到的各节点的电压稳定裕度因子按式（3-58）及式（3-59）确定系统的电压稳定裕度。

3.5.5　算例分析

为验证所提出的电压稳定裕度估算方法的有效性和合理性，本节分别在 New England 39 系统和 IEEE 300 节点测试系统进行了大量的仿真验证，限于篇幅，仅以部分算例为例给予阐述，其他相关算例结论类似，不再赘述。在仿真验证过程中，均采用 CPF 的结果来验证所提方法，负荷按恒功率因数增长，发电机出力按照各发电机有功剩余容量的比例分配增加的有功负荷。

3.5.5.1　New England 39 系统算例

图 3-27 为从基态出发按确定的负荷增长方式及发电机出力方式计算得到的 New England 39 系统的电压稳定裕度曲线，图中横坐标 λ_{inc} 为系统的负荷增长因子；纵坐标 λ_{marg} 为系统的电压稳定裕度因子；VSM 为采用所提方法计算得到的电压稳定裕度曲线；CPF 为采样连续潮流计算得到的电压稳定裕度曲线。CPF 电压稳定裕度因子的计算方法为 $\lambda_{marg}=\lambda_{cr}-\lambda_{inc}$，$\lambda_{cr}$ 为负载增长因子最大值，因此其电压稳定裕度曲线是线性的，而 VSM 的电压稳定裕度曲线随着负荷增长因子的增加呈非线性单调递减的特点，由式（3-56）可知，理论上在系统网络结构保持不变的情况下 Y_{LLii} 不变，发电机未到达无功输出极限时 V_{eqi}^2 不变，全网负荷按等功率因数增加时 φ_{eqLLi} 也保持不变，VSM 值随负荷稳定因子的增长应线性变化，但实际过程中只有 Y_{LLii} 保持不变，而 V_{eqi}^2 和 φ_{eqLLi} 随着节点电压相位的变化均会发生变化，因而出现如图 3-27 所示的结果。同时由图 3-27 可知，VSM 计算得到的电压稳定裕度值均小于 CPF 计算得到的电压稳定裕度值，在基态 $\lambda_{inc}=0$ 下采用所提方法计算得到电压稳定裕度因子 λ_{marg} 为 2.1124，而采用连续潮流计算得到的电压稳定裕度因子 λ_{marg} 为 2.2138，随着全网负荷的增长，采用 VSM 与 CPF 计算得到电压稳定裕度

因子都不断减小，当 λ_{inc}=2.0664 时，采用 VSM 计算到的电压稳定裕度因子 λ_{marg}=0，而 CPF 计算得到的电压稳定裕度因子 λ_{marg}=0.1465，即 VSM 计算得到的电压稳定裕度具有一定的保守性。

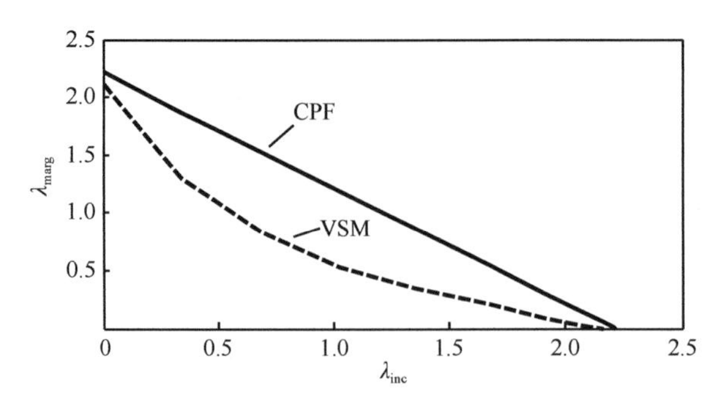

图 3-27　New England 39 系统的电压稳定裕度曲线

图 3-28 给出了采用所提 VSM 计算得到的 New England 39 系统部分负荷节点的电压稳定裕度曲线，由图中结果可知，在 New England 39 系统中，随着负荷增长母线 8 的电压稳定裕度曲线一直位于曲线簇的最底层，且其电压稳定裕度因子较其他节点最先到达 0，因此可以判断在采用 VSM 计算 New England 39 系统电压稳定裕度过程中，母线 8 为按该负荷增长方式下系统的最弱电压节点，即母线 8 的电压稳定裕度曲线为系统的电压稳定裕度曲线，即图 3-27 中的 VSM 曲线对应于图 3-28 中的母线 8 的电压稳定裕度曲线，为进一步验证上述结论，表 3-13 给出了部分负荷节点在计算过程中的电压稳定裕度因子，由表 3-13 可知，随着系统负荷增长因子的增加，母线 8 的电压稳定裕度因子一直小于其他负荷节点的电压稳定裕度因子，且其电压稳定裕度因子先于其他节点到 0，图 3-28 和表 3-13 的结果一致说明母线 8 为系统的电压最弱节点，而上述结果与采用 CPF 计算得到的最弱电压节点结果一致。

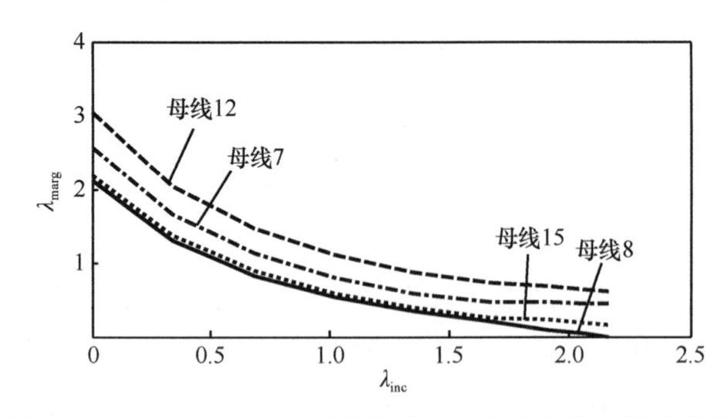

图 3-28　New England 39 系统部分节点的电压稳定裕度曲线

表 3-13　New England 39 系统部分节点电压稳定裕度因子

实际稳定裕度因子	节点电压稳定裕度因子					
	母线 4	母线 8	母线 16	母线 20	母线 25	母线 29
2.2138	2.2095	2.1124	2.8488	3.7088	6.8686	5.0854
1.8700	1.3763	1.3002	1.8530	2.4627	4.7874	3.5039
1.5287	0.8925	0.8300	1.2693	1.7252	3.5529	2.5638

续表

实际稳定裕度因子	节点电压稳定裕度因子					
	母线 4	母线 8	母线 16	母线 20	母线 25	母线 29
1.1915	0.5846	0.5323	0.8910	1.2390	2.7366	1.9386
0.8609	0.3843	0.3403	0.6345	0.8973	2.1615	1.4925
0.5424	0.2981	0.2313	0.4660	0.6508	1.7478	1.1609
0.3030	0.2675	0.2140	0.4037	0.5087	1.5160	0.9574
0.1465	0.2437	0.0737	0.3954	0.4416	1.4230	0.8470

为进一步验证所提出的考虑系统支路开断时电压稳定裕度修正模型，结合 New England 39 系统的网络拓扑图，分别设置了 17 种断线故障，并采用修正模型估算系统支路开断模式下的电压稳定裕度因子，估算结果如表 3-14 所示，表中 02—03、04—14、04—05、05—08、17—18、21—22 的支路开断为联络节点与负荷节点间的支路开断模式；05—06、06—11、12—13 为联络节点间的支路开断模式；03—18、07—08、16—24、23—24、25—26、26—28、26—29、28—29 为负荷节点间的支路开断模式，其他三种支路开断模式受 New England 39 系统的网络拓扑结构限制，未能测试。对比表 3-14 结果可知：采用所提方法在系统支路开断模式下计算得到的系统电压稳定裕度因子均具有较好的预测结果，未出现过估计的情况。

表 3-14　New England 39 系统支路开断时的电压稳定裕度因子

开断支路	计算值	实际值	开断支路	计算值	实际值
——[a]	2.1124	2.2138	12—13	2.1086	2.1299
02—03	1.6851	1.9874	16—24	2.1156	2.1889
03—18	2.0453	2.2114	17—18	2.1243	2.1627
04—05	1.7026	2.1469	21—22	1.4061	1.6378
04—14	1.8223	2.1164	23—24	1.9841	2.0724
05—06	1.9024	2.0203	25—26	1.8725	2.1927
05—08	1.6842	2.0876	26—28	2.1042	2.1863
06—11	1.7979	2.0837	26—29	2.0976	2.1718
07—08	1.8748	2.1735	28—29	1.6541	1.8231

a. 无开断支路。

3.5.5.2　IEEE 300 节点测试系统算例

3.5.5.1 节 New England 39 测试系统算例验证了所提方法的有效性和正确性，本节进一步通过 IEEE 300 节点测试系统讨论所提方法在大规模电力系统中应用的可行性，结果如图 3-29、图 3-30 及表 3-15 所示。图 3-29 给出了采用所提方法和 CPF 方法计算得到的系统电压稳定裕度曲线，图中 VSM 的电压稳定裕度曲线特点与 New England 39 系统 VSM 曲线类似，均位于 CPF 电压稳定裕度曲线以下，基态时采用所提方法计算得到

电压稳定裕度因子 λ_{marg} 为 0.9805，而采用 CPF 计算得到的电压稳定裕度因子 λ_{marg} 为 1.4283，随着全网负荷的增长，采用 VSM 与 CPF 计算得到电压稳定裕度因子都不断减小，当 VSM 计算到的电压稳定裕度因子 λ_{marg}=0.0031 时，CPF 计算得到的电压稳定裕度因子 λ_{marg}=0.2062，对比图 3-27、表 3-13 可知，采用所提方法计算得到的 IEEE 300 节点测试系统的电压稳定裕度因子误差较 New England 39 系统大，主要原因为在 IEEE 300 节点测试系统中存在的负荷与发电机共线节点较 New England 39 系统多，通常在发电机无功未失去调节能力时将负荷发电机节点视为 PV 节点来处理，这样就没有考虑共线节点中负荷对节点电压稳定裕度的贡献，计算误差较大，而实际电力系统中负荷一般都经过变压器接入高压母线，极少存在负荷与发电机直接共线的可能性，因此在实际应用时，这部分误差是可以避免的。

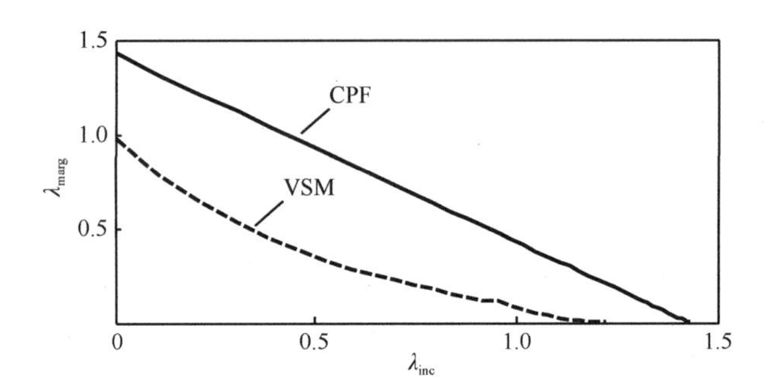

图 3-29 IEEE 300 节点测试系统的电压稳定裕度曲线

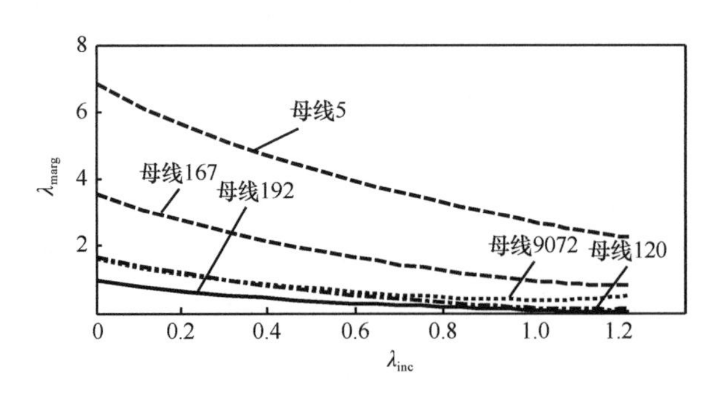

图 3-30 IEEE 300 节点测试系统部分节点的电压稳定裕度曲线

表 3-15 IEEE 300 系统节点电压稳定裕度因子

实际稳定裕度因子	节点电压稳定裕度因子					
	母线 59	母线 192	母线 225	母线 526	母线 9033	母线 9121
1.4283	3.3159	0.9805	10.7667	5.3382	0.8805	5.9672
1.3147	2.8810	0.7854	9.9476	5.0289	0.6854	5.1888
1.2127	2.5516	0.6415	9.4549	4.7545	0.5415	4.6124
1.1217	2.2951	0.5331	9.1711	4.5151	0.4331	4.1753
1.0401	2.0896	0.4492	9.0223	4.3126	0.3492	3.8349
0.9663	1.9209	0.3829	8.9629	4.1525	0.2829	3.5638
0.8991	1.7797	0.3297	8.9636	4.0757	0.2529	3.3439

续表

实际稳定裕度因子	节点电压稳定裕度因子					
	母线 59	母线 192	母线 225	母线 526	母线 9033	母线 9121
0.8374	1.6597	0.2867	0.5945	4.0451	0.2297	3.1631
0.7805	1.5565	0.2517	0.5137	4.0091	0.2105	3.0132
0.7276	1.4670	0.2233	0.4434	0.3111	0.1867	2.8882
0.6784	1.3890	0.2005	0.3820	0.2710	0.1742	2.7838
0.6325	1.3206	0.1791	0.3282	0.2629	0.1517	2.6969
0.5894	1.2607	0.1516	0.2809	0.2354	0.1435	2.6250
0.5488	1.2081	0.1319	0.2394	0.2156	0.1233	2.6074
0.5107	1.1621	0.1189	0.2029	0.2041	0.1179	2.5664
0.4747	1.1220	0.1121	0.1710	0.1791	0.1005	2.5572
0.4407	1.0873	0.0906	0.1433	0.1772	0.0969	2.5195
0.4086	1.0576	0.0701	0.1194	0.1548	0.0827	2.5156
0.3782	1.0326	0.0526	0.0993	0.1516	0.0802	2.4833
0.3495	1.0120	0.0380	0.0826	0.1368	0.0692	2.4825
0.3223	0.9957	0.0261	0.0692	0.1319	0.0676	2.4575
0.2965	0.9836	0.0168	0.0590	0.1233	0.0598	2.4571
0.2720	0.9754	0.0100	0.0521	0.1189	0.0588	2.4408
0.2489	0.9713	0.0056	0.0485	0.1146	0.0541	2.4401
0.2270	0.9712	0.0037	0.0480	0.1121	0.0536	2.4322
0.2062	0.9752	0.0031	0.0410	0.1107	0.0521	2.4319

图 3-30 给出了采用所提 VSM 方法计算 IEEE 300 节点测试系统得到的电压稳定裕度曲线簇，由图可知随着全网负荷的增加，母线 192 的电压稳定裕度曲线一直处于曲线簇的底部，且先于其他节点的电压稳定裕度曲线到达横轴，对比表 3-15 的部分负荷节点电压稳定裕度因子计算结果，可知母线 192 的电压稳定裕度因子最先为 0，因而可以确定母线 192 为系统的电压最弱节点，图 3-29 中的系统的电压稳定裕度曲线也应为图 3-30 中母线 192 的电压稳定裕度曲线，上述结果与采用 CPF 追踪系统 *P-V* 曲线得到的结果一致。

为进一步验证所提出的考虑系统支路开断时电压稳定裕度修正模型在多节点系统中的适应性，结合 IEEE 300 节点测试系统的网络拓扑结构，设置了 24 种支路断线故障，其中 157—159、228—229、228—231、204—205、205—206 为负荷节点间的支路开断模式；145—146、138—188、123—124、190—231 为负荷节点与发电机节点间的支路开断模式；117—159、224—226、193—205、193—208、44—45、211—212 为负荷节点与联络节点间的支路开断模式；194—219、195—219 为联络节点间的支路开断模式；143—149、141—146、146—147、176—177、152—153、220—221 为发电机节点间的支路开断模式；132—170 为发电机与联络节点间的支路开断模式。上述 24 种支路断线故障包含了所提的 6 种支路开断模式，限于篇幅这里未给出各支路开断类型的修正矩阵 $\boldsymbol{Z}_{LL1}$、$\boldsymbol{Z}_{LG1}$，仅给出采用修正模型估算的系统在各种支路开断模式下的电压稳定裕度因子，估算结果如表 3-16 所示。对比分析表 3-16 结果可知，所提方法均较好地估算出了系统在各种断线模式下的电压稳定裕度因子，其计算结果均在可以接受的范围内，未出现过估计的情况，可为系统在断线故障时估算系统电压稳定性提供参考信息。

表 3-16　IEEE 300 节点测试系统支路开断时的系统电压稳定裕度因子

开断支路	计算值	实际值	开断支路	计算值	实际值
——[a]	0.9805	1.4283	193—208	0.9405	1.4283
157—159	1.1140	1.4239	44—45	1.0125	1.4241
228—229	1.0103	1.4281	211—212	0.9981	1.4026
228—231	1.0306	1.4283	194—219	1.0110	1.4207
204—205	1.0706	1.4283	195—219	1.0061	1.4258
205—206	1.0106	1.4280	143—149	1.0905	1.4282
145—146	0.9905	1.4243	141—146	0.9105	1.4285
138—188	1.0805	1.4275	146—147	1.0105	1.4209
123—124	0.9803	1.4283	176—177	1.1107	1.4191
190—231	1.0053	1.4163	152—153	1.1050	1.4284
117—159	1.0108	1.3320	220—221	1.0105	1.4283
224—226	1.0111	1.3912	132—170	1.1108	1.4285
193—205	1.1104	1.4281			

a. 无开断支路。

从 New England 39 系统、IEEE 300 节点测试系统的仿真结果可以看出，所提电压稳定裕度计算模型均能准确识别出系统的电压弱节点，给出可接受的电压稳定裕度信息，所提出的考虑支路开断故障的电压稳定裕度修正模型均可较好地预测出支路开断后系统的电压稳定裕度，未出现过估计的情况，能为调度运行人员提供丰富的在线电压稳定性参考信息。

3.6　简化 L 指标分析方法

3.1 节构建的 L 指标，具有物理概念清晰、计算速度快，确定上、下界，给出归一化指标值等优点，但 L 指标只给出了节点电压稳定性的一元信息，未给出与节点电压稳定性相关联的更多信息。为此，本节在文献[22]的基础上，针对实际输电网线路电抗远大于电阻、母线电压相位小的特点，提出一种可适应大规模电网快速计算的简化 L 指标[3]；在不影响计算精度的同时，推导出简化 L 指标的全微分方程；借助全微分方程分析系统参数变化对电压稳定的影响作用，研究不同电压失稳模式所涉及的负荷节点区域划分；将简化 L 指标分析方法应用于 New England 39 系统中进行仿真验证。

3.6.1 简化 L 指标

3.6.1.1 L 指标的全微分方程

根据 3.1.2 节 L_j 指标的定义，其可进一步表示为

$$L_j = \frac{1}{V_j}\sqrt{\text{real}^2 + \text{imag}^2} \tag{3-67}$$

式中，L_j 为负荷节点 j 的局部电压稳定指标；V_j 为负荷节点 j 的电压幅值；real 和 imag 计算如下：

$$\begin{cases} \text{real} = \sum\limits_{i\in\alpha_\text{L}} \dfrac{\text{real}_i}{V_i} \\ \text{real}_i = P_i\left(R_{ij}\cos\theta_i - X_{ij}\sin\theta_i\right) + Q_i\left(X_{ij}\cos\theta_i + R_{ij}\sin\theta_i\right) \\ \text{imag} = \sum\limits_{i\in\alpha_\text{L}} \dfrac{\text{imag}_i}{V_i} \\ \text{imag}_i = Q_i\left(R_{ij}\cos\theta_i - X_{ij}\sin\theta_i\right) - P_i\left(X_{ij}\cos\theta_i + R_{ij}\sin\theta_i\right) \end{cases}$$

其中，P_i、Q_i 分别为 i 负荷节点注入的有功功率、无功功率；V_i、θ_i 为节点 i 的电压幅值和相位；R_{ij}、X_{ij} 分别为负荷节点 i、j 之间的电阻和电抗。

对式（3-67）的 L_j 求全微分，对应的全微分方程为

$$\Delta L_j = \frac{\partial L_j}{\partial Q_i}\Delta Q_i + \frac{\partial L_j}{\partial P_i}\Delta P_i + \frac{\partial L_j}{\partial \theta_i}\Delta\theta_i + \frac{\partial L_j}{\partial V_i}\Delta V_j \tag{3-68}$$

结合式（3-68），式（3-67）对负荷节点的有功、无功、电压相位、幅值的偏导分别为

$$\frac{\partial L_j}{\partial P_i} = \frac{\left(R_{ij}\cos\theta_i - X_{ij}\sin\theta_i\right)\text{real} - \left(X_{ij}\cos\theta_i + R_{ij}\sin\theta_i\right)\text{imag}}{V_j^2 V_i L_j} \tag{3-69}$$

$$\frac{\partial L_j}{\partial Q_i} = \frac{\left(X_{ij}\cos\theta_i + R_{ij}\sin\theta_i\right)\text{real} + \left(R_{ij}\cos\theta_i - X_{ij}\sin\theta_i\right)\text{imag}}{V_j^2 V_i L_j} \tag{3-70}$$

$$\frac{\partial L_j}{\partial \theta_i} = \frac{\text{imag}_i\cdot\text{real} - \text{real}_i\cdot\text{imag}}{V_j^2 V_i L_j} \tag{3-71}$$

$$\begin{cases} \dfrac{\partial L_j}{\partial V_i} = -\dfrac{\text{real}_i\cdot\text{real} + \text{imag}_i\cdot\text{imag}}{V_i^2 V_j^2 L_j} \\ \dfrac{\partial L_j}{\partial V_j} = -\dfrac{\text{real}_j\cdot\text{real} + \text{imag}_j\cdot\text{imag} + V_j^3 L_j^2}{V_j^4 L_j} \end{cases} \tag{3-72}$$

3.6.1.2 简化 L 指标及其全微分方程

由 3.1.2 节可知，网络中各负荷节点的 L 指标是一个包含复数运算的复杂表达式，

随着系统规模的扩大，L 指标的计算量也会急剧增加，而在实际输电网中线路电抗远大于电阻且各节点电压相位极小，即 $Z_{ij} \approx \mathrm{j}X_{ij}$、$\cos\theta_{ij} \approx 1$，因此根据实际电网这一特点，忽略节点电压相角和线路电阻的影响，则 L 指标的表达式可简化为

$$L_{\mathrm{Simple}j} = \frac{1}{V_j}\sqrt{\mathrm{real}_{\mathrm{Simple}}^2 + \mathrm{imag}_{\mathrm{Simple}}^2} \tag{3-73}$$

且有

$$\begin{cases} \mathrm{real}_{\mathrm{Simple}} = \sum\limits_{i\in\alpha_{\mathrm{L}}} \dfrac{\mathrm{real}_{\mathrm{Simple}i}}{V_i} \\ \mathrm{real}_{\mathrm{Simple}i} = Q_i X_{ij} \\ \mathrm{imag}_{\mathrm{Simple}} = \sum\limits_{i\in\alpha_{\mathrm{L}}} \dfrac{\mathrm{imag}_{\mathrm{Simple}i}}{V_i} \\ \mathrm{imag}_{\mathrm{Simple}i} = -P_i X_{ij} \end{cases} \tag{3-74}$$

式（3-73）、式（3-74）中下标 Simple 表示简化的方法。

由式（3-73）、式（3-74）可得基于简化 L 指标的式（3-69）～式（3-72）可表示为

$$\frac{\partial L_{\mathrm{Simple}\,j}}{\partial P_i} = -\frac{X_{ij}\mathrm{imag}_{\mathrm{Simple}}}{V_j^2 V_i L_{\mathrm{Simple}\,j}} \tag{3-75}$$

$$\frac{\partial L_{\mathrm{Simple}\,j}}{\partial Q_i} = \frac{X_{ij}\mathrm{real}_{\mathrm{Simple}}}{V_j^2 V_i L_{\mathrm{Simple}\,j}} \tag{3-76}$$

$$\frac{\partial L_{\mathrm{Simple}\,j}}{\partial \theta_i} = \frac{\mathrm{imag}_{\mathrm{Simple}i}\mathrm{real}_{\mathrm{Simple}} - \mathrm{real}_{\mathrm{Simple}i}\mathrm{imag}_{\mathrm{Simple}}}{V_j^2 V_i L_{\mathrm{Simple}\,j}} \tag{3-77}$$

$$\begin{cases} \dfrac{\partial L_{\mathrm{Simple}\,j}}{\partial V_i} = -\dfrac{\mathrm{real}_{\mathrm{Simple}i}\mathrm{real}_{\mathrm{Simple}} + \mathrm{imag}_{\mathrm{Simple}i}\mathrm{imag}_{\mathrm{Simple}}}{V_i^2 V_j^2 L_{\mathrm{Simple}\,j}} \\ \dfrac{\partial L_{\mathrm{Simple}\,j}}{\partial V_j} = -\dfrac{\mathrm{real}_{\mathrm{Simple}\,j}\mathrm{real}_{\mathrm{Simple}} + \mathrm{imag}_{\mathrm{Simple}\,j}\mathrm{imag}_{\mathrm{Simple}} + V_j^3 L_{\mathrm{Simple}\,j}^2}{V_j^4 L_{\mathrm{Simple}\,j}} \end{cases} \tag{3-78}$$

对比式（3-67）与式（3-73），针对实际电网特点的简化 L 指标实现了有功与无功的解耦，降低了求解的计算量。同时比较式（3-69）、式（3-70）与式（3-75）、式（3-76）可见，简化策略也实现了指标值对 P、Q 偏导的解耦。

3.6.2 简化 L 指标实现

1. 特殊节点处理

由 L 指标定义可知，需对网络节点进行分类，而实际系统运行方式实时变化，网络中各节点类型存在相互转换的可能，因此在分类过程中需先对下列特殊节点进行相应处理。

（1）含无功补偿的联络节点。考虑到网络中的联络节点中存在无功补偿装置的特点，当联络节点的补偿装置为电容器时，将电容器等效为联络节点的对地电纳，该节点仍视为联络节点；当联络节点的补偿装置为同步调相机、SVC 及 STATCOM 等 FACTS 装置

时，未到达其输出极限前将该节点视为系统的 PV 节点，到达输出极限后将该节点视为负荷节点。

（2）达到励磁顶值或切机 PV 节点，当发电机达到励磁顶值后，该节点将由 PV 节点转换为 PQ 节点，该节点可视为负荷节点；若系统中某 PV 节点切机，则将该节点视为联络节点。

2. 计算步骤

所提出的简化 L 的计算步骤如下。

步骤 1：对系统节点类型进行预处理，读取网络导纳矩阵，形成式（2-45）的负荷节点阻抗矩阵 $\boldsymbol{Z}_{\mathrm{LL}}$。

步骤 2：读取系统潮流计算结果，根据式（3-73）计算各负荷节点的简化 L 指标值，并根据指标值对系统电压稳定裕度进行排序。

3.6.3　算例分析

为验证所提方法的合理性和可行性，本节以 New England 39 系统为例进行仿真分析，选取采用连续潮流法求得的 P-V 曲线上从基态开始到系统电压崩溃点之间的 11 个点计算 L 指标及简化 L 指标。图 3-31、图 3-32 分别为采用 CPF 法求得的系统 P-V 曲线和 P-θ 曲线。从图 3-32 的 P-θ 曲线可看出，P-θ 曲线变化趋势与 P-V 曲线变化趋势相同，但系统所有 P-θ 曲线上 θ 变化范围极小（$-0.06<\theta<0.02$），即 $\cos\theta\approx1$ 和 $\sin\theta\approx0$ 的假设是合理的。

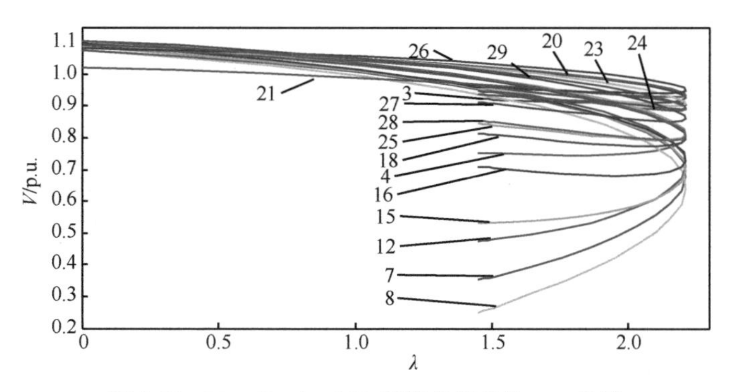

图 3-31　New England 39 系统各节点的 P-V 曲线

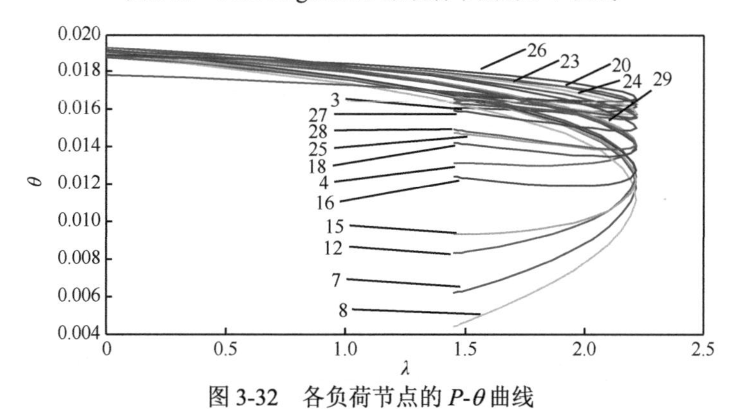

图 3-32　各负荷节点的 P-θ 曲线

图 3-33、图 3-34 给出了采用 L 指标与简化 L 指标（L_{Simple} 指标）计算的系统各负荷节点的局部电压稳定指标变化趋势，对比图 3-33 和图 3-34 可知，采用简化方法与原方法的变化趋势是一致的且电压稳定裕度排序结果与图 3-31 的 P-V 曲线电压稳定裕度排序结果基本一致。表 3-17 给出了 New England 39 系统在基态、全网负荷增长因子等比例增长到 1.35 倍及系统 SNB 点处的三个运行点处的 L 指标值和 L_{Simple} 指标值，对比表 3-17 中负荷节点的指标值可知，各负荷节点的 L_{Simple} 指标值与 L 指标值基本相等。表 3-18 给出了在图 3-31 所示的 P-V 曲线上所取 11 个运行点的 L_{Simple} 指标值与 L 指标值之间的误差率[（L–L_{Simple}）/L]的标准差，从表 3-18 中结果可知，L_{Simple} 与 L 之间的误差率的标准差在 0.15%附近，从标准差的结果上可知，所提出的简化 L 指标是准确、可行的。

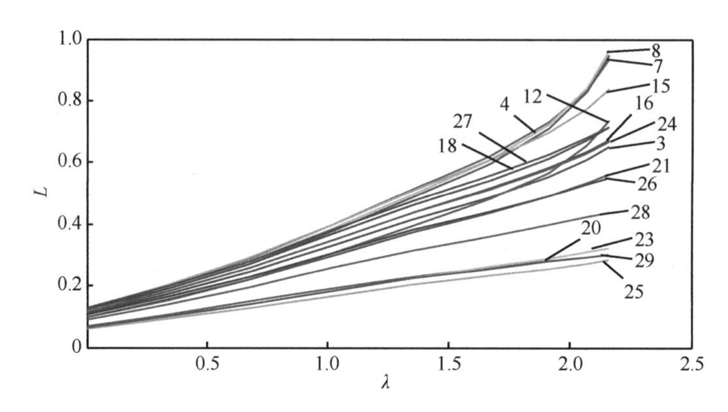

图 3-33　各负荷节点的 L 曲线

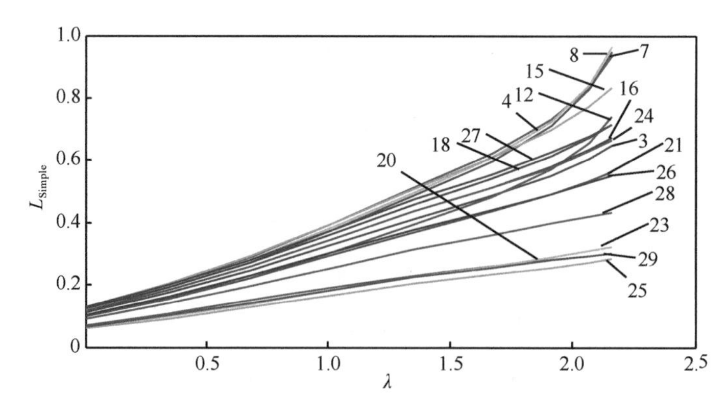

图 3-34　各负荷节点的 L_{Simple} 曲线

表 3-17　New England 39 系统 L 指标及 L_{Simple} 指标

节点	λ=0		λ=1.35		λ=2.25	
	L	L_{Simple}	L	L_{Simple}	L	L_{Simple}
3	0.1511	0.1509	0.4284	0.4278	0.6507	0.6497
4	0.1708	0.1707	0.5060	0.5057	0.9336	0.9329
7	0.1600	0.1600	0.4766	0.4767	0.9489	0.9487
8	0.1626	0.1626	0.4851	0.4851	0.9624	0.9620

续表

节点	λ=0		λ=1.35		λ=2.25	
	L	L_{Simple}	L	L_{Simple}	L	L_{Simple}
12	0.1295	0.1299	0.3862	0.3875	0.7384	0.7404
15	0.1755	0.1753	0.5117	0.5112	0.8357	0.8349
16	0.1591	0.1587	0.4507	0.4496	0.6741	0.6723
18	0.1665	0.1662	0.4742	0.4732	0.7164	0.7148
20	0.0992	0.0990	0.2598	0.2593	0.3020	0.3014
21	0.1368	0.1366	0.3855	0.3849	0.5631	0.5622
23	0.0892	0.0891	0.2423	0.2421	0.3240	0.3235
24	0.1613	0.1609	0.4528	0.4516	0.6667	0.6648
25	0.0843	0.0840	0.2236	0.2229	0.2848	0.2838
26	0.1448	0.1444	0.4018	0.4006	0.5524	0.5507
27	0.1730	0.1726	0.4915	0.4903	0.7156	0.7138
28	0.1254	0.1250	0.3400	0.3390	0.4356	0.4343
29	0.0925	0.0922	0.2459	0.2453	0.3031	0.3023

表 3-18 L_{Simple} 与 L 之间误差率的标准差

λ	标准差/%	λ	标准差/%
0.0000	0.1605	1.9108	0.1550
0.3438	0.1600	2.0673	0.1535
0.6851	0.1594	2.1603	0.1519
1.0223	0.1587	2.2051	0.1504
1.3529	0.1578	2.2138	0.1490
1.6714	0.1565		

3.7 本章小结

本章从单机系统和多机系统两种场景详细分析 L 指标的构建过程和基本原理，并提出了相应的广域电压稳定快速估计和在线监测方法。

首先，提出一种电力系统广域电压稳定在线监测的新方法，针对系统中存在发电机与负荷共母线的混合节点，提出一种考虑发电机内电势的扩展发电机节点，有效计及混合节点中发电机及负荷对电压指标值的影响，提高了电压在线监测的准确度。仿真分析表明：①所提的电压稳定在线监测方法随系统运行方式的变化均可准确识别出系统中的电压弱节点，具有较强的鲁棒性；②采用发电机内电势扩展的方法处理发电机负荷共线节点，有效计及了共线节点上的发电机、负荷对系统电压稳定的影响作用，避免了传统处理方法不考虑共线节点中负荷节点功率注入的不足，具有较高的模型精度、较小的计算误差；③综合了广域量测信息的实时、准确性和 EMS 网络拓扑信息的可靠、稳定性的优势，只需采集一次系统的相量量测信息即可得出系统电压稳定信息，避免了多次采集造成的辨识参数漂移问题，提高电压稳定在线监测的准确度。

然后，从多角度改进局部电压稳定指标，计及了非恒 PQ 负荷成分、发电机励磁达到顶值、不完全量测信息情况，并利用改进电压稳定指标快速确定电力系统电压弱节点。进一步，提出一种在线快速预测系统电压稳定裕度的新方法，针对单机单负荷系统推导并给出了利用当前信息预测系统电压稳定裕度的基本求解模型，将该模型推广并应用于大规模电力系统中，在此基础上，给出大规模电力系统支路开断故障下的电压稳定裕度求解的修正模型。仿真分析表明：相较于基于连续潮流的电压稳定裕度求解方法，所提方法利用系统当前信息即可快速估算出系统的电压稳定裕度、准确确定系统电压弱节点，计算速度快、精度较高，且可给出丰富的电压稳定裕度信息，并可在系统支路开断模式下快速预测各负荷节点及系统的电压稳定裕度信息，有利于调度/运行人员全面掌握系统电压运行状态，采取合理措施改善系统电压稳定性，具有一定工程实用价值。

最后，提出一种可适用于大规模电网电压稳定在线监测的快速计算的简化 L 指标，并进行仿真验证，仿真结果表明：①简化 L 指标在不降低计算精度的同时，提高了电压稳定指标在线计算的速度；②简化 L 指标可提供系统电压稳定在线监控多元信息，有利于运行/调度人员全面掌握系统电压运行状态，采取合理的措施改善系统电压稳定性，具有一定的工程实用价值。

参考文献

[1] 刘文通, 舒勤, 钟俊, 等. 基于局部电压稳定指标及复杂网络理论的无功电压分区方法[J]. 电网技术, 2018, 42(1): 269-278.

[2] 廖国栋, 王晓茹. 利用局部区域量测的电压稳定在线监测[J]. 中国电机工程学报, 2010, 30(4): 56-62.

[3] 姜涛, 李国庆, 贾宏杰, 等. 电压稳定在线监控的简化 L 指标及其灵敏度分析方法[J]. 电力系统自动化, 2012, 36(21): 13-18.

[4] 贾宏杰. 电力系统小扰动稳定域的研究[D]. 天津: 天津大学, 2001.

[5] Taylor C W, Erickson D C, Martin K E, et al. Wacs-wide-area stability and voltage control system: R&D and online demonstration[J]. Proceedings of IEEE, 2005, 93(5): 892-906.

[6] Karlsson D, Hemmingsson M, Lindahl S. Wide area system monitoring and control-terminology, phenomena, and solution implementation strategies[J]. IEEE Power & Energy Magazine, 2004, 4(5): 68-76.

[7] Leonardi B, Ajjarapu V. Development of multilinear regression models for online voltage stability margin estimation[J]. IEEE Transactions on Power Systems, 2011, 26(1): 374-383.

[8] 廖国栋, 王晓茹. 基于广域量测的电压稳定在线监测方法[J]. 中国电机工程学报, 2009, 29(4): 8-13.

[9] Abdelkader S M, Morrow D J. Online tracking of thevenin equivalent parameters using PMU measurements[J]. IEEE Transactions on Power Systems, 2012, 27(2): 975-983.

[10] 赵金利, 余贻鑫. 基于本地相量测量的电压失稳指标工作条件分析[J]. 电力系统自动化, 2006, 30(24): 1-5.

[11] 姜涛. 基于广域量测信息的电力大系统安全性分析与协调控制[D]. 天津: 天津大学, 2015.

[12] 汤涌, 贺仁睦, 鞠平, 等. 电力受端系统的动态特性及安全性评价[M]. 北京: 清华大学出版社, 2010.

[13] 余贻鑫, 王成山. 电力系统稳定性理论与方法[M]. 北京: 科学出版社, 1999.

[14] Overbye T J. Effects of load modeling on analysis of power system voltage stability[J]. International Journal of Electrical

Power and Energy Systems, 1994, 16(5): 329-338.

[15] Kurita A, Sakurai T. The power system failure on July 23, 1987 in Tokyo[C]. Proceedings of the 27th Conference on Decision and Control, Austin, 1988.

[16] Cutsem T V, Jacquemart Y, Marquet J N, et al. A comprehensive analysis of mid-term voltage stability[J]. IEEE Transactions on Power Systems, 1995, 10(3): 1173-1182.

[17] Kessel P, Glavitsch H. Estimating the voltage stability of a power system[J]. IEEE Transactions on Power Delivery, 1986, 1(3): 346-354.

[18] 贾宏杰. 电力系统电压稳定性分布式监控的研究[D]. 天津: 天津大学, 1999.

[19] EPRI. VSTAB2-2 user's manual EPRI final report[R]. California: Electric Power Research Institute, 1993.

[20] EPRI. Interactive Power flow(IPFLOW)EPRI final report[R]. California: Electric Power Research Institute, 1992.

[21] Chiang H D, Flueck A J. CPFLOW: A practical tool for tracing power system steady-state stationary behavior due to load and generation variations[J]. IEEE Transactions on Power Systems, 1995, 10(2): 623-634.

[22] Gao B, Morison G K, Kundur P. Voltage stability evaluation using modal analysis[J]. IEEE Transactions on Power Systems, 1992, 7(4): 1529-1542.

[23] Ward J B. Equivalents circuits for power system flow studies[J]. AIEE Transaction on Power Apparatus and Systems, 1949, 68(1): 373-382.

[24] Monticelli A, Deckmann S, Garcia A, et al. Real-time external equivalents for static security analysis[J]. IEEE Transaction on Power Apparatus and Systems, 1979, 98(2): 498-508.

[25] Tinney W F. REI network reduction for power system applications[J]. Proceedings of IEEE International Symposium on Circuits and Systems, 1977, 77(2): 821-828.

[26] Tinney W F, Powell W L. The REI approach to power network equivalents[J]. Proceedings of the PICA Conference, 1977, 97(2): 314-320.

[27] DyLiacco T E, Savulescu S C, Eispu Y F, et al. Network equivalent for the contingency evaluation in the computerized operation of power systems[J]. National Conference Publication-Institution of Engineers, 1977, 10(1): 306-311.

[28] DyLiacco T E, Savulescu S C, Ramarao K A. An on-line topological equivalent of a power system[J]. IEEE Transaction on Power Apparatus and Systems, 1978, 97(5): 1550-1563.

[29] 余贻鑫, 陈礼义. 电力系统的安全性与稳定性[M]. 北京: 科学出版社, 1988.

[30] Vittal V, Martin D, Chu R, et al. Transient stability test system for direct stability methods[J]. IEEE Transactions on Power Systems, 1992, 7(1): 37-43.

[31] Bree D W, Demello R W, Markel L C, et al. Coherency based dynamic equivalents for transient stability studies[R]. Palo Alto: Systems Control, Inc. 1974.

[32] Condordia C. Voltage stability of power system: Concepts, analytical tools, and industry experience[R]. IEEE Committee Technical Report, 90TYH0358- 2- PWR, IEEE/PES, 1990.

[33] Chen Y L, Chang C W, Liu C C. Efficient methods for identifying week nodes in electrical power networks[J]. IEEE Proceedings of Generation, Transmission and Distribution, 1995, 142(3): 317-322.

[34] Lei T, Schlueter R A, Rusche P A, et al. Method of identifying weak transmission network stability boundaries[J]. IEEE Transaction on Power Systems, 1993, 8(1): 293-301.

[35] 天津电力局. 天津电网暂态稳定计算分析报告[R]. 天津: 天津电力局, 1999.

[36] 天津电力局. 天津电网 1999 年度运行方式分析报告[R]. 天津: 天津电力局, 2000.

[37] 李连伟, 吴政球, 钟浩, 等. 基于节点戴维南等值的静态电压稳定裕度快速求解[J]. 中国电机工程学报, 2010, 30(4): 79-83.

[38] 张继楠, 姜涛, 贾宏杰, 等. 计及电力系统 N–1 的电压稳定裕度估计方法[J]. 电力系统及其自动化学报, 2013, 25(6): 1-8.

附　录　I

天津市是我国四大直辖市之一，天津电网地处（北）京（天）津唐（山）电网的中心，它的安全和稳定运行将直接关系到整个华北地区电网的安全与稳定。在地理分布上，天津电网处在华北电网的受端，随着经济的发展，受用电量增加而电力走廊紧张等因素的影响，天津地区将必然存在导致电压不稳定的因素。利用第5章介绍的电压稳定指标，并结合模态分析和连续潮流，对天津电网运行情况进行深入分析，以期弄清楚天津电网的现有运行状况，为天津电网更为安全经济地运行提供指导。下边针对基态下的系统，选择如下两类事故（线路故障和关键发电机故障），构成预想事故集，可得天津电网线路、母线和发电机 N–1 校验结果。

这里主要研究了以下三种设备出现单一事故的情况：220kV 及以上线路出现单一事故，计算结果见附表 3-1；220kV 及以上母线出现单一事故，计算结果见附表 3-2；天津地区某一台发电机发生故障的情况，计算结果见附表 3-3。

附表 3-1　天津地区 220kV 及以上线路 N–1 事故校验结果

故障线路	母线号	ID	裕度/MW	系统弱节点集					
上古—大港 22	451—337	1	1506.3	上古 21	大港 21	上古 11	大港 24	大港 23	唐官 11
上古—葛沽	451—357	1	1506.2	唐官 11	津三 11	吴庄 11	港西 11	海光 14	双港 11
上古—葛沽	451—357	2	1506.2	唐官 11	津三 11	吴庄 11	港西 11	海光 14	双港 11
津三—曹庄	398—324	1	1505.0	唐官 11	津三 11	海光 15	吴庄 11	勤俭 24	津三 21
新开—白庙	491—314	1	1505.0	唐官 11	津三 11	吴庄 11	港西 11	海光 14	双港 11
上古—大港 21	451—336	1	1505.0	大港 22	上古 21	上古 11	大港 24	大港 23	唐官 11
卫国—军粮 26	469—413	1	1500.0	唐官 11	津三 11	吴庄 11	海光 14	港西 11	双港 11
葛沽—孟港	357—430	1	1050.0	唐官 11	津三 11	吴庄 11	港西 11	海光 14	
葛沽—孟港	357—430	2	1050.0	唐官 11	津三 11	吴庄 11	港西 11	海光 14	
津北—卫国	385—469	2	1500.0	唐官 11	津三 11	吴庄 11	港西 11	海光 14	武清 11
上古—民生	451—436	1	1500.0	唐官 11	津三 11	吴庄 11	港西 11	海光 14	双港 11
上古—民生	451—436	2	1500.0	唐官 11	津三 11	吴庄 11	港西 11	海光 14	双港 11
吴庄—上古	475—451	1	1500.0	唐官 11	津三 11	吴庄 11	港西 11	海光 14	双港 11
吴庄—上古	475—451	2	1500.0	唐官 11	津三 11	吴庄 11	港西 11	海光 14	双港 11
吴庄—双港	475—457	1	1500.0	唐官 11	津三 11	吴庄 11	港西 11	海光 14	双港 11
吴庄—双港	475—457	2	1500.0	唐官 11	津三 11	吴庄 11	港西 11	海光 14	双港 11
津北—汉沽	385—371	1	1500.0	唐官 11	津三 11	吴庄 11	港西 11	海光 14	双港 11
津北—汉沽	385—371	2	1500.0	唐官 11	津三 11	吴庄 11	港西 11	海光 14	双港 11
津北—津三	385—398	1	1500.0	唐官 11	津三 11	吴庄 11	港西 11	海光 14	双港 11
津北—津三	385—398	2	1500.0	唐官 11	津三 11	吴庄 11	港西 11	海光 14	双港 11
唐官—港西	463—351	1	1500.0	唐官 11	津三 11	吴庄 11	海光 14	双港 11	
张贵—卫国	501—469	1	1500.0	唐官 11	津三 11	吴庄 11	港西 11	海光 14	双港 11

续表

故障线路	母线号	ID	裕度/MW	系统弱节点集					
张贵—卫国	501—469	2	1500.0	唐官 11	津三 11	吴庄 11	港西 11	海光 14	双港 11
津北—民生	385—436	1	1500.0	唐官 11	津三 11	吴庄 11	港西 11	海光 14	双港 11
津北—民生	385—436	2	1500.0	唐官 11	津三 11	吴庄 11	港西 11	海光 14	双港 11
葛沽—大沽	357—345	1	1500.0	唐官 11	津三 11	吴庄 11	港西 11	海光 14	双港 11
葛沽—大沽	357—345	2	1500.0	唐官 11	津三 11	吴庄 11	港西 11	海光 14	双港 11
民生—鄱阳 22	436—510	1	1497.7	唐官 11	津三 11	吴庄 11	港西 11	海光 14	双港 11
民生—鄱阳 21	436—509	1	1497.7	唐官 11	津三 11	吴庄 11	港西 11	海光 14	双港 11
陈塘—利民	335—426	1	1497.7	唐官 11	津三 11	吴庄 11	港西 11	海光 14	双港 11
津北—白庙	385—314	1	1495.0	唐官 11	津三 11	吴庄 11	白庙 11	海光 14	港西 11
张贵—双港	501—457	2	1495.0	唐官 11	津三 11	吴庄 11	港西 11	海光 14	双港 11
张贵—双港	501—457	1	1495.0	唐官 11	津三 11	吴庄 11	港西 11	海光 14	双港 11
津北—新开	385—491	1	1490.0	唐官 11	津三 11	吴庄 11	新开 11	海光 14	港西 11
津三—吴庄	398—475	1	1490.0	唐官 11	津三 11	吴庄 11	港西 11	海光 14	双港 11
津三—吴庄	398—475	2	1490.0	唐官 11	津三 11	吴庄 11	港西 11	海光 14	双港 11
津北—宝坻	385—320	1	1485.6	唐官 11	津三 11	吴庄 11	港西 11	海光 14	双港 11
津三—勤俭 25	398—449	1	1483.0	唐官 11	津三 11	吴庄 11	港西 11	海光 14	双港 11
津三—勤俭 24	398—448	1	1483.0	唐官 11	津三 11	吴庄 11	港西 11	海光 14	双港 11
海光 24—红旗 24	364—376	1	1480.4	唐官 11	津三 11	吴庄 11	港西 11	海光 14	
海光 25—红旗 25	365—377	1	1480.4	唐官 11	津三 11	吴庄 11	港西 11	海光 14	
上古—大港 23	451—338	1	1176.8	大港 22	上古 21	大港 21	上古 11	大港 24	大沽 11
津北—延吉	385—496	1	1476.1	唐官 11	津三 11	吴庄 11	港西 11	海光 14	双港 11
孟港—汉沽	430—371	1	1465.0	唐官 11	津三 11	吴庄 11	港西 11	海光 14	
津北—武清	385—485	1	1463.1	唐官 11	津三 11	吴庄 11	海光 14	港西 11	双港 11
孟港—宁河	430—442	1	1460.0	唐官 11	津三 11	吴庄 11	海光 14	港西 11	双港 11
津三—红旗 25	398—377	1	1454.4	唐官 11	津三 11	曹庄 21	津三 21	曹庄 11	勤俭 25
吴庄—红旗 24	475—376	1	1454.4	唐官 11	津三 11	吴庄 11	蓟县 11	港西 11	利民 11
吴庄—陈塘	475—335	1	1449.2	唐官 11	津三 11	吴庄 11	海光 14	港西 11	蓟县 11
吴庄—港西	475—351	1	1435.0	唐官 11	津三 11	港西 11	港西 21	吴庄 11	唐官 21
张贵—军粮 28	501—416	1	1334.2	张贵 21	唐官 11	军粮 27	津三 11	双港 21	吴庄 11
卫国—军粮 25	469—411	1	1333.8	唐官 11	津三 11	吴庄 11	海光 14	港西 11	蓟县 11
张贵—军粮 27	501—414	1	1333.8	张贵 21	唐官 11	军粮 28	津三 11	双港 21	吴庄 11
盘山 G1—盘山	447—445	1	1321.6	唐官 11	津三 11	吴庄 11	蓟县 11	港西 11	海光 14
盘山 G2—盘山	446—445	1	1232.5	唐官 11	津三 11	吴庄 11	蓟县 11	港西 11	海光 14
津北—吴庄	386—476	1	1185.0	唐官 11	津三 11	吴庄 11	海光 14	港西 11	双港 11
上古—大港 24	451—340	1	1181.8	大港 22	大港 21	上古 21	上古 11	大港 23	大沽 11
津北—盘山	386—445	1	1105.0	唐官 11	津三 11	吴庄 11	海光 14	港西 11	双港 11
吴庄—唐官	475—463	1	920.00	唐官 11	唐官 21	港西 11	港西 21	津三 11	吴庄 11

附表 3-2 天津地区 220kV 及以上母线 *N*-1 事故校验结果

故障母线名称	母线号	裕度/MW	系统弱节点集					
曹庄 21	324	1505.00	唐官 11	津三 11	吴庄 11	港西 11	海光 14	双港 11
军粮 26	413	1505.00	唐官 11	津三 11	吴庄 11	海光 14	港西 11	
利民 21	426	1496.75	唐官 11	津三 11	吴庄 11	港西 11	海光 14	双港 11
大港 21	336	1495.00	唐官 11	津三 11	吴庄 11	海光 14	港西 11	
大港 22	337	1495.00	唐官 11	津三 11	吴庄 11	海光 14	港西 11	
勤俭 25	449	1491.51	民生 11	军粮 11	唐官 11	双港 11	津三 11	陈热 11
鄱阳 21	509	1491.46	唐官 11	津三 11	吴庄 11	港西 11	海光 14	双港 11
鄱阳 22	510	1491.46	唐官 11	津三 11	吴庄 11	港西 11	海光 14	双港 11
宝坻 21	320	1485.49	唐官 11	津三 11	吴庄 11	海光 14	港西 11	
勤俭 24	448	1479.21	唐官 11	津三 11	吴庄 11	港西 11	海光 14	双港 11
海光 24	364	1470.78	唐官 11	津三 11	吴庄 11	海光 14	双港 11	
延吉 21	496	1469.93	唐官 11	津三 11	吴庄 11	海光 14	港西 11	双港 11
海光 25	365	1469.25	唐官 11	津三 11	吴庄 11	海光 14	港西 11	
武清 21	485	1462.09	唐官 11	津三 11	吴庄 11	海光 14	港西 11	
新开 21	491	1462.09	唐官 11	津三 11	吴庄 11	港西 11	海光 14	双港 11
港西 21	351	1460.90	唐官 11	津三 11	吴庄 11	港西 11	海光 14	上古 11
孟港 21	430	1451.76	唐官 11	津三 11	吴庄 11	海光 14	港西 11	
白庙 21	314	1450.03	唐官 11	津三 11	吴庄 11	港西 11	海光 14	双港 11
陈塘 21	335	1449.17	唐官 11	津三 11	吴庄 11	港西 11	海光 14	双港 11
唐官 21	463	1444.54	津三 11	蓟县 11	汉沽 11	武清 11	上古 11	
红旗 24	376	1443.49	唐官 11	津三 11	吴庄 11	海光 14	港西 11	
红旗 25	377	1443.49	唐官 11	津三 11	吴庄 11	港西 11	海光 14	
大沽 21	345	1440.71	唐官 11	津三 11	吴庄 11	海光 14	港西 11	上古 11
宁河 21	442	1434.85	唐官 11	津三 11	吴庄 11	港西 11	海光 14	双港 11
蓟县 21	379	1434.65	唐官 11	津三 11	吴庄 11	港西 11		
葛沽 21	357	1419.22	唐官 11	津三 11	吴庄 11	海光 14	港西 11	
汉沽 21	371	1354.63	唐官 11	津三 11	吴庄 11	港西 11	双港 11	
军粮 28	416	1334.23	唐官 11	津三 11	吴庄 11	海光 14	港西 11	
军粮 27	414	1333.84	唐官 11	吴庄 11	海光 14	港西 11	双港 11	唐官 21
军粮 25	411	1328.87	唐官 11	津三 11	吴庄 11	港西 11	海光 14	双港 11
卫国 21	469	1224.61	唐官 11	津三 11	吴庄 11	海光 14	港西 11	
津北 21	385	1223.82	唐官 11	津三 11	吴庄 11	港西 11	海光 14	双港 11
津三 21	398	1193.18	唐官 11	津三 11	吴庄 11	海光 14	港西 11	
吴庄 51	476	1185.00	唐官 11	津三 11	吴庄 11	港西 11	海光 14	双港 11
大港 24	340	1181.80	唐官 11	津三 11	吴庄 11	港西 11	海光 14	双港 11
大港 23	338	1176.83	唐官 11	津三 11	吴庄 11	港西 11	海光 14	双港 11
吴庄 21	475	1163.02	唐官 11	津三 11	吴庄 11	港西 11	海光 14	双港 11

续表

故障母线名称	母线号	裕度/MW	系统弱节点集					
张贵 21	501	1110.21	唐官 11	津三 11	吴庄 11	海光 14	港西 11	
上古 21	451	918.45	唐官 11	津三 11	吴庄 11	港西 11	海光 14	
盘山 51	445	587.94	唐官 11	津三 11	蓟县 11	吴庄 11	港西 11	汉沽 11
双港 21	457	175.00	唐官 11	津三 11	吴庄 11	海光 14	港西 11	武清 11
民生 21	436	4.94	唐官 11	津三 11	蓟县 11	吴庄 11	港西 11	汉沽 11
津北 51	386	–269.05	唐官 11	津三 11	蓟县 11	吴庄 11	港西 11	汉沽 11

附表 3-3　天津地区发电机 *N*-1 事故校验结果

故障发电机	母线号	裕度/MW	系统弱节点集					
陈热 G2	332	1449.17	唐官 11	津三 11	吴庄 11	蓟县 11	港西 11	海光 14
军粮 G1	410	1433.80	唐官 11	津三 11	吴庄 11	蓟县 11	港西 11	海光 14
津一 GA	406	1427.58	唐官 11	津三 11	吴庄 11	蓟县 11	港西 11	海光 14
军粮 G8	417	1344.18	唐官 11	津三 11	吴庄 11	蓟县 11	港西 11	海光 14
军粮 G5	412	1338.82	唐官 11	津三 11	吴庄 11	蓟县 11	港西 11	海光 14
军粮 G7	415	1333.84	唐官 11	津三 11	吴庄 11	蓟县 11	港西 11	海光 14
盘山 G1	447	1321.58	唐官 11	津三 11	吴庄 11	蓟县 11	港西 11	海光 14
津一 GG	405	1298.25	唐官 11	津三 11	吴庄 11	蓟县 11	港西 11	海光 14
盘山 G2	446	1232.49	唐官 11	津三 11	吴庄 11	蓟县 11	港西 11	海光 14
津三 G5	400	1207.67	唐官 11	津三 11	吴庄 11	蓟县 11	港西 11	海光 14
津三 G6	399	1185.00	唐官 11	津三 11	吴庄 11	蓟县 11	港西 11	海光 14
大港 G4	341	1181.80	唐官 11	津三 11	吴庄 11	蓟县 11	港西 11	海光 14
大港 G3	339	1176.83	唐官 11	津三 11	吴庄 11	蓟县 11	港西 11	海光 14

附　录　Ⅱ

首先引入矩阵求逆引理，对于矩阵 $\boldsymbol{A}_1 \in \mathbf{C}^{n\times n}$、$\boldsymbol{A}_2 \in \mathbf{C}^{n\times m}$、$\boldsymbol{A}_3 \in \mathbf{C}^{m\times n}$、$\boldsymbol{A}_4 \in \mathbf{C}^{m\times m}$ 由 Sherman- Morrison-Woodbury 公式有

$$\left(\boldsymbol{A}_1 + \boldsymbol{A}_2\boldsymbol{A}_3\boldsymbol{A}_4\right)^{-1} = \boldsymbol{A}_1^{-1} - \boldsymbol{A}_1^{-1}\boldsymbol{A}_2\left(\boldsymbol{A}_3^{-1} + \boldsymbol{A}_4\boldsymbol{A}_1^{-1}\boldsymbol{A}_2\right)^{-1}\boldsymbol{A}_4\boldsymbol{A}_1^{-1} \tag{附 3-1}$$

此外对于矩阵 $\boldsymbol{A}$ 和 $\boldsymbol{B}$，对矩阵和求逆，由泰勒级数展开得

$$(\boldsymbol{A}+\boldsymbol{B})^{-1} = \boldsymbol{A}^{-1} - \boldsymbol{A}^{-1}\boldsymbol{B}\boldsymbol{A}^{-1} + \boldsymbol{A}^{-1}\boldsymbol{B}\boldsymbol{A}^{-1}\boldsymbol{B}\boldsymbol{A}^{-1} + \cdots \tag{附 3-2}$$

系统未发生故障时的负荷阻抗矩阵及负荷-发电机阻抗矩阵分别为

$$\boldsymbol{Z}_{\mathrm{LL0}} = \boldsymbol{Y}_{\mathrm{LL0}}^{-1} = \left(\boldsymbol{Y}'_{\mathrm{LL0}} - \boldsymbol{Y}'_{\mathrm{LK0}}\boldsymbol{Y}'^{-1}_{\mathrm{KK0}}\boldsymbol{Y}'_{\mathrm{KL0}}\right)^{-1} \tag{附 3-3}$$

$$\boldsymbol{Z}_{\mathrm{LG0}} = -\boldsymbol{Z}_{\mathrm{LL0}}\boldsymbol{Y}_{\mathrm{LG0}} = -\boldsymbol{Z}_{\mathrm{LL0}}\left(\boldsymbol{Y}'_{\mathrm{LG0}} - \boldsymbol{Y}'_{\mathrm{LK0}}\boldsymbol{Y}'^{-1}_{\mathrm{KK0}}\boldsymbol{Y}'_{\mathrm{KG0}}\right) \tag{附 3-4}$$

由于支路开断信息矩阵为非满秩矩阵，因此求逆过程采用伪逆。

（1）联络节点间断线故障时，故障后的联络节点导纳矩阵表示为 $\boldsymbol{Y}'_{\mathrm{KK}} = \boldsymbol{Y}'_{\mathrm{KK0}} + \boldsymbol{Y}'_{\mathrm{KK1}}$，

其他节点子矩阵不变，将 $\boldsymbol{Y}'_{\mathrm{KK}}$ 代入式（3-60），由式（3-60）、式（3-61）得 $\boldsymbol{Z}_{\mathrm{LL}}$ 为

$$\begin{aligned}\boldsymbol{Z}_{\mathrm{LL}}&=\left(\boldsymbol{Y}'_{\mathrm{LL0}}-\boldsymbol{Y}'_{\mathrm{LK0}}\boldsymbol{Y}'^{-1}_{\mathrm{KK0}}\boldsymbol{Y}'_{\mathrm{KL0}}\right)^{-1}\\&=\boldsymbol{Y}^{-1}_{\mathrm{LL0}}+\boldsymbol{Y}'^{-1}_{\mathrm{LL0}}\boldsymbol{Y}'_{\mathrm{LK0}}\left(\boldsymbol{Y}'_{\mathrm{KK}}-\boldsymbol{Y}'_{\mathrm{KL0}}\boldsymbol{Y}'^{-1}_{\mathrm{LL0}}\boldsymbol{Y}'_{\mathrm{LK0}}\right)^{-1}\boldsymbol{Y}'_{\mathrm{KL0}}\boldsymbol{Y}'^{-1}_{\mathrm{LL0}}=\boldsymbol{Z}_{\mathrm{LL0}}+\boldsymbol{Z}_{\mathrm{LL1}}\end{aligned}\tag{附 3-5}$$

由式（附 3-5）得修正矩阵 $\boldsymbol{Z}_{\mathrm{LL1}}$ 为

$$\boldsymbol{Z}_{\mathrm{LL1}}=\boldsymbol{Y}'^{-1}_{\mathrm{LL0}}\boldsymbol{Y}'_{\mathrm{LK0}}\left(\boldsymbol{Y}'_{\mathrm{KK}}-\boldsymbol{Y}'_{\mathrm{KL0}}\boldsymbol{Y}'^{-1}_{\mathrm{LL0}}\boldsymbol{Y}'_{\mathrm{LK0}}\right)^{-1}\boldsymbol{Y}'_{\mathrm{KL0}}\boldsymbol{Y}'^{-1}_{\mathrm{LL0}}\tag{附 3-6}$$

将 $\boldsymbol{Y}'_{\mathrm{KK}}$ 代入式 $\boldsymbol{Z}_{\mathrm{LG}}=-\boldsymbol{Z}_{\mathrm{LL}}\boldsymbol{Y}_{\mathrm{LG}}$ 得 $\boldsymbol{Y}_{\mathrm{LG}}$ 为

$$\begin{aligned}\boldsymbol{Y}_{\mathrm{LG}}&=\boldsymbol{Y}'_{\mathrm{LG0}}-\boldsymbol{Y}'_{\mathrm{LK0}}\boldsymbol{Y}'^{-1}_{\mathrm{KK0}}\boldsymbol{Y}'_{\mathrm{KG0}}\\&=\boldsymbol{Y}'_{\mathrm{LG0}}-\boldsymbol{Y}'_{\mathrm{LK0}}\boldsymbol{Y}'^{-1}_{\mathrm{KK0}}\boldsymbol{Y}'_{\mathrm{KG0}}+\left(\boldsymbol{Y}'_{\mathrm{LK0}}\boldsymbol{Y}'^{-1}_{\mathrm{KK0}}\boldsymbol{Y}'_{\mathrm{KG0}}-\boldsymbol{Y}'_{\mathrm{LK0}}\boldsymbol{Y}'^{-1}_{\mathrm{KK0}}\boldsymbol{Y}'_{\mathrm{KG0}}\right)=\boldsymbol{Y}_{\mathrm{LG0}}+\boldsymbol{Y}_{\mathrm{LG1}}\end{aligned}\tag{附 3-7}$$

由式（附 3-7）得 $\boldsymbol{Y}_{\mathrm{LG1}}$ 为

$$\boldsymbol{Y}_{\mathrm{LG1}}=\boldsymbol{Y}'_{\mathrm{LK0}}\boldsymbol{Y}'^{-1}_{\mathrm{KK0}}\boldsymbol{Y}'_{\mathrm{KK1}}\boldsymbol{Y}'^{-1}_{\mathrm{KK0}}\boldsymbol{Y}'_{\mathrm{KG0}}\tag{附 3-8}$$

再根据 $\boldsymbol{Z}_{\mathrm{LG}}=-\boldsymbol{Z}_{\mathrm{LL}}\boldsymbol{Y}_{\mathrm{LG}}$ 及式（附 3-6）、式（附 3-7）得 $\boldsymbol{Z}_{\mathrm{LG}}$ 为

$$\begin{aligned}\boldsymbol{Z}_{\mathrm{LG}}&=-\boldsymbol{Z}_{\mathrm{LL}}\boldsymbol{Y}_{\mathrm{LG}}=-\left(\boldsymbol{Z}_{\mathrm{LL}}+\boldsymbol{Z}_{\mathrm{LL1}}\right)\left(\boldsymbol{Y}_{\mathrm{LG0}}+\boldsymbol{Y}_{\mathrm{LG1}}\right)\\&=-\boldsymbol{Z}_{\mathrm{LG0}}-\left(\boldsymbol{Z}_{\mathrm{LL0}}\boldsymbol{Y}_{\mathrm{LG1}}+\boldsymbol{Z}_{\mathrm{LL1}}\boldsymbol{Y}_{\mathrm{LG0}}+\boldsymbol{Z}_{\mathrm{LL1}}\boldsymbol{Y}_{\mathrm{LG1}}\right)=-\boldsymbol{Z}_{\mathrm{LG0}}-\boldsymbol{Z}_{\mathrm{LG1}}\end{aligned}\tag{附 3-9}$$

根据式（附 3-9）得修正矩阵 $\boldsymbol{Z}_{\mathrm{LG1}}$ 为

$$\boldsymbol{Z}_{\mathrm{LG1}}=\boldsymbol{Z}_{\mathrm{LL0}}\boldsymbol{Y}_{\mathrm{LG1}}+\boldsymbol{Z}_{\mathrm{LL1}}\boldsymbol{Y}_{\mathrm{LG0}}+\boldsymbol{Z}_{\mathrm{LL1}}\boldsymbol{Y}_{\mathrm{LG1}}\tag{附 3-10}$$

（2）联络节点与负荷节点间断线故障时，故障后导纳子矩阵 $\boldsymbol{Y}'_{\mathrm{LK}}$、$\boldsymbol{Y}'_{\mathrm{KL}}$ 为 $\boldsymbol{Y}'_{\mathrm{LK}}=\boldsymbol{Y}'_{\mathrm{LK0}}+\boldsymbol{Y}'_{\mathrm{LK1}}$、$\boldsymbol{Y}'_{\mathrm{KL}}=\boldsymbol{Y}'_{\mathrm{KL0}}+\boldsymbol{Y}'_{\mathrm{KL1}}$，将 $\boldsymbol{Y}'_{\mathrm{LK}}$、$\boldsymbol{Y}'_{\mathrm{KL}}$ 代入 $\boldsymbol{Y}_{\mathrm{LL}}=\boldsymbol{Y}'_{\mathrm{LL0}}-\boldsymbol{Y}'_{\mathrm{LK}}\boldsymbol{Y}'^{-1}_{\mathrm{KK0}}\boldsymbol{Y}'_{\mathrm{KL}}$ 和 $\boldsymbol{Y}_{\mathrm{LG}}=\boldsymbol{Y}'_{\mathrm{LG0}}-\boldsymbol{Y}'_{\mathrm{LK}}\boldsymbol{Y}'^{-1}_{\mathrm{KK0}}\boldsymbol{Y}'_{\mathrm{KG0}}$ 得

$$\boldsymbol{Y}_{\mathrm{LL}}=\boldsymbol{Y}'_{\mathrm{LL0}}-\left(\boldsymbol{Y}'_{\mathrm{LK0}}+\boldsymbol{Y}'_{\mathrm{LK1}}\right)\boldsymbol{Y}'^{-1}_{\mathrm{KK0}}\left(\boldsymbol{Y}'_{\mathrm{KL0}}+\boldsymbol{Y}'_{\mathrm{KL1}}\right)=\boldsymbol{Y}_{\mathrm{LL0}}-\boldsymbol{Y}_{\mathrm{LL1}}\tag{附 3-11}$$

$$\begin{aligned}\boldsymbol{Y}_{\mathrm{LG}}&=\boldsymbol{Y}'_{\mathrm{LG0}}-\left(\boldsymbol{Y}'_{\mathrm{LK0}}+\boldsymbol{Y}'_{\mathrm{LK1}}\right)\boldsymbol{Y}'^{-1}_{\mathrm{KK0}}\boldsymbol{Y}'_{\mathrm{KG0}}\\&=\boldsymbol{Y}'_{\mathrm{LG0}}-\boldsymbol{Y}'_{\mathrm{LK0}}\boldsymbol{Y}'^{-1}_{\mathrm{KK0}}\boldsymbol{Y}'_{\mathrm{KG0}}-\boldsymbol{Y}'_{\mathrm{LK1}}\boldsymbol{Y}'^{-1}_{\mathrm{KK0}}\boldsymbol{Y}'_{\mathrm{KG0}}=\boldsymbol{Y}_{\mathrm{LG0}}-\boldsymbol{Y}_{\mathrm{LG1}}\end{aligned}\tag{附 3-12}$$

由式（附 3-11）、式（附 3-12）得 $\boldsymbol{Y}_{\mathrm{LL1}}$、$\boldsymbol{Y}_{\mathrm{LG1}}$ 为

$$\boldsymbol{Y}_{\mathrm{LL1}}=\boldsymbol{Y}'_{\mathrm{LK0}}\boldsymbol{Y}'^{-1}_{\mathrm{KK0}}\boldsymbol{Y}'_{\mathrm{KL1}}+\boldsymbol{Y}'_{\mathrm{LK1}}\boldsymbol{Y}'^{-1}_{\mathrm{KK0}}\boldsymbol{Y}'_{\mathrm{KL1}}+\boldsymbol{Y}'_{\mathrm{LK0}}\boldsymbol{Y}'^{-1}_{\mathrm{KK0}}\boldsymbol{Y}'_{\mathrm{KL0}}\tag{附 3-13}$$

$$\boldsymbol{Y}_{\mathrm{LG1}}=\boldsymbol{Y}'_{\mathrm{LK1}}\boldsymbol{Y}'^{-1}_{\mathrm{KK0}}\boldsymbol{Y}'_{\mathrm{KG0}}\tag{附 3-14}$$

将式（附 3-11）、式（附 3-12）代入 $\boldsymbol{Z}_{\mathrm{LL}}=\boldsymbol{Y}^{-1}_{\mathrm{LL}}$ 和 $\boldsymbol{Z}_{\mathrm{LG}}=-\boldsymbol{Z}_{\mathrm{LL}}\boldsymbol{Y}_{\mathrm{LG}}$ 有

$$\begin{aligned}\boldsymbol{Z}_{\mathrm{LL}}&=\boldsymbol{Y}^{-1}_{\mathrm{LL}}=\left(\boldsymbol{Y}_{\mathrm{LL0}}-\boldsymbol{Y}_{\mathrm{LL1}}\right)^{-1}=\boldsymbol{Y}^{-1}_{\mathrm{LL0}}+\boldsymbol{Y}^{-1}_{\mathrm{LL0}}\boldsymbol{Y}_{\mathrm{LL1}}\boldsymbol{Y}^{-1}_{\mathrm{LL0}}\\&=\boldsymbol{Z}_{\mathrm{LL0}}+\boldsymbol{Z}_{\mathrm{LL0}}\boldsymbol{Y}_{\mathrm{LL1}}\boldsymbol{Z}_{\mathrm{LL0}}=\boldsymbol{Z}_{\mathrm{LL0}}+\boldsymbol{Z}_{\mathrm{LL1}}\end{aligned}\tag{附 3-15}$$

$$\begin{aligned}\boldsymbol{Z}_{\mathrm{LG}}&=-\boldsymbol{Z}_{\mathrm{LL}}\boldsymbol{Y}_{\mathrm{LG}}=-\left(\boldsymbol{Z}_{\mathrm{LL0}}+\boldsymbol{Z}_{\mathrm{LL1}}\right)\left(\boldsymbol{Y}_{\mathrm{LG0}}+\boldsymbol{Y}_{\mathrm{LG1}}\right)\\&=-\boldsymbol{Z}_{\mathrm{LG0}}-\left(\boldsymbol{Z}_{\mathrm{LL0}}\boldsymbol{Y}_{\mathrm{LG1}}+\boldsymbol{Z}_{\mathrm{LL1}}\boldsymbol{Y}_{\mathrm{LG0}}+\boldsymbol{Z}_{\mathrm{LL1}}\boldsymbol{Y}_{\mathrm{LG1}}\right)=-\boldsymbol{Z}_{\mathrm{LG0}}-\boldsymbol{Z}_{\mathrm{LG1}}\end{aligned}\tag{附 3-16}$$

由式（附 3-15）及式（附 3-16）得修正矩阵 $\boldsymbol{Z}_{\mathrm{LL1}}$、$\boldsymbol{Z}_{\mathrm{LG1}}$：

$$\boldsymbol{Z}_{\mathrm{LL1}}=\boldsymbol{Z}_{\mathrm{LL0}}\boldsymbol{Y}_{\mathrm{LL1}}\boldsymbol{Z}_{\mathrm{LL0}}\tag{附 3-17}$$

$$\boldsymbol{Z}_{\mathrm{LG1}}=\boldsymbol{Z}_{\mathrm{LL0}}\boldsymbol{Y}_{\mathrm{LG1}}+\boldsymbol{Z}_{\mathrm{LL1}}\boldsymbol{Y}_{\mathrm{LG0}}+\boldsymbol{Z}_{\mathrm{LL1}}\boldsymbol{Y}_{\mathrm{LG1}}\tag{附 3-18}$$

（3）联络节点与发电机节点间断线故障时，支路开断后导纳子矩阵 $\boldsymbol{Y}'_{\mathrm{GK}}$、$\boldsymbol{Y}'_{\mathrm{KG}}$ 中参数发生变化，可记为 $\boldsymbol{Y}'_{\mathrm{GK}}=\boldsymbol{Y}'_{\mathrm{GK0}}+\boldsymbol{Y}'_{\mathrm{GK1}}$、$\boldsymbol{Y}'_{\mathrm{KG}}=\boldsymbol{Y}'_{\mathrm{KG0}}+\boldsymbol{Y}'_{\mathrm{KG1}}$ 形式，将 $\boldsymbol{Y}'_{\mathrm{GK}}$、$\boldsymbol{Y}'_{\mathrm{KG}}$ 代入

$\boldsymbol{Y}_{LG} = \boldsymbol{Y}'_{LG0} - \boldsymbol{Y}'_{LK}\boldsymbol{Y}'^{-1}_{KK0}\boldsymbol{Y}'_{KG0}$ 得

$$\begin{aligned}\boldsymbol{Y}_{LG} &= \boldsymbol{Y}'_{LG0} - \boldsymbol{Y}'_{LK0}\boldsymbol{Y}'^{-1}_{KK0}\left(\boldsymbol{Y}'_{KG0} + \boldsymbol{Y}'_{KG1}\right) \\ &= \boldsymbol{Y}'_{LG0} - \boldsymbol{Y}'_{LK0}\boldsymbol{Y}'^{-1}_{KK0}\boldsymbol{Y}'_{KG0} - \boldsymbol{Y}'_{LK0}\boldsymbol{Y}'^{-1}_{KK0}\boldsymbol{Y}'_{KG1} = \boldsymbol{Y}_{LG0} + \boldsymbol{Y}_{LG1}\end{aligned} \quad \text{（附 3-19）}$$

由式（附 3-19）得

$$\boldsymbol{Y}_{LG1} = -\boldsymbol{Y}'_{LK0}\boldsymbol{Y}'^{-1}_{KK0}\boldsymbol{Y}'_{KG1} \quad \text{（附 3-20）}$$

将式（附 3-19）代入 $\boldsymbol{Z}_{LL} = \boldsymbol{Y}^{-1}_{LL}$ 和 $\boldsymbol{Z}_{LG} = -\boldsymbol{Z}_{LL}\boldsymbol{Y}_{LG}$ 及式（附 3-6）和式（附 3-10）得

$$\boldsymbol{Z}_{LL} = \boldsymbol{Z}_{LL0} = \boldsymbol{Y}^{-1}_{LL0} \quad \text{（附 3-21）}$$

$$\boldsymbol{Z}_{LG} = -\boldsymbol{Z}_{LL0}\boldsymbol{Y}_{LG} = -\boldsymbol{Z}_{LL0}\boldsymbol{Y}_{LG0} - \boldsymbol{Z}_{LL0}\boldsymbol{Y}_{LG1} = -\boldsymbol{Z}_{LG0} - \boldsymbol{Z}_{LG1} \quad \text{（附 3-22）}$$

由式（附 3-21）及式（附 3-22）知，负荷阻抗矩阵不变 $\boldsymbol{Z}_{LL1}=0$，$\boldsymbol{Z}_{LG1}$ 为

$$\boldsymbol{Z}_{LG1}=\boldsymbol{Z}_{LL0}\boldsymbol{Y}_{LG1} \quad \text{（附 3-23）}$$

（4）负荷节点间断线故障时，由 $\boldsymbol{Y}_{LG} = \boldsymbol{Y}'_{LG0} - \boldsymbol{Y}'_{LK}\boldsymbol{Y}'^{-1}_{KK0}\boldsymbol{Y}'_{KG0}$ 知 $\boldsymbol{Y}_{LL1} = \boldsymbol{Y}'_{LL1}$，再由 $\boldsymbol{Z}_{LL} = \boldsymbol{Y}^{-1}_{LL}$ 得

$$\boldsymbol{Z}_{LL} = \boldsymbol{Y}^{-1}_{LL} = \left(\boldsymbol{Y}_{LL0} + \boldsymbol{Y}_{LL1}\right)^{-1} = \boldsymbol{Z}_{LL0} - \boldsymbol{Z}_{LL0}\boldsymbol{Y}_{LL1}\boldsymbol{Z}_{LL0} = \boldsymbol{Z}_{LL0} + \boldsymbol{Z}_{LL1} \quad \text{（附 3-24）}$$

由式（附 3-24）得 $\boldsymbol{Z}_{LL1}$ 为

$$\boldsymbol{Z}_{LL1}=-\boldsymbol{Z}_{LL0}\boldsymbol{Y}_{LL1}\boldsymbol{Z}_{LL0} \quad \text{（附 3-25）}$$

再将式（附 3-24）代入 $\boldsymbol{Z}_{LG} = -\boldsymbol{Z}_{LL}\boldsymbol{Y}_{LG}$ 得 $\boldsymbol{Z}_{LG}$:

$$\boldsymbol{Z}_{LG} = -\boldsymbol{Z}_{LL}\boldsymbol{Y}_{LG} = -\left(\boldsymbol{Z}_{LL0} + \boldsymbol{Z}_{LL1}\right)\boldsymbol{Y}_{LG0} = -\boldsymbol{Z}_{LL0}\boldsymbol{Y}_{LG0} - \boldsymbol{Z}_{LL1}\boldsymbol{Y}_{LG0} = -\boldsymbol{Z}_{LG0} - \boldsymbol{Z}_{LG1} \quad \text{（附 3-26）}$$

由式（附 3-26）得 $\boldsymbol{Z}_{LG1}$:

$$\boldsymbol{Z}_{LG1}= \boldsymbol{Z}_{LL1}\boldsymbol{Y}_{LG0} \quad \text{（附 3-27）}$$

（5）负荷节点与发电机节点间断线故障时，故障后 $\boldsymbol{Y}'_{GL}$、$\boldsymbol{Y}'_{LG}$ 可记为 $\boldsymbol{Y}'_{GL} = \boldsymbol{Y}'_{GL0} + \boldsymbol{Y}'_{GL1}$、$\boldsymbol{Y}'_{LG} = \boldsymbol{Y}'_{LG0} + \boldsymbol{Y}'_{LG1}$ 形式，其他子矩阵不变。对比 $\boldsymbol{Y}_{LL} = \boldsymbol{Y}'_{LL0} - \boldsymbol{Y}'_{LK}\boldsymbol{Y}'^{-1}_{KK0}\boldsymbol{Y}'_{KL}$、$\boldsymbol{Y}_{LG} = \boldsymbol{Y}'_{LG0} - \boldsymbol{Y}'_{LK}\boldsymbol{Y}'^{-1}_{KK0}\boldsymbol{Y}'_{KG0}$、$\boldsymbol{Z}_{LL} = \boldsymbol{Y}^{-1}_{LL}$、$\boldsymbol{Z}_{LG} = -\boldsymbol{Z}_{LL}\boldsymbol{Y}_{LG}$ 可知，负荷节点与发电机节点间支路开断时，由 $\boldsymbol{Y}_{LG} = \boldsymbol{Y}'_{LG0} - \boldsymbol{Y}'_{LK}\boldsymbol{Y}'^{-1}_{KK0}\boldsymbol{Y}'_{KG0}$ 知负荷子矩阵不变，$\boldsymbol{Y}_{LL}=\boldsymbol{Y}_{LL0}$，得

$$\boldsymbol{Z}_{LL}=\boldsymbol{Z}_{LL0} \quad \text{（附 3-28）}$$

由于 $\boldsymbol{Y}'_{LG} = \boldsymbol{Y}'_{LG0} + \boldsymbol{Y}'_{LG1}$，则有

$$\boldsymbol{Z}_{LG} = -\boldsymbol{Z}_{LL}\boldsymbol{Y}_{LG} = -\boldsymbol{Z}_{LL0}\left(\boldsymbol{Y}_{LG0} + \boldsymbol{Y}'_{LG1}\right) = -\boldsymbol{Z}_{LL0}\boldsymbol{Y}_{LG0} - \boldsymbol{Z}_{LL0}\boldsymbol{Y}'_{LG1} = -\boldsymbol{Z}_{LG0} - \boldsymbol{Z}_{LG1} \quad \text{（附 3-29）}$$

由式（附 3-29）得 $\boldsymbol{Z}_{LG1}$ 发电机节点间断线故障，故障后 $\boldsymbol{Y}'_{GG}$ 可记为 $\boldsymbol{Y}'_{GG} = \boldsymbol{Y}'_{GG0} + \boldsymbol{Y}'_{GG1}$ 形式，其他子矩阵不变。对比 $\boldsymbol{Y}_{LL} = \boldsymbol{Y}'_{LL0} - \boldsymbol{Y}'_{LK}\boldsymbol{Y}'^{-1}_{KK0}\boldsymbol{Y}'_{KL}$、$\boldsymbol{Y}_{LG} = \boldsymbol{Y}'_{LG0} - \boldsymbol{Y}'_{LK}\boldsymbol{Y}'^{-1}_{KK0}\boldsymbol{Y}'_{KG0}$、$\boldsymbol{Z}_{LL} = \boldsymbol{Y}^{-1}_{LL}$、$\boldsymbol{Z}_{LG} = -\boldsymbol{Z}_{LL}\boldsymbol{Y}_{LG}$ 可知，负荷节点与发电机节点间支路开断时，$\boldsymbol{Y}_{LG}$、$\boldsymbol{Y}_{LL}$ 不变，即对应的 $\boldsymbol{Z}_{LL}$、$\boldsymbol{Z}_{LG}$ 不变，即

$$\boldsymbol{Z}_{LL} = \boldsymbol{Z}_{LL0} = \boldsymbol{Y}^{-1}_{LL0} \quad \text{（附 3-30）}$$

$$\boldsymbol{Z}_{LG}=\boldsymbol{Z}_{LG0}= -\boldsymbol{Z}_{LL0}\boldsymbol{Y}_{LG0} \quad \text{（附 3-31）}$$

由式（附 3-30）、式（附 3-31）知 $\boldsymbol{Z}_{LL1}=\boldsymbol{0}$，$\boldsymbol{Z}_{LG1}=\boldsymbol{0}$。

第4章 电力系统广域电压稳定控制分区

随着区域电网互联规模不断扩大、电力需求日益增长、可再生能源大规模接入、新能源汽车大量应用，电网运行日趋复杂，系统电压调节能力急剧降低，使得电力系统电压稳定面临巨大挑战[1-6]。借助电力系统广域量测信息和电压稳定调控特点，基于电压稳定分级分区调控原则，本章采用电力系统广域信息将电网划分为若干区域，通过对区域内电压进行调控，可整体实现全网电压稳定[7]。因此，合理利用电力系统广域信息制定电网分区策略，可有效提高系统安全稳定运行效率，降低电压失稳风险，具有良好的经济和社会效益。

目前，电压控制区划分方法以划分系统电压/无功控制区为出发点，在所划分的控制区内识别电压稳定关键节点，采取相关措施改善关键节点的电压稳定性，主要通过运行经验、潮流雅可比矩阵、局部电压稳定指标等进行电压控制区划分[8-13]。采用运行经验和电网属地进行电压控制区划分，未考虑电网自身特点，不利于系统电压调控，特别是随着电网规模不断扩大、网架结构日趋复杂，区域电网互联更加紧密，仅凭运行经验和地域属性难以划分合理的电压调控区域[8, 9]。采用潮流或平衡点方程的雅可比矩阵，借助电气距离、聚类分析或电气距离与聚类分析相结合的方法确定系统的电压控制区，涉及高维矩阵求逆，计算量大，难以在线实际应用[10, 11]。而局部电压稳定指标物理概念清晰、计算速度快、不同系统均能给出归一化指标值，具有广泛的应用前景[12, 13]。因此，如何借助广域量测信息和局部电压稳定指标实现电压稳定控制区划分，已成为电力系统广域电压稳定控制的重要研究方向。

本章基于电力系统局部电压稳定指标，推导了表征系统电压稳定程度的负荷节点电压稳定裕度，利用负荷节点电压稳定裕度识别系统电压弱节点和弱节点集合，提出一种基于广域电压稳定裕度灵敏度的电压稳定控制分区划分方法，并以识别影响系统电压稳定的关键节点为出发点，提出一种基于相对增益的电压稳定控制分区方法；在此基础上，提出一种自适应划分电力系统电压稳定关键注入区域的新算法，可自适应地划分系统电压稳定的关键注入区域，进而通过 QV 灵敏度矩阵的相对增益评估方法，实现对系统中各节点间的电压-无功耦合度评估及电压-无功控制区域划分；为了合理选取互相关增益阈值来划分和合并定电压控制区（VCA），提出一种基于谱聚类的电力系统 VCA 划分新方法。

4.1 基于广域电压稳定裕度灵敏度的电压稳定控制分区

本节在第 3 章所构建的局部电压稳定指标基础上，推导出了表征系统电压稳定程度的负荷节点电压稳定裕度，利用负荷节点电压稳定裕度识别系统电压弱节点和弱节点集合，并定义了静态电压稳定裕度灵敏度，分析影响弱节点集合电压稳定性的主要因素，将静态电压稳定裕度灵敏度应用于系统无功补偿装置配置的研究，实现了电压稳定控制分区[14]。

4.1.1 局部电压稳定指标

在电力系统中，以基于基尔霍夫电流定律（KCL）的节点电压法建立电力网络节点方程：

$$\begin{bmatrix} \boldsymbol{I}_{\mathrm{G}} \\ \boldsymbol{I}_{\mathrm{L}} \\ \boldsymbol{0} \end{bmatrix} = \begin{bmatrix} \boldsymbol{Y}'_{\mathrm{GG}} & \boldsymbol{Y}'_{\mathrm{GL}} & \boldsymbol{Y}'_{\mathrm{GK}} \\ \boldsymbol{Y}'_{\mathrm{LG}} & \boldsymbol{Y}'_{\mathrm{LL}} & \boldsymbol{Y}'_{\mathrm{LK}} \\ \boldsymbol{Y}'_{\mathrm{KG}} & \boldsymbol{Y}'_{\mathrm{KL}} & \boldsymbol{Y}'_{\mathrm{KK}} \end{bmatrix} \begin{bmatrix} \boldsymbol{V}_{\mathrm{G}} \\ \boldsymbol{V}_{\mathrm{L}} \\ \boldsymbol{V}_{\mathrm{K}} \end{bmatrix} \tag{4-1}$$

式中，$\boldsymbol{V}_{\mathrm{G}}$和$\boldsymbol{I}_{\mathrm{G}}$为发电机节点的电压和电流向量；$\boldsymbol{V}_{\mathrm{L}}$和$\boldsymbol{I}_{\mathrm{L}}$为负荷节点的电压和电流向量；$\boldsymbol{V}_{\mathrm{K}}$为系统联络节点的电压向量；$\boldsymbol{Y}'_{\mathrm{GG}}$、$\boldsymbol{Y}'_{\mathrm{GL}}$、$\boldsymbol{Y}'_{\mathrm{GK}}$、$\boldsymbol{Y}'_{\mathrm{LG}}$、$\boldsymbol{Y}'_{\mathrm{LL}}$、$\boldsymbol{Y}'_{\mathrm{LK}}$、$\boldsymbol{Y}'_{\mathrm{KG}}$、$\boldsymbol{Y}'_{\mathrm{KL}}$、$\boldsymbol{Y}'_{\mathrm{KK}}$为节点导纳矩阵的子矩阵。

消去网络中的联络节点后，系统节点类型可分为两组：一组为所有的发电机节点集合（α_{G}），另一组为全部负荷节点集合（α_{L}）。式（4-1）可变换为

$$\begin{bmatrix} \boldsymbol{I}_{\mathrm{G}} \\ \boldsymbol{I}_{\mathrm{L}} \end{bmatrix} = \begin{bmatrix} \boldsymbol{Y}_{\mathrm{GG}} & \boldsymbol{Y}_{\mathrm{GL}} \\ \boldsymbol{Y}_{\mathrm{LG}} & \boldsymbol{Y}_{\mathrm{LL}} \end{bmatrix} \begin{bmatrix} \boldsymbol{V}_{\mathrm{G}} \\ \boldsymbol{V}_{\mathrm{L}} \end{bmatrix} \tag{4-2}$$

式中，$\boldsymbol{Y}_{\mathrm{GG}} = \boldsymbol{Y}'_{\mathrm{GG}} - \boldsymbol{Y}'_{\mathrm{GK}}\boldsymbol{Y}'^{-1}_{\mathrm{KK}}\boldsymbol{Y}'_{\mathrm{KG}}$；$\boldsymbol{Y}_{\mathrm{GL}} = \boldsymbol{Y}'_{\mathrm{GL}} - \boldsymbol{Y}'_{\mathrm{GK}}\boldsymbol{Y}'^{-1}_{\mathrm{KK}}\boldsymbol{Y}'_{\mathrm{KL}}$；$\boldsymbol{Y}_{\mathrm{LG}} = \boldsymbol{Y}'_{\mathrm{LG}} - \boldsymbol{Y}'_{\mathrm{LK}}\boldsymbol{Y}'^{-1}_{\mathrm{KK}}\boldsymbol{Y}'_{\mathrm{KG}}$；$\boldsymbol{Y}_{\mathrm{LL}} = \boldsymbol{Y}'_{\mathrm{LL}} - \boldsymbol{Y}'_{\mathrm{LK}}\boldsymbol{Y}'^{-1}_{\mathrm{KK}}\boldsymbol{Y}'_{\mathrm{KL}}$。

再由$\boldsymbol{Z}_{\mathrm{LL}} = \boldsymbol{Y}_{\mathrm{LL}}^{-1}$，可将式（4-2）转化为

$$\begin{bmatrix} \boldsymbol{I}_{\mathrm{G}} \\ \boldsymbol{V}_{\mathrm{L}} \end{bmatrix} = \begin{bmatrix} \boldsymbol{Y}_{\mathrm{GG}} - \boldsymbol{Y}_{\mathrm{GL}}\boldsymbol{Z}_{\mathrm{LL}}\boldsymbol{Y}_{\mathrm{LG}} & \boldsymbol{Y}_{\mathrm{GL}}\boldsymbol{Z}_{\mathrm{LL}} \\ -\boldsymbol{Z}_{\mathrm{LL}}\boldsymbol{Y}_{\mathrm{LG}} & \boldsymbol{Z}_{\mathrm{LL}} \end{bmatrix} \begin{bmatrix} \boldsymbol{V}_{\mathrm{G}} \\ \boldsymbol{I}_{\mathrm{L}} \end{bmatrix} \tag{4-3}$$

定义负荷参与因子矩阵为$\boldsymbol{F}_{\mathrm{LG}}$，令$\boldsymbol{F}_{\mathrm{LG}}=-\boldsymbol{Z}_{\mathrm{LL}}\boldsymbol{Y}_{\mathrm{LG}}$，对于网络中每一个负荷节点$j\in\alpha_{\mathrm{L}}$，由式（4-3）得

$$\dot{V}_j = \sum_{i\in\alpha_{\mathrm{L}}} Z_{ji}\dot{I}_i + \sum_{k\in\alpha_{\mathrm{G}}} F_{jk}\dot{V}_{\mathrm{G}k} \tag{4-4}$$

式中，$\dot{V}_j$ 为第j个负荷节点的电压相量；$\dot{V}_{\mathrm{G}k}$为第k个发电机节点的电压相量，$k\in\alpha_{\mathrm{G}}$；F_{jk}为负荷参与因子矩阵$\boldsymbol{F}_{\mathrm{LG}}$的第$j$行第$k$列元素。

为表述方便，引入$\dot{V}_{0j}$、Y_{jj}^{+}和S_j^{+}，表示为

$$\dot{V}_{0j} = -\sum_{k\in\alpha_{\mathrm{G}}} F_{jk}\dot{V}_{\mathrm{G}k} \tag{4-5}$$

$$Y_{jj}^{+} = 1/Z_{jj} \tag{4-6}$$

$$S_j^{+} = S_j + S_j^{\mathrm{corr}} = S_j + \left(\sum_{\substack{i\in\alpha_{\mathrm{L}} \\ i\neq j}} \frac{Z_{ji}^{*}S_i}{Z_{jj}^{*}\dot{V}_i}\right)\dot{V}_j \tag{4-7}$$

式中，S_j^{+}为系统对节点j的等值负荷；S_j为j节点视在功率；S_j^{corr}为系统其他负荷节点的等值功率；Z_{ji}^{*}为i、j节点互阻抗；上标*表示变量的共轭。

由式（4-4）～式（4-7）进一步推导可得

$$V_j^2 + V_{0j} \cdot V_j^* = S_j^{+*} \big/ Y_{jj}^{+*} \tag{4-8}$$

则负荷节点 j 的电压稳定指标 L_j 可定义为

$$L_j = \left|1 + \frac{V_{0j}}{V_j}\right| = \left|1 - \frac{\sum\limits_{k \in \alpha_G} F_{jk} \dot{V}_{Gk}}{V_j}\right| = \left|\frac{S_j^+}{Y_{jj}^{+*} V_j^2}\right| \tag{4-9}$$

将式（4-7）代入式（4-9）可得

$$L_j = \frac{\left|\left(\sum\limits_{i \in \alpha_L} \frac{Z_{ji}^* S_i}{Z_{jj}^* \dot{V}_i}\right) \times \dot{V}_j\right|}{V_j^2 \times Y_{jj}} = \frac{\left|\sum\limits_{i \in \alpha_L} \frac{Z_{ji}^* S_i}{\dot{V}_i}\right|}{V_j} \tag{4-10}$$

网络中所有负荷节点局部电压稳定指标构成负荷节点局部电压稳定指标集合 $L=[L_1, L_2, \cdots, L_n]$，其中 $n \in \alpha_L$。定义整个网络的电压稳定指标为

$$L = \|L\|_\infty \tag{4-11}$$

局部电压稳定指标与系统电压稳定性的关系如下[15]：①若 $L<1.0$，系统电压稳定；②若 $L=1.0$，系统电压临界稳定；③若 $L>1.0$，系统电压失稳。

4.1.2 负荷节点电压稳定裕度

现有的电压稳定指标及负荷裕度大多基于连续潮流按某种确定的负荷增长方向追踪系统 $P\text{-}V$ 曲线来求解电压崩溃点。将系统当前运行点到电压崩溃点的距离作为衡量电压稳定程度的指标，表征系统电压稳定水平，或利用系统可承担的最大负荷量来衡量电压稳定裕度，即系统的静态电压稳定负荷裕度[16, 17]。但实际系统的负荷增长方向具有随机性，应用该方法求得的结果过于保守或乐观。局部电压稳定指标不受负荷增长方向限制，对于任一负荷节点，其负荷节点局部电压指标随负荷单调递增，应用该方法按确定负荷增长方向求得的局部电压稳定指标变化趋势如图 4-1 所示。利用各负荷节点局部电压稳定指标在空载时 $L_j=0$、节点电压失稳时 $L_j=1$ 的特点计算各负荷节点静态电压指标与 1.0 的距离，可简便、直观地确定各节点电压稳定的裕度。

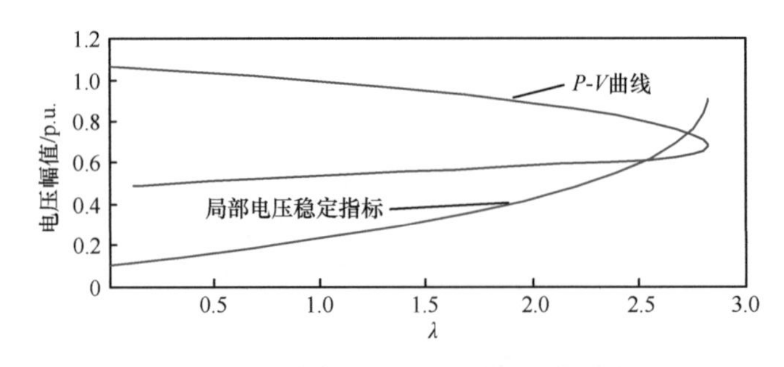

图 4-1 局部电压稳定指标变化趋势

根据上述分析，定义 M_j 为负荷节点电压稳定裕度，则 M_j 可表示为

$$M_j = 1 - L_j \tag{4-12}$$

由式（4-12）可得系统负荷电压稳定裕度集合为 $M=[M_1, M_2, \cdots, M_n]$，其中 $n \in \alpha_L$。系统出现电压崩溃点时，负荷电压稳定裕度集合 M 必有 0 元素，即系统电压处于电压失稳临界点邻域内。

4.1.3 电压弱节点及弱节点集合

电力系统的电压失稳是一个典型的局部问题，系统电压崩溃通常从系统局部一个或几个负荷节点的电压失稳开始，逐渐扩大到整个系统。其中，首先出现的失稳节点是系统电压最薄弱环节，即系统电压弱节点，弱节点对应潮流方程在鞍结分岔点邻域内电压最低节点，若在系统电压失稳过程中系统存在多个低电压节点，系统就存在电压弱节点集合。

由负荷节点电压稳定裕度可知，负荷节点 j 的 M_j 值可直接反映节点的电压稳定程度，即 M_j 越小，系统出现电压失稳的风险越大，因此利用负荷节点电压稳定裕度 M_j 可确定系统电压弱节点及电压弱节点集合。

定义 4.1 电压弱节点（voltage weak node，VWN）：对于给定的系统运行状态，系统电压弱节点对应系统中具有最小电压稳定裕度 M_j 值的负荷节点，即

$$\text{VWN}=\{j \mid M_j = \min(M),\ j \in \alpha_L\} \tag{4-13}$$

定义 4.2 电压弱节点集合（voltage weak node set，VWNS）：对于给定的系统运行状态和电压稳定裕度门槛值 $M_{\max}$，系统电压弱节点集合（VWNS）满足：

$$\text{VWNS}=\{\cup j \mid 0 \leqslant M_j \leqslant M_{\max},\ j \in \alpha_L\} \tag{4-14}$$

利用负荷节点电压稳定裕度 M_j 计算简便、快速的特点，当系统运行方式变化时，可快速计算负荷节点电压稳定裕度，并得到系统电压弱节点集合，根据各节点电压稳定裕度进行排序，然后采取一定措施可改善系统电压稳定性。

4.1.4 静态电压稳定裕度灵敏度

负荷节点的静态电压稳定指标受各节点有功功率注入、无功功率注入、节点电压和自/互阻抗的影响，即各节点的电压稳定裕度受节点有功功率注入、无功功率注入、节点电压和自/互阻抗的影响。系统稳态运行过程中，网络阻抗不变，根据无功功率与电压之间的强相关关系，着重研究节点无功功率的注入发生变化时对负荷节点电压稳定裕度的影响。

定义 4.3 静态电压稳定裕度灵敏度：给定的系统运行状态下，静态电压稳定裕度灵敏度为负荷节点电压稳定裕度 M_i 对负荷节点无功功率的偏导，即

$$\begin{cases} \dfrac{\partial M_i}{\partial Q_j} = -\dfrac{K_1\left(x_{ij}\cos\theta_j + r_{ij}\sin\theta_j\right) + K_2\left(r_{ij}\cos\theta_j - x_{ij}\sin\theta_j\right)}{V_i^2 V_j L_i} \\ K_1 = \sum\limits_{j \in \alpha_L}\left[\left(r_{ij}P_j + x_{ij}Q_j\right)\cos\theta_j + \left(r_{ij}Q_j - x_{ij}P_j\right)\sin\theta_j\right] \\ K_2 = \sum\limits_{j \in \alpha_L}\left[\left(r_{ij}Q_j - x_{ij}P_j\right)\cos\theta_j - \left(r_{ij}P_j + x_{ij}Q_j\right)\sin\theta_j\right] \end{cases} \tag{4-15}$$

式中，M_i 为负荷节点 i 的电压稳定裕度；V_i 为节点 i 的电压幅值；L_i 为节点 i 的静态电

压稳定指标；P_j、Q_j分别为节点j注入的有功功率和无功功率；V_j、θ_j为节点j的电压幅值、电压相位；r_{ij}、x_{ij}为消去联络节点后的负荷节点i、j之间的电阻和电抗。

根据静态电压稳定裕度灵敏度定义，对于含m个负荷节点的系统，各负荷节点无功功率的波动对负荷节点电压稳定裕度的影响可表示如下：

$$\begin{bmatrix} \Delta M_1 \\ \Delta M_2 \\ \vdots \\ \Delta M_m \end{bmatrix} = \begin{bmatrix} \dfrac{\partial M_1}{\partial Q_1} & \dfrac{\partial M_1}{\partial Q_2} & \cdots & \dfrac{\partial M_1}{\partial Q_m} \\ \dfrac{\partial M_2}{\partial Q_1} & \dfrac{\partial M_2}{\partial Q_2} & \cdots & \dfrac{\partial M_2}{\partial Q_m} \\ \vdots & \vdots & & \vdots \\ \dfrac{\partial M_m}{\partial Q_1} & \dfrac{\partial M_m}{\partial Q_2} & \cdots & \dfrac{\partial M_m}{\partial Q_m} \end{bmatrix} \begin{bmatrix} \Delta Q_1 \\ \Delta Q_2 \\ \vdots \\ \Delta Q_m \end{bmatrix} \tag{4-16}$$

式中，雅可比矩阵即为对应的负荷节点的静态电压稳定裕度灵敏度矩阵，由式（4-15）可知，该灵敏度矩阵中各元素必小于0。

静态电压稳定裕度灵敏度物理意义：根据静态电压稳定裕度灵敏度小于0的特点可知，负荷节点电压稳定裕度随负荷节点的无功注入呈单调递减特性，即负荷节点注入的无功功率越多，节点电压稳定裕度越小，节点电压越易失稳；节点电压不仅受本节点无功功率影响也受其他负荷节点无功功率影响，这是因为当局部负荷节点无功功率不足时，会造成与之相关联的支路穿越大量无功功率而导致系统其他节点电压降低，若不采取紧急措施，系统电压将进一步恶化，可能产生一系列的连锁反应，造成系统电压崩溃。从物理意义上看出，所提的静态电压稳定裕度灵敏度具有可行性。

4.1.5 灵敏度应用-并联补偿装置配置

由上述静态电压稳定裕度灵敏度物理意义可知，负荷节点大量无功功率注入会造成负荷节点电压下降，降低系统电压稳定性。因此在无功电源不充足的区域采用并联无功补偿装置就地补偿负荷节点所需无功，可有效减少负荷节点无功功率注入，提高负荷节点的电压稳定裕度，改善系统的电压稳定性。理论上，对所有负荷节点进行无功补偿是最有效的，但也是最不经济的。从安全性和经济性两方面综合考虑，只需找到系统中电压弱节点集合，再利用静态电压稳定裕度灵敏度确定与弱节点集合中各节点强相关的无功功率注入节点，即可作为并联补偿装置的安装地点，其基本流程如下：

（1）根据系统运行状态，计算各负荷节点电压稳定裕度。

（2）依据各负荷节点电压稳定裕度对负荷节点进行排序，设定系统电压稳定裕度门槛值确定系统电压弱节点集合。

（3）计算系统电压弱节点集合中各节点的静态电压稳定裕度灵敏度，根据静态电压稳定裕度灵敏度选择与该负荷节点强相关的节点作为无功补偿装置的安装地点。

4.1.6 算例分析

采用Visual C++ 2010编程实现基于局部电压稳定指标的裕度灵敏度分析及应用思

想。本节为验证所提方法的合理性和正确性，以 IEEE 14 节点系统为例，以连续潮流法从基态出发增加负荷直到系统电压崩溃点。对每一次负荷增长因子 λ 所确定的系统负荷进行负荷节点电压稳定裕度计算，负荷节点的 P-V 曲线和各节点电压稳定裕度变化趋势如图 4-2、图 4-3 所示，关键负荷节点（易电压失稳的负荷节点）电压幅值与电压稳定裕度见表 4-1、表 4-2。

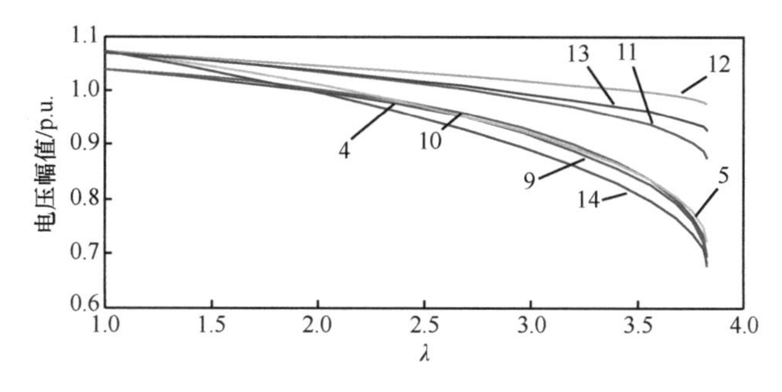

图 4-2 负荷节点的 P-V 曲线

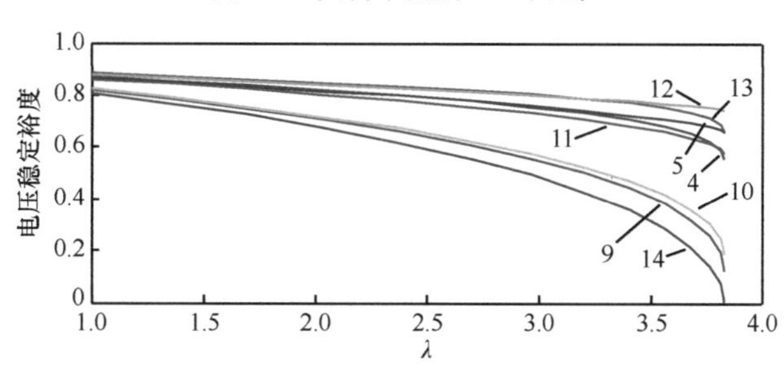

图 4-3 负荷节点的电压稳定裕度

表 4-1 关键负荷节点的电压幅值 （单位：p.u.）

λ	节点 4	节点 5	节点 9	节点 10	节点 14
0.0000	1.0474	1.0673	1.0611	1.0407	1.0705
1.9646	0.9346	0.9597	0.9112	0.8941	0.8948
2.2015	0.9062	0.9301	0.8796	0.8644	0.8614
2.5565	0.8445	0.8641	0.8151	0.8049	0.7965
2.8109	0.7426	0.7508	0.7202	0.7195	0.7089
2.8286	0.7066	0.7096	0.6902	0.6932	0.6838
2.8286	0.7029	0.7053	0.6873	0.6906	0.6815

表 4-2 关键负荷节点的电压稳定裕度

λ	节点 4	节点 5	节点 9	节点 10	节点 14
0.0000	0.8687	0.8819	0.8212	0.8253	0.8090
1.9646	0.7542	0.8047	0.5560	0.5741	0.4936
2.2015	0.7308	0.7887	0.4806	0.4997	0.4271
2.5565	0.6802	0.7537	0.3833	0.4154	0.2878
2.8109	0.5919	0.6097	0.1939	0.2484	0.0744
2.8286	0.5576	0.5636	0.1293	0.1938	0.0077
2.8286	0.5540	0.5608	0.1228	0.1884	0.0014

图 4-2 和图 4-3 表明，电压稳定裕度法所反映的系统电压变化趋势与连续潮流法计算得到的电压具有相同的变化趋势，即电压稳定裕度也可有效反映系统的电压稳定程度；电压稳定裕度具有确定的上、下界，系统电压崩溃时，崩溃点电压稳定裕度为 0（节点 14），通过计算电压稳定裕度可直观确定节点电压与失稳点的距离，而使用连续潮流法确定节点电压到失稳点的距离时，需求解潮流雅可比矩阵，寻找雅可比矩阵绝对值最小的特征值，计算量大，不如采用电压稳定裕度法快速、简单且直接。

采用 CPF 法和电压稳定裕度法得到的系统负荷节点电压稳定程度排序如表 4-3 所示。表 4-3 表明本节电压稳定裕度法与 CPF 法排序结果基本一致。

表 4-3　IEEE 14 节点系统电压稳定程度排序

方法	负荷节点
CPF 法	14、10、9、4、5、11、13、12
电压稳定裕度法	14、9、10、4、11、5、13、12

实际系统无功并联装置在电压低于 0.85p.u.投入运行。针对本节测试系统，当系统运行电压在 0.85p.u.附近时，关键节点的电压稳定裕度如表 4-2 所示，分别为 0.7308、0.7887、0.4806、0.4997、0.4271，取系统电压稳定裕度门槛值 M_{max}=0.7，对应的系统电压弱节点集合 VWNS=[14, 9, 10]，针对系统电压弱节点集合，按式（4-16）计算的静态电压稳定裕度灵敏度如表 4-4 所示。

表 4-4　电压弱节点集合下静态电压稳定裕度灵敏度

负荷节点	节点 9	节点 10	节点 14
4	–0.0036	–0.0028	–0.0022
5	–0.0023	–0.0016	–0.0014
9	–0.0684	–0.0549	–0.0435
10	–0.0602	–0.0791	–0.0383
11	–0.0290	–0.0385	–0.0186
12	–0.0058	–0.0047	–0.0138
13	–0.0105	–0.0084	–0.0225
14	–0.0498	–0.0400	–0.1017

根据表 4-4 可得影响弱节点集合电压稳定性的负荷节点相关度排序如表 4-5 所示，由排序结果可知并联补偿装置的安装地点分别为节点 9、节点 10 和节点 14。表 4-5 结果进一步表明：电力系统中的电压失稳是局部性问题，各节点受自身负荷影响最大，对其他节点电压的影响程度与两节点之间的电气距离有关，即电气距离越近影响程度越大。

表 4-5　IEEE 14 节点系统弱节点集合电压相关度排序

VWNS	负荷节点
9	9、10、14、11、13、12、4、5

续表

VWNS	负荷节点
10	10、9、14、11、13、12、4、5
14	14、9、10、13、11、12、4、5

利用表 4-5 所确定的补偿地点，按文献[18]的补偿方法计算补偿容量。补偿后的系统负荷节点在系统电压崩溃点处的电压幅值及电压裕度如表 4-6 所示。通过对比可知，采用本节方法可有效提高系统负荷节点的电压稳定裕度，改善系统电压稳定性。

表 4-6　补偿前后电压崩溃点处电压幅值及电压稳定裕度对比

负荷节点	补偿前		补偿后	
	电压幅值/p.u.	电压稳定裕度/p.u.	电压幅值/p.u.	电压稳定裕度/p.u.
4	0.7029	0.5540	0.8733	0.6540
5	0.7053	0.6608	0.8906	0.6397
9	0.6873	0.1228	0.8407	0.4038
10	0.6906	0.1884	0.8542	0.4492
11	0.8751	0.5757	0.9402	0.7174
12	0.9763	0.7400	0.9823	0.8290
13	0.9259	0.6573	0.9473	0.7584
14	0.6815	0.0014	0.8314	0.0035

利用所编程序，本节进一步研究了 IEEE 30、New England 39、IEEE 57、IEEE 118、IEEE 300 节点系统的电压稳定性及影响电压弱节点集合的关联节点。采用的方法是同比例增加负荷，使系统电压降到 0.85p.u.，计算结果见表 4-7、表 4-8，其中负荷节点电压稳定性与 CPF 法结果基本相同。

表 4-7　负荷节点电压稳定裕度排序

测试系统	VWN	负荷节点
IEEE 30	30	30、29、26、24、23、19、20、21
New England 39	8	8、7、12、4、15、18、16、3、27
IEEE 57	31	31、33、32、30、25、35、57、56
IEEE 118	44	44、45、43、22、21、20、52、95
IEEE 300	282	282、280、287、281、289、284、283、286

表 4-8　电压弱节点集合电压相关度排序

测试系统	VWNS	负荷节点
IEEE 30	30	30、29、26、24、21、9
	29	29、26、30、24、9、21
	26	26、24、21、9、30、29

续表

测试系统	VWNS	负荷节点
New England 39	8	8、7、4、3、12、15
	7	7、8、12、4、3、18
	12	12、15、4、16、3、24
IEEE 57	31	31、30、32、33、25、35
	33	33、32、31、30、35、25
	32	32、33、31、30、25、35
IEEE 118	44	44、43、45、47、48、33
	45	45、44、43、48、47、50
	43	43、44、45、39、33、15
IEEE 300	282	282、280、287、284、289、286
	280	280、282、287、269、284、288
	287	287、286、288、290、289、285

4.2 基于相对增益的电压稳定控制分区

现有电压稳定控制分区方法还存在不足，如现有方法所划分的电压控制区内可能不存在电压弱节点，或多个电压弱节点间存在电压强耦合关系需进行统一协调控制却被划分到多个电压控制区中分区控制，严重影响了系统电压稳定控制的效果[19, 20]。本节以识别影响系统电压稳定的关键节点为出发点，从多输入多输出控制系统角度将影响节点电压稳定性的电力网络划分为负荷耦合子系统和发电机耦合子系统；计算负荷耦合子系统中各节点的负荷裕度，确定系统中的电压弱节点，以电压弱节点为影响系统电压稳定的关键节点，引入相对增益矩阵计算负荷耦合子系统和发电机耦合子系统中各节点与关键节点间的相对增益，依据相对增益矩阵的相关性质，识别与电压稳定关键节点存在电压强耦合的负荷节点和发电机节点，将上述关键节点及强耦合的负荷节点和发电机节点划分为以关键节点为电压稳定主导节点的电压稳定控制区；根据各电压稳定控制区中主导节点的电压耦合关系，对各控制区进行合并，并对电压控制区中的边界节点归属进行二次划分，获得更加实用的电压控制区；根据所得到的电压控制区，进一步针对系统稳态和紧急情况，提出改善系统电压稳定性的相关控制策略[21, 22]；最后将所提方法应用于 New England 39 系统中，通过多场景的分析、对比，验证本节所提方法的正确性和有效性，并将该方法应用于波兰电网中，验证所提方法在实际大电网中的实用性和可行性。

4.2.1 相关增益矩阵原理

相关增益矩阵（relative gain array，RGA）是一种用于分析多输入多输出控制系统中不同控制回路之间交互影响，确定输入与输出最佳搭配的方法，其相关理论如下[23-25]。

对于如图 4-4 和图 4-5 所示的多输入多输出（multi-input multi-output，MIMO）系统，输入变量 $u_j \to$ 输出变量 y_i 的相关增益定义为

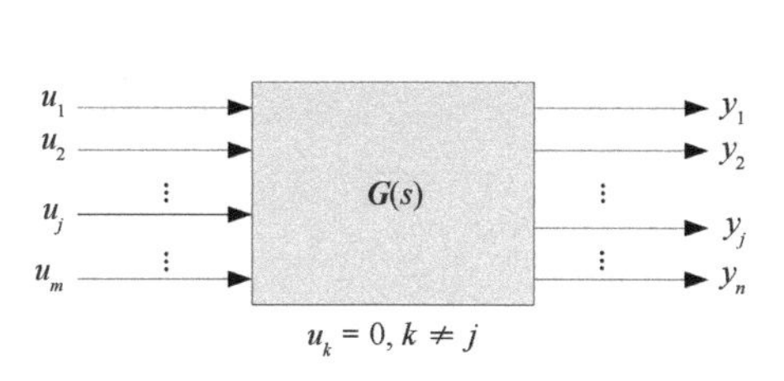

图 4-4　多输入多输出开环控制系统

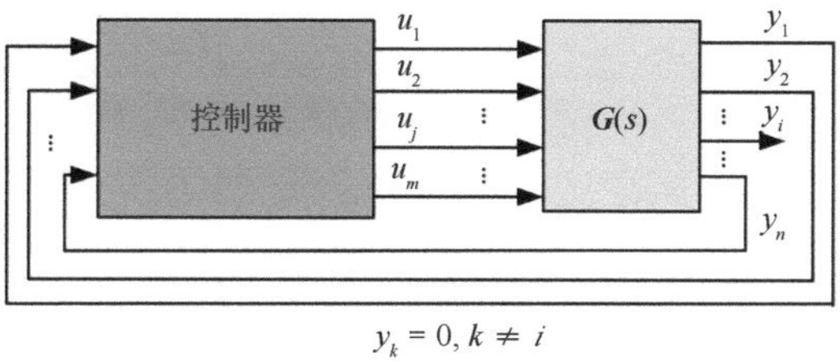

图 4-5　多输入多输出闭环控制系统

$$r_{ij} = \frac{\partial y_i / \partial u_j \big|_{\Delta u_k = 0, k \neq j}}{\partial y_i / \partial u_j \big|_{\Delta y_k = 0, k \neq i}} \tag{4-17}$$

式中，分子项意义为系统所有控制回路开环运行（图 4-4），输入 $u_k(k \neq j)$不变，输入变量 $u_j \to$ 输出变量 y_i 的静态通道增益；分母项意义为系统所有控制回路闭环运行（图 4-5），输出 $y_k(k \neq i)$不变，输入变量 $u_j \to$ 输出变量 y_i 的静态通道增益。

由式（4-17）得 MIMO 系统的相关增益矩阵$\mathfrak{R}$为

$$\mathfrak{R} = \boldsymbol{G}(s) \otimes \left[\boldsymbol{G}(s)^{-1}\right]^{\mathrm{T}} \tag{4-18}$$

式中，$\boldsymbol{G}(s)$为图 4-4 和图 4-5 所示 MIMO 系统的传递函数矩阵；$\otimes$为矩阵的阿达马（Hadamard）乘积。

不失一般性，以式（4-19）表示的 2 输入 2 输出系统为例说明相关增益矩阵$\mathfrak{R}$的计算流程：

$$\begin{bmatrix} y_1 \\ y_2 \end{bmatrix} = \begin{bmatrix} g_{11} & g_{12} \\ g_{21} & g_{22} \end{bmatrix} \begin{bmatrix} u_1 \\ u_2 \end{bmatrix} \tag{4-19}$$

式中，u_1 和 u_2 为系统输入变量；y_1 和 y_2 为系统输出变量；g_{11}、g_{12}、g_{21} 和 g_{22} 为该控制系统传递函数矩阵中的元素。

当该系统以图 4-4 所示方式运行时，u_2 保持不变，则 $u_1 \to y_1$ 的静态通道增益为

$$\Delta y_1 = g_{11} \Delta u_1 \tag{4-20}$$

当该系统以图 4-5 所示方式运行时，y_2 保持不变，则 $u_1 \to y_1$ 的静态通道增益为

$$\Delta y_1 = \left(g_{11} - g_{12} g_{22}^{-1} g_{21}\right) \Delta u_1 \tag{4-21}$$

将式（4-20）和式（4-21）代入式（4-17）得 $u_1 \to y_1$ 的相关增益 r_{11} 为

$$r_{11} = \frac{\partial y_1 / \partial u_1 \big|_{\Delta u_2 = 0}}{\partial y_1 / \partial u_1 \big|_{\Delta y_2 = 0}} = \frac{g_{11}}{g_{11} - g_{12} g_{22}^{-1} g_{21}} \tag{4-22}$$

同理，$u_2 \to y_1$ 的相关增益 r_{12}、$u_1 \to y_2$ 的相关增益 r_{21} 和 $u_2 \to y_2$ 的相关增益 r_{22} 分别为

$$\begin{cases} r_{12} = \dfrac{g_{12}}{g_{12} - g_{11}g_{21}^{-1}g_{22}} \\ r_{21} = \dfrac{g_{21}}{g_{21} - g_{22}g_{12}^{-1}g_{11}} \\ r_{22} = \dfrac{g_{22}}{g_{22} - g_{21}g_{11}^{-1}g_{12}} \end{cases} \tag{4-23}$$

由 r_{11}、r_{12}、r_{21} 和 r_{22} 得式（4-19）的相关增益矩阵 $\mathfrak{R}$ 为

$$\mathfrak{R} = \begin{bmatrix} \dfrac{g_{11}}{g_{11} - g_{12}g_{22}^{-1}g_{21}} & \dfrac{g_{12}}{g_{12} - g_{11}g_{21}^{-1}g_{22}} \\ \dfrac{g_{21}}{g_{21} - g_{22}g_{12}^{-1}g_{11}} & \dfrac{g_{22}}{g_{22} - g_{21}g_{11}^{-1}g_{12}} \end{bmatrix} \tag{4-24}$$

由文献[25]～[28]可知，式（4-18）和式（4-24）所得 MIMO 系统的增益矩阵 $\mathfrak{R}$ 具有如下性质：

（1）任意一行或一列元素的和等于 1；

（2）若 $u_j \to y_i$ 为独立通道与其他控制输入变量间无耦合关系，则 $r_{ij}=1$ 且 $\mathfrak{R}$ 第 i 行和第 j 行其他元素为 0；

（3）若 $r_{ij}<0$，则控制回路间的交互影响极大，具有强耦合关系，且 r_{ij} 的绝对值越大耦合作用越强；

（4）若 $0.8<r_{ij}<1.2$，则控制回路间交互影响小，为弱耦合关系，r_{ij} 越接近于 1，控制回路间的耦合作用越弱，直到为 1 时，控制回路间无耦合关系；

（5）若 $0.3<r_{ij}<0.7$ 或 $r_{ij}>1.5$，则控制回路间交互影响大，具有较强的耦合关系。

4.2.2 基于 RGA 的电压稳定控制区域划分

为确定系统中与电压弱节点密切相关的电压稳定控制区域，首先将式（2-48）进一步整理为如下形式：

$$\begin{cases} \boldsymbol{V}_{\mathrm{L}} = \boldsymbol{V}_{\mathrm{LL}} + \boldsymbol{V}_{\mathrm{LG}} \\ \boldsymbol{V}_{\mathrm{LL}} = \boldsymbol{Z}_{\mathrm{LL}}\boldsymbol{I}_{\mathrm{L}} \\ \boldsymbol{V}_{\mathrm{LG}} = \boldsymbol{Z}_{\mathrm{LG}}\boldsymbol{V}_{\mathrm{G}} \end{cases} \tag{4-25}$$

式中，$\boldsymbol{V}_{\mathrm{LL}}$ 为负荷节点对负荷节点的耦合电压分量（记为负荷耦合分量）；$\boldsymbol{V}_{\mathrm{LG}}$ 为发电机节点对负荷节点的耦合电压分量（记为发电机耦合分量）；$\boldsymbol{Z}_{\mathrm{LL}}$ 为负荷耦合矩阵；$\boldsymbol{Z}_{\mathrm{LG}}$ 为负荷-发电机耦合矩阵。

将式（4-25）视为一个多输入多输出控制系统，则该等效多输入多输出控制系统可用图 4-6 表示，图中 $\boldsymbol{V}_{\mathrm{LL}}$ 和 $\boldsymbol{V}_{\mathrm{LG}}$ 分别为该多输入多输出系统的子系统，分别记为负荷耦合子系统和发电机耦合子系统。对于负荷耦合子系统而言，该子系统为一个 n 输入、n 输出系统，其系统传递函数矩阵为 $\boldsymbol{Z}_{\mathrm{LL}}$，根据 RGA 的定义，则负荷耦合子系统的相关增益矩阵 $\mathfrak{R}_{\mathrm{L}}$ 为

$$\mathscr{R}_{\mathrm{L}} = \boldsymbol{Z}_{\mathrm{LL}} \otimes \left(\boldsymbol{Z}_{\mathrm{LL}}^{-1}\right)^{\mathrm{T}} \tag{4-26}$$

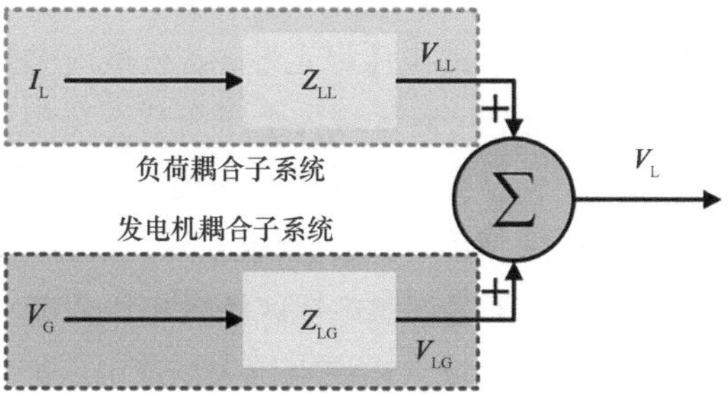

图 4-6　等效多输入多输出控制系统（基于 RGA）

对于发电机耦合子系统，该子系统为一个 m 输入、n 输出系统，其系统传递函数矩阵为 $\boldsymbol{Z}_{\mathrm{LG}}$，根据 RGA 的定义，发电机耦合子系统的相关增益矩阵 $\mathscr{R}_{\mathrm{G}}$ 为

$$\mathscr{R}_{\mathrm{G}} = \boldsymbol{Z}_{\mathrm{LG}} \otimes \left(\boldsymbol{Z}_{\mathrm{LG}}^{-1}\right)^{\mathrm{T}} \tag{4-27}$$

实际系统中，由于发电机节点数 m 不一定与负荷节点数 n 相等，则对于 m 输入、n 输出系统而言，该系统传递函数矩阵 $\boldsymbol{Z}_{\mathrm{LG}}$ 不一定为方阵。不失一般性，将式（4-27）改写为式（4-28）的形式。当 $m=n$ 时，计算 $\mathscr{R}_{\mathrm{G}}$ 时采用式（4-27）；当 $m \neq n$ 时，计算 $\mathscr{R}_{\mathrm{G}}$ 时采用式（4-28）。

$$\mathscr{R}_{\mathrm{G}} = \boldsymbol{Z}_{\mathrm{LG}} \otimes \left(\boldsymbol{Z}_{\mathrm{LG}}^{-1}\right)^{\mathrm{T}} = \boldsymbol{Z}_{\mathrm{LG}} \otimes \left[\left(\boldsymbol{Z}_{\mathrm{LG}}^{\mathrm{T}} \boldsymbol{Z}_{\mathrm{LG}}\right)^{-1} \boldsymbol{Z}_{\mathrm{LG}}^{\mathrm{T}}\right]^{\mathrm{T}} \tag{4-28}$$

由于 $\mathscr{R}_{\mathrm{L}}$ 为对角占优的对称方阵，因此负荷节点间的耦合关系可借鉴 4.2.1 节控制系统的 RGA 性质进行判断；而 $\mathscr{R}_{\mathrm{G}}$ 为非方阵，研究表明，$\mathscr{R}_{\mathrm{G}}$ 只有列和为 1 而行和不为 1，且不同于 $\mathscr{R}_{\mathrm{L}}$，负荷节点与发电机节点之间的耦合关系与 $\mathscr{R}_{\mathrm{G}}$ 中元素的绝对值密切相关，元素绝对值越大，则表明负荷节点与发电机节点之间的耦合关系越强，反之则越弱。

根据 4.2.1 节 RGA 的相关性质，结合 $\mathscr{R}_{\mathrm{L}}$ 和 $\mathscr{R}_{\mathrm{G}}$ 的特点，采用 RGA 划分电压稳定控制区域的原则如下：

（1）电压控制区域划分，先采用负荷裕度评估系统中各节点的电压稳定性，确定系统中电压弱节点；根据系统中的电压弱节点确定与 $\mathscr{R}_{\mathrm{L}}$ 对应的行，根据行中各元素确定负荷节点间的耦合关系，依据耦合关系的强弱确定与电压弱节点强耦合的负荷节点；类似于确定强耦合负荷节点的方法，根据电压弱节点与 $\mathscr{R}_{\mathrm{G}}$ 的特点确定与电压弱节点强耦合的发电机节点，将上述电压弱节点及与电压弱节点强耦合的负荷节点和发电机节点划分为一个区域，该区域即为含该电压弱节点的电压稳定控制区域。

（2）电压控制区域合并。若两个电压控制区域中的电压弱节点间存在强耦合关系，则需将这两个电压控制区域合并为一个电压稳定控制区域。

（3）电压控制区域边界节点划分。对于同时处于两个电压控制区域边界的负荷节点或发电机节点，依据 $\mathscr{R}_{\mathrm{L}}$ 和 $\mathscr{R}_{\mathrm{G}}$，根据该负荷节点或发电机与区域中电压弱节点的耦合关系强弱确定其归属性。

对于确定的电压稳定控制区域，区域电压协调控制策略如下。

（1）稳态情况下的区域电压控制策略。稳态运行方式下区域内电压弱节点出现电压过低或者节点电压稳定裕度大幅下降时，可首先通过调节区域内与电压弱节点强耦合的发电机的机端电压来改善区域内节点的电压稳定性，若区域内无强耦合发电机节点或强耦合发电机节点调压能力已达极限，可对区域内电压弱节点及与之强耦合的电压弱节点实施无功补偿，以减少区域内负荷节点的无功注入从而改善区域电压稳定性。

（2）紧急情况下的区域电压控制策略。紧急情况下，当区域内电压弱节点出现电压不稳定或者电压崩溃预警信号时，可通过对电压区域内电压弱节点及与之强耦合的负荷节点实施低压紧急切负荷策略避免区域内出现电压失稳或电压崩溃事故。

需要指出的是：本节的电压稳定控制区域划分策略是以系统中电压弱节点的识别为出发点，具有较强的自适应能力，该控制区域会随着系统运行方式变化所导致的电压弱节点转移而自适应地调整系统的电压稳定控制区域。此外，本节中$\mathfrak{R}_{\mathrm{L}}$和$\mathfrak{R}_{\mathrm{G}}$只与系统网络结构和节点类型有关系，当系统网络节点或者节点类型发展改变后，需重新形成负荷耦合矩阵$\boldsymbol{Z}_{\mathrm{LL}}$和负荷-发电机耦合矩阵$\boldsymbol{Z}_{\mathrm{LG}}$，计算负荷节点的负荷裕度及$\mathfrak{R}_{\mathrm{L}}$和$\mathfrak{R}_{\mathrm{G}}$。

4.2.3 计算步骤

结合所提的电压稳定控制分区算法，本节算法具体计算步骤如下：

（1）根据系统的节点网络方程计算负荷耦合矩阵$\boldsymbol{Z}_{\mathrm{LL}}$和负荷-发电机耦合矩阵$\boldsymbol{Z}_{\mathrm{LG}}$；

（2）根据$\boldsymbol{Z}_{\mathrm{LL}}$和$\boldsymbol{Z}_{\mathrm{LG}}$计算负荷节点间的相关增益矩阵$\mathfrak{R}_{\mathrm{L}}$和负荷-发电机节点间的相关增益矩阵$\mathfrak{R}_{\mathrm{G}}$；

（3）根据$\boldsymbol{Z}_{\mathrm{LL}}$和$\boldsymbol{Z}_{\mathrm{LG}}$计算各负荷节点的负荷裕度因子，确定系统中的电压弱节点；

（4）根据确定的电压弱节点及获得的负荷节点间的相关增益矩阵$\mathfrak{R}_{\mathrm{L}}$和负荷-发电机节点间的相关增益矩阵$\mathfrak{R}_{\mathrm{G}}$,依据本节所提电压稳定控制区域划分原则划分电压稳定控制区域。

4.2.4 算例分析

为验证所提方法的有效性和可行性，本节分别以 New England 39 系统和波兰电网（Polskie Sieci Elektroenergetyczne，PSE）为例，进行分析验证。

4.2.4.1 New England 39 系统

New England 39 系统单线图如图 4-7 所示，系统具体参数详见文献[29]，为验证本节所提方法的正确性，本节分别通过以下 5 种场景进行分析、对比。

场景 1：系统运行基态。

场景 2：负荷节点突增负荷。

场景 3：联络节点与负荷节点间支路开断。

场景 4：联络节点间支路开断。

场景 5：负荷节点间支路开断。

37
26
29
30
25
17
27
28
38
2
3
18
16
21
15
24
23
1
14
19
39
4
36
22
5
13
9
7
12
20
33
35
11
10
6
8
31
32
34

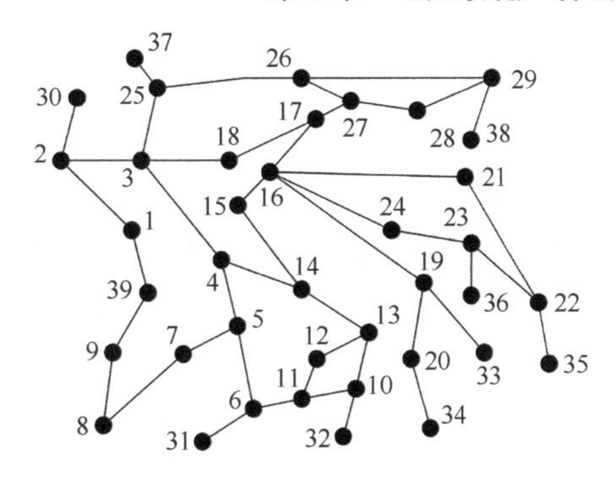

图 4-7　New England 39 系统单线图

1）场景 1

在系统基态下，根据本节所提方法基于系统的节点网络方程计算负荷耦合矩阵 $\boldsymbol{Z}_{\mathrm{LL}}$ 和负荷-发电机耦合矩阵 $\boldsymbol{Z}_{\mathrm{LG}}$。由 $\boldsymbol{Z}_{\mathrm{LL}}$ 和 $\boldsymbol{Z}_{\mathrm{LG}}$ 计算得到的负荷节点间的相关增益矩阵 $\mathcal{R}_{\mathrm{L}}$ 和负荷-发电机节点间的相关增益矩阵 $\mathcal{R}_{\mathrm{G}}$ 如图 4-8 和图 4-9 所示，可参见 4.3 节类似的表述。由图 4-8 可知，除主对角线元素为正外其他非主对角线上元素都为负，即节点的自相关增益为正，互相关增益为负，从物理意义上可认为负荷节点间都存在强电压耦合关系，但由于电压稳定具有局部性的特点，因而 $\mathcal{R}_{\mathrm{L}}$ 为对角占优矩阵。

负荷节点间的相关增益矩阵
5.0000
4.0000
3.0000
2.0000
1.0000
0.0000
−1.0000
−2.0000
−3.0000
负荷裕度

图 4-8　场景 1 的 $\mathcal{R}_{\mathrm{L}}$

负荷发电机节点间的相关增益矩阵
5.0000
4.0000
3.0000
2.0000
1.0000
0.0000
−1.0000
−2.0000
−3.0000
−4.0000
−5.0000
负荷裕度

图 4-9　场景 1 的 $\mathcal{R}_{\mathrm{G}}$

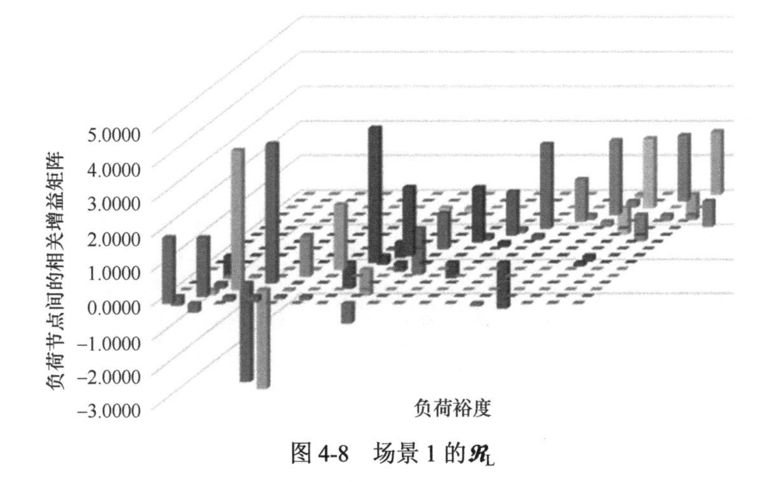

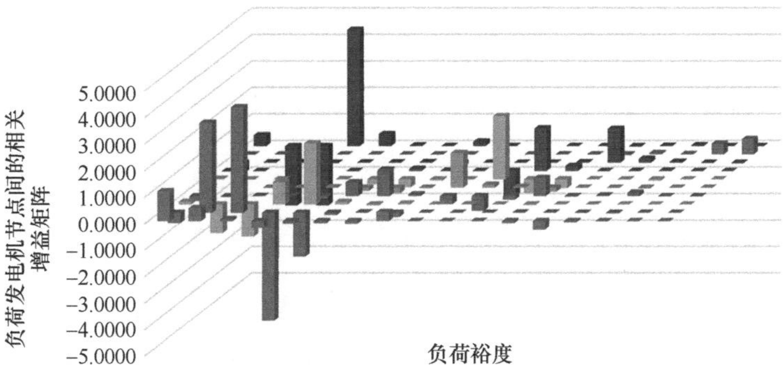

为验证所提$\mathscr{R}_L$和$\mathscr{R}_G$的有效性，本节逐一对各负荷节点功率增加（1+j1）p.u.的负荷和提升各发电机机端电压 0.2p.u.，对应的各负荷节点电压变化量如图 4-10 和图 4-11 所示。为详细分析、对比所提方法的正确性，计算得到各节点的负荷裕度，如图 4-12 所示，若假设基态下系统的负荷裕度阈值为 2.5p.u.，则由图 4-12 可知，系统的电压弱节点分别为节点 4、8、15 和 27。

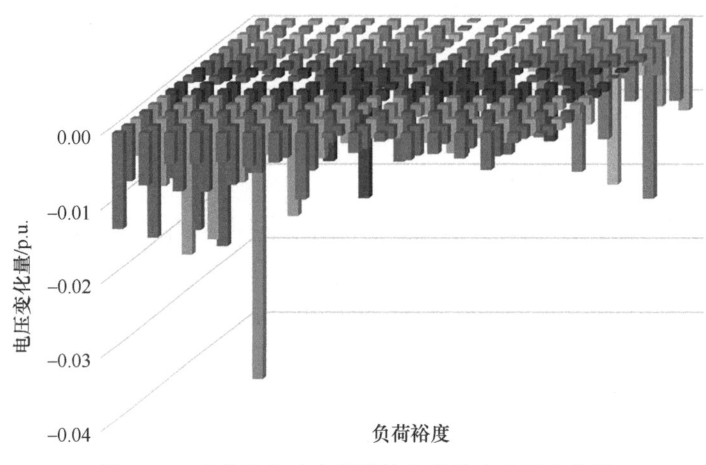

图 4-10　负荷节点功率微增的负荷节点电压变化量

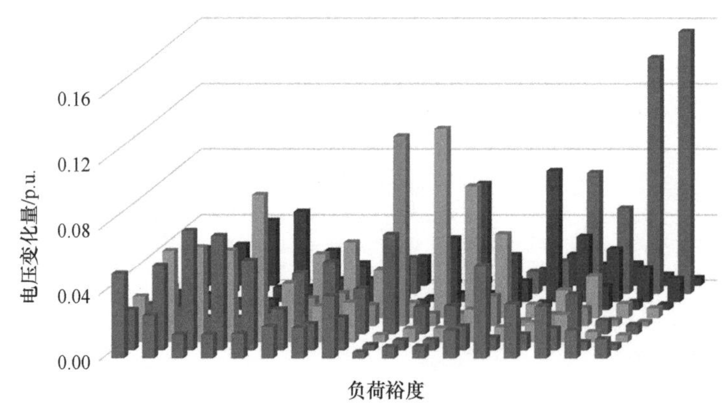

图 4-11　机端电压微增的负荷节点电压变化量

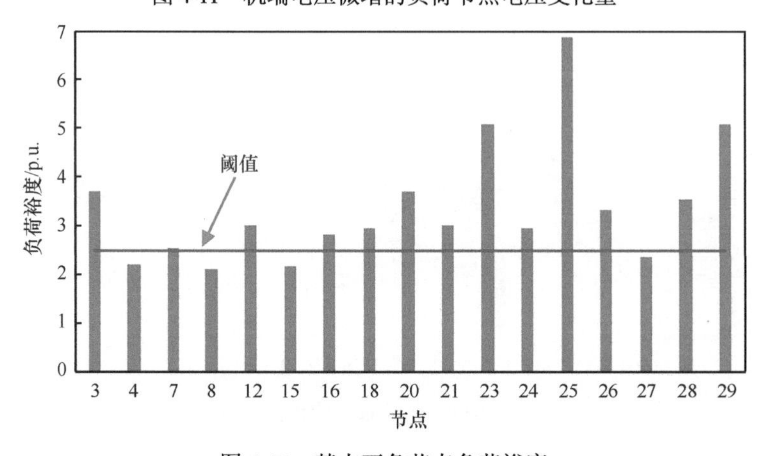

图 4-12　基态下各节点负荷裕度

节点 4 在图 4-8 和图 4-9 中对应的负荷耦合子系统互相关增益向量和发电机耦合子系统互相关增益向量如图 4-13 和图 4-14 所示，相应地在图 4-10 和图 4-11 中对应的负荷节点功率变化和发电机机端电压变化引起节点 4 的电压变化量的绝对值如图 4-15 和图 4-16 所示。由图 4-8 和图 4-13 可知节点 4 的自相关增益为 1.7082，与节点 3、7、8、12、15 的互相关增益为–0.2557、–0.1378、–0.1551、–0.0643 和–0.1024，而与其他负荷节点的互相关增益为 0，由$\mathcal{R}_L$的性质可知，负荷节点 4 与负荷节点 3、7、8、12 和 15 存在强耦合关系，其对应的耦合强度排序为 4、3、8、7、15、12；而图 4-15 中各负荷节点功率变化（1+j1）p.u.后节点 4 的电压变化量绝对值排序为 4、8、7、12、3、15。对比图 4-13 和图 4-15 结果可知，采用$\mathcal{R}_L$确定的与节点 4 强耦合的负荷节点与所验证的结果一致，说明所提的采用$\mathcal{R}_L$确定节点 4 的强耦合负荷节点是可行的，而图 4-13 和图 4-15 的耦合负荷节点排序略有不同的主要原因为：$\mathcal{R}_L$是静态矩阵，主要随系统网络结构的变化而变化，而实际系统电压不仅受系统网络的影响，也会受系统运行方式影响。由图 4-9 和图 4-14 可知，节点 4 与发电机节点 30、31、32 和 38 的互相关增益为 0.4854、3.3874、–1.0868 和 0.4071，而与其他发电机节点的互相关增益近似为 0，由$\mathcal{R}_G$的性质可知，负荷节点 4 与发电机节点 30、31、32 和 38 存在强耦合关系，其对应的耦合强度排序为 31、32、30、38；而图 4-16 中各发电机节点机端电压提升 0.2p.u.后节点 4 的电压变化量绝对值排序为 31、32、30、39。对比图 4-14 和图 4-16 结果可知，采用$\mathcal{R}_G$确定的与节点 4 强耦合的发电机节点与所验证结果的排序除排名第 4 的发电机节点略有差别外，与节点 4 电压强耦合的前 3 个发电机排序完全一致，由图 4-16 可知排名第 4 的发电机节点电压对节点 4 的电压影响有限，不像节点 31、32 和 30 那样显著，是可以忽略的，说明所提的采用$\mathcal{R}_G$确定节点 4 的强耦合发电机节点是可行的，而图 4-14 和图 4-16 的强耦合发电机节点排序略有不同的原因类似于强耦合负荷节点排序，其会受系统运行方式影响，但这种影响因素不会影响划分电压稳定控制区域的最终结果。在划分强耦合发电机节点时，本节将耦合发电机的阈值设为 1，即将负荷-发电机互相关增益绝对值大于 1 的发电机认为是与负荷强耦合的发电机节点，则与节点 4 强耦合的发电机节点为 31 和 32。因此包含电压弱节点 4 的电压稳定控制区域为 $VSCA_4$={3, 4, 7, 8, 12, 15, 31, 32}。

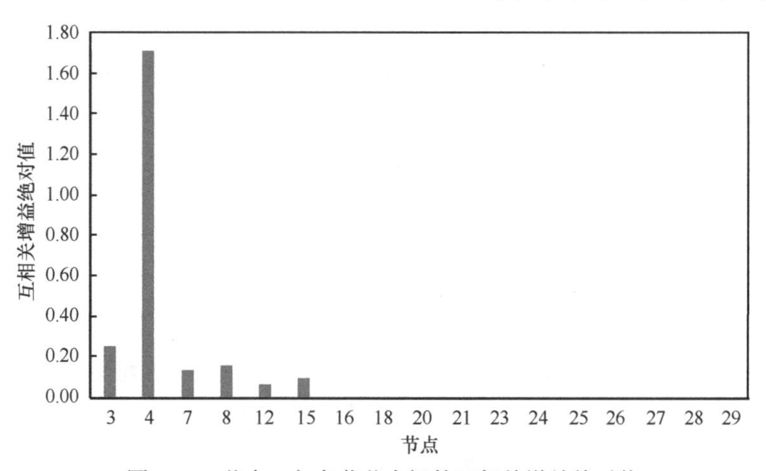

图 4-13 节点 4 与负荷节点间的互相关增益绝对值

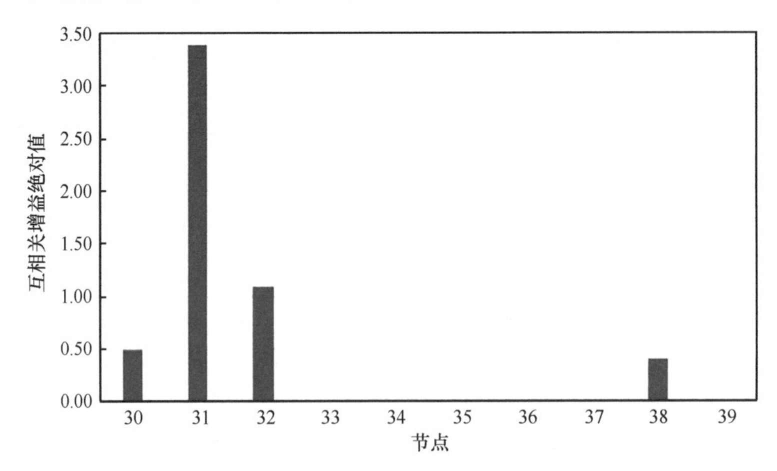

图 4-14　节点 4 与发电机节点间的互相关增益绝对值

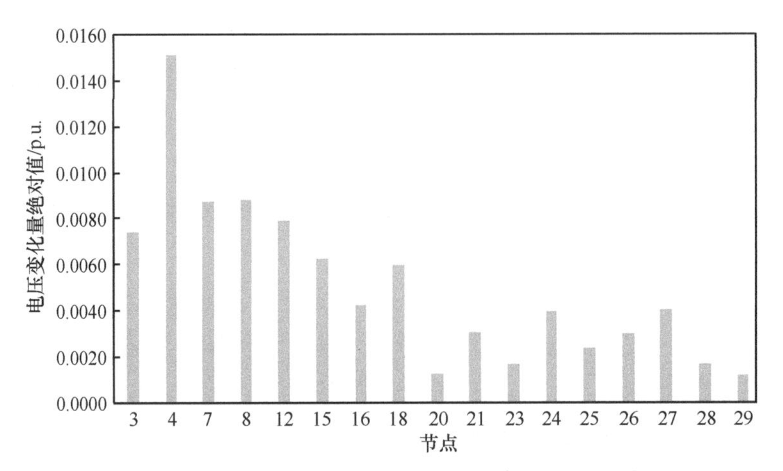

图 4-15　负荷节点功率微增带来的节点 4 电压变化量绝对值

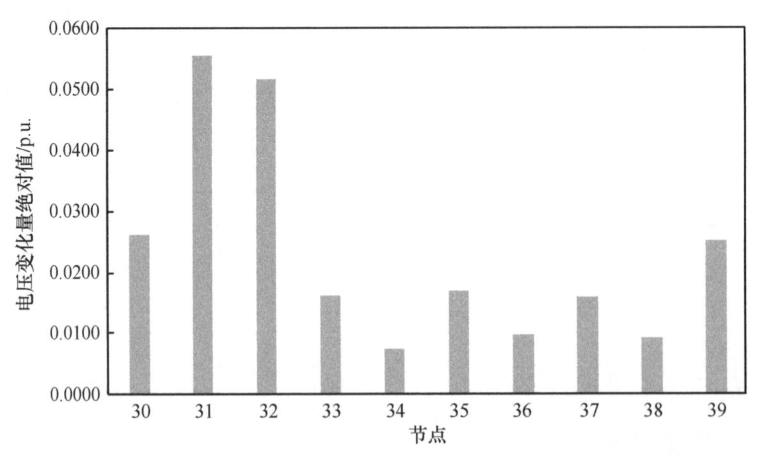

图 4-16　发电机节点电压微增带来的节点 4 电压变化量绝对值

采用类似节点 4 的分析方法，本节进一步分析了采用负荷互相关增益和与发电机的互相关增益，确定与节点 8、15 和 27 电压强耦合的负荷节点和发电机节点，结果如图 4-17～图 4-28 所示，图中对比结果验证了本节采用$\mathscr{R}_{\mathrm{L}}$和$\mathscr{R}_{\mathrm{G}}$确定与节点 8、15 和 27 电压强耦合的负荷节点和发电机节点是可行的，根据图 4-17～图 4-28 的结果，$VSCA_8$={4, 7, 8, 12, 15, 31, 39}、$VSCA_{15}$={4, 7, 8, 12, 15, 16}和 $VSCA_{27}$={16, 18, 26, 27, 38}。

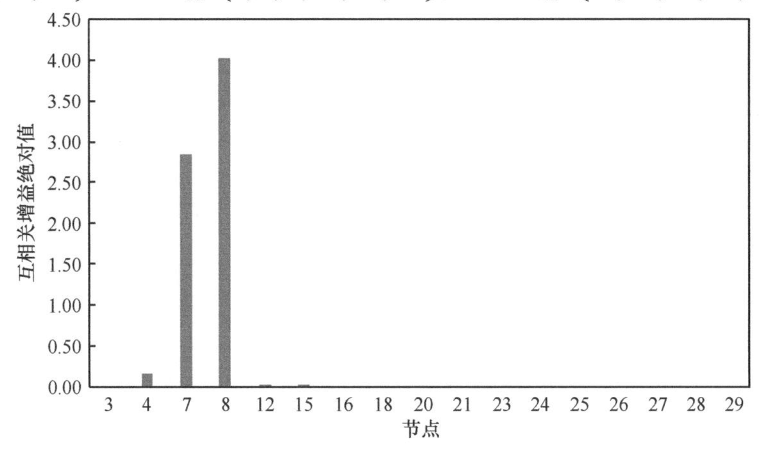

图 4-17　节点 8 与负荷节点间的互相关增益绝对值

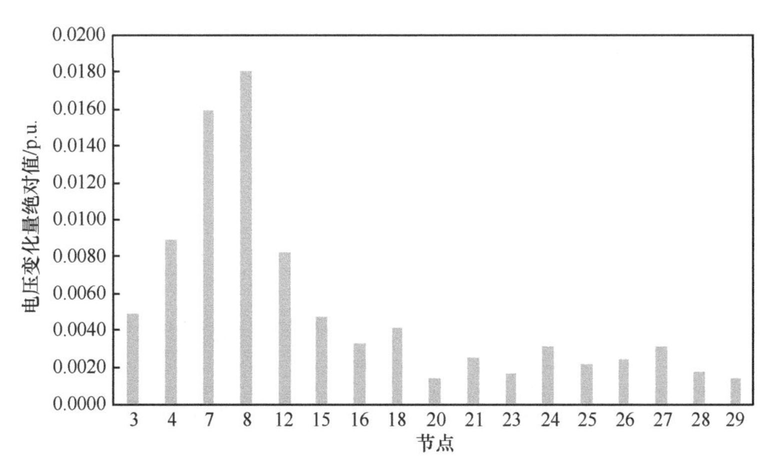

图 4-18　负荷功率微增带来的节点 8 电压变化量绝对值

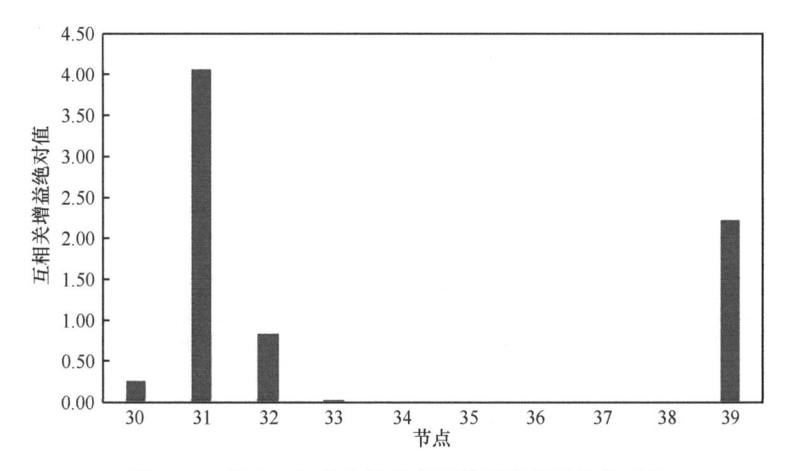

图 4-19　节点 8 与发电机节点间的互相关增益绝对值

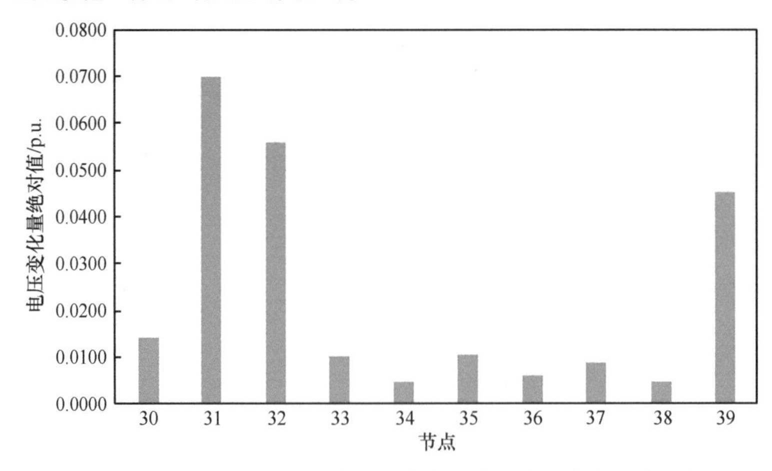

图 4-20　发电机节点电压微增带来的节点 8 电压变化量绝对值

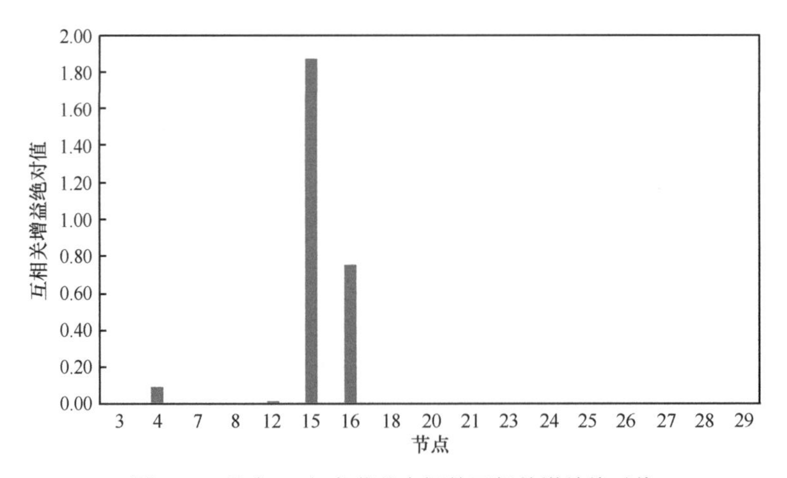

图 4-21　节点 15 与负荷节点间的互相关增益绝对值

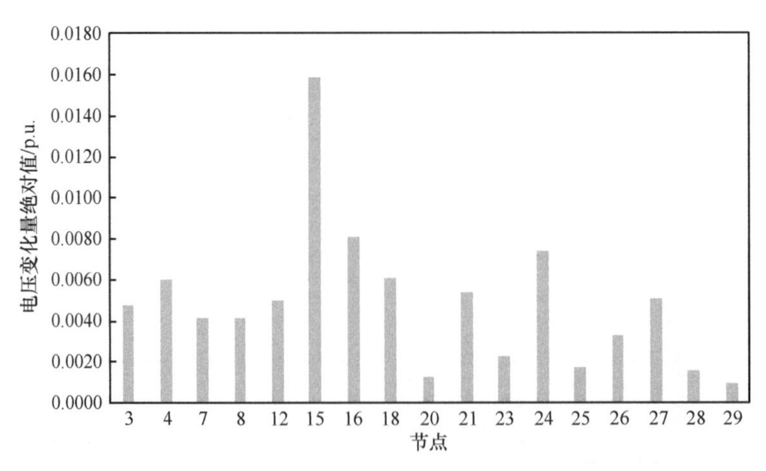

图 4-22　负荷功率微增带来的节点 15 电压变化量绝对值

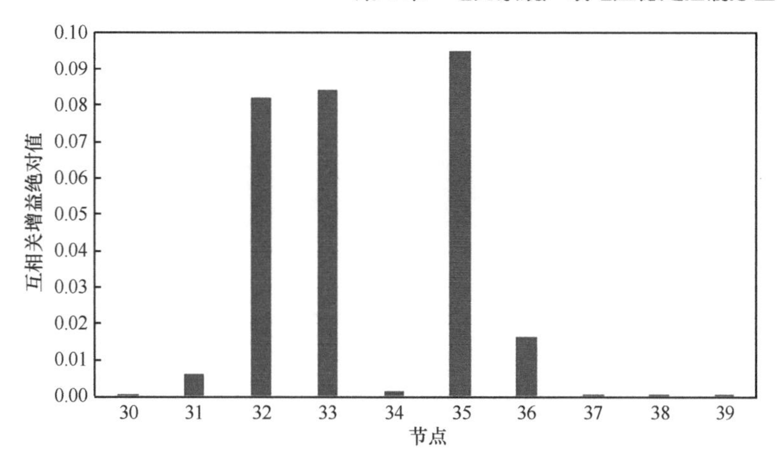

图 4-23　节点 15 与发电机节点间的互相关增益绝对值

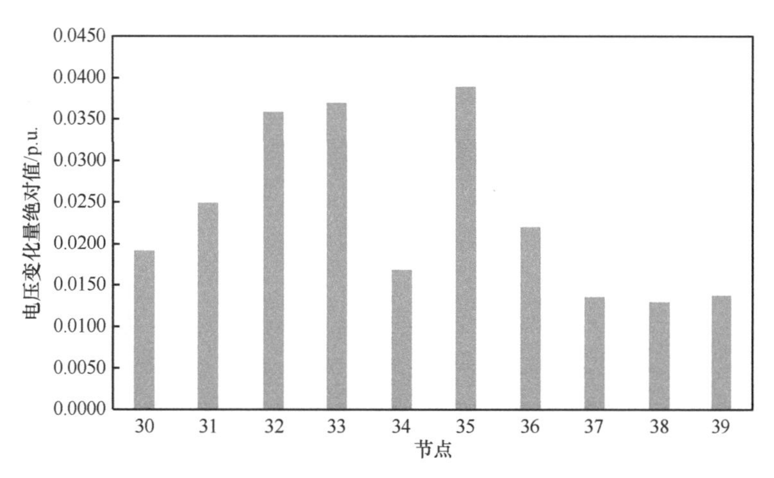

图 4-24　发电机节点电压微增带来的节点 15 电压变化量绝对值

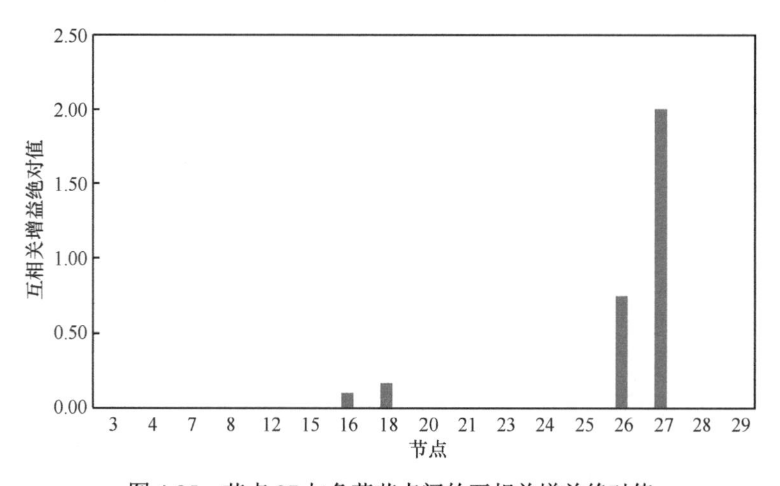

图 4-25　节点 27 与负荷节点间的互相关增益绝对值

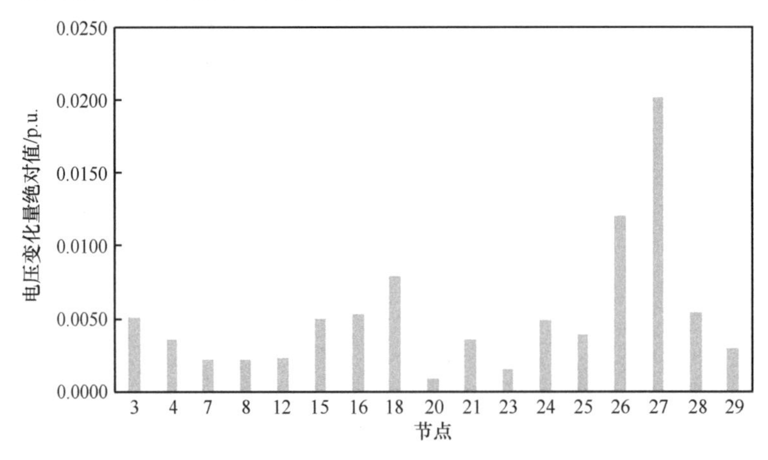

图 4-26　负荷功率微增带来的节点 27 电压变化量绝对值

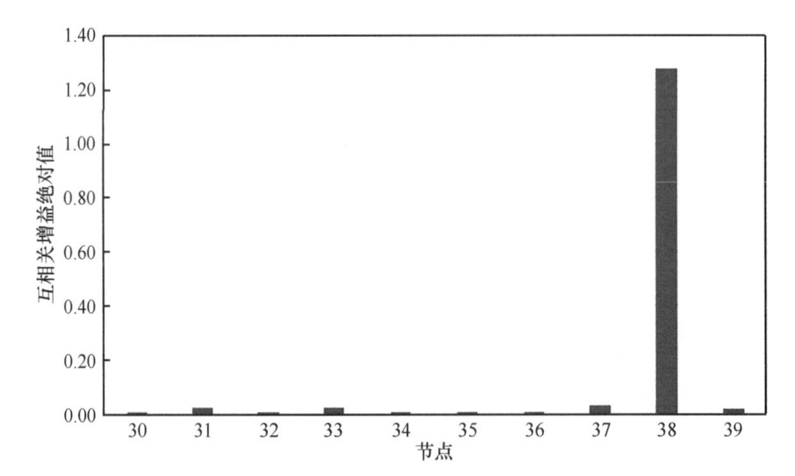

图 4-27　节点 27 与发电机节点间的互相关增益绝对值

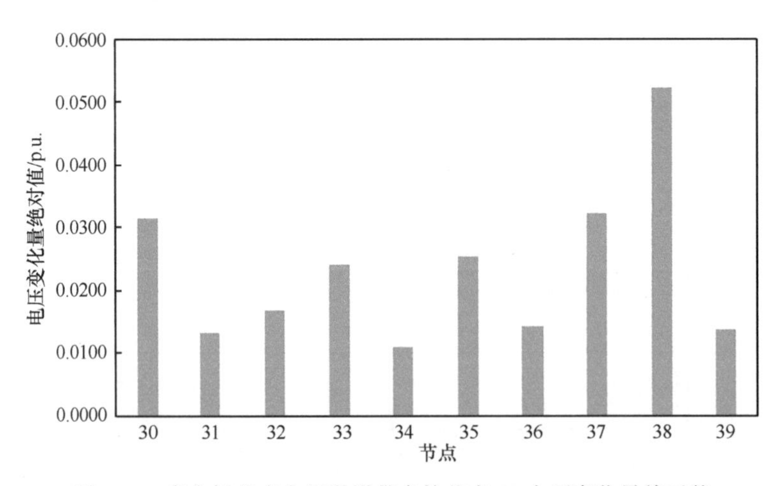

图 4-28　发电机节点电压微增带来的节点 27 电压变化量绝对值

由 $VSCA_4$、$VSCA_8$、$VSCA_{15}$ 的结果可知，这三个电压控制区域都含有电压弱节点 4、8、15，则可考虑是否可进一步将这三个电压控制区域合并为一个电压控制区域。

根据$\mathscr{R}_L$性质，结合表4-9中电压弱节点间的互相关增益可知，节点4、8和15之间是强耦合的，可以将电压弱节点4、8、15合并到一个区域内，则合并后的电压控制区域VCA_m={3, 4, 7, 8, 12, 15, 16, 31, 32, 39}。对比VCA_m和VCA_{27}可知：上述两个电压控制区域均含有节点16，则可认为节点16是VCA_m和VCA_{27}的边界节点，依据边界节点划分准则，由于$r_{25\text{-}16}=-0.7515$、$r_{17\text{-}16}=-0.1021$，$|r_{25\text{-}16}|>|r_{17\text{-}16}|$，可将节点16划分到区域$VCA_m$中。由上述分析结果可得：系统在基态运行方式下，当节点负荷裕度阈值为2.5p.u.时的电压稳定控制区域为VCA_m={3, 4, 7, 8, 12, 15, 16, 31, 32, 39}和$VSCA_{27}$={18, 26, 27, 17}（图4-29）。

表4-9 电压弱节点间的互相关增益

节点	节点4	节点8	节点15
4	1.7087	–0.1551	–0.0958
8	–0.1551	4.0326	–0.0033
15	–0.0958	–0.0033	1.8732

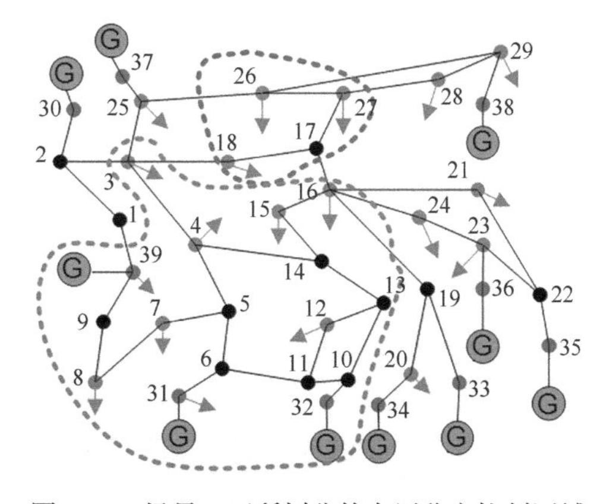

图4-29 场景1下所划分的电压稳定控制区域

2）场景2

进一步改变系统的运行方式，在节点12增加8p.u.的有功负荷，各节点负荷裕度计算结果如图4-30所示，由图4-30可知节点12为系统电压最弱节点，采用本节所提方法确定与节点12耦合的负荷节点及发电机节点，结果如图4-31和图4-32所示，通过改变负荷节点功率和发电机机端电压确定与节点12耦合的负荷节点及发电机节点，结果如图4-33和图4-34所示，对比图4-31与图4-33和图4-32与图4-34，可知采用相关增益确定的与节点12强耦合的负荷节点和发电机节点与改变负荷节点功率和发电机机端电压确定的结果基本一致，进一步证明了本节方法的正确性。由负荷节点和发电机节点的互相关增益计算结果可知：在该运行方式下，与电压最弱节点12强耦合的电压稳定控制区域为$VSCA_{12}$={4, 7, 8, 12, 15, 31, 32}（图4-35）。

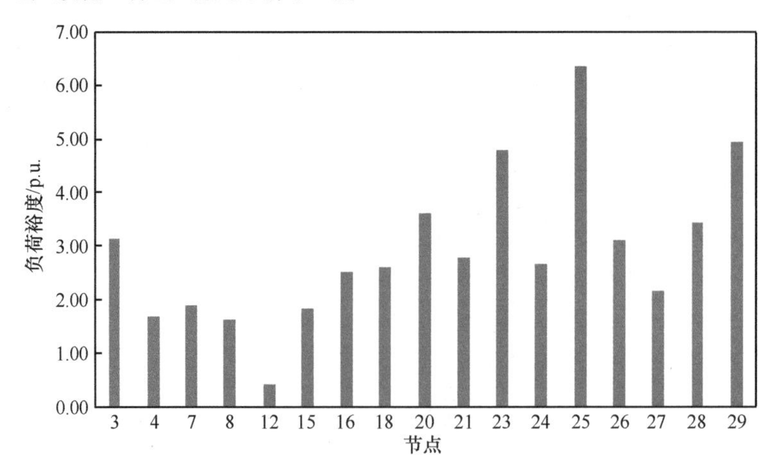

图 4-30　场景 2 中各节点的负荷裕度

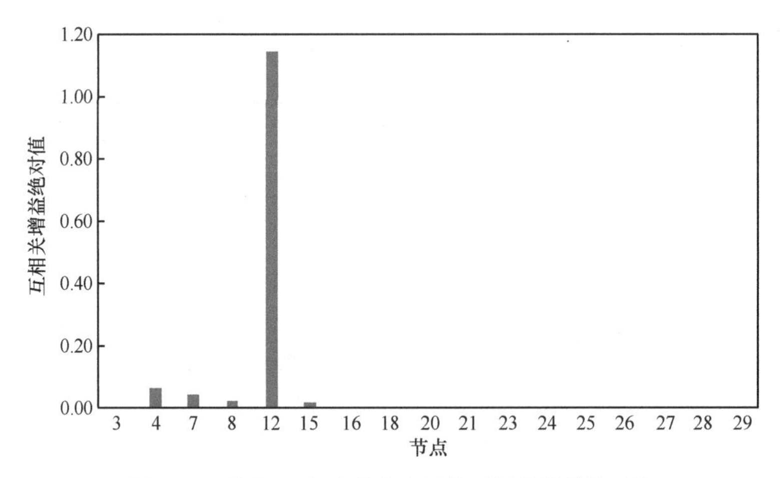

图 4-31　节点 12 与负荷节点间的互相关增益绝对值

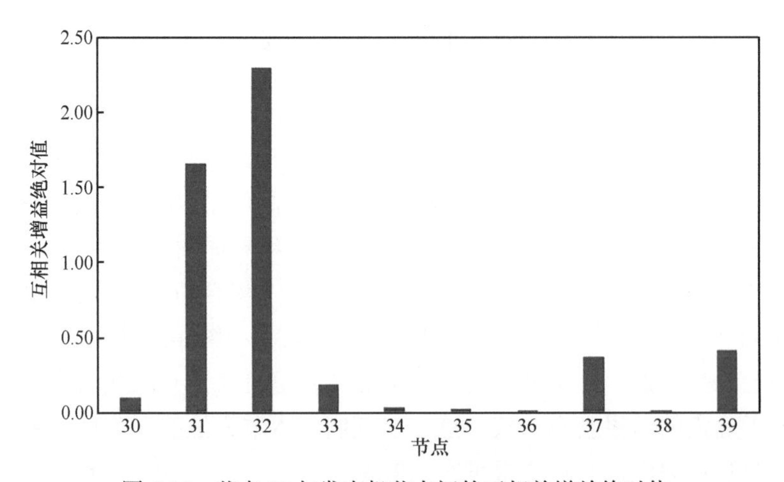

图 4-32　节点 12 与发电机节点间的互相关增益绝对值

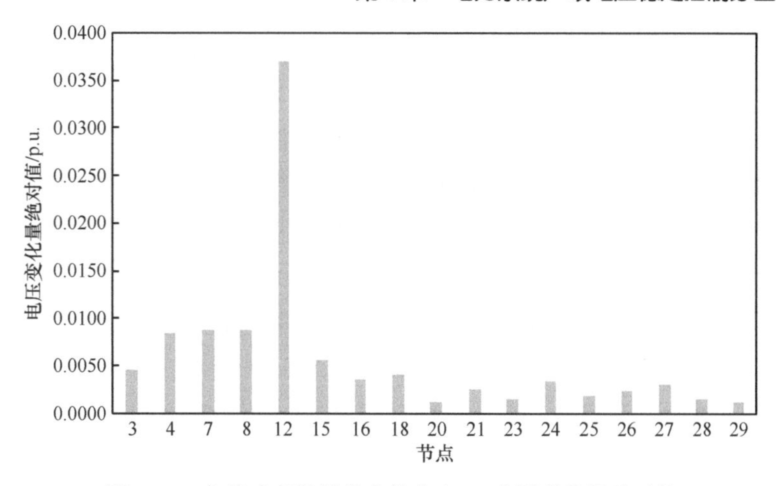

图 4-33　负荷功率微增带来的节点 12 电压变化量绝对值

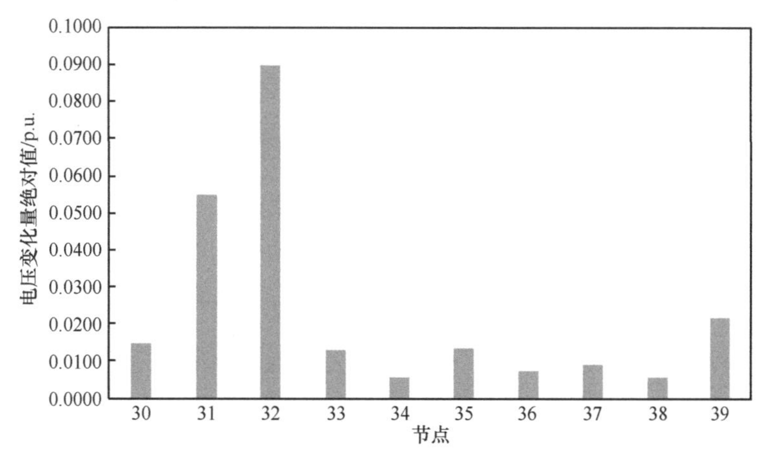

图 4-34　发电机节点电压微增带来的节点 12 电压变化量绝对值

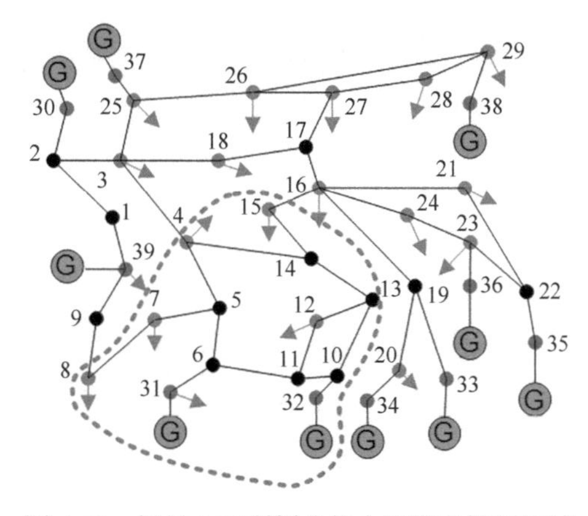

图 4-35　场景 2 下所划分的电压稳定控制区域

本节进一步研究了系统在网络拓扑发生变化情况下的电压稳定控制区域划分，并通过逐一增加各负荷节点负荷和提升各发电机机端电压来验证本节所提方法在系统各个运行方式下的自适应性和鲁棒性。限于篇幅，以下各网络拓扑结构发生变化后的各电压稳定控制区域划分均以与系统电压最弱节点强耦合的电压稳定控制区为主。

3）场景 3

如图 4-7 所示，支路 4—14 为连接联络节点与负荷节点的支路。支路 4—14 开断后，各节点的负荷裕度如图 4-36 所示；采用本节方法计算得到的$\mathfrak{R}_L$和$\mathfrak{R}_G$分别为图 4-37 和图 4-38；各负荷节点负荷增加（1+j1）p.u.和各发电机机端电压提升 0.2p.u.后，各负荷节点的电压变化量如图 4-39 和图 4-40 所示。由图 4-36 可知：支路 4—14 开断后的系统电压最弱节点为节点 4，由图 4-37 可得与节点 4 强耦合的负荷节点为 3、4、7、8、12、15；由图 4-38 可得与节点 4 强耦合的发电机节点为 31、32 和 39，则节点 4 的电压稳定控制区域为 $VSCA_4$={3, 4, 7, 8, 12, 15, 31, 32, 39}。而由图 4-39 和图 4-40 采用测试法所得 $VSCA_4$={3, 4, 7, 8, 12, 15, 18, 31, 32, 30, 39}，对比采用$\mathfrak{R}_L$和$\mathfrak{R}_G$的结果可知：采用$\mathfrak{R}_L$和$\mathfrak{R}_G$所得到的电压稳定控制区域与采用测试法所得电压稳定控制区基本一致，且对节点 4 电压影响最显著的负荷节点和发电机节点完全一致。

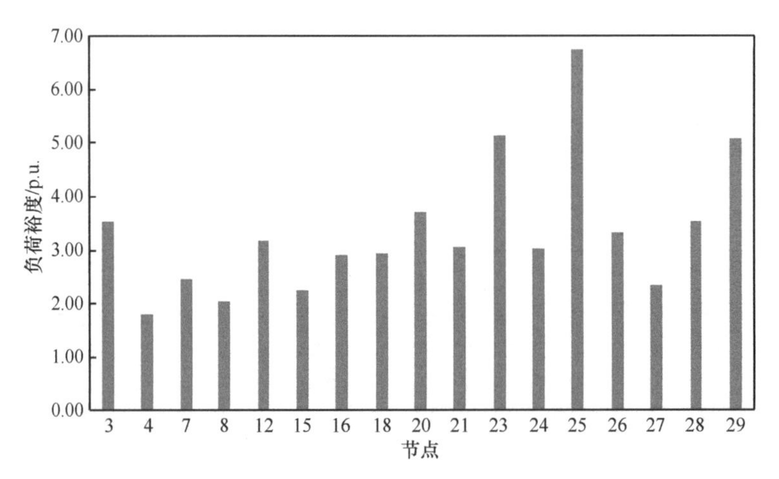

图 4-36 场景 3 中系统各负荷节点的负荷裕度

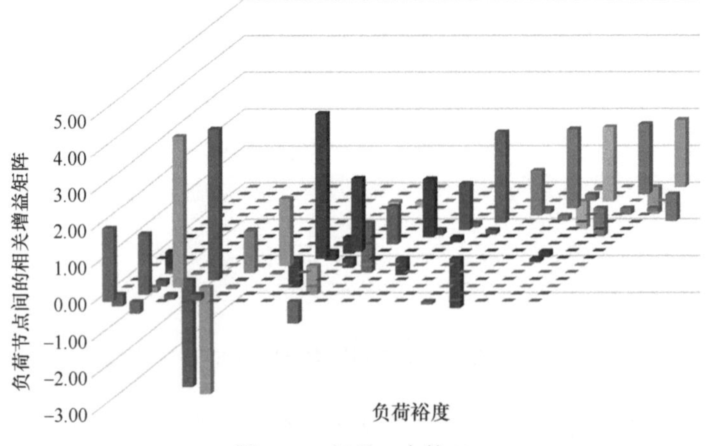

图 4-37 场景 3 中的$\mathfrak{R}_L$

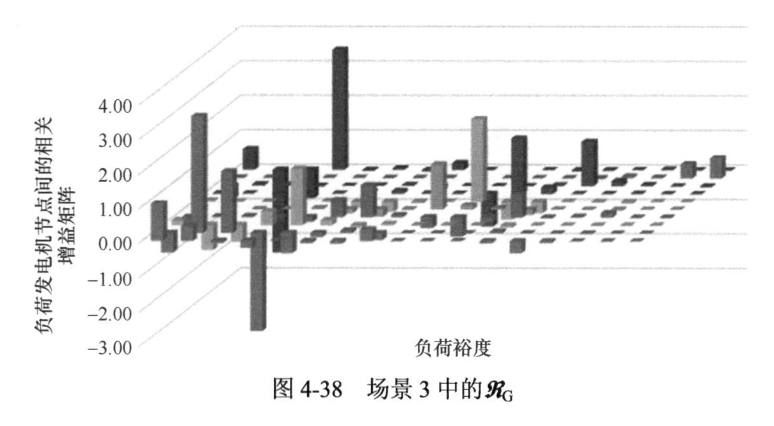

图 4-38　场景 3 中的$\mathscr{R}_G$

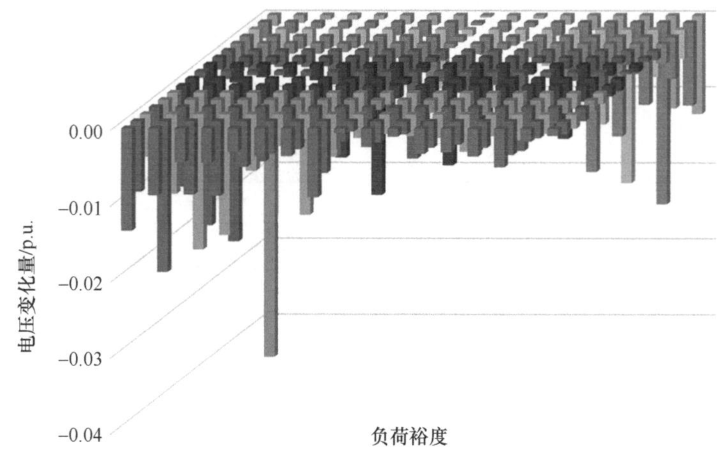

图 4-39　场景 3 中负荷功率微增的负荷节点电压变化量

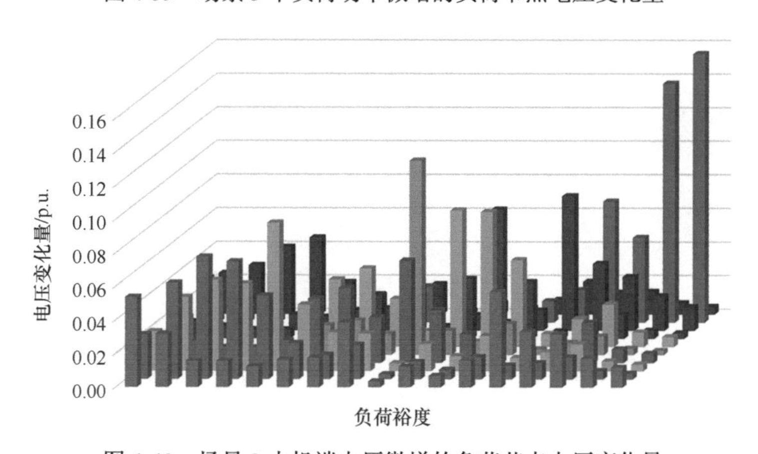

图 4-40　场景 3 中机端电压微增的负荷节点电压变化量

4）场景 4

如图 4-7 所示，支路 6—11 为连接两联络节点的支路。支路 6—11 开断后，各节点的负荷裕度如图 4-41 所示；采用本节方法计算得到的$\mathscr{R}_L$和$\mathscr{R}_G$分别为图 4-42 和图 4-43；各负荷节点负荷增加（1+j1）p.u.和各发电机机端电压提升 0.2p.u.后，各负荷节点的电压变化量如图 4-44 和图 4-45 所示。由图 4-41 可知：支路 6—11 开断后的系统电压最弱节点为节点 8，由图 4-42 可得与节点 8 强耦合的负荷节点为 4 和 7；由图 4-43 可得与节点 8 强耦合的发电机节点为 31 和 39，则节点 4 的电压稳定控制区域为 $VSCA_8$={4, 7, 8, 31, 39}。而由图 4-44 和图 4-45 采用测试法所得 $VSCA_8$={4, 7, 8, 31, 39}，与采用 $\mathfrak{R}_L$ 和 $\mathfrak{R}_G$ 所得电压稳定控制区完全一致。

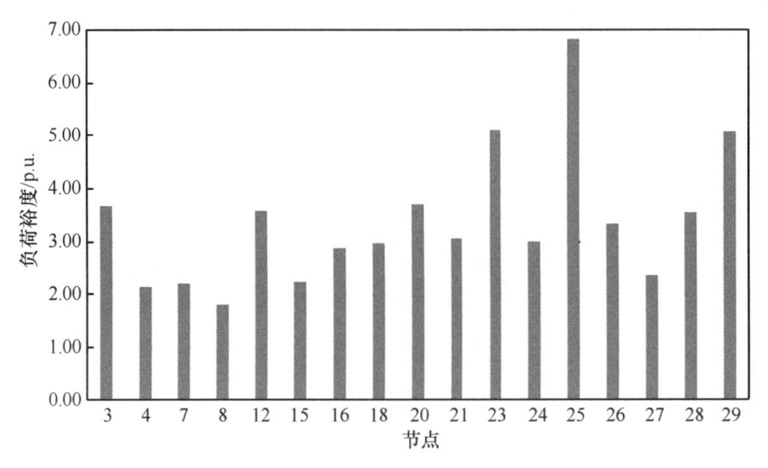

图 4-41　场景 4 中系统各负荷节点的负荷裕度

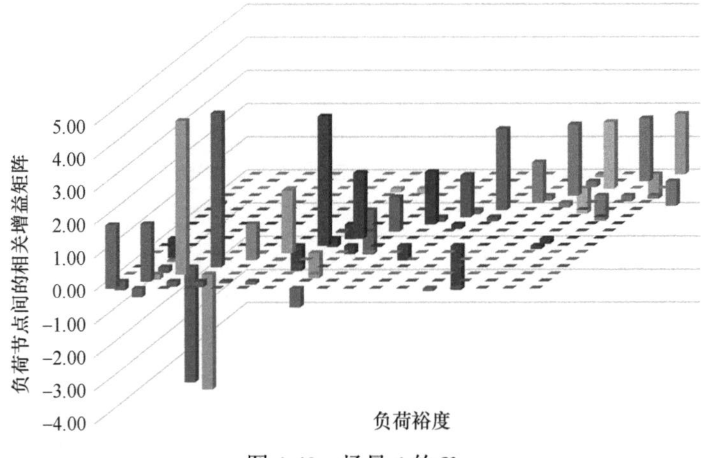

图 4-42　场景 4 的 $\mathfrak{R}_L$

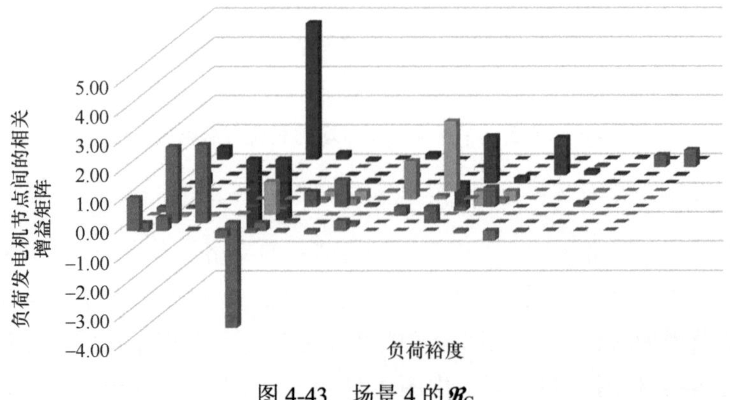

图 4-43　场景 4 的 $\mathfrak{R}_G$

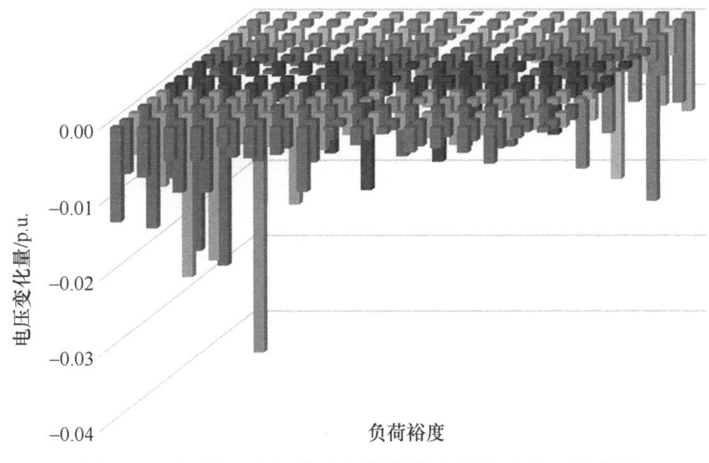

图 4-44　场景 4 中负荷功率微增的负荷节点电压变化量

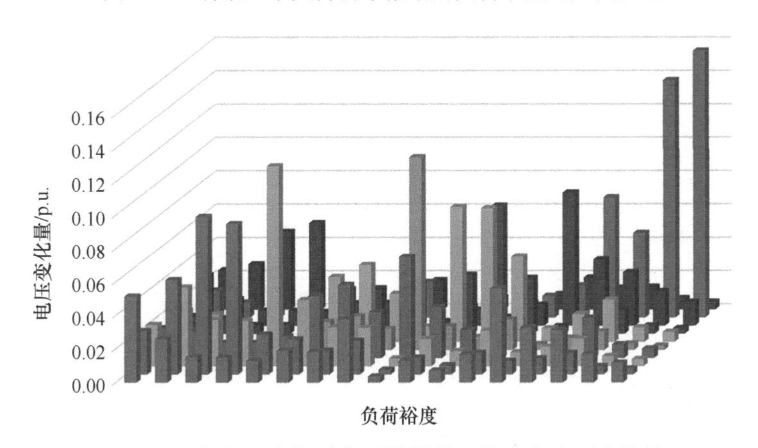

图 4-45　场景 4 中机端电压微增的负荷节点电压变化量

5）场景 5

如图 4-7 所示，支路 16—24 为负荷节点间的支路。支路 16—24 开断后，各节点的负荷裕度如图 4-46 所示；采用本节方法计算得到的$\mathfrak{R}_{\mathrm{L}}$和$\mathfrak{R}_{\mathrm{G}}$分别为图 4-47 和图 4-48；采用测试法所得各负荷节点的电压变化量如图 4-49 和图 4-50 所示。由图 4-46 可知：支路 16—24 开断后的系统电压最弱节点仍为节点 8，由图 4-47 得与节点 8 强耦合的负荷节点为 4、7、12、15；由图 4-48 得与节点 8 强耦合的发电机节点为 31、32 和 39，则节点 8 的电压稳定控制区域为 $\mathrm{VSCA}_8=\{4, 7, 8, 12, 15, 31, 32, 39\}$。而由图 4-49 和图 4-50 采用测试法所得 $\mathrm{VSCA}_8=\{4, 7, 8, 12, 15, 31, 32, 39\}$，与采用$\mathfrak{R}_{\mathrm{L}}$和$\mathfrak{R}_{\mathrm{G}}$所得电压稳定控制区完全一致。

上述算例的分析、对比结果表明：本节所提基于$\mathfrak{R}_{\mathrm{L}}$和$\mathfrak{R}_{\mathrm{G}}$确定的电压稳定控制区域准确、可行，且该方法根据系统运行方式和网络拓扑结构的变化，自动调整系统电压稳定控制区域，具有较强的自适应性和鲁棒性。4.2.4.2 节将该方法应用到 PSE 中，进一步验证所提方法的实用性。

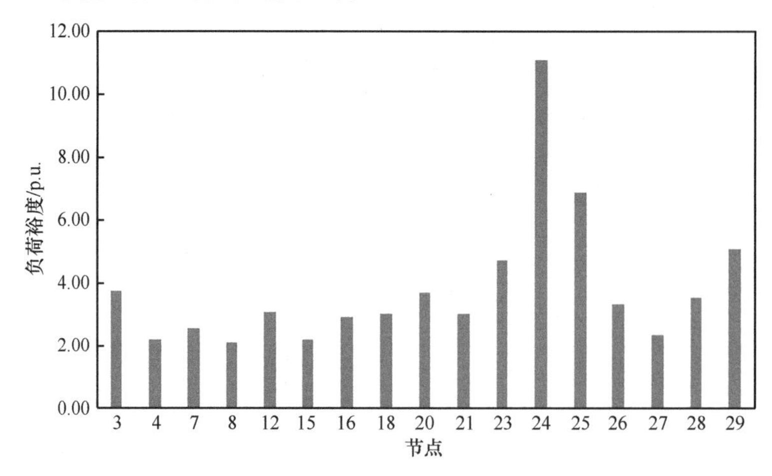

图 4-46　场景 5 中系统各负荷节点的负荷裕度

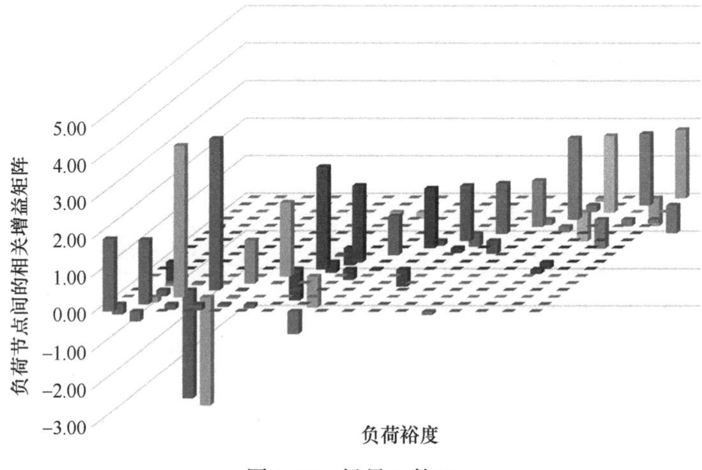

图 4-47　场景 5 的$\mathcal{R}_{L}$

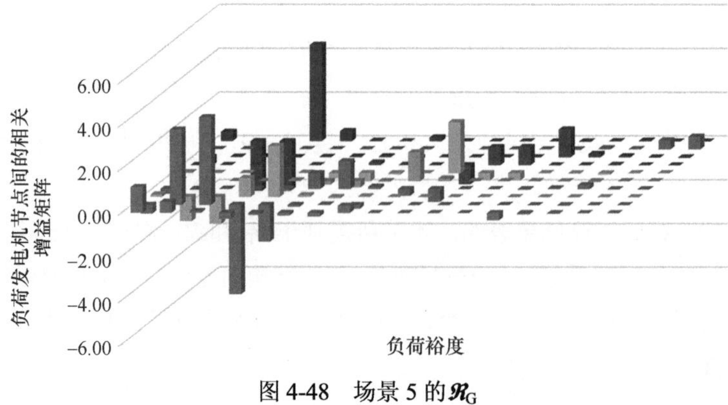

图 4-48　场景 5 的$\mathcal{R}_{G}$

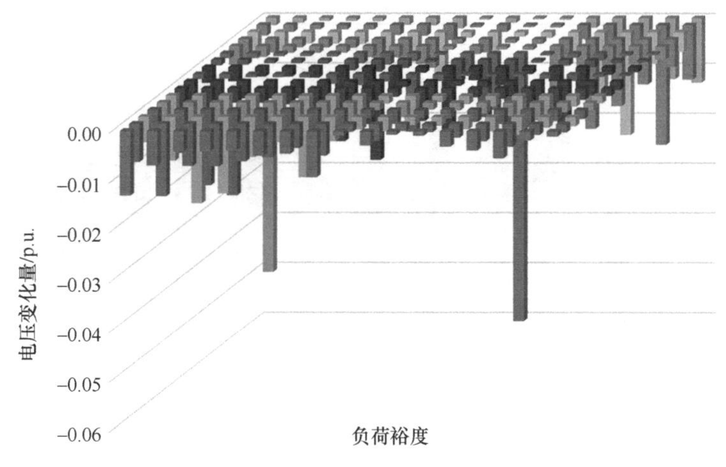

图 4-49　场景 5 中负荷功率微增的负荷节点电压变化量

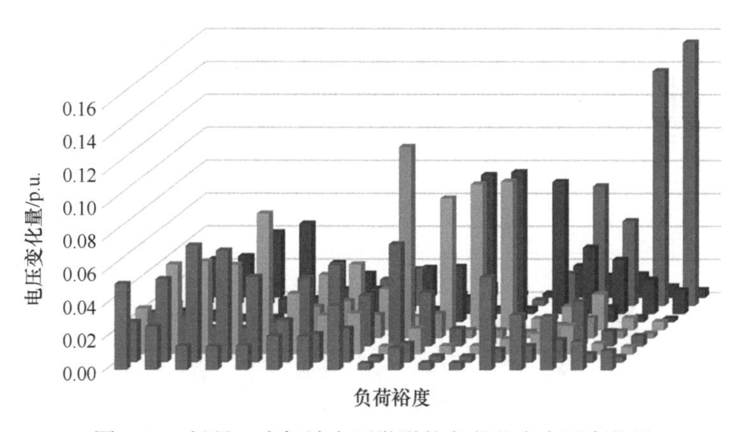

图 4-50　场景 5 中机端电压微增的负荷节点电压变化量

4.2.4.2　PSE

New England 39 系统算例验证了本节所提方法的合理性和有效性，下面进一步将该方法应用到 PSE 1999～2000 年冬大方式中，验证该方法的实用性。PSE 地理接线以 400kV、220kV、110kV 电压等级为主，全网共 2383 个节点，分成 6 个区域，冬大方式数据详见文献[29]。该运行方式下各区域负荷裕度最小的前 10 个节点的计算结果如图 4-51 所示，由于区域 6 只有 2 个负荷节点（λ_{183}=8.0576p.u.，λ_{2383}=13.5831p.u.），因此图中只给出了区域 1～区域 5 的计算结果，由图 4-51 及区域的负荷裕度可知：在该系统中区域 2、区域 3、区域 4、区域 5 及区域 6 具有较好的电压稳定性，而区域 1 相对于其他区域的电压稳定性较差。若在该方式下，假设系统的最小负荷裕度阈值为 5p.u.，则区域 1 中电压弱节点为 466、434、230、240、401、221 及 414；区域 2 中电压弱节点为 681。由确定的电压弱节点，采用本节方法计算得到的负荷节点和负荷与发电机节点间的互相关增益绝对值如图 4-52 和图 4-53 所示。

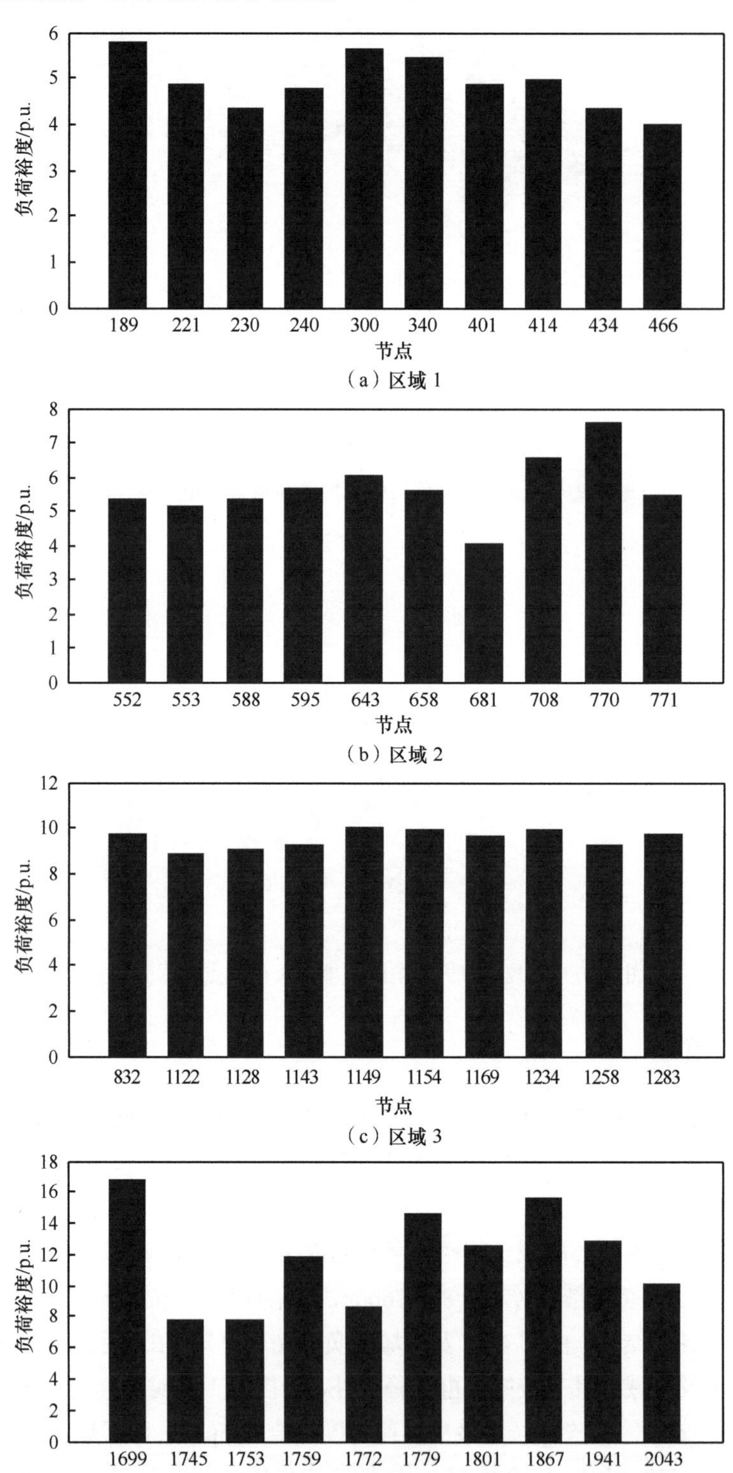

(a) 区域 1

(b) 区域 2

(c) 区域 3

(d) 区域 4

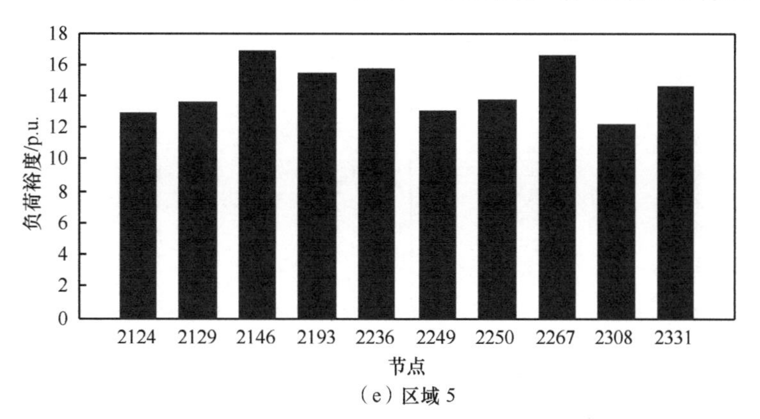

（e）区域5

图4-51　系统各区域负荷裕度最小的前10个节点的负荷裕度

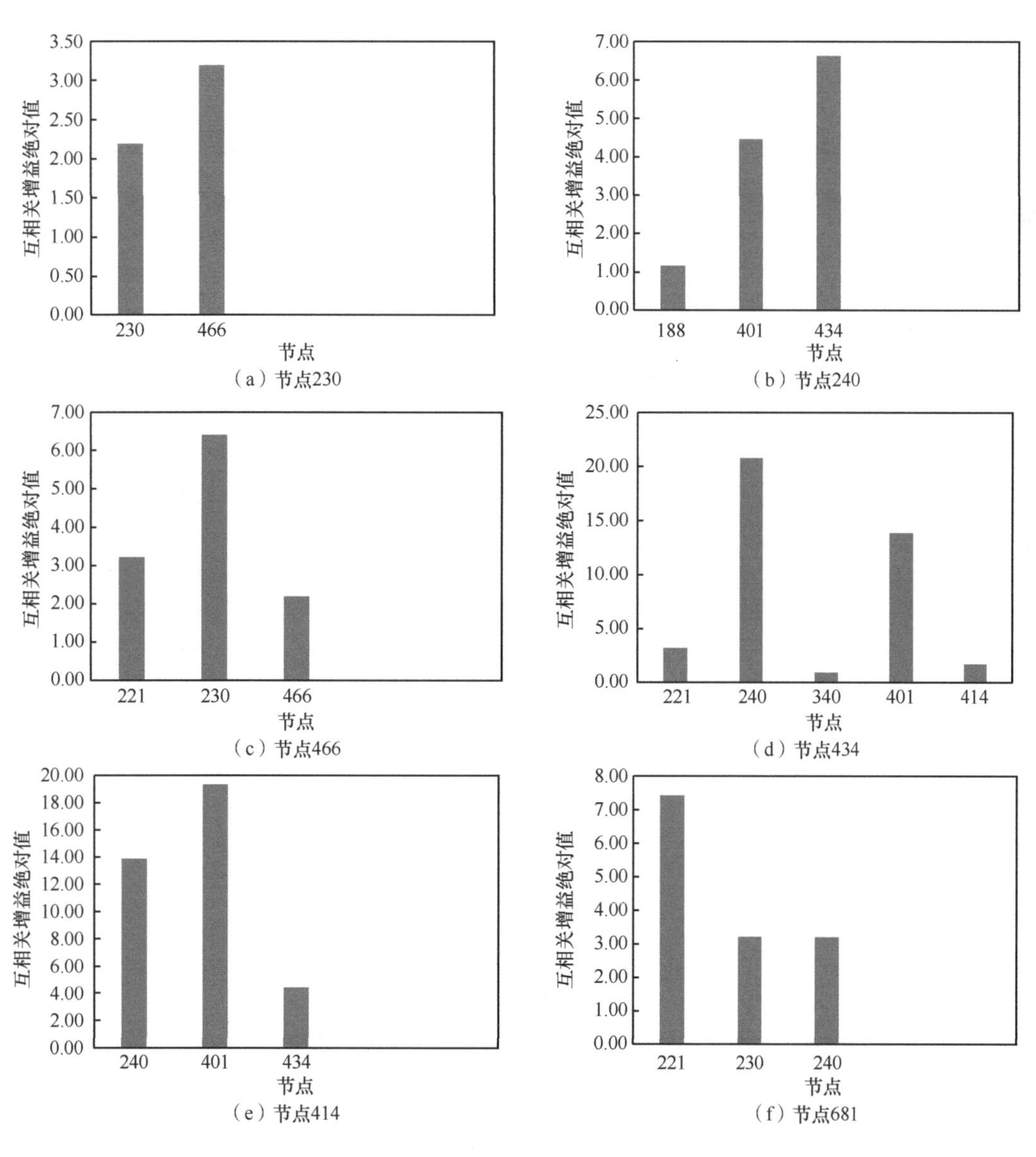

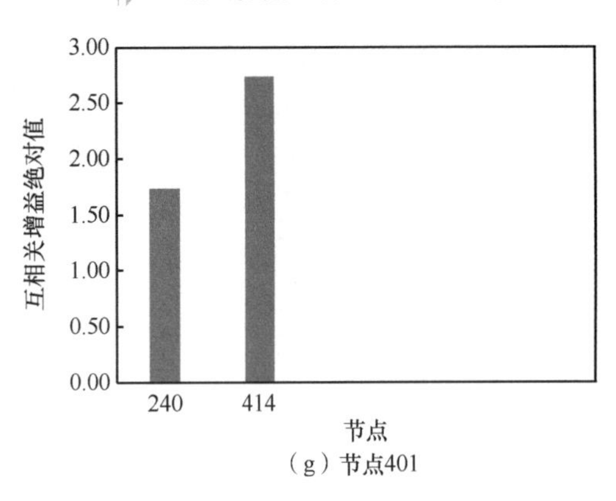

(g) 节点401

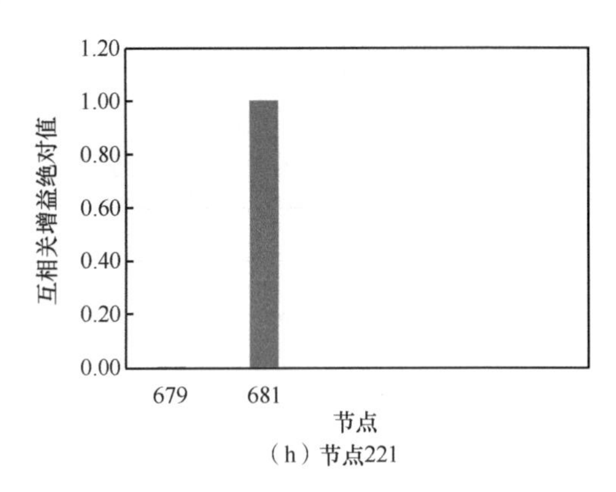

(h) 节点221

图 4-52　系统电压稳定关键负荷节点与负荷节点间的互相关增益绝对值

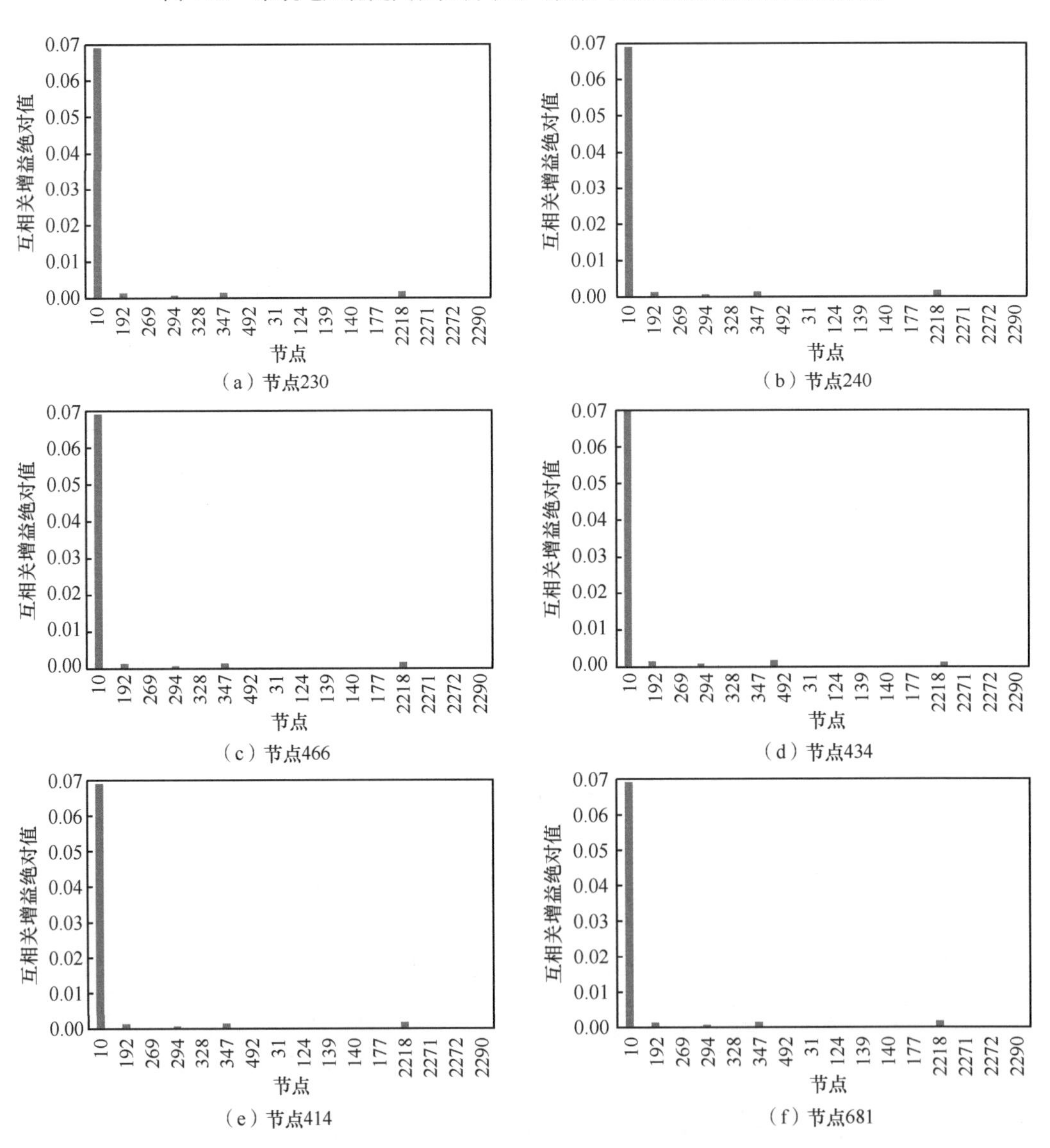

(a) 节点230

(b) 节点240

(c) 节点466

(d) 节点434

(e) 节点414

(f) 节点681

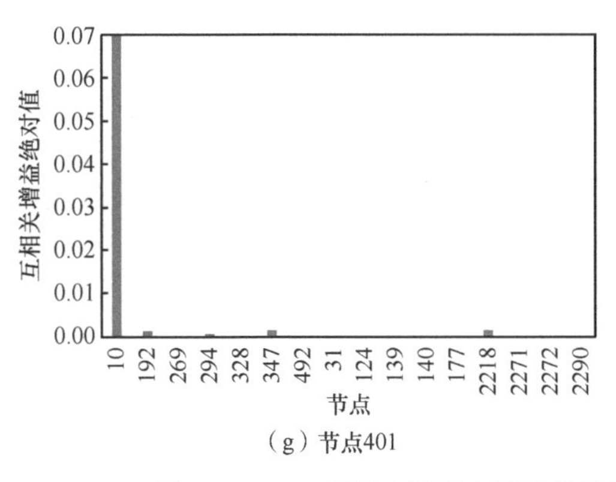

（g）节点401

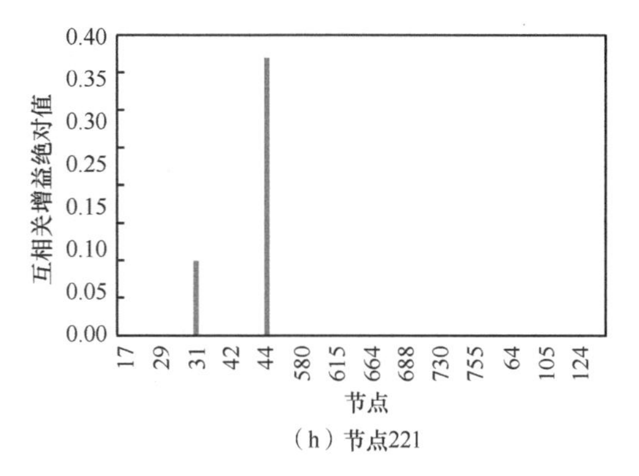

（h）节点221

图4-53　PSE系统电压稳定关键负荷节点与发电机节点间的互相关增益绝对值

由图4-52和图4-53可知：在PSE 1999～2000年冬大方式下，区域1中节点466、434、230、240、401、221及414存在极强的电压耦合关系，且各节点的耦合发电机和负荷-发电机间相关增益矩阵（generator cross-relative gain，GCRG）均基本一致，由于区域1中电压弱节点与各发电机间的GCRG均小于0.07，即发电机节点与电压弱节点间弱耦合，因此区域1的最终电压稳定控制区域为$VSCA_{area1}$={466, 434, 230, 240, 401, 221, 414}；区域2中与电压弱节点681强耦合的负荷节点为节点679，且节点681与发电机节点31、44的GCRG均大于0.1，具有较强的电压耦合关系，因此区域2的最终电压稳定控制区域为$VSCA_{area2}$={679, 681, 31, 44}。

4.3　电压稳定关键注入区域的自适应划分方法

本节提出一种识别影响电力系统电压稳定关键节点的关键注入区域新方法，首先，根据第3章构建的局部电压稳定指标与电压稳定性之间的关系确定系统电压稳定关键节点[30]，可知L_i越大，节点电压越不稳定。在实际应用时，通过计算各负荷节点的电压稳定指标值，根据各节点的电压稳定指标值由大到小排序，即可确定出系统的电压稳定关键节点，并以电压稳定关键节点为关键注入区域的主导节点。然后，借助4.2节相关增益矩阵的相关性质，识别与系统中各电压稳定关键节点存在强电压耦合关系的负荷节点和发电机节点，构建含电压稳定关键节点的电压稳定关键注入区域，进而给出系统稳态和紧急情况下改善系统电压稳定性的相关控制策略[26]。最后，通过New England 39系统的仿真分析验证所提方法的正确性和有效性，并将该方法应用于波兰电网中，验证该方法的实用性。

4.3.1　电压稳定关键注入区域识别

由式（3-19）～式（3-21）可知：系统中电压弱节点的电压不仅受本节点电流注入的影响，还会受到其他功率注入节点（负荷节点的注入电流和发电机节点的机端电压）的影响，即在系统中存在一个与电压弱节点有电压耦合关系的功率注入区域。为有效降低系统发生电压失稳的风险，当电压弱节点的电压稳定指标（VSI）值越限时，可通过协调控制其对应功率注入区域内与该电压弱节点间存在强电压耦合关系的负荷节点的电流注入和发电机节点的机端电压，达到整体改善系统的电压稳定性的目的，因此如何确定与电压弱节点密切相关的注入区域就显得尤为重要了。

为有效识别影响系统电压稳定关键节点的关键注入区域，在 4.2 节基础上通过计算节点间的互相关增益（cross-relative gain，CRG），以定量评估节点间的电压耦合关系，进而确定系统的电压稳定关键注入区域。

4.3.1.1 基于 CRG 的节点电压耦合度分析

基于 4.2.1 节中相对增益矩阵的性质及文献[27]采用相对增益定量评估系统中发电机对振荡模式的参与度，进而确定最佳 PSS 安装位置的思想。本节进一步将 CRG 应用到静态系统中，定量评估系统中各节点与电压稳定关键节点的电压耦合度，为此将式（2-48）进一步整理为

$$\begin{cases} \boldsymbol{V}_{\mathrm{L}} = \boldsymbol{V}_{\mathrm{LL}} + \boldsymbol{V}_{\mathrm{LG}} \\ \boldsymbol{V}_{\mathrm{LL}} = \boldsymbol{Z}_{\mathrm{LL}} \boldsymbol{I}_{\mathrm{L}} \\ \boldsymbol{V}_{\mathrm{LG}} = \boldsymbol{Z}_{\mathrm{LG}} \boldsymbol{V}_{\mathrm{G}} \end{cases} \tag{4-29}$$

式中，$\boldsymbol{V}_{\mathrm{LL}}$ 为负荷节点对负荷节点的电压耦合分量（记为负荷耦合分量）；$\boldsymbol{V}_{\mathrm{LG}}$ 为发电机节点对负荷节点的电压耦合分量（记为发电机耦合分量）；$\boldsymbol{Z}_{\mathrm{LL}}$ 为负荷耦合矩阵；$\boldsymbol{Z}_{\mathrm{LG}}$ 为负荷-发电机耦合矩阵。

进一步将负荷节点注入电流表示为

$$\begin{cases} \boldsymbol{I}_{\mathrm{L}} = \boldsymbol{\theta} \boldsymbol{I}'_{\mathrm{L}} \\ \boldsymbol{\theta} = \mathrm{diag}\left[\cos\theta_1 + \mathrm{j}\sin\theta_1, \cdots, \cos\theta_n + \mathrm{j}\sin\theta_n\right] \\ \boldsymbol{I}'_{\mathrm{L}} = \left[i_1, \cdots, i_n\right]^{\mathrm{T}} \end{cases} \tag{4-30}$$

式中，θ_n 为负荷节点注入电流的相位；i_n 为负荷节点注入电流的幅值。

类似于式（4-30），发电机节点电压可表示为

$$\begin{cases} \boldsymbol{V}_{\mathrm{G}} = \boldsymbol{\varphi} \boldsymbol{V}'_{\mathrm{G}} \\ \boldsymbol{\varphi} = \mathrm{diag}\left[\cos\varphi_1 + \mathrm{j}\sin\varphi_1, \cdots, \cos\varphi_m + \mathrm{j}\sin\varphi_m\right] \\ \boldsymbol{V}'_{\mathrm{G}} = \left[V_1, \cdots, V_m\right]^{\mathrm{T}} \end{cases} \tag{4-31}$$

式中，φ_m 为发电机节点机端电压的相位；V_m 为发电机节点机端电压的幅值。

将式（4-30）和式（4-31）代入式（4-29），式（4-29）可表示为

$$\begin{cases} \boldsymbol{V}_{\mathrm{L}} = \boldsymbol{V}_{\mathrm{LL}} + \boldsymbol{V}_{\mathrm{LG}} \\ \boldsymbol{V}_{\mathrm{LL}} = \boldsymbol{Z}_{\mathrm{LL}} \boldsymbol{\theta} \boldsymbol{I}'_{\mathrm{L}} \\ \boldsymbol{V}_{\mathrm{LG}} = \boldsymbol{Z}_{\mathrm{LG}} \boldsymbol{\varphi} \boldsymbol{V}'_{\mathrm{G}} \end{cases} \tag{4-32}$$

由式（4-32）得，考虑系统运行方式的负荷耦合矩阵 $\boldsymbol{Z}'_{\mathrm{LL}}$ 和负荷-发电机耦合矩阵 $\boldsymbol{Z}'_{\mathrm{LG}}$ 为

$$\begin{cases} \boldsymbol{Z}'_{\mathrm{LL}} = \boldsymbol{Z}_{\mathrm{LL}} \boldsymbol{\theta} \\ \boldsymbol{Z}'_{\mathrm{LG}} = \boldsymbol{Z}_{\mathrm{LG}} \boldsymbol{\varphi} \end{cases} \tag{4-33}$$

将式（4-33）代入式（4-32）得

$$\begin{cases} \boldsymbol{V}_{\mathrm{L}} = \boldsymbol{V}_{\mathrm{LL}} + \boldsymbol{V}_{\mathrm{LG}} \\ \boldsymbol{V}_{\mathrm{LL}} = \boldsymbol{Z}'_{\mathrm{LL}} \boldsymbol{I}'_{\mathrm{L}} \\ \boldsymbol{V}_{\mathrm{LG}} = \boldsymbol{Z}'_{\mathrm{LG}} \boldsymbol{V}'_{\mathrm{G}} \end{cases} \tag{4-34}$$

将式（4-34）视为等效多输入多输出控制系统，则该等效多输入多输出控制系统可用图4-54表示，图中$\boldsymbol{V}_{\mathrm{LL}}$和$\boldsymbol{V}_{\mathrm{LG}}$分别为该多输入多输出系统的子系统，分别记为负荷耦合子系统和发电机耦合子系统。

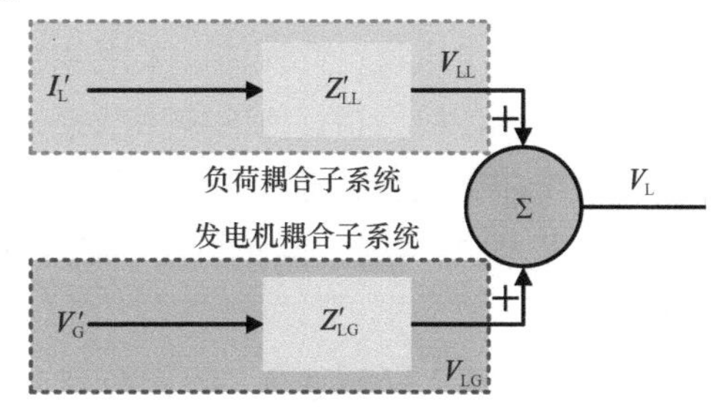

图4-54 等效多输入多输出控制系统（基于CRG）

对于负荷耦合子系统而言，该子系统为n输入、n输出系统，其输入为$\boldsymbol{I}'_{\mathrm{L}}$，传递函数矩阵为$\boldsymbol{Z}'_{\mathrm{LL}}$，输出为$\boldsymbol{V}_{\mathrm{LL}}$。根据相关增益矩阵定义，负荷耦合子系统相关增益矩阵$\mathfrak{R}_{\mathrm{L}}$为

$$\mathfrak{R}_{\mathrm{L}} = \boldsymbol{Z}'_{\mathrm{LL}} \otimes \left(\boldsymbol{Z}'^{-1}_{\mathrm{LL}}\right)^{\mathrm{T}} \tag{4-35}$$

对于发电机耦合子系统，该子系统为m输入、n输出系统，其输入为$\boldsymbol{V}'_{\mathrm{G}}$，传递函数矩阵为$\boldsymbol{Z}'_{\mathrm{LG}}$，输出为$\boldsymbol{V}_{\mathrm{LG}}$。类似于式（4-35），发电机耦合子系统的相关增益矩阵$\mathfrak{R}_{\mathrm{G}}$为

$$\mathfrak{R}_{\mathrm{G}} = \boldsymbol{Z}'_{\mathrm{LG}} \otimes \left(\boldsymbol{Z}'^{-1}_{\mathrm{LG}}\right)^{\mathrm{T}} \tag{4-36}$$

实际系统中，由于发电机节点数m与负荷节点数n不一定相等，因此对于m输入、n输出系统而言，该系统传递函数矩阵$\boldsymbol{Z}'_{\mathrm{LG}}$不一定为方阵。不失一般性，由矩阵的广义逆性质可将式（4-36）改写为式（4-37）的形式。当m=n时，计算$\mathfrak{R}_{\mathrm{G}}$可采用式（4-36）；当$m \neq n$时，计算$\mathfrak{R}_{\mathrm{G}}$采用式（4-37）

$$\mathfrak{R}_{\mathrm{G}} = \boldsymbol{Z}'_{\mathrm{LG}} \otimes \left[\left(\boldsymbol{Z}'^{\mathrm{T}}_{\mathrm{LG}} \boldsymbol{Z}'_{\mathrm{LG}}\right)^{-1} \boldsymbol{Z}'^{\mathrm{T}}_{\mathrm{LG}}\right]^{\mathrm{T}} \tag{4-37}$$

4.3.1.2 基于CRG的电压稳定关键注入区域划分

由式(4-35)可知$\mathfrak{R}_{\mathrm{L}}$为方阵，进一步由CRG的相关性质，可知$\mathfrak{R}_{\mathrm{L}}$具有如下性质[25-28]。

（1）$\mathfrak{R}_{\mathrm{L}}$中任意一行或一列元素和等于1。

（2）若$i_{\mathrm{L}i} \rightarrow V_{\mathrm{LL}i}$与其他负荷节点间无耦合关系，则$r_{ii}$=1，且$\mathfrak{R}_{\mathrm{L}}$中其他元素为0。

（3）负荷节点间的电压耦合度与负荷节点间的CRG的绝对值存在正相关关系，节点间的CRG绝对值越大则其电压耦合度越强，反之亦然。

（4）$\mathfrak{R}_{\mathrm{L}}$中主对角线元素即负荷节点的自相关增益（auto-relative gain，ARG）均为正，而非对线元素即节点间的互相关增益（CRG）均为负，且$\mathfrak{R}_{\mathrm{L}}$为对角占优矩阵，即负荷节点自身的电压耦合度要大于其他负荷节点对该节点的电压耦合度。

同理，由式（4-36）可知$\mathfrak{R}_{\mathrm{G}}$为非方阵，且性质不同于$\mathfrak{R}_{\mathrm{L}}$，但研究表明$\mathfrak{R}_{\mathrm{G}}$具有如下性质。

（1）$\mathfrak{R}_{\mathrm{G}}$的列和为1而行和不为1。

（2）负荷节点与发电机节点之间的耦合关系与$\mathcal{R}_{G}$中元素的绝对值密切相关，元素绝对值越大，则表明负荷节点与发电机节点之间的耦合关系越强，反之则越弱。

根据$\mathcal{R}_{L}$和$\mathcal{R}_{G}$的相关性质，结合求得的$\mathcal{R}_{L}$和$\mathcal{R}_{G}$，本节采用$\mathcal{R}_{L}$和$\mathcal{R}_{G}$划分系统电压稳定关键注入区域的准则如下。

（1）节点电压稳定性评估。采用 4.1 节所提的负荷节点 VSI，计算各负荷节点的电压稳定指标值，根据指标值的排序结果，确定系统中电压稳定薄弱的负荷节点。

（2）电压强耦合节点识别。依据$\mathcal{R}_{L}$的性质，确定与系统电压弱节点存在电压耦合关系的负荷节点；依据$\mathcal{R}_{G}$的性质，确定与系统电压弱节点存在电压耦合关系的发电机节点。

（3）关键注入区域划分。设定负荷节点间电压强耦合 CRG 阈值和负荷-发电机节点间电压强耦合 CRG 阈值，将所有与电压弱节点存在电压耦合关系且 CRG 绝对值大于所设定阈值的负荷节点和发电机节点划分到一个区域，则与系统中电压弱节点强耦合的电压稳定关键注入区域即可获得。

（4）注入区域合并。若两个注入区域中的电压稳定关键节点间存在强耦合关系，且两注入区域的电压稳定关键节点间的 CRG 大于所设定的阈值，则需将这两个电压稳定关键注入区域合并为一个电压稳定关键注入区域。

（5）边界节点划分。对于同时处于两个电压稳定关键注入区域边界的负荷节点或发电机节点，依据$\mathcal{R}_{L}$和$\mathcal{R}_{G}$的性质，根据该节点与各电压稳定关键节点间的 CRG 绝对值的大小确定其归属性。

对于确定的电压稳定关键注入区域，区域电压协调控制策略如下。

（1）稳态情况下的区域电压控制策略。稳态运行方式下区域内电压弱节点若出现电压幅值过低或者节点电压稳定裕度大幅下降，可首先通过调节区域内与电压弱节点强耦合发电机的机端电压来改善区域内节点的电压稳定性，若区域内无强耦合发电机节点或强耦合发电机节点的调压能力已达极限，可通过对区域内电压弱节点及与之强耦合的负荷节点实施无功补偿，以减少区域内负荷节点的无功注入，改善区域的电压稳定性。

（2）紧急情况下的区域电压控制策略。紧急情况下，当区域内电压弱节点出现电压不稳定或者电压崩溃预警信号时，可通过对区域内电压弱节点及与之强耦合的负荷节点实施紧急切负荷策略以避免区域内出现电压失稳或电压崩溃事故。

需要指出：本节的电压稳定关键注入区域划分策略是以系统中电压弱节点的识别为出发点，以$\mathcal{R}_{L}$和$\mathcal{R}_{G}$确定与电压弱节点强耦合的负荷节点和发电机节点，综合考虑了系统网络拓扑结构和系统运行方式对系统电压稳定性的影响，具有较强的自适应能力，该注入区域会随着系统电压弱节点转移、运行方式及网络拓扑结构的变化，自适应调整系统的电压稳定关键注入区域。此外$\mathcal{R}_{L}$和$\mathcal{R}_{G}$与系统网络结构、运行方式和节点类型均相关，当系统网络拓扑、运行方式或节点类型发生改变后，需重新形成负荷耦合矩阵$\boldsymbol{Z}'_{LL}$和负荷-发电机耦合矩阵$\boldsymbol{Z}'_{LG}$，进而重新计算$\mathcal{R}_{L}$和$\mathcal{R}_{G}$。

4.3.2 计算步骤

结合所提的电压稳定关键注入区域算法，采用本节所提算法识别系统电压稳定关键注入区域的计算流程如图 4-55 所示，具体计算步骤如下。

（1）根据系统的节点网络方程计算负荷耦合矩阵 $\boldsymbol{Z}_{\mathrm{LL}}$ 和负荷-发电机耦合矩阵 $\boldsymbol{Z}_{\mathrm{LG}}$。

（2）根据负荷节点的电流相位和发电机节点的机端电压相位计算矩阵$\boldsymbol{\theta}$和$\boldsymbol{\varphi}$。

（3）根据 $\boldsymbol{Z}_{\mathrm{LL}}$、$\boldsymbol{Z}_{\mathrm{LG}}$、$\boldsymbol{\theta}$及$\boldsymbol{\varphi}$计算系统的负荷耦合矩阵 $\boldsymbol{Z}'_{\mathrm{LL}}$ 和负荷-发电机耦合矩阵 $\boldsymbol{Z}'_{\mathrm{LG}}$。

（4）根据 $\boldsymbol{Z}'_{\mathrm{LL}}$ 和 $\boldsymbol{Z}'_{\mathrm{LG}}$ 计算负荷相关增益矩阵$\boldsymbol{\Re}_{\mathrm{L}}$和负荷-发电机相关增益矩阵$\boldsymbol{\Re}_{\mathrm{G}}$。

（5）根据 $\boldsymbol{Z}_{\mathrm{LL}}$ 和 $\boldsymbol{Z}_{\mathrm{LG}}$ 计算各负荷节点的电压稳定指标值，确定系统中的电压弱节点。

（6）根据确定的电压弱节点及获得的相关增益矩阵$\boldsymbol{\Re}_{\mathrm{L}}$ 和$\boldsymbol{\Re}_{\mathrm{G}}$，依据本节所提的电压稳定关键注入区域划分准则划分电压稳定关键注入区域。

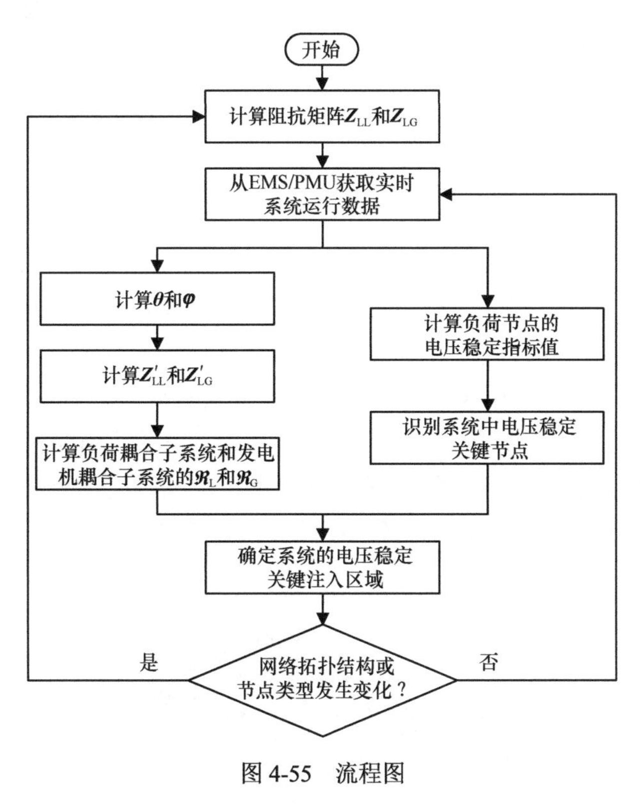

图 4-55　流程图

4.3.3 算例分析

为验证所提方法的有效性和可行性，本节以 New England 39 系统和 PSE 为例，进行分析验证。

4.3.3.1 New England 39 系统

New England 39 系统参数详见文献[31]。基态运行方式下，根据本节所提方法由式

（4-30）和式（4-31）计算得负荷节点注入电流相位矩阵$\boldsymbol{\theta}$和发电机机端电压相位$\boldsymbol{\varphi}$，再由 $\boldsymbol{Z}_{\mathrm{LL}}$、$\boldsymbol{Z}_{\mathrm{LG}}$、$\boldsymbol{\theta}$及$\boldsymbol{\varphi}$依据式（4-33）计算系统的负荷耦合矩阵$\boldsymbol{Z}'_{\mathrm{LL}}$和负荷-发电机耦合矩阵$\boldsymbol{Z}'_{\mathrm{LG}}$，将$\boldsymbol{Z}'_{\mathrm{LL}}$和$\boldsymbol{Z}'_{\mathrm{LG}}$代入式（4-35）和式（4-36），计算所得的负荷节点相关增益矩阵（load cross-relative gain，LCRG）$\mathcal{R}_{\mathrm{L}}$和发电机节点相关增益矩阵（generation cross-relative gain，GCRG）$\mathcal{R}_{\mathrm{G}}$，如图 4-56 所示。

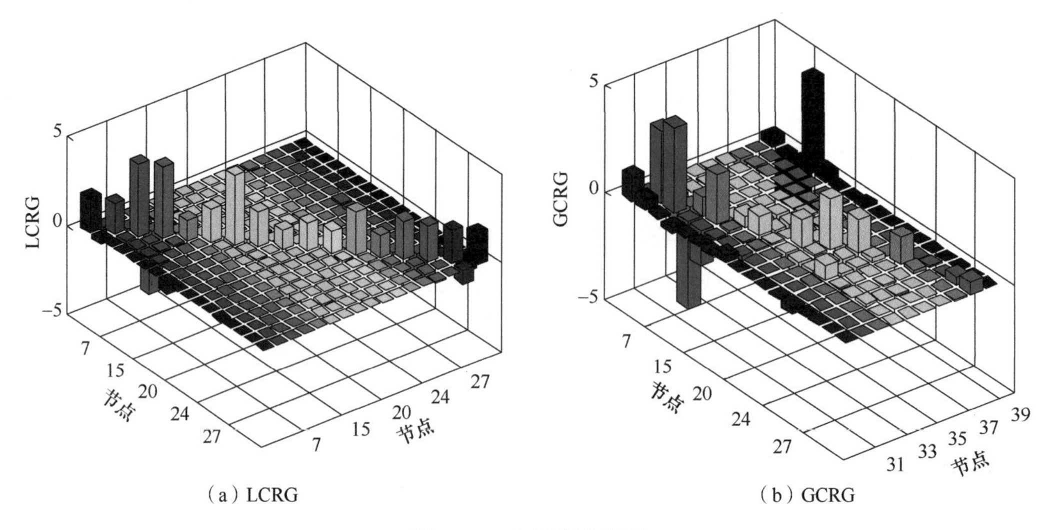

（a）LCRG　　（b）GCRG

图 4-56　电压耦合增益

为验证本节所提基于 CRG 确定与电压弱节点强耦合的负荷节点和发电机节点，划分电压稳定关键注入区域的正确性，本节分别对负荷节点逐一增加 2p.u.的无功功率、对发电机节点逐一提升机端电压 0.1p.u.，观察负荷节点的电压变化情况（测试法），结果详见图 4-57 和图 4-58。为详细分析、验证本节所提方法的正确性和有效性，首先按式(4-10)计算各负荷节点的 VSI，结果如图 4-59 所示。假设基态下系统的 VSI 阈值为 0.17，则由图 4-59 可知：系统的电压弱节点分别为节点 4、15 和 27，其中节点 15 是系统的电压最弱节点。

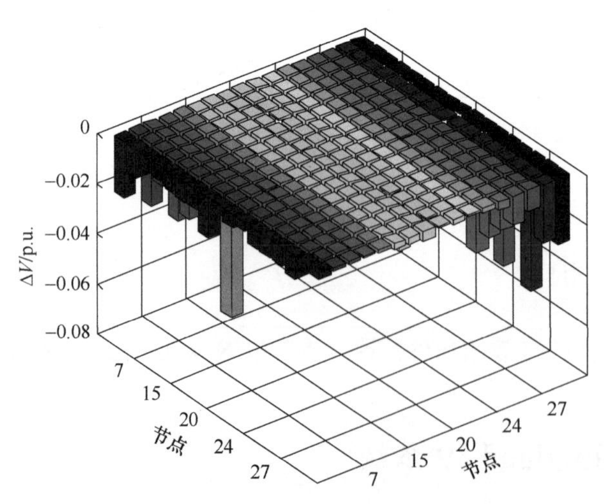

图 4-57　负荷节点电压随负荷节点无功功率增加的变化

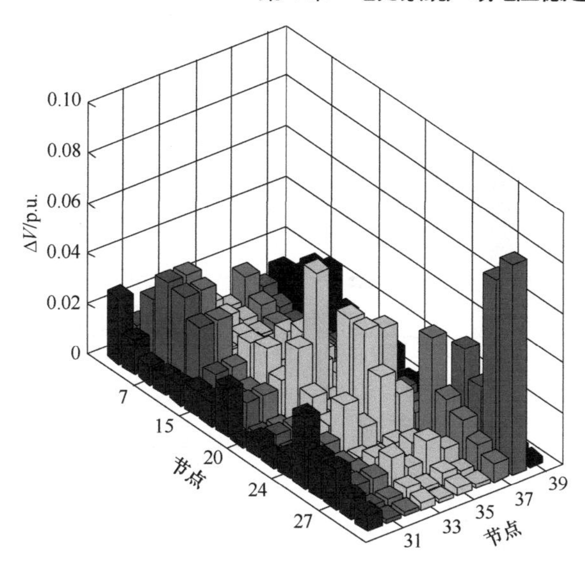

图 4-58　负荷节点电压随机端电压增加的变化

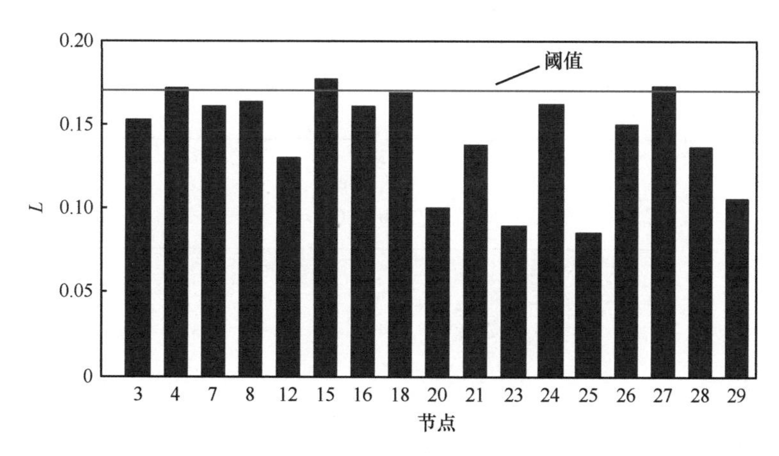

图 4-59　基态下负荷节点的电压稳定指标值

图 4-60 给出了节点 4 与负荷节点间的互相关增益（LCRG）、与发电机节点间的互相关增益（GCRG）、采用测试方法得到的节点 4 的电压幅值随负荷无功增加（voltage variation with reactive power increment，V2RPI）和电压幅值随机端电压提升（voltage variation with voltage increment，V2GVI）的变化情况。由图 4-60（a）的 LCRG 结果及负荷相关增益矩阵$\mathscr{R}_{\mathrm{L}}$的相关性质有：与节点 4 存在强电压耦合关系的负荷节点排序为节点 3、8、7、15、12。为验证这一结论，图 4-60（c）中测试法给出了与节点 4 存在强耦合关系的负荷节点排序结果：7、8、12、3、15。由图 4-60（a）和图 4-60（c）可知，虽然采用 LCRG 与 V2RPI 计算所得的与节点 4 存在电压耦合关系的负荷节点在排序上略有不同，但最终结果都一致表明：节点 4 与节点 3、7、8、12 及 15 有较强的电压耦合关系，其节点负荷电流的注入对节点 4 的电压具有较大的影响。假设负荷节点间的电压强耦合度阈值为 0.1，则与节点 4 存在强电压耦合关系的负荷节点为 3、4、7、8。

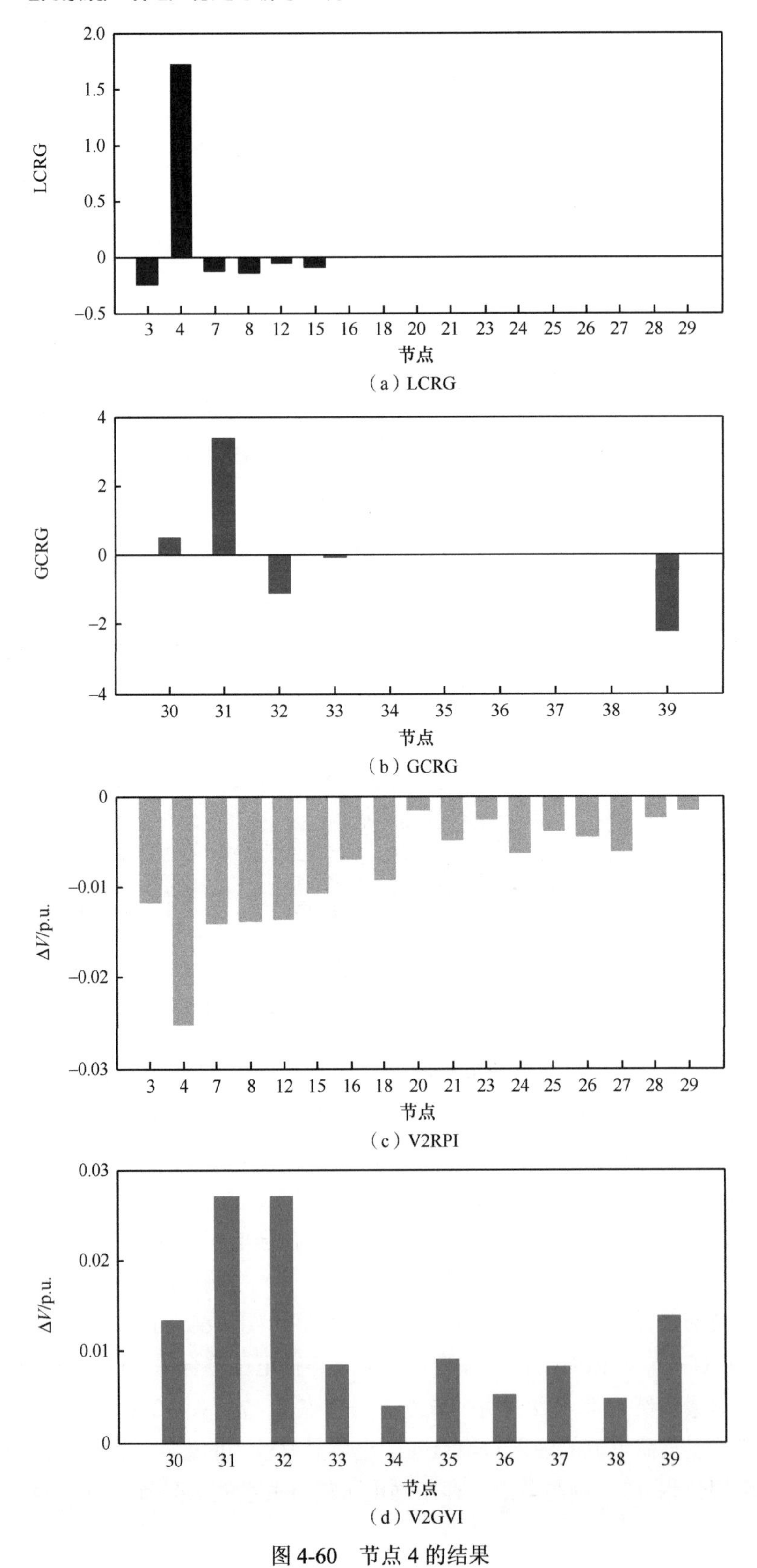

（a）LCRG

（b）GCRG

（c）V2RPI

（d）V2GVI

图 4-60　节点 4 的结果

同理，由图 4-60（b）的 GCRG 结果可知：与节点 4 电压强耦合的发电机节点排序为 31、39、32、30。为验证与节点 4 电压强耦合发电机节点排序结果的正确性，图 4-60（d）给出了测试法中节点 4 的 V2GVI 结果，结果表明：与节点 4 电压强耦合的发电机排序结果为 31、32、39、30，该结果与 GCRG 的结果一致。假设负荷节点与发电机节点间的电压强耦合度阈值为 1，则图 4-60（b）和图 4-60（d）的结果一致表明：与节点 4 电压强耦合的发电机节点为 31、32、39，故进一步可将发电机节点 31、32、39 划分到节点 4 的电压稳定关键注入区域内。上述 LCRG 和 GCRG 与 V2RPI 和 V2GVI 的结果一致表明：影响电压弱节点 4 的关键注入区域 $VSCIA_4$={3, 4, 7, 8, 31, 32, 39}。同时测试法的结果验证了采用 LCRG 和 GCRG 确定的与电压弱节点强耦合的负荷节点和发电机节点的正确性和有效性。

图 4-61 和图 4-62 进一步给出了节点 15 和 27 的 LCRG、GCRG、V2RPI 及 V2GVI 的结果，类似于节点 4 的分析方法，由图 4-61（a）和图 4-61（c）可知：与节点 15 电压强耦合的负荷节点为节点 16。由图 4-61（b）和图 4-61（d）可知：GCRG 绝对值的阈值为 1 时，节点 15 无电压强耦合的发电机节点。由图 4-61 的结果可知：电压弱节点 15 的关键注入区域 $VSCIA_{15}$={15, 16}。由图 4-62 得：电压弱节点 27 的关键注入区域 $VSCIA_{27}$={16, 18, 26, 27}。

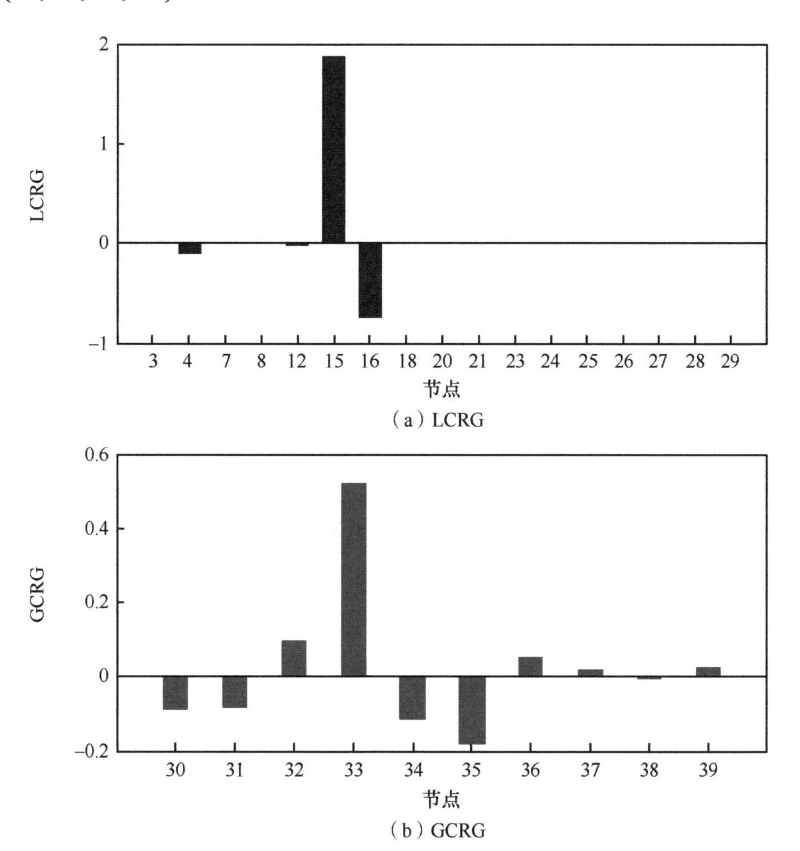

（a）LCRG

（b）GCRG

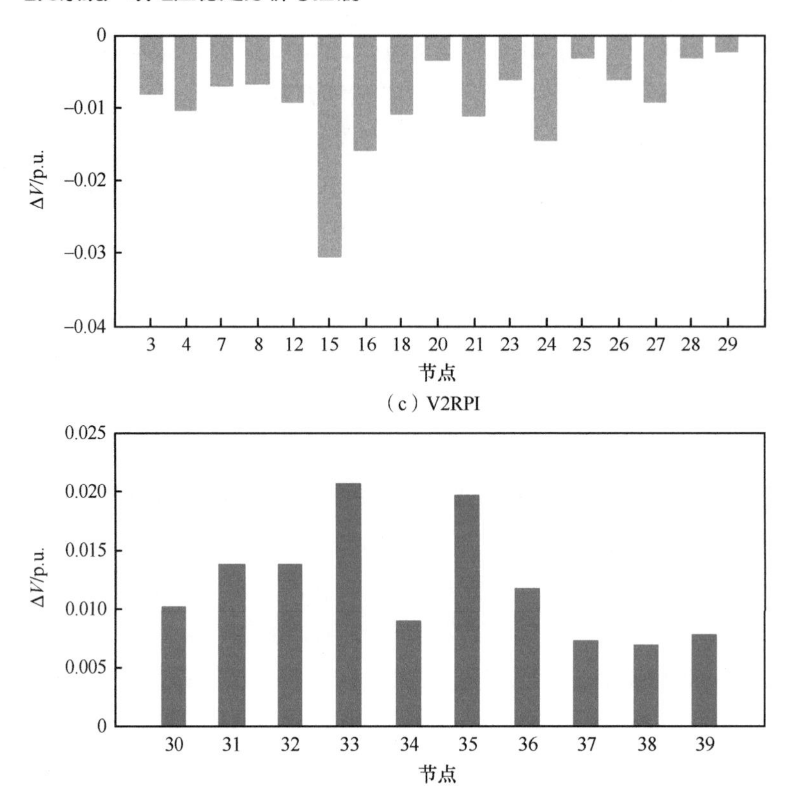

（c）V2RPI

（d）V2GVI

图 4-61 节点 15 的结果

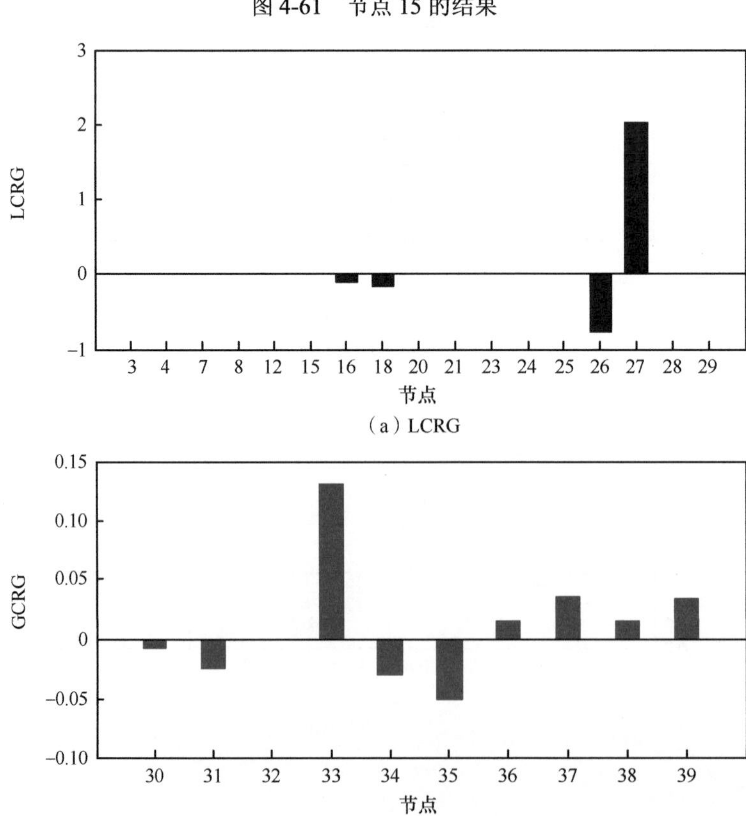

（a）LCRG

（b）GCRG

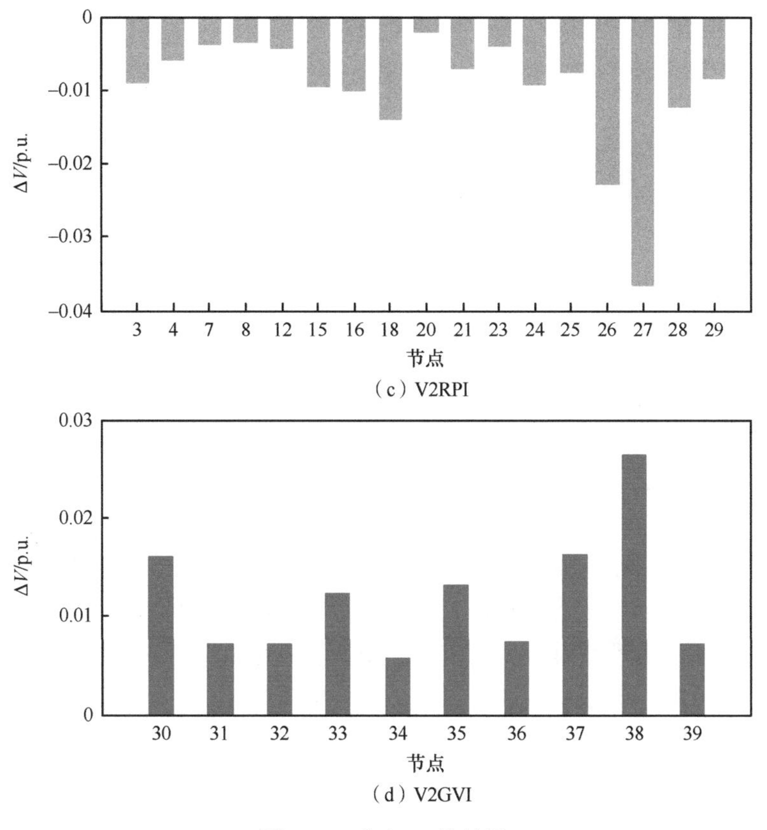

图 4-62　节点 27 的结果

经过上述初始区域划分后形成了以节点 4、15 和 27 为电压稳定关键节点的 3 个初始电压稳定关键注入区域。进一步需对上述 3 个初始电压稳定关键注入区域进行合并和边界节点的划分，进而得到实用的电压稳定关键注入区域。由 $r_{4,27}=r_{27,4}=r_{15,27}=r_{27,15}=0$ 可知，$VSCIA_4$ 与 $VSCIA_{27}$、$VSCIA_{15}$ 与 $VSCIA_{27}$ 的电压稳定关键节点间无电压耦合关系，因此 $VSCIA_4$ 与 $VSCIA_{27}$、$VSCIA_{15}$ 与 $VSCIA_{27}$ 均不需要进行合并。同时，虽然 $r_{4,15}=-0.0958$，即 $VSCIA_4$ 与 $VSCIA_{15}$ 的电压稳定关键节点间存在电压耦合关系，但其 CRG 的绝对值小于 0.1，可认为 $VSCIA_4$ 与 $VSCIA_{15}$ 的电压稳定关键节点间的电压耦合度较弱，因此 $VSCIA_4$ 与 $VSCIA_{15}$ 也不需要合并。由于节点 16 既属于 $VSCIA_{15}$ 又属于 $VSCIA_{27}$，节点 16 属于本节所提的边界节点，由于 $r_{16,27}=-0.1021$、$r_{16,15}=-0.7515$，$|r_{16,27}|<|r_{16,15}|$，根据边界节点的划分准则，节点 16 属于 $VSCIA_{15}$。上述分析及验证结果表明：New England 39 系统在基态方式下运行时，若 VSI 阈值为 0.17，则系统中存在 3 个电压弱节点，分别为 4、15、27，围绕上述三个电压稳定关键节点的电压稳定关键注入区域分别为 $VSCIA_4=\{3, 4, 7, 8, 31, 32, 39\}$、$VSCIA_{15}=\{15, 16\}$和 $VSCIA_{27}=\{18, 26, 27\}$（图 4-63）。

尽管采用图 4-60～图 4-62 的 LCRG 和 GCRG 结果划分电压稳定关键注入区域的正确性和有效性均得到了 V2RPI 和 V2GVI 的验证，但上述两种方法在电压耦合强度的排序上略有不同，造成这种误差的主要原因是，由 CRG 的计算原理可知，采用 CRG 评估

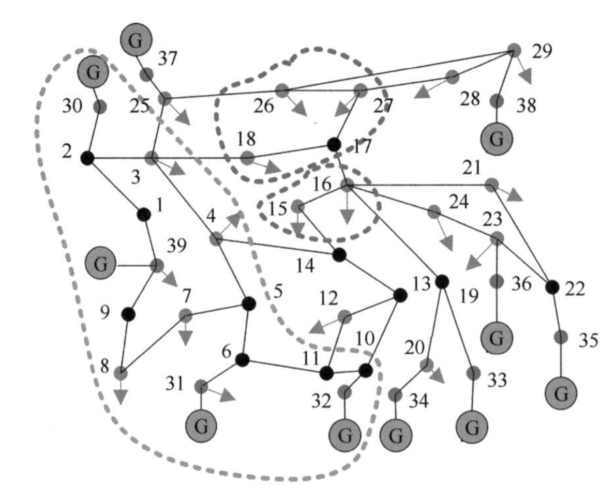

图 4-63　New England 39 系统的电压稳定关键注入区域划分

各负荷节点间的电压耦合关系时，系统其他负荷节点的电流和发电机节点的电压均要求保证不变；而采用测试法进行验证时，改变任何一个负荷节点的无功功率或发电机节点的机端电压，均会引起系统其他负荷节点的电压和发电机节点的电压相位发生改变。由于电网潮流分布的特点，很难保证在评估负荷与负荷对或负荷与发电机对的互相关增益时，其他负荷节点的注入电流或发电机机端电压保持不变，所以造成采用 CRG 方法得出的耦合强度排序结果与采用测试法得出的耦合强度排序结果略有出入，但对最终分区结果却没有影响，从侧面说明了本节采用 CRG 确定节点间的电压耦合强度的正确性、可行性。

本节进一步分析了系统运行方式及拓扑改变对本节所提方法有效性的影响，限于篇幅，不再赘述。分析结果表明：相对于系统运行方式，系统网络拓扑结构对电压稳定关键注入区域的划分起到了主导性作用；本节方法在上述两种情况下仍能准确计算系统的电压稳定关键注入区域。

4.3.3.2　PSE

4.3.3.1 节中 New England 39 系统算例验证了本节所提方法的正确性和有效性，本节进一步将该方法应用到波兰电网 2004 年夏大方式中，验证该方法的实用性。该系统以 400kV、220kV、110kV 电压等级为主，2004 年夏大方式中全网共 2736 个节点，分为 6 个区域，其详细数据见文献[31]。

根据所确定的电压稳定关键节点，采用本节所提方法计算各关键节点的 LCRG 和 GCRG，再根据前面所提的 CRG 性质及电压稳定关键注入区域的划分准则，可得波兰电网 2004 年夏大方式下电压稳定关键注入区域如表 4-10 所示，最终划分结果如图 4-64 所示。区域 2、区域 3、区域 5 具有较好的电压稳定性，区域 0、区域 1、区域 4 部分节点的电压稳定性较差。若系统电压稳定指标阈值为 0.1，则区域 0 中电压稳定关键节点为 2725 和 2729，区域 1 中电压稳定关键节点为 506、260、250、453、440、271、474、209 和 377，区域 4 中电压稳定关键节点为 2164、2308、2306、2034、2274 和 2273，而区域 2、区域 3 和区域 5 的节点电压稳定性较好，无电压稳定指标值越限的节点。

表 4-10　2004 年夏大方式下波兰电网电压稳定关键注入区域划分

电压稳定关键注入区域	电压稳定关键节点	强耦合节点
1	2725	2725、78、131、132
2	2729	2729
3	506、260、250、453、440、271、474、209、377	506、260、250、453、440、271、474、209、377
4	2164、2308、2381、2306、2034、2145	2164、2308、2381、2306、2034、2145
5	2273、2274	2273、2274、1952、149、2573、2589、2720

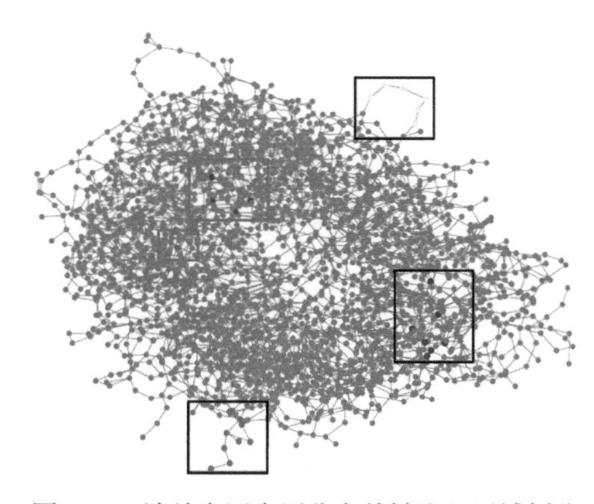

图 4-64　波兰电网电压稳定关键注入区域划分

4.4　基于互相关增益的节点间电压-无功耦合区域划分

4.3 节所提方法虽可随系统电压稳定关键节点的变换，自适应地划分系统 VCA，但该方法所划分的 VCA 主要体现为系统拓扑结构对 VCA 的影响，无法体现系统运行状态变化对 VCA 划分结果的影响。为此，本节提出一种基于 QV 灵敏度矩阵的相对增益评估方法，以实现对系统中各节点间的电压-无功耦合度评估及电压-无功控制区域划分。首先，引入基于单端口静态等值模型的电压稳定指标辨识系统中的电压稳定关键节点；然后，基于 QV 灵敏度矩阵计算关键节点与系统中其他节点间的静态电压-无功相对增益，确定与系统电压稳定关键节点存在强电压-无功耦合度的节点，进而划分以电压稳定关键节点为主导节点的电压-无功耦合区域（volt-VAR coupling area，V2CA）[32]；最后，通过 New England 39 系统算例和波兰电网实际系统算例对所提方法的有效性和实用性进行分析、验证。

4.4.1　基于互相关增益的电压-无功耦合度评估

在 4.2.1 节增益矩阵原理的基础上，本节进一步构建了基于互相关增益的电压-无功耦合度评估模型。在电力系统安全稳定分析中，电力系统的数学模型可采用式（4-38）

所示的微分-代数方程（differential algebraic equation，DAE）来描述：

$$\begin{cases}\dot{\boldsymbol{x}}=f\left(\boldsymbol{x},\boldsymbol{y}\right)\\ \boldsymbol{s}=g\left(\boldsymbol{x},\boldsymbol{y}\right)\end{cases} \tag{4-38}$$

式中，$\boldsymbol{x}$ 为系统的状态变量向量；$\boldsymbol{s}$ 为系统的注入功率向量；$\boldsymbol{y}$ 为系统的代数变量向量，主要包括节点电压幅值和相位；f 为微分计算；g 为代数运算。

将式（4-38）在系统稳定平衡点处线性化，可得式（4-38）的线性化模型为

$$\begin{bmatrix}\Delta\dot{\boldsymbol{x}}\\ \Delta\boldsymbol{s}\end{bmatrix}=\begin{bmatrix}f_x & f_y\\ g_x & g_y\end{bmatrix}\begin{bmatrix}\Delta\boldsymbol{x}\\ \Delta\boldsymbol{y}\end{bmatrix} \tag{4-39}$$

令 $\Delta\dot{\boldsymbol{x}}=\boldsymbol{0}$，则由式（4-39）可得$\Delta\boldsymbol{s}=\boldsymbol{J}_{\text{aco}}\Delta\boldsymbol{y}$，式中 $\boldsymbol{J}_{\text{aco}}$ 详细表达式为

$$\boldsymbol{J}_{\text{aco}}=\begin{bmatrix}\boldsymbol{P}_\theta & \boldsymbol{P}_V\\ \boldsymbol{Q}_\theta & \boldsymbol{Q}_V\end{bmatrix}=g_y-g_xf_x^{-1}f_y \tag{4-40}$$

由 $\boldsymbol{s}=[\boldsymbol{P},\boldsymbol{Q}]$和 $\boldsymbol{y}=[\boldsymbol{V},\boldsymbol{\theta}]$，可进一步得$\Delta\boldsymbol{s}$ 的详细表达式为

$$\begin{bmatrix}\Delta\boldsymbol{P}\\ \Delta\boldsymbol{Q}\end{bmatrix}=\boldsymbol{J}_{\text{aco}}\begin{bmatrix}\Delta\boldsymbol{V}\\ \Delta\boldsymbol{\theta}\end{bmatrix}=\begin{bmatrix}\boldsymbol{P}_\theta & \boldsymbol{P}_V\\ \boldsymbol{Q}_\theta & \boldsymbol{Q}_V\end{bmatrix}\begin{bmatrix}\Delta\boldsymbol{V}\\ \Delta\boldsymbol{\theta}\end{bmatrix} \tag{4-41}$$

令$\Delta\boldsymbol{P}=\boldsymbol{0}$，则式（4-41）中的$\Delta\boldsymbol{Q}$ 可进一步表示为

$$\Delta\boldsymbol{Q}=\boldsymbol{J}_{\text{QV}}\Delta\boldsymbol{V}=\left(\boldsymbol{Q}_V-\boldsymbol{Q}_\theta\boldsymbol{P}_\theta^{-1}\boldsymbol{P}_V\right)\Delta\boldsymbol{V} \tag{4-42}$$

式（4-42）的详细表达式为

$$\begin{bmatrix}\Delta\boldsymbol{Q}_{\text{G}}\\ \Delta\boldsymbol{Q}_{\text{L}}\end{bmatrix}=\boldsymbol{J}_{\text{QV}}\begin{bmatrix}\Delta\boldsymbol{V}_{\text{G}}\\ \Delta\boldsymbol{V}_{\text{L}}\end{bmatrix}=\begin{bmatrix}\boldsymbol{J}_{\text{QV,GG}} & \boldsymbol{J}_{\text{QV,GL}}\\ \boldsymbol{J}_{\text{QV,LG}} & \boldsymbol{J}_{\text{QV,LL}}\end{bmatrix}\begin{bmatrix}\Delta\boldsymbol{V}_{\text{G}}\\ \Delta\boldsymbol{V}_{\text{L}}\end{bmatrix} \tag{4-43}$$

式中，下标 G 和 L 分别表示 PV 和 PQ 节点

若 $\boldsymbol{J}_{\text{VQ}}$ 为式（4-43）中 $\boldsymbol{J}_{\text{QV}}$ 的逆矩阵，由式（4-41）可得$\Delta\boldsymbol{V}$ 为

$$\begin{bmatrix}\Delta\boldsymbol{V}_{\text{G}}\\ \Delta\boldsymbol{V}_{\text{L}}\end{bmatrix}=\boldsymbol{J}_{\text{VQ}}\begin{bmatrix}\Delta\boldsymbol{Q}_{\text{G}}\\ \Delta\boldsymbol{Q}_{\text{L}}\end{bmatrix} \tag{4-44}$$

在实际电力系统中，$\boldsymbol{V}_{\text{G}}$ 和 $\boldsymbol{Q}_{\text{L}}$ 为独立可控的系统自变量，而 $\boldsymbol{Q}_{\text{G}}$ 和 $\boldsymbol{V}_{\text{L}}$ 为系统的因变量。因此，可将 $\boldsymbol{V}_{\text{G}}$ 和 $\boldsymbol{Q}_{\text{L}}$ 认为是多输入多输出系统的输入，而将 $\boldsymbol{Q}_{\text{G}}$ 和 $\boldsymbol{V}_{\text{L}}$ 认为是该多输入多输出系统的输出，对式（4-44）进一步变换有

$$\begin{bmatrix}\Delta\boldsymbol{Q}_{\text{G}}\\ \Delta\boldsymbol{V}_{\text{L}}\end{bmatrix}=\boldsymbol{J}\begin{bmatrix}\Delta\boldsymbol{V}_{\text{G}}\\ \Delta\boldsymbol{Q}_{\text{L}}\end{bmatrix}=\begin{bmatrix}\boldsymbol{J}_1 & \boldsymbol{J}_2\\ \boldsymbol{J}_3 & \boldsymbol{J}_4\end{bmatrix}\begin{bmatrix}\Delta\boldsymbol{V}_{\text{G}}\\ \Delta\boldsymbol{Q}_{\text{L}}\end{bmatrix} \tag{4-45}$$

式中，$\boldsymbol{J}_1$、$\boldsymbol{J}_2$、$\boldsymbol{J}_3$ 和 $\boldsymbol{J}_4$ 分别为

$$\begin{cases}\boldsymbol{J}_1=\boldsymbol{J}_{\text{VQ,GG}}^{-1}\\ \boldsymbol{J}_2=-\boldsymbol{J}_{\text{VQ,GG}}^{-1}\boldsymbol{J}_{\text{VQ,GL}}\\ \boldsymbol{J}_3=\boldsymbol{J}_{\text{VQ,LG}}\boldsymbol{J}_{\text{VQ,GG}}^{-1}\\ \boldsymbol{J}_4=\boldsymbol{J}_{\text{VQ,LL}}-\boldsymbol{J}_{\text{VQ,LG}}\boldsymbol{J}_{\text{VQ,GG}}^{-1}\boldsymbol{J}_{\text{VQ,GL}}\end{cases} \tag{4-46}$$

类比于图 4-4 和图 4-5 所示的多输入多输出系统，可将式（4-45）视为一个多输入多输出系统，其中[$\Delta\boldsymbol{Q}_{\text{G}}$, $\Delta\boldsymbol{V}_{\text{L}}$]为输出向量；[$\Delta\boldsymbol{V}_{\text{G}}$, $\Delta\boldsymbol{Q}_{\text{L}}$]为输入向量；$\boldsymbol{J}$ 为传递函数

矩阵。进而根据相对增益的定义，式（4-45）所描述的多输入多输出系统的相对增益矩阵$\mathcal{R}$可表示为

$$\mathcal{R} = \boldsymbol{J} \otimes \left(\boldsymbol{J}^{-1}\right)^{\mathrm{T}} \tag{4-47}$$

类似于采用相对增益分析多控制回路之间的交互耦合特性的方法，本节进一步将采用式（4-47）所示的相对增益矩阵$\mathcal{R}$来评估电力系统中各节点间的电压-无功耦合度，进而划分系统的电压-无功控制区域。

4.4.2　电压稳定关键节点辨识

本节在划分系统电压-无功控制区域时，首先需辨识出系统中的电压稳定关键节点，将其作为所划分的电压-无功控制区域的主导节点。然后再寻找出与该主导节点存在强电压-无功耦合度的节点，进而划分出与该电压稳定关键节点存在强相关关系的电压-无功控制区域。当前，已有很多评估系统电压稳定性和辨识系统电压稳定关键节点的指标方法，如系统负荷裕度[33]、L 指标[34, 35]、电压灵敏度因子[36]、最小奇异值指标[37]、电压不稳定逼近指标[38]、切向量指标（tangent vector index，TVI）[39]、电压可控性指标（voltage controllability index，VCI）[40]等。本节参考文献[41]，采用基于耦合单端口网络模型的节点负荷裕度指标来评估系统的电压稳定性和辨识系统的电压稳定关键节点。由文献[41]可知，在电力网络中，对每一个负荷节点的耦合单端口网络模型，其节点 i 电压和功率满足如下条件：

$$\left|z_{\mathrm{eq},i}\right|^2\left[\left|V_{\mathrm{L}i}\right|^4+\left(2P_{\mathrm{L}i}r_{\mathrm{eq},i}+2Q_{\mathrm{L}i}x_{\mathrm{eq},i}-\left|E_{\mathrm{eq},i}\right|^2\right)\left|V_{\mathrm{L}i}\right|^2\right]+\left|z_{\mathrm{eq},i}\right|^4\left(P_{\mathrm{L}i}^2+Q_{\mathrm{L}i}^2\right)=0 \tag{4-48}$$

式中，$z_{\mathrm{eq},i}=r_{\mathrm{eq},i}+\mathrm{j}x_{\mathrm{eq},i}$，$z_{\mathrm{eq},i}$ 的具体表达形式见文献[41]；$V_{\mathrm{L}i}$、$P_{\mathrm{L}i}$ 和 $Q_{\mathrm{L}i}$ 分别为负荷节点 i 的电压幅值、有功功率和无功功率；$E_{\mathrm{eq},i}$ 为负荷节点 i 的等效电势。由式（4-48）进一步可得负荷节点 i 的负荷裕度 λ_i^* 为

$$\lambda_i^*=\frac{\left|E_{\mathrm{eq},i}\right|^2\left[-P_{\mathrm{L}i}r_{\mathrm{eq},i}-Q_{\mathrm{L}i}x_{\mathrm{eq},i}+\sqrt{\left(P_{\mathrm{L}i}^2+Q_{\mathrm{L}i}^2\right)\left|z_{\mathrm{eq},i}\right|^2}\right]}{2\left(Q_{\mathrm{L}i}r_{\mathrm{eq},i}-P_{\mathrm{L}i}x_{\mathrm{eq},i}\right)^2}-1 \tag{4-49}$$

根据式（4-49）可计算出系统中每个负荷节点的负荷裕度，其中负荷裕度小的负荷节点通常被认为是系统的电压稳定关键节点，而负荷裕度最小的节点被认为是系统电压稳定最薄弱节点，其负荷裕度值表征了整个系统的电压稳定水平。尽管采用式（4-49）可计算出系统中各负荷节点的负荷裕度，进而确定出系统的电压稳定关键节点，但式（4-49）计算所得的负荷裕度通常是假设全网负荷等比例增长的，当全网负荷不是按这一假设的功率增长方向增加时，式（4-49）计算的各节点负荷裕度并不能真实反映系统实际各节点的负荷裕度水平。为真实估计出系统各负荷节点的负荷裕度水平，确定系统电压稳定关键节点，本节引入文献[42]中的无功响应因子（reactive power response factor，RPRF）对式（4-48）的戴维南等值电路参数进行修正和改进，通过改进后的戴维南等值电路来估计系统各节点的负荷裕度，进而识别出系统的电压稳定关

键节点和电压弱节点。

由文献[42]可得，系统中第 i 个负荷在第 k 时刻的功率变化方向（direction of load variation，DLV）$d_i(k)$和其无功响应因子 $r_i(k)$为

$$\begin{cases} d_i(k) = \dfrac{\Delta P_{\mathrm{L}i}(k)}{\Delta Q_{\mathrm{L}i}(k)} = \dfrac{P_{\mathrm{L}i}(k) - P_{\mathrm{L}i}(k-1)}{Q_{\mathrm{L}i}(k) - Q_{\mathrm{L}i}(k-1)} \\ r_i(k) = \dfrac{Q_{\mathrm{L}i}(k) - Q_{\mathrm{L}i}(k-1)}{\left[V_{\mathrm{L}i}(k) - V_{\mathrm{L}i}(k-1)\right]V_{\mathrm{L}i}(k)} \end{cases} \tag{4-50}$$

由式(4-50)计算的第 i 个负荷在第 k 时刻的功率变化方向 $d_i(k)$和无功响应因子 $r_{ii}(k)$，可得负荷节点 i 的戴维南等值电路修正因子α_i为

$$\alpha_i = \frac{-b - \sqrt{b^2 - 4ac}}{2a} \tag{4-51}$$

式中

$$\begin{cases} a = r_i(k)\left|z_{\mathrm{eq},i}\right|^2\left[P_{\mathrm{L}i}(k)d_i(k) + Q_{\mathrm{L}i}(k)\right] - \left|V_{\mathrm{Line},i}\right|^2 \\ b = r_i(k)\left|V_{\mathrm{L}i}\right|^2\left[x_{\mathrm{eq},i} + r_{\mathrm{eq},i}d_i(k)\right] \\ c = 2\left|V_{\mathrm{L}i}\right| - \left|V_{\mathrm{L}i}\right|^2 \end{cases} \tag{4-52}$$

其中，$V_{\mathrm{Line},i}$为负荷节点 i 的电压。

根据式（4-52）计算得到戴维南等值电路修正因子，对该等值电路的戴维南等值阻抗 $z_{\mathrm{eq},i}$进行修正，修正后的戴维南等值阻抗为$\alpha_i z_{\mathrm{eq},i}$。基于该修正后的戴维南等值阻抗$\alpha_i z_{\mathrm{eq},i}$，可得戴维南等值电路的各等值参数分别为

$$\begin{cases} E'_{\mathrm{eq},i} = V_{\mathrm{L}i} + \alpha_i z_{\mathrm{eq},i} I_{\mathrm{L},i} \\ z'_{\mathrm{eq},i} = \alpha_i z_{\mathrm{eq},i} \end{cases} \tag{4-53}$$

式中，$I_{\mathrm{L},i}$为负载电流。

将式（4-53）修正后的戴维南等值参数代入式（4-49），即可计算出计及负荷增长方向随机变化的各节点的负荷裕度，根据该负荷裕度即可辨识出系统的电压稳定关键节点和电压弱节点。

4.4.3 电压-无功耦合区域划分

通过 4.2.2 节的戴维南等值参数修正方法，可获得计及负荷功率随机变化的戴维南等值电路，进而根据式（4-49）计算出各节点的负荷裕度，然后根据各节点的负荷裕度评估各节点的电压稳定性，确定系统的电压稳定关键节点和电压弱节点。由文献[43]～[48]可知：对电力系统中任一电压弱节点，系统中总存在一个与之有强电压-无功耦合关系的电压-无功控制区域。在该区域内，通过优化协同控制各节点的无功注入，可有效缓解电压弱节点电压幅值越限的现象，改善电压弱节点的电压稳定性。因此，划分以电压弱节点为电压-无功控制区主导节点的电压-无功控制区域，对改善系统的电压稳定性具有十分重要的意义。本节将根据 4.2 节所计算的电压-无功相对增益矩阵，

来评估系统中其他节点与电压弱节点间的电压-无功耦合度，进而划分出以电压弱节点为电压-无功控制区主导节点的电压-无功控制区域，整体划分原则如下。

（1）首先根据计算的电压弱节点，确定该弱节点位于由式（4-47）计算所得的相对增益矩阵$\mathfrak{R}$的第几行。

（2）在主导节点所在的相对增益矩阵$\mathfrak{R}$的行中，根据相对增益的相关性质，分析各节点与电压弱节点间的电压-无功耦合强度，将与电压弱节点存在强耦合关系的节点都划分到一个区域，进而得到初始的电压-无功控制区域；分析是否存在任意两个电压-无功控制区域的电压弱节点间存在弱耦合关系，但上述两个控制区域内都存在同一节点的情形，针对该情形，对比该节点与两个控制区域的电压弱节点间的耦合强度，将其划分到与其电压-无功耦合度最高的主导节点所在的控制区域内。

（3）分析所划分的初始电压-无功控制区域的电压弱节点间是否存在强的电压-无功耦合度，若存在，将上述电压弱节点所在的电压-无功控制区域进行合并。

4.4.4　实施框架

以电压-无功控制区域划分为基础，采用本节所提方法划分电力系统电压-无功控制区域的整体实施流程如图4-65所示，由图4-65可知，该流程主要由三部分构成，各部分的主要功能如下。

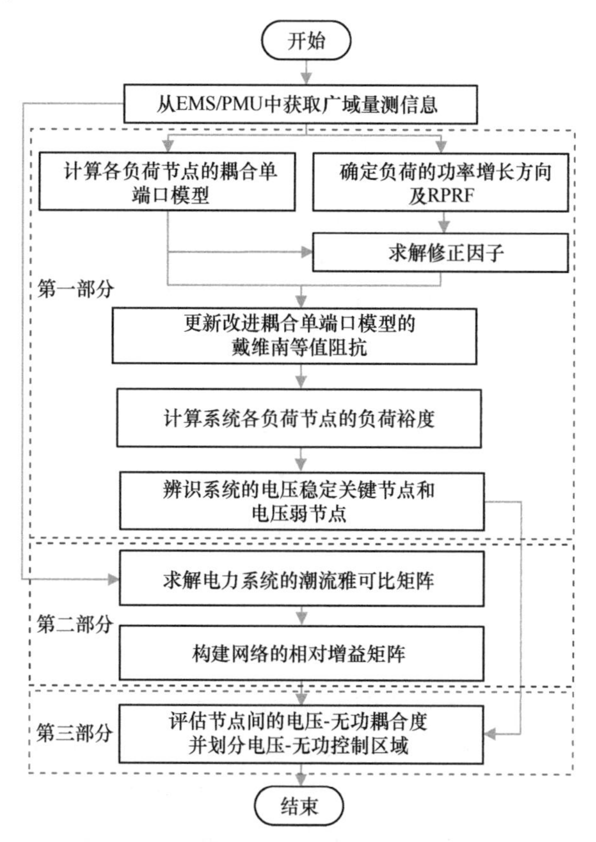

图4-65　节点间电压-无功耦合度评估及电压-无功控制区域划分流程图

第一部分：根据 4.4.2 节所提方法修正各负荷节点的戴维南等值电路的等值参数，然后根据式（4-49）计算各负荷节点的负荷裕度，确定系统的电压稳定关键节点和电压弱节点。

第二部分：计算电力系统的潮流雅可比矩阵，根据潮流雅可比矩阵构建电力网络的电压-无功相对增益矩阵。

第三部分：根据第一部分所辨识出的系统电压稳定关键节点和电压弱节点及第二部分计算出的电压-无功相对增益矩阵，以及 4.4.3 节的电压-无功控制区域划分原则，划分系统的电压-无功控制区域。

需要指出的是：本节实现流程的第一部分和第二部分是相对独立的，为提高本节所提方法的计算速度，第一部分和第二部分在计算中可并行进行。

4.4.5 算例分析

针对所提的电压-无功控制区域的划分方法，本节进一步分别通过 New England 39 系统和波兰电网实际系统算例对其进行分析、验证，以验证所提方法的正确性和有效性。

4.4.5.1 New England 39 系统

New England 39 系统详细参数信息见文献[29]。首先，为验证所提的电压-无功耦合度评估方法的准确性和有效性，设置了以下三种场景。

场景 1：基态运行方式。

场景 2：节点 15 增加 9p.u.的有功负荷。

场景 3：支路 16—17 开断。

针对上述三种场景，采用所提方法，计算系统电压稳定关键节点与其他节点间的相对增益，评估电压稳定关键节点与各节点间的电压-无功耦合度，并将所得结果与 QV 灵敏分析（QV sensitivity analysis，QVSA）方法计算结果进行对比，以验证所提方法的正确性。

1）场景 1

基态下，对式（4-43）中的 QV 矩阵 $\boldsymbol{J}_{\mathrm{QV}}$ 进行特征值分析，计算得 $\boldsymbol{J}_{\mathrm{QV}}$ 的特征值如图 4-66(a)所示，由图可见，$\boldsymbol{J}_{\mathrm{QV}}$ 的前三个最小的特征值分别为 9.5874、19.3034 和 31.9952，将这三个特征值选为表征系统电压稳定性的关键指标，进一步计算上述三个最小特征值所对应的参与因子，确定与上述三个最小特征值强相关的节点，此即系统的电压稳定关键节点。图 4-66（b）～图 4-66（d）分别给出了系统中各节点在上述三个最小特征值下的参与因子（participation factor，PF）。显然，如图 4-66（b）所示：对于特征值为 9.5874 电压稳定关键模式，节点 12 的参与因子为 0.1079，是所有节点中参与因子最大的节点，因此节点 12 是最小特征值为 9.5874 的电压稳定关键模式所对应的电压稳定关键节点。同理，可得出节点 27 和 28 分别为最小特征值为 19.3034 和 31.9952 电压稳定关键模式所对应的电压稳定关键节点。因此可得，节点 12、27 和 28 是系统在基态下的电压稳定关键节点。针对上述三个电压稳定关键节点，图 4-66（b）～图 4-66（d）还分别给出了

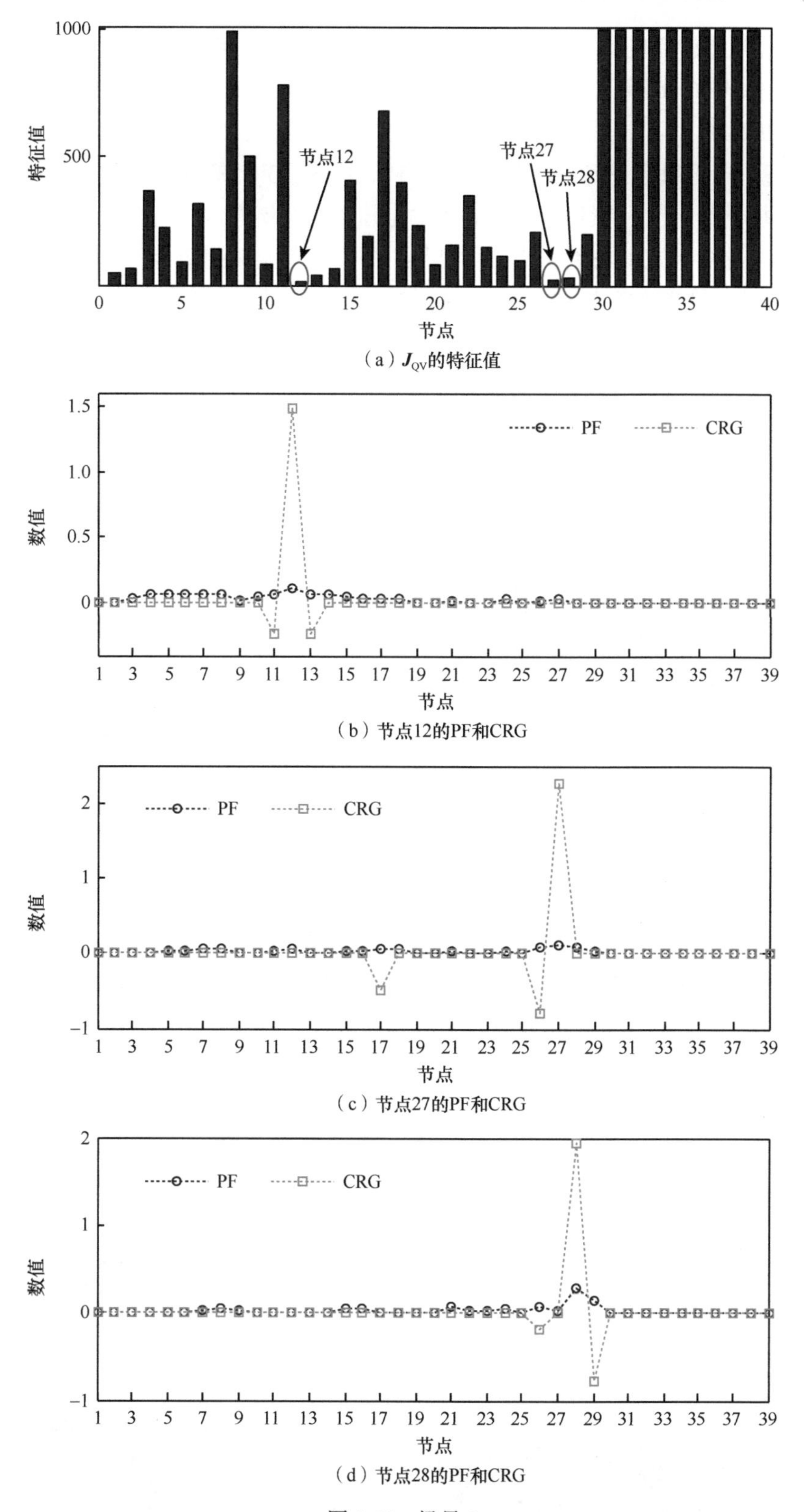
1000
500
特征值
节点12
节点27
节点28
0
5
10
15
20
25
30
35
40
节点
(a) J_{QV}的特征值
PF
CRG
1.5
1.0
0.5
0
数值
节点
(b) 节点12的PF和CRG
2
1
0
−1
数值
节点
(c) 节点27的PF和CRG
数值
节点
(d) 节点28的PF和CRG

图 4-66　场景 1

按本节所提方法计算的系统其他节点与上述三个电压稳定关键节点间的互相关增益（CRG）。由图 4-66（b）可知，节点 12 与节点 11、12 和 13 的互相关增益分别为–0.2343、1.4830 和–0.2423，而与其他节点的互相关增益为 0。根据 4.2.1 节所提的增益矩阵的相关性质可得，电压稳定关键节点 12 与节点 12、11 和 13 存在强电压-无功耦合关系。图 4-66（b）进一步给出了特征值为 9.5874 的电压稳定关键模式下各节点的参与因子，由图 4-66（b）中各节点参与因子值排序可得，与电压稳定关键节点 12 存在强电压-无功耦合关系的节点排序为节点 12、节点 13、节点 11、节点 7、节点 8、节点 4 和节点 5。尽管该排序结果与采用相关增益所得的排序结果略有不同，但上述两种方法所辨识出的与节点 12 存在强电压-无功耦合关系的节点是完全一致的，验证了采用本节所提相关增益评估节点间电压-无功耦合强度是有效、可行的。而造成 QVSA 和 CRG 评估结果稍微不一致的主要原因是本节所提的 CRG 计算结果依赖于电力系统的潮流雅可比矩阵，而潮流雅可比矩阵是稀疏矩阵，其稀疏性受电力系统的拓扑结构影响严重。

类似于上述分析与电压稳定关键节点 12 存在强电压-无功耦合关系节点的方法，本节进一步通过相对增益分析了与电压稳定关键节点 27 和 28 存在强电压-无功耦合关系的节点，并将分析结果与 QVSA 的参与因子分析结果进行对比，对比结果如图 4-66（c）和图 4-66（d）所示。显然，由图 4-66（c）和图 4-66（d）的对比结果可得：本节所提的相对增益评估方法可准确、有效地评估出系统电压稳定关键节点与其他节点间的电压-无功耦合强度，为划分电力系统的电压-无功控制区域提供了一定的参考。

2）场景 2

下面在场景 1 的基态运行方式下，进一步研究系统有功负荷增加对电压-无功控制区域划分结果的影响。首先，对节点 15 增加 9p.u.的有功负荷，然后计算系统潮流雅可比矩阵，根据所得的潮流雅可比矩阵，计算式（4-43）中 QV 灵敏度矩阵 $\boldsymbol{J}_{\mathrm{QV}}$；进一步，对式（4-43）的 QV 灵敏度矩阵 $\boldsymbol{J}_{\mathrm{QV}}$ 进行特征值分析，计算所得的特征值如图 4-67（a）所示。显然，由图 4-67（a）的特征值计算结果可知：该场景下，系统 QV 灵敏度矩阵的前三个最小的特征值分别为 8.7405、18.9880 和 30.8133。进一步，计算系统中各节点与上述三个特征值的参与因子可得：8.7405 的特征值与节点 12 强相关；18.9880 的特征值与节点 27 强相关；30.8133 的特征值与节点 28 强相关，即节点 12、27 和 28 是场景 2 中系统的电压稳定关键节点。

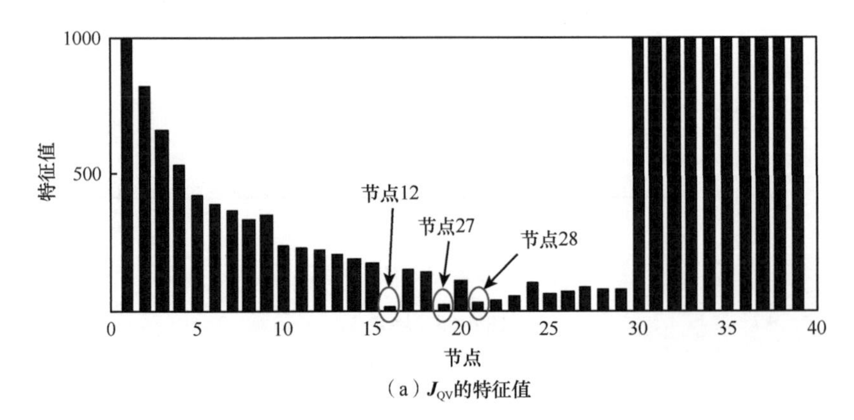

（a）$\boldsymbol{J}_{\mathrm{QV}}$的特征值

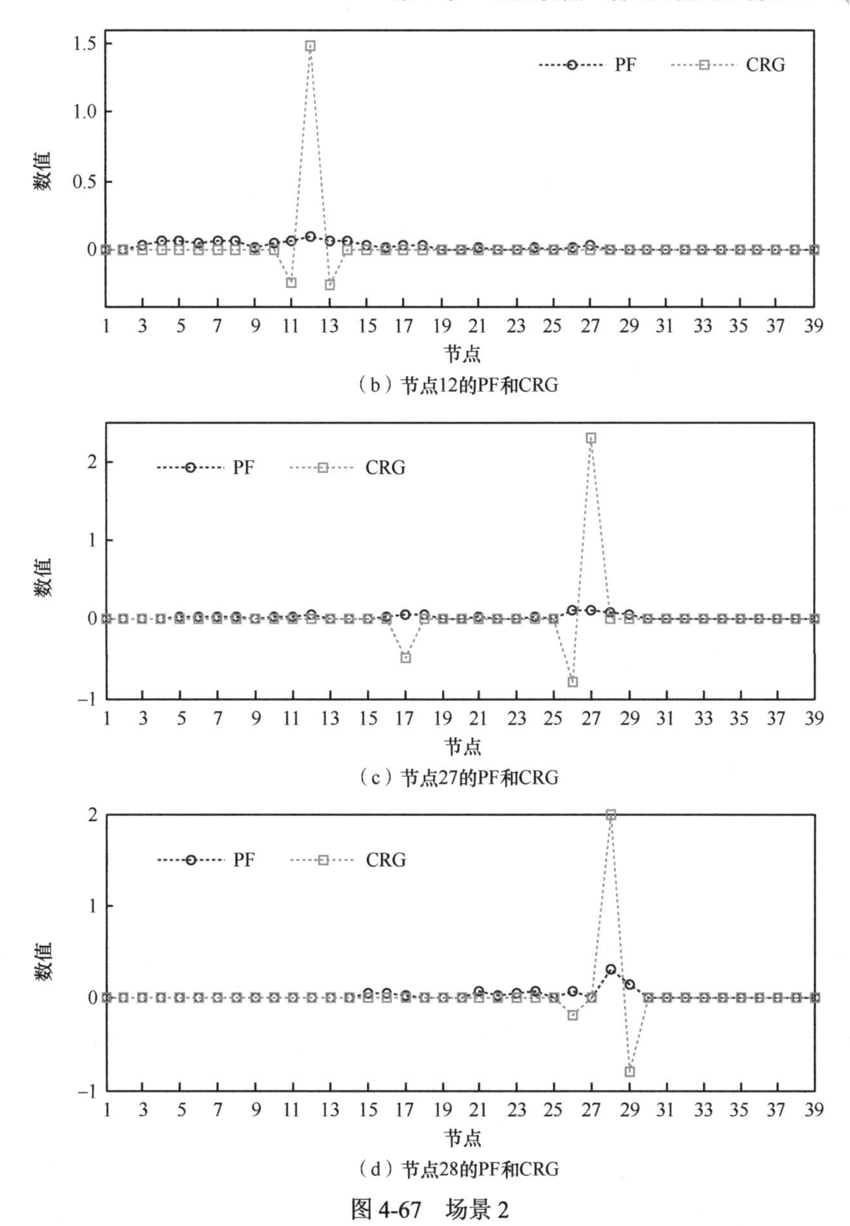

（b）节点12的PF和CRG

（c）节点27的PF和CRG

（d）节点28的PF和CRG

图 4-67　场景 2

类似场景 1 中的评估系统中其他节点与电压稳定关键节点间的电压-无功耦合度分析方法，分别计算系统中其他节点与节点 12、27 及 28 之间的互相关增益，结果如图 4-67（b）～图 4-67（d）所示。由图 4-67（b）～图 4-67（d）中互相关增益的计算结果不难发现：与电压稳定关键节点 12 存在强电压-无功耦合关系的节点为节点 12、13 和 11；与电压稳定关键节点 27 存在强电压-无功耦合关系的节点为节点 27、26 和 17；而与电压稳定关键节点 28 存在强电压-无功耦合关系的节点为节点 28、29 和 26。图 4-67（b）～图 4-67（d）进一步对比给出了采用参与因子计算的各节点与电压稳定关键节点 12、27 和 28 间的电压-无功参与度，由图中对比结果可知：采用本节所提相对增益分析方法和参与因子分析方法所得出的与电压稳定关键节点 12、27 和 28 存在强电压-无功耦合关系的节点是一致的，验证了采用所提相对增益分析方法来评估节点间电压-无功耦合度的正确性和有效性。

本节进一步对比了场景 1 和 2 中，系统运行方式变化对系统其他节点与电压稳定关键节点间相对增益的影响。显然，对比图 4-66 和图 4-67 可发现：对于电压稳定关键节点 12，其自相关增益由场景 1 中的 1.4830 变化为场景 2 中的 1.5145；对于电压稳定关键节点 27，其自相关增益由场景 1 中的 2.2726 变化为场景 2 中的 2.3031；而对于节点 28，其自相关增益，也由场景 1 中的 1.9495 变化为场景 2 中的 1.9831。同样的现象也发生在图 4-66 和图 4-67 中电压稳定关键节点与系统其他节点的互相关增益中，这种变化趋势表明，本节所提的电压-无功耦合度评估方法可随系统运行方式的变化而自适应地评估系统节点间的电压-无功耦合关系。

3）场景 3

本节还进一步分析了支路开断对系统电压-无功控制区域划分的影响，类似场景 1 和 2 的分析方法，在支路 16—17 开断后，计算系统的潮流雅可比矩阵，获得式（4-43）中的 QV 灵敏度矩阵 $\boldsymbol{J}_{\mathrm{QV}}$，对 QV 灵敏度矩阵 $\boldsymbol{J}_{\mathrm{QV}}$ 进行特征值分析，所得特征值如图 4-68（a）所示。显然，由图 4-68（a）的结果可知：系统前三个电压稳定关键节点分别为节点 17、27 和 24。图 4-68（b）～图 4-68（d）进一步给出了系统中节点与上述三个电压稳定关键节点间的电压-无功参与度，由图中结果可得：系统中与电压稳定关键节点 17 存在强电压-无功参与度的节点分别为节点 17、18 和 27；与电压稳定关键节点 24 存在强电压-无功参与度的节点为节点 16、23 和 24；与电压稳定关键节点 27 存在强电压-无功参与度的节点分别为节点 17、26 和 27。

进一步，由计算所得的 $\boldsymbol{J}_{\mathrm{QV}}$，再根据式（4-44）～式（4-47）计算系统电压-无功的相关增益矩阵 $\mathcal{R}$，图 4-68（b）～图 4-68（d）进一步给出了系统节点与电压稳定关键节点 17、27 和 24 间的相对增益，由节点与各电压稳定关键节点的相对增益可得：节点 17、18 和 27 与电压稳定关键节点 17 存在强电压-无功耦合度；节点 16、23 和 24 与电压稳定关键节点 24 存在强电压-无功耦合度；节点 17、26 和 27 与电压稳定关键节点 27 存在强电压-无功耦合度。由图中采用相对增益和参与因子所辨识出的结果可得：采用相对增益所辨识出的电压-无功强耦合节点与采用参与因子所辨识出的电压-无功强耦合节点完全一致，验证了采用本节所提相对增益辨识节点间电压-无功耦合度的正确性和有效性。

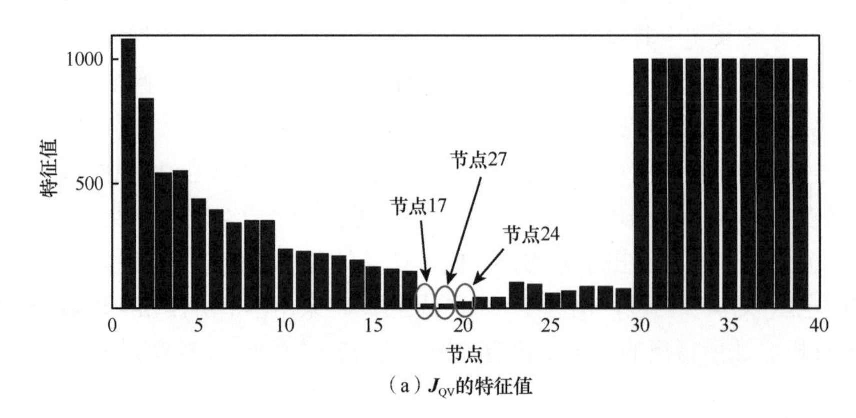

（a）$\boldsymbol{J}_{\mathrm{QV}}$的特征值

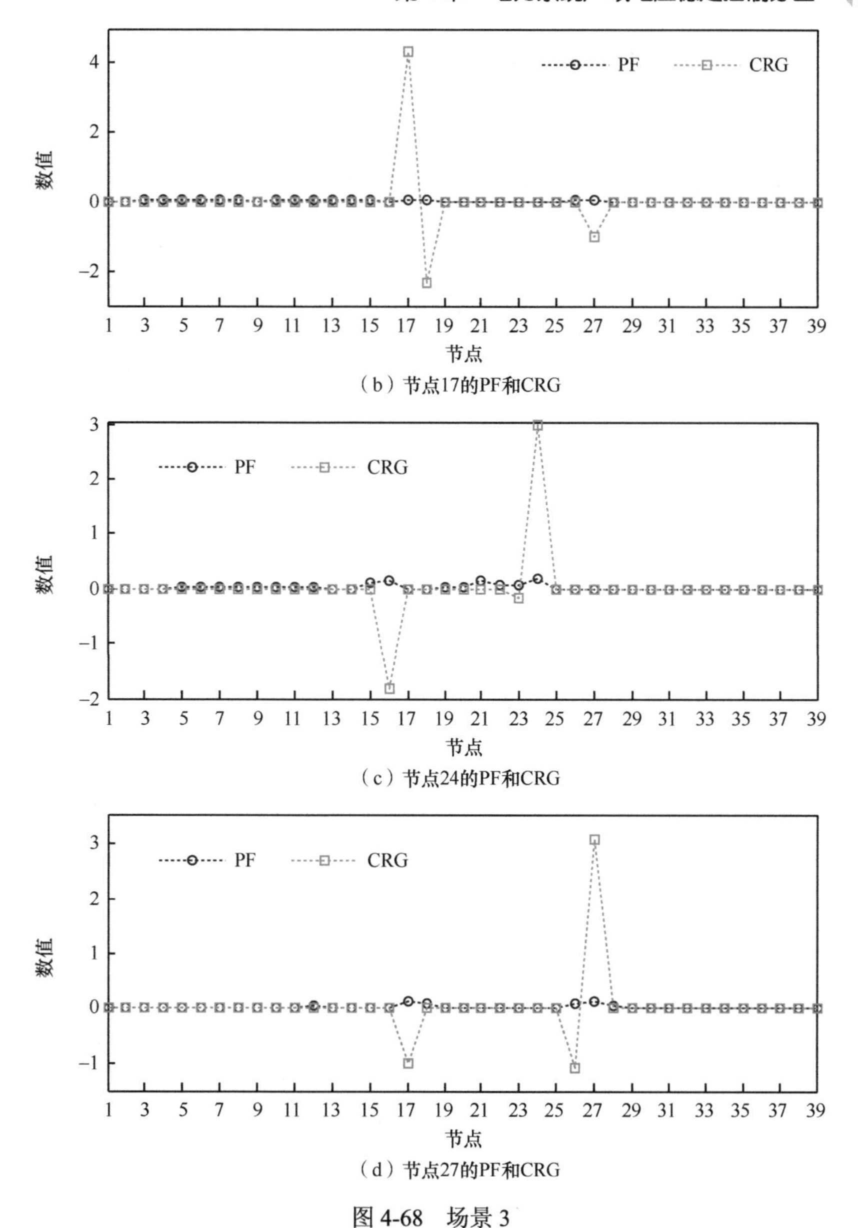

（b）节点17的PF和CRG

（c）节点24的PF和CRG

（d）节点27的PF和CRG

图 4-68　场景 3

上述算法分析对比结果表明：本节所提的基于相对增益的电压-无功耦合度评估方法可准确、有效地辨识出与系统电压稳定关键节点存在强电压-无功耦合关系的节点；同时还可随系统运行方式的变化自适应地评估节点间的电压-无功耦合度。

4）电压稳定性指标讨论和电压-无功控制区域划分

尽管采用 QVSA 验证了采用相对增益评估节点间电压-无功耦合度的准确性和有效性，但基于最小特征值的电压稳定关键节点辨识方法只是反映了无功对系统电压稳定性的影响，而不能反映节点有功变化对系统电压稳定性的影响。而系统节点电压稳定性不仅受节点注入无功功率的影响，也受节点注入有功功率的影响，因此采用最小特征值确定的系统电压稳定关键节点并不能准确反映系统实际的电压稳定关键节点。

为进一步准确辨识出系统的实际电压稳定关键节点，图 4-69 分别给出了采用本节所提负荷裕度（TE）、最低电压幅值、CPF 所确定的系统电压稳定关键节点。由图中结果可知，采用本节所提负荷裕度、最低电压幅值、CPF 所确定的系统电压稳定最薄弱节点均为节点 15，这显然与采用 QVSA 所确定的节点 12 为系统电压稳定最薄弱节点的结论不一致，而这种不一致，主要是由于 QVSA 只能反映系统无功注入变化所引起的系统电压稳定性，而不能体现系统有功注入变化对系统电压稳定性的影响。而本节所提基于节点负荷裕度的电压稳定关键节点辨识方法可有效计及节点有功和无功注入对系统电压稳定性的影响，准确辨识出系统的电压稳定关键节点。图 4-69（d）～图 4-69（f）进一步给出了上述三种场景下，分别采用本节所提负荷裕度和 CPF 所确定的系统

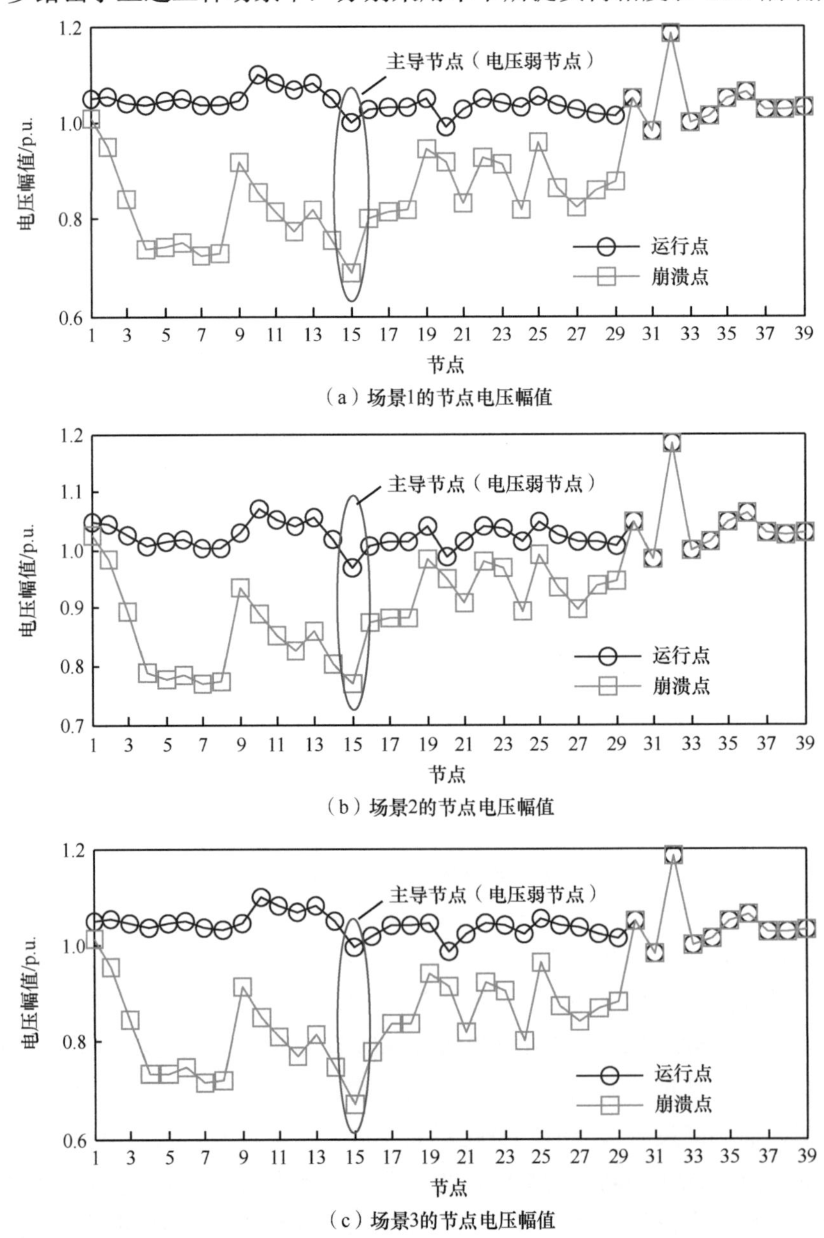

（a）场景1的节点电压幅值

（b）场景2的节点电压幅值

（c）场景3的节点电压幅值

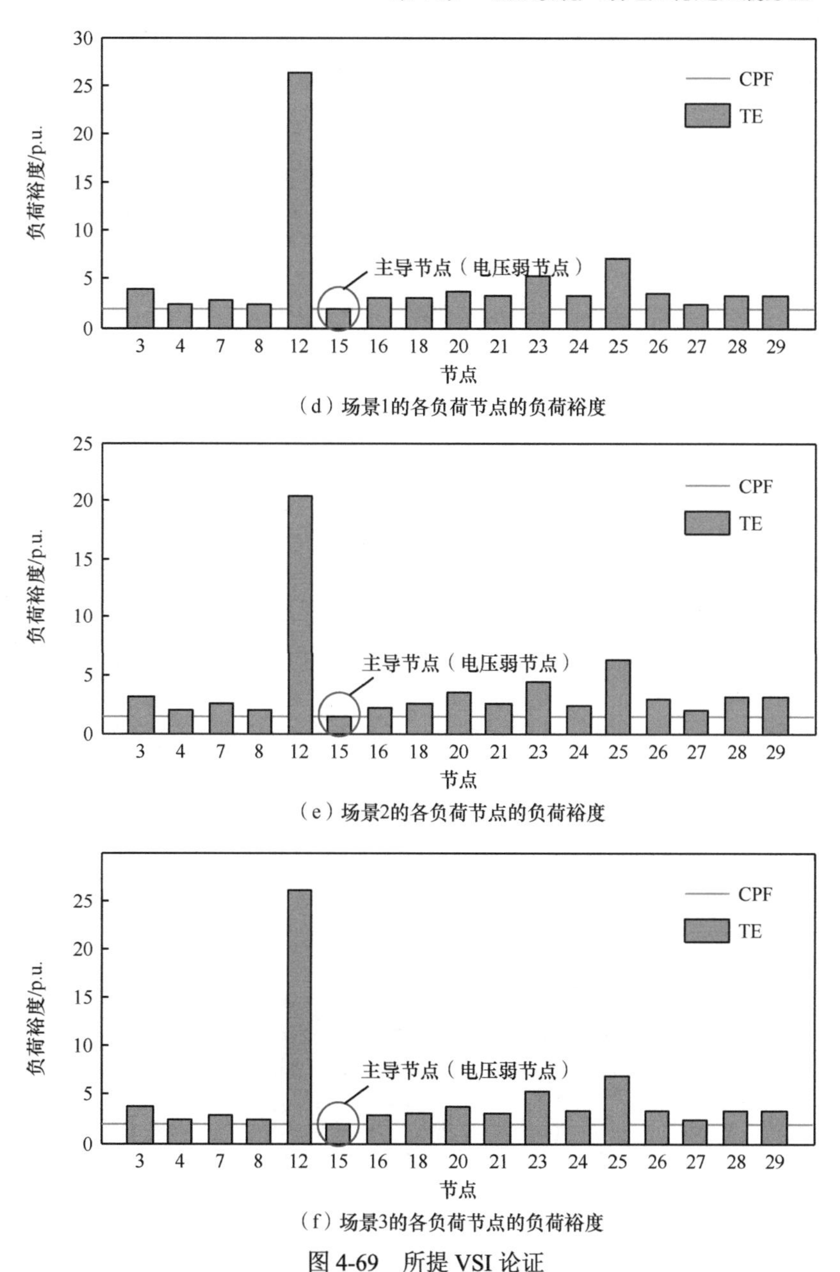

（d）场景1的各负荷节点的负荷裕度

（e）场景2的各负荷节点的负荷裕度

（f）场景3的各负荷节点的负荷裕度

图4-69　所提VSI论证

电压稳定关键节点，由图中结果可知：上述三种场景下，系统的前三个电压稳定关键节点分别为节点8、15和27。

进一步，根据本节所提负荷裕度所确定的电压稳定关键节点8、15和27，以及所提的基于相对增益的电压-无功耦合度评估方法，以上述三个电压稳定关键节点为各电压-无功控制器的电压稳定关键节点，根据基于相对增益的电压-无功耦合度评估方法，评估与上述电压稳定关键节点存在强电压-无功耦合关系的节点，结果如表4-11所示。结合表4-11的分析结果，上述三种场景下，采用本节所提电压稳定关键节点的辨识方法和节点间电压-无功耦合度评估方法所划分的系统电压-无功控制区域如图4-70所示。

表 4-11 New England 39 系统电压-无功控制区域划分结果

场景	电压稳定关键节点	电压-无功耦合节点
场景 1	8	7、9
	15	14、16
	27	17、26
场景 2	8	5、7、9
	15	14、16
	27	17、26
场景 3	8	5、7、9
	15	14、16
	27	17、26

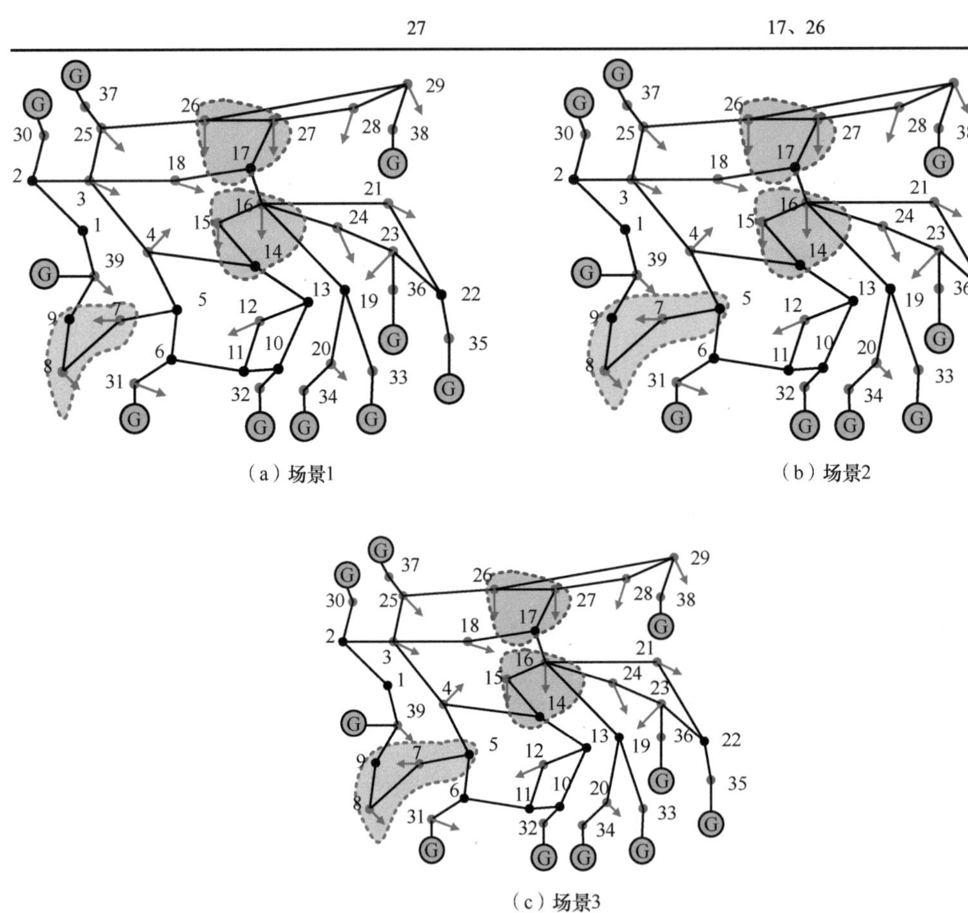

（a）场景1

（b）场景2

（c）场景3

图 4-70 New England 39 系统电压-无功控制区域划分结果

4.4.5.2 波兰电网实际系统算例

4.4.5.1 节验证了本节所提方法在划分电力系统电压-无功控制区域时的正确性和有效性，本节进一步将其应用到波兰电网中，以验证所提方法在实际电网中的实用性。该系统以 400kV、220kV、110kV 电压等级为主，2004 年夏大方式中全网共分为 6 个区域，其详细数据见文献[29]。根据本节所提的负荷裕度计算方法，计算该系统各负荷节点的负荷裕度，图 4-71 分别给出了除区域 0 之外的其他 5 个区域负荷裕度最小的前 30 个节点的计算结果。

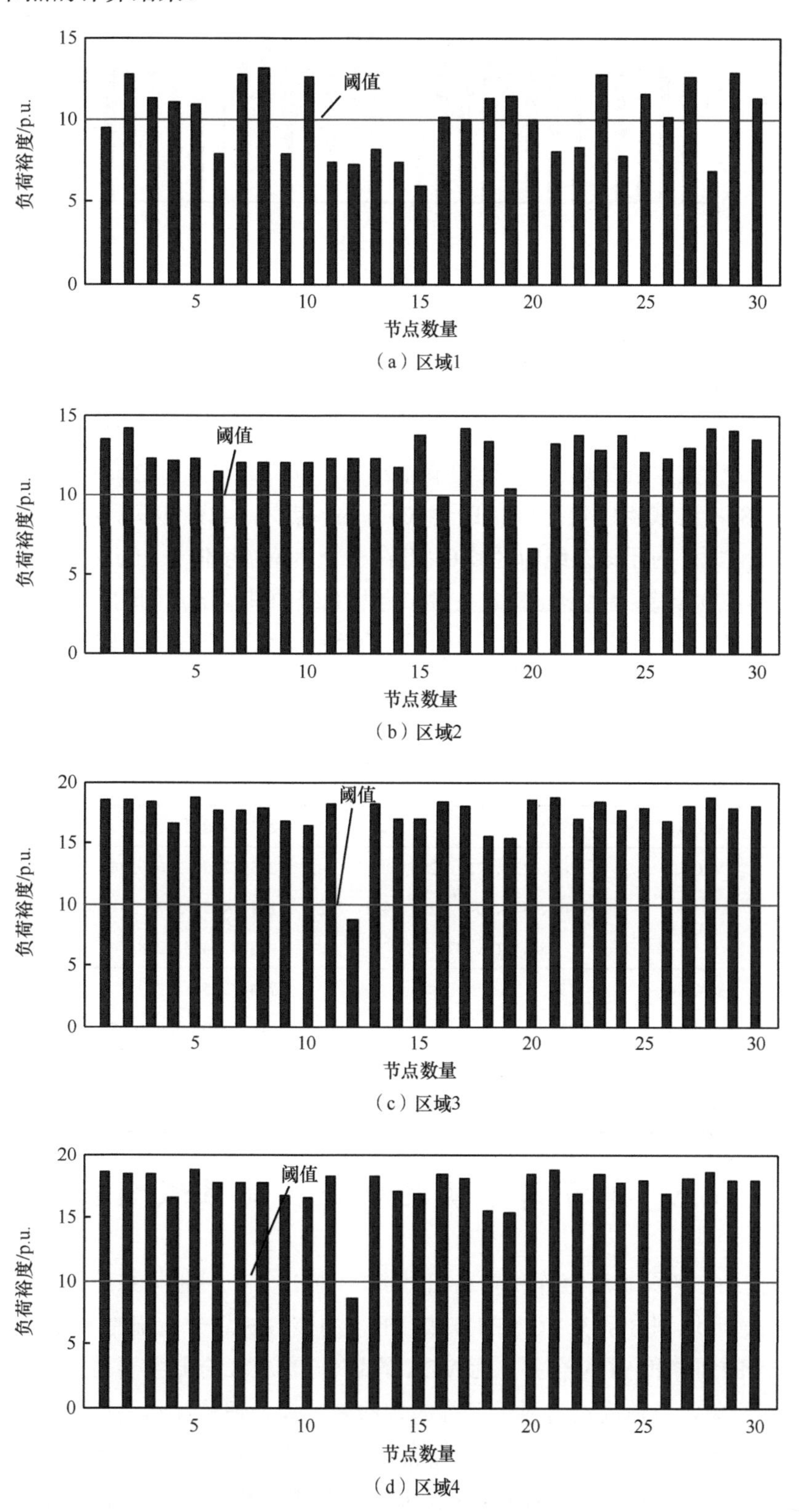

（a）区域1

（b）区域2

（c）区域3

（d）区域4

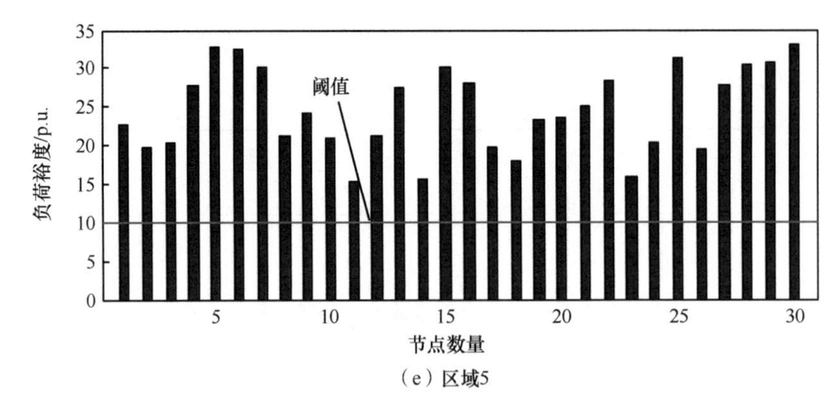

(e) 区域5

图 4-71　波兰电网的节点负荷裕度

若假设系统的负荷裕度阈值为 10p.u.，根据图 4-72 中结果有：区域 1 中负荷裕度低于 10p.u.的节点为 285、235、266、284、261、475、507、251、441、272、454、210 和 378；区域 2 中负荷裕度低于 10p.u.的节点为 718 和 734；区域 3 中负荷裕度低于 10p.u.的节点为 1188；区域 4 中负荷裕度低于 10p.u.的节点为 2421；区域 5 无负荷裕度低于 10p.u.的节点。此外对于该系统的区域 0，存在一个负荷裕度低于 10p.u.的节点 2737。分别根据式（4-47）计算上述电压稳定关键节点与系统中其他节点间的互相关增益，进而根据计算的互相关增益及本节所提的电压-无功控制区域划分方法，划分系统的电压-无功控制区域，结果如表 4-12 所示。

表 4-12　波兰电网 2014 年夏大方式下系统电压-无功控制区域划分结果

区域	电压-无功耦区域	试验节点	电压-无功耦合节点
区域 0	V2CA1	2737	2737、1872
区域 1	V2CA2	285、235、266、284	285、235、266、284、394、246
	V2CA3	261、475、507、251、441、272、454、210、378	261、475、507、251、441、272、454、210、378、478、248
区域 2	V2CA4	734	734、735
	V2CA5	718	718、759、729、668
区域 3	V2CA6	1188	1188、88
区域 4	V2CA7	2421	2421、2049、1935、1955

4.5　基于谱聚类的电压控制区域划分

4.4 节借助 QV 灵敏度矩阵和静态相对增益，提出了一种根据系统电压稳定关键节点变换，自适应地划分系统 VCA 的方法，但采用该方法划分系统的 VCA 时存在两个难点：VCA 的划分和 VCA 合并。而 VCA 的划分和 VCA 合并主要与互相关增益的阈值选择密切相关，目前尚没有科学可行的方法来选择合理的互相关增益阈值来划分和合并 VCA。针对该问题，本节进一步提出一种基于谱聚类的电力系统 VCA 划分新方法，首先借助 4.4.2 节电力系统的电压-无功数学模型，构建系统电压-无功数学模型的无向图；根据所得电压-无功数学模型的无向图，计算电压-无功数学模型所对应的归一化拉普拉斯矩阵；基于所得归一化拉普拉斯矩阵，引入谱图聚类对系统电压-无功数学模型的无向图进行图分割；对分割所得的各子图，通过逆映射，进而获取系统中各VCA组成[49]。最后，将所提方法应用于New England 39节点测试系统、IEEE 118节点测试系统及欧洲互联电网（Union for the Coordination of Transmission of Electricity，UCTE）1254节点系统中，分析、验证所提方法的有效性和可行性。

4.5.1　图论和谱聚类理论

4.5.1.1　电压-无功数学模型的图

图论的基本概念：电力系统的电压-无功数学模型可采用无向图$G=(V, E)$来表示，其中V为图G顶点的集合，对应电力系统的节点/母线集合；E为图G边的集合，对应电力系统节点间的电压耦合度。根据V和E在图G中的定义及在电力系统电压-无功数学模型中的含义，用以描述电压-无功数学模式的图G的顶点集合V可表示为$V=\{1, 2, \cdots, n\}$，其中n为电力系统的节点个数；图G的边集合E满足$E\subset V\times V$，其中E中元素$e(i, j)\in E$表示节点i和j的电压-无功耦合关系。

顶点权重（vertex-weight）：定义图G的顶点i的权重为$w_{i,i}(i=1, 2, \cdots, n)$，其值为

$$w_{i,i}=\left|\boldsymbol{J}\left(i,i\right)\right| \tag{4-54}$$

边权重（edge-weight）：定义边$e(i, j)$的权重为$w_{i,j}(i\neq j)$。通常，在电力系统的电压-无功数学模型中，电压-无功灵敏度矩阵的元素$\boldsymbol{J}(i, j)\neq\boldsymbol{J}(j, i)$，为保证图$G$的无向性和单一性，特定义$e(i, j)$的权重$w_{i,j}$和$e(j, i)$的权重$w_{j,i}$为

$$w_{i,j}=w_{j,i}=\sqrt{\left|\boldsymbol{J}\left(i,j\right)\times\boldsymbol{J}\left(j,i\right)\right|} \tag{4-55}$$

式中，“×”表示元素相乘。

需要指出的是式（4-54）和式（4-55）中的顶点权重$w_{i,i}$和边权重$w_{i,j}$的取值均来自电力系统电压-无功数学模型中的电压无功灵敏度矩阵$\boldsymbol{J}$，而$\boldsymbol{J}$源自电力系统潮流方程的雅可比矩阵，是随系统运行方式的变化而发生变化的，因此，式（4-54）和式（4-55）中顶点权重$w_{i,i}$和边权重$w_{i,j}$的取值也会随系统运行方式的变化而动态调整。由于基于电压-无功数学模式的边权重$w_{i,j}$是用来衡量节点间电压-无功耦合程度的，显然，$w_{i,j}$值越大，表明节点间存在越强的电压-无功耦合度，反之亦然。因此，边权重$w_{i,j}$也可用来描述图G中两顶点之间的电气距离的远近。在电力系统电压-无功控制区域划分中，若两个节点间存在很强的电压-无功耦合度，则这两个节点通常需划分在一个控制区域内，而基于电力系统电压-无功数学模型的控制区域划分方法可深入揭示电力系统中节点间的电压-无功耦合度。

4.5.1.2　电压-无功数学模型的拉普拉斯矩阵

为有效划分描述电力系统电压-无功耦合关键的图模型，进而获取电力系统的电压-无

功控制区域，本节进一步引入拉普拉斯矩阵。拉普拉斯矩阵也称为基尔霍夫矩阵，它是图的一种矩阵表现形式。针对拉普拉斯矩阵中元素是否归一化，目前拉普拉斯矩阵常分为两类：非归一化拉普拉斯矩阵和归一化拉普拉斯矩阵。这两类拉普拉斯矩阵均可以应用于无向权重图的研究。但相对于非归一化拉普拉斯矩阵，归一化拉普拉斯矩阵更适合于进行聚类分析。因此，本节将归一化拉普拉斯矩阵应用到后续的电压-无功控制区域划分中。为构造描述电力系统电压-无功耦合关系的无向图 G 的归一化拉普拉斯矩阵，首先需构建无向图 G 的非归一化拉普拉斯矩阵，无向图 G 的非归一化拉普拉斯矩阵可定义为

$$\boldsymbol{L}(i,j)=\begin{cases} d_i - w_{i,i}, & i=j \\ -w_{i,j}, & i\neq j \end{cases} \tag{4-56}$$

式中，$\boldsymbol{L}(i,j)$为非归一化拉普拉斯矩阵 $\boldsymbol{L}$ 的第 i 行第 j 列元素；d_i 为顶点 i 的权重因子，其值为

$$d_i=\sum_{j=1}^{n} w_{i,j} \tag{4-57}$$

基于式（4-56）所构建的非归一化拉普拉斯矩阵，进一步可得无向图 G 的归一化拉普拉斯矩阵 $\boldsymbol{L}_\mathrm{N}$ 为

$$\boldsymbol{L}_\mathrm{N}=\boldsymbol{D}^{1/2}\boldsymbol{L}\boldsymbol{D}^{-1/2} \tag{4-58}$$

式中，$\boldsymbol{D}$ 为对角矩阵，其对角线的元素为 d_i。

对于式（4-58）所示的归一化拉普拉斯矩阵，它具有如下性质：

（1）$\boldsymbol{L}_\mathrm{N}$ 正定。

（2）$\boldsymbol{L}_\mathrm{N}$ 的所有特征值$\boldsymbol{\lambda}=[\lambda_1, \lambda_2, \cdots, \lambda_n]$均非负，且有 $0\leqslant\lambda_i\leqslant 2$，$1\leqslant i\leqslant n$。

（3）$\boldsymbol{L}_\mathrm{N}$ 中零特征值的个数决定子图的划分个数。

（4）$\boldsymbol{L}_\mathrm{N}$ 的最小非 0 特征值通常称为谱间隙。

（5）$\boldsymbol{L}_\mathrm{N}$ 的第二小特征值代表图 G 的代数连通性。

4.5.1.3 谱聚类

对电力系统进行电压-无功分区的一个基本准则就是在所划分的各个电压-无功控制区域内，各节点间具有很强的电压-无功耦合度，而分属不同电压-无功控制区域的节点间具有很弱的电压-无功耦合度。而从图论的视角来看，对图 G 实施图分割时，判断图分割是否是最优的一个基本准则就是：分割后的各子图内部顶点间具有非常高的连通度，而分属不同子图的顶点间的连通度很弱。因此，由图分割和电压-无功分区的基本准则可知，两者之间存在一定的对应关系，可将电力系统的电压-无功分区的划分问题转化为图论中的图分割问题，进而采用目前较为成熟的图分割方法，如背包图（knapsack with conflict graph，KCG）[50，51]，最大流最小割（max-flow min-cut）[52，53]、谱聚类[54，55]等。本节将谱聚类方法引入图分割中，进而实现电力系统电压-无功控制区域的有效划分。

谱聚类是一种已被证明非常有效的图分割算法[54-57]，该方法首先构建描述所研究对象的拉普拉斯矩阵，然后对所构建的拉普拉斯矩阵进行特征值分析，根据计算的特征值

和特征向量实现对研究对象的图分割。该方法的核心思想就是根据拉普拉斯矩阵的特征值的分析结果，在 k 维空间中将拉普拉斯矩阵的 k 个特征向量中的元素赋给图中各顶点，进而获取各顶点在 k 维欧几里得空间中的坐标及空间分布，进而通过传统的聚类分析方法将图中顶点聚成 k 类，获取各类中顶点的构成，然后通过逆映射，进一步得到各电压-无功耦合区域内的节点构成。为定量评估采用谱聚类进行图分割后所得各子图的优劣，进一步引入子图割集权重度以评估所分割的子图与外部系统之间的连接强度：

$$\mathrm{cut}\left(V_i,\bar{V}_i\right)=\sum_{n\in V_i,m\in\bar{V}_i}w_{n,m} \tag{4-59}$$

式中，V_i 为第 i 个子图；$\bar{V}_i$ 为与 V_i 相连的其他子图集合。结合本章的电压-无功控制区域划分问题，可认为子图割集权重度体现了所划分的电压-无功控制区域与系统其他区域之间的电压-无功耦合度。显然，子图割集权重度值越小，表明所划分的子图与其他子图之间具有越小的连接关系，即所划分的电压-无功控制区域与外部系统存在较弱的电压-无功耦合关系，所划分的电压-无功控制区域合理；否则，需重新进行图分割，直到获得满意的结果为止。

进一步，为评估所划分的子图内部各顶点间的耦合程度，定义式（4-60）所示的子图 V_i 顶点权重度：

$$\mathrm{vol}\left(V_i\right)=\sum_{n\in V_i}d_n \tag{4-60}$$

子图顶点权重度描述了所划分的电压-无功控制区域内各节点间的电压-无功耦合度，显然子图的顶点权重度越大，所划分的电压-无功控制区域内各节点间的电压-无功耦合度越强，将这些节点划分在一个控制区域内是合理的。

综合式（4-59）和式（4-60）所提的子图割集权重度和子图顶点权重度，进一步定义综合评估所划分子图优劣度的指标——子图连接度指标：

$$\varphi\left(V_i\right)=\frac{\mathrm{cut}\left(V_i,\bar{V}_i\right)}{\mathrm{vol}\left(V_i\right)} \tag{4-61}$$

显然，由式（4-60）的定义可知，对所研究的无向图实施图分割后，所得的子图连接度指标 $\varphi(V_i)$越小，则越表明该子图内部顶点之间具有较强的耦合度，而与该子图外部顶点间存在弱连接度，即所划分的子图是理想的。类似地，采用谱聚类方法划分电压-无功控制区域时，所得各电压-无功控制区域的子图连接度越小，越表明该电压-无功控制区域内的节点间存在较强的电压-无功耦合关系，而与外部节点间存在较弱的电压-无功耦合关系。进而，根据子图连接度指标，定义定量评估整个图分割效果的图分割度指标为所有子图连接度指标中值最大的 $\max[\varphi(V_i)]$（i=1, 2, …, k）。显然，由该分割度指标可知：要使所分割的图最优就需要使图分割度指标 $\max[\varphi(V_i)]$（i=1, 2, …, k）尽可能地小，因此，本节的电压-无功控制区域划分的目标函数为

$$\rho=\min\left(\max\left[\varphi\left(V_i\right)\right]\right) \tag{4-62}$$

式（4-62）的目标函数也称为图的 k-way 扩张常数。理论上，式（4-62）的最优图分割问题可通过优化方法进行求解，但由于该图分割问题是一个难以直接求解的非线性

规划问题，因此直接通过优化算法来求解式（4-62）进而划分出系统的电压-无功控制区域是不可行的。为有效解决式（4-62）难以直接求解的难题，谱聚类提供了一个求解式（4-62）的近似最优解方法，为定量评估近似最优解与实际最优解之间的误差，进一步引入式（4-63）的 Cheeger 不等式，以判断所得近似最优解是否可行，若所求得的图分割度指标满足式（4-63），则所划分的子图是合理、可行的；反之，则需重新对所划分的无向图进行图分割，以得到满足式（4-63）的图分割结果：

$$\frac{\lambda_k}{2} \leqslant \rho(k) \leqslant O\left(k^2\right)\sqrt{\lambda_k} \tag{4-63}$$

式中，$O\left(k^2\right)\sqrt{\lambda_k}$ 可通过求解所构建的归一化拉普拉斯矩阵的特征值获得；λ_k 为归一化拉普拉斯矩阵的第 k 个特征值；k=1, 2, …, g，g 为所划分的子图数量。

4.5.1.4 聚类数量

采用谱聚类对所研究的无向图实施图分割的实质就是：在 k 维欧几里得空间中，根据该无向图的归一化拉普拉斯矩阵的前 k 个特征向量确定该无向图各顶点的空间坐标，进而根据各顶点在 k 维欧几里得空间中的分布，采用合适的聚类算法将所有的顶点聚成 k 类，并确定各类中顶点的详细构成。但在采用谱聚类对无向图进行图分割之前，需要预先获取将该无向图分割后的子图个数 k。为有效、合理地确定采用谱聚类划分的电压-无功控制区域的数量，本节参考文献[50]和[58]拟采用描述电压-无功耦合关系的无向图的归一化拉普拉斯矩阵最大相对特征间隙来确定划分的电压-无功控制区数量，即若 $(\lambda_{k+1}-\lambda_k)/\lambda_k$ 为描述电压-无功耦合关系的无向图的归一化拉普拉斯矩阵最大相对特征间隙，则所划分的电压-无功控制区域数量为 k[59]。根据所确定的电压-无功控制区域数量 k，进而从描述系统电压-无功耦合关系的无向图的归一化拉普拉斯矩阵的特征向量中提取出前 k 个特征向量；然后根据这 k 个特征向量确定该无向图中所有节点在 k 维欧几里得空间中的坐标；根据系统中各节点在 k 维欧几里得空间中的分布，通过聚类算法将这些节点聚合为 k 类，进而得到各电压-无功控制区域的构成。

4.5.2 电压-无功控制区域划分计算流程

综上所述，本节采用谱聚类方法划分电力系统电压-无功控制区域的主要步骤如下。

（1）根据 4.4.2 节的方法，在电力系统稳定运行平衡点处构建如式（4-42）所示的电力系统电压-无功数学模型。

（2）根据 4.5.1.1 节的方法，基于所构建的电压-无功数学模型，构建描述电力系统节点间电压-无功耦合关系的无向图。

（3）根据 4.5.1.2 节的方法，构建描述电力系统节点间电压-无功耦合关系的无向图的归一化拉普拉斯矩阵。

（4）计算归一化拉普拉斯矩阵的特征值，然后根据最大相对特征间隙确定无向图可划分的子图数 k。

（5）对归一化拉普拉斯矩阵的前 k 个特征向量归一化。

（6）针对前 k 个归一化的特征向量，通过谱聚类将描述节点间电压-无功耦合关系的无向图划分为 k 个子图。

（7）将所划分的 k 个子图逆映射到原电力系统中，获得对应的 k 个电力系统的电压-无功控制区。

4.5.3　算例分析

本节将先通过 New England 39 节点测试系统和 IEEE 118 节点测试系统算例来验证所提方法的正确性和有效性。然后，进一步以 UCTE 算例验证所提方法的实用性。

4.5.3.1　New England 39 节点测试系统

本节以 New England 39 节点测试系统来验证所提电压-无功分区方法的正确性和有效性，New England 39 节点测试系统详见文献[29]。为整体评估本节所提电压-无功分区方法的正确性和有效性，在算例分析、验证中设置了如下两种场景。

场景 1：基态。

场景 2：支路 15—16 开断。

1）场景 1

针对电力系统的基态运行方式，首先根据电力系统的潮流方程，得到电力系统在基态运行方式下的如式（4-42）所示的电力系统电压-无功数学模型；然后根据 4.5.1.1 节所提方法，基于电力系统的电压-无功数学模型，构建描述电力系统节点间电压-无功耦合关系的无向图；基于所得的电压-无功耦合关系无向图，根据 4.5.1.2 节所提方法，先计算式（4-56）所示的该无向图的非归一化拉普拉斯矩阵 $\boldsymbol{L}$，然后，基于所计算的非归一化拉普拉斯矩阵 $\boldsymbol{L}$，按式（4-58）计算电压-无功耦合关系无向图的归一化拉普拉斯矩阵 $\boldsymbol{L}_{\mathrm{N}}$；进一步计算所得归一化拉普拉斯矩阵 $\boldsymbol{L}_{\mathrm{N}}$ 的特征值，结果如图 4-72（a）所示；根据图 4-72（a）所示的特征值，计算 $\boldsymbol{L}_{\mathrm{N}}$ 的相对特征间隙，结果如图 4-72（b）所示。显然，由图 4-72（b）可知：场景 1 中，电压-无功耦合关系无向图的归一化拉普拉斯矩阵的最大相对特征间隙出现在第三个特征值处，因此，该无向图的最佳子图划分数量为 3，即基态下，整个 New England 39 节点测试系统最佳可划分为 3 个电压-无功控制区域。

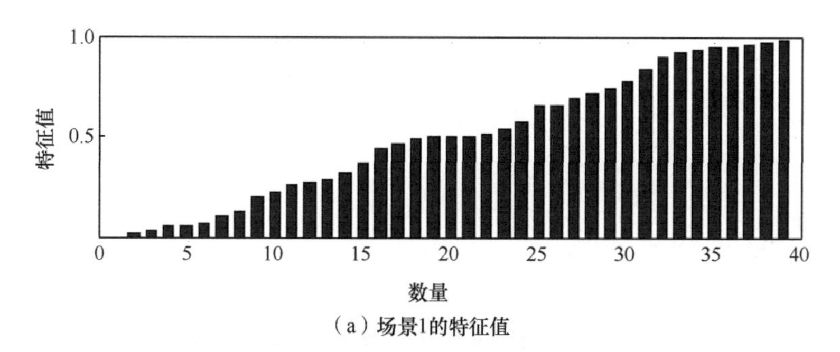

（a）场景1的特征值

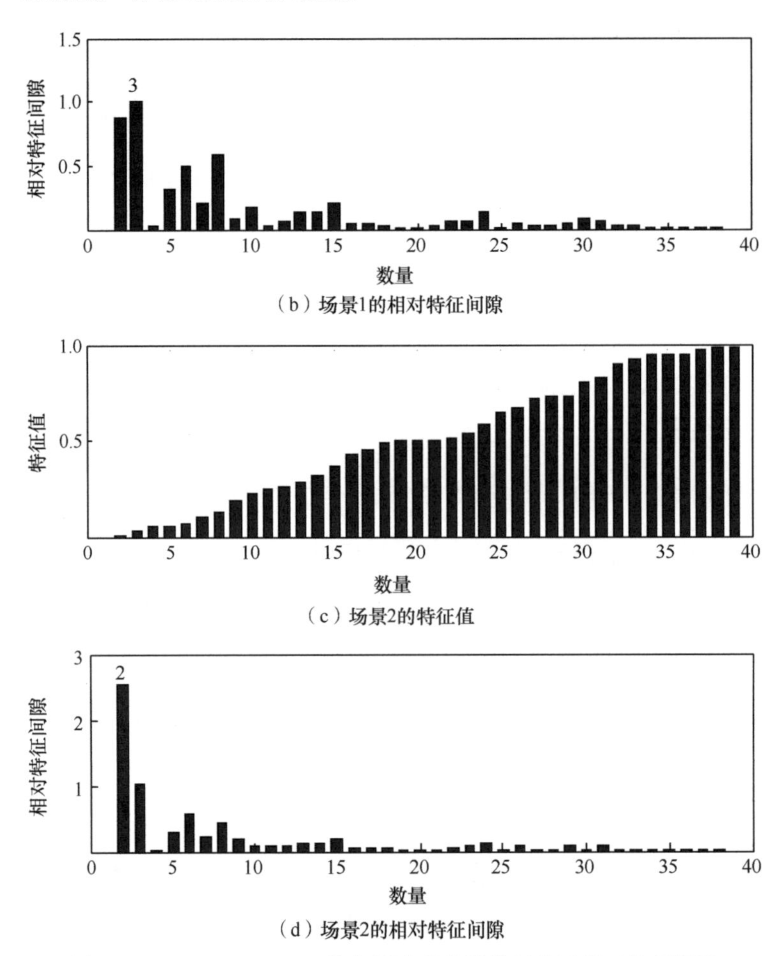

（b）场景1的相对特征间隙

（c）场景2的特征值

（d）场景2的相对特征间隙

图 4-72 New England 39 节点测试系统的特征值及相对特征间隙

基于所确定最佳电压-无功控制区域数量，$\boldsymbol{L}_{\mathrm{N}}$ 的前三个特征向量被归一化，然后根据归一化后的特征向量，将系统中的 39 个节点投影在三维坐标空间中，然后针对投影在三维坐标空间中的节点进行聚类分析，聚类数为 3，结果如图 4-73（a）所示。根据聚类结果得各电压-无功控制区域的节点构成，进而划分出系统的电压-无功控制区域，结果如图 4-74（a）所示。对比图 4-74（a）的电压-无功控制区域划分结果与文献[60]的划

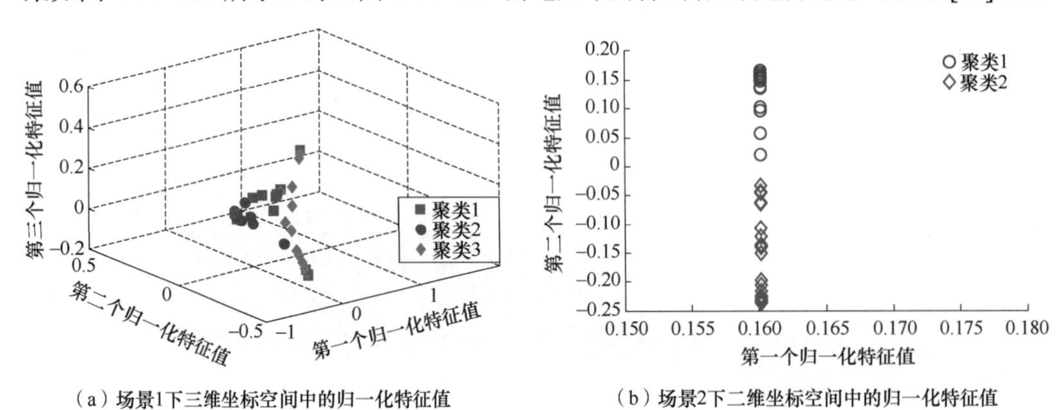

（a）场景1下三维坐标空间中的归一化特征值　　（b）场景2下二维坐标空间中的归一化特征值

图 4-73 New England 39 节点测试系统的谱聚类结果

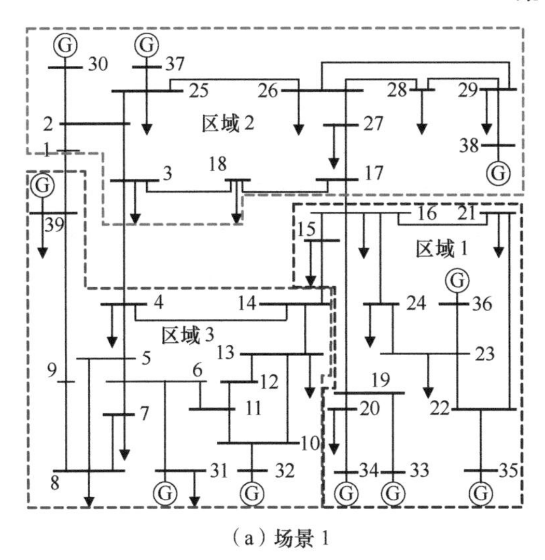

（a）场景 1

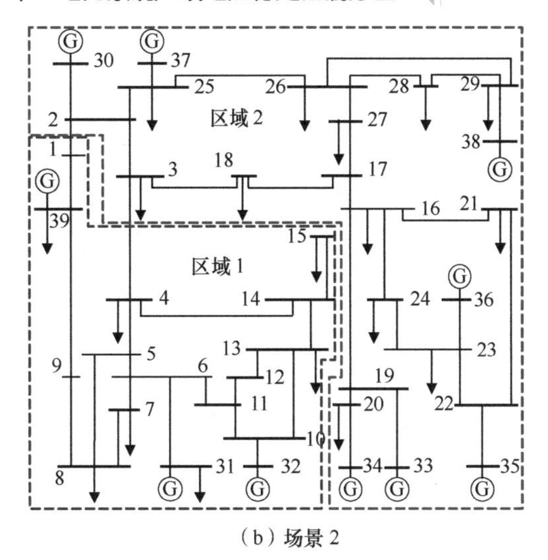

（b）场景 2

图 4-74　场景 1 和 2 下 New England 39 节点测试系统所划分的电压-无功控制区域

分结果可知：本节所提方法可准确地划分出电力系统的电压-无功控制区域。表 4-13 进一步给出了所划分的各电压-无功控制区域的子图割集权重度、顶点权重度及子图连接度，对比表 4-13 中各电压-无功控制区域的顶点权重度和子图连接度可得：所划分的各电压-无功控制区域内部节点间存在很强的电压-无功耦合关系，而各电压-无功控制区域之间存在极弱的电压-无功耦合关系，表明了本节所提方法划分出的电压-无功控制区域是合理、可行的。

表 4-13　New England 39 节点测试系统电压-无功控制区域划分结果

场景	控制区域	割集断面	割集权重度	顶点权重度	子图连接度
场景 1	1	14—15，16—17	0.4591	6.4950	0.0707
	2	1—39，3—4，16—17	0.0095	6.0230	0.0016
	3	1—39，3—4，14—15	0.0029	6.9966	0.0004
场景 2	1	1—2，3—4	0.3107	8.0088	0.0388
	2	1—2，3—4	0.0119	11.5134	0.0010

2）场景 2

下面进一步研究系统运行方式变化对电压-无功控制区域划分结果的影响。在场景 1 的基础上，进一步设置支路 15—16 开断。计算支路开断后的系统潮流方程，得到系统的潮流雅可比矩阵。类似场景 1 的处理过程，构建系统的电压-无功数学模型，计算式（4-42）中的系统 QV 灵敏度矩阵 $\boldsymbol{J}$；根据所得的 QV 灵敏度矩阵 $\boldsymbol{J}$，构建描述电力系统电压-无功耦合关系的无向加权图，然后计算对应的归一化拉普拉斯矩阵 $\boldsymbol{L}_{\mathrm{N}}$，进而计算归一化拉普拉斯矩阵 $\boldsymbol{L}_{\mathrm{N}}$ 的特征值，结果如图 4-72（c）所示；根据图 4-72（c）所示的特征值结果，计算系统在场景 2 下 $\boldsymbol{L}_{\mathrm{N}}$ 的相对特征间隙，结果如图 4-72（d）所示。显然，由图 4-72（d）可知：场景 2 中，电压-无功耦合关系无向图的归一化拉普拉斯矩阵 $\boldsymbol{L}_{\mathrm{N}}$ 的最大相对特征值间歇出现在第二个特征值处，即场景 2 的运行方式下，整个 New

England 39 节点测试系统可划分的最佳电压-无功控制区域个数为 2。

基于所确定的最佳电压-无功控制区域划分个数，根据所获得归一化拉普拉斯矩阵 $\boldsymbol{L}_{\mathrm{N}}$ 的前两个特征向量确定系统各节点在二维空间中的坐标，然后采用谱聚类将这些节点聚成两类，结果如图 4-73（b）所示。根据图 4-73（b）的结果可得各电压-无功控制区域内的节点组成，进一步将各控制区域内节点逆映射到原系统中，进而得到系统在场景 2 下的最终电压-无功控制区域，结果如图 4-74（b）所示。表 4-13 进一步给出了场景 2 中采用本节所提方法划分的各电压-无功控制区域的割集权重度、顶点权重度及子图连接度，由表中计算结果可知：场景 2 中，采用本节所提方法划分的电压-无功控制区域是合理、可行的。进一步，由图 4-74 中场景 1 和 2 的电压-无功控制区域划分结果可知：本节所提方法可随系统运行方式的变化动态调整系统的电压-无功控制区域，具有较好的自适应性。

4.5.3.2 IEEE 118 节点测试系统

本节进一步采用 IEEE 118 节点测试系统来验证所提电压-无功控制区域的有效性和可行性，IEEE 118 节点测试系统具体参数详见文献[29]。类似 4.5.3.1 节中 New England 39 节点测试系统的电压-无功控制区域划分方法，本节也分别计算了 IEEE 118 节点测试系统在基态下的潮流雅可比矩阵、QV 灵敏度矩阵、描述电压-无功耦合关系的无向加权图 G、无向加权图 G 的归一化拉普拉斯矩阵 $\boldsymbol{L}_{\mathrm{N}}$ 及 $\boldsymbol{L}_{\mathrm{N}}$ 的特征值，结果如图 4-75（a）所示。图 4-75（b）在图 4-75（a）的基础上，计算了基态下 IEEE 118 节点测试系统归一化拉普拉斯矩阵 $\boldsymbol{L}_{\mathrm{N}}$ 的相对特征间隙，由图 4-75（b）的相对特征间隙计算结果可见：基态下 IEEE 118 节点测试系统 $\boldsymbol{L}_{\mathrm{N}}$ 的最大相对特征间隙出现在第三个特征值处，即 IEEE 118 节点测试系统在基态下的最佳电压-无功控制区域划分数量为 3。根据所确定最佳电压-无功控制区域个数，利用 $\boldsymbol{L}_{\mathrm{N}}$ 的前三个特征向量确定 IEEE 118 节点测试系统所有节点在三

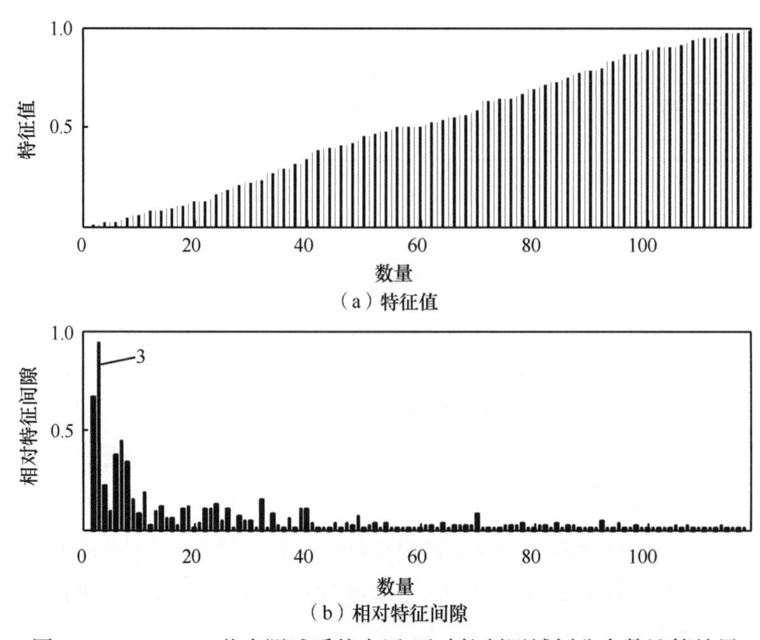

（a）特征值

（b）相对特征间隙

图 4-75 IEEE 118 节点测试系统电压-无功控制区域划分个数计算结果

维空间中的坐标，进而采用聚类分析将系统中的所有 118 个节点聚成三类。由所聚成的三类中节点的构成，可确定 IEEE 118 节点测试系统划分为 3 组电压-无功控制区域后，各控制区的节点构成，进而划分出系统的电压-无功控制区域，图 4-76 给出了 IEEE 118 节点测试系统在基态下的最终电压-无功控制区域划分结果。表 4-14 进一步给出了根据本节所提方法计算的各电压-无功控制区域的割集权重度、顶点权重度及子图连接度，由表 4-14 结果可知：采用本节所提方法将 IEEE 118 节点测试系统划分为三个电压-无功控制区域后，各电压-无功控制区域内部节点间存在较强的电压-无功耦合关系，而各控制区域的节点间存在较弱的电压-无功耦合关系，即采用本节所提方法划分 IEEE118 节点测试系统的电压-无功控制区域是合理、可行的。

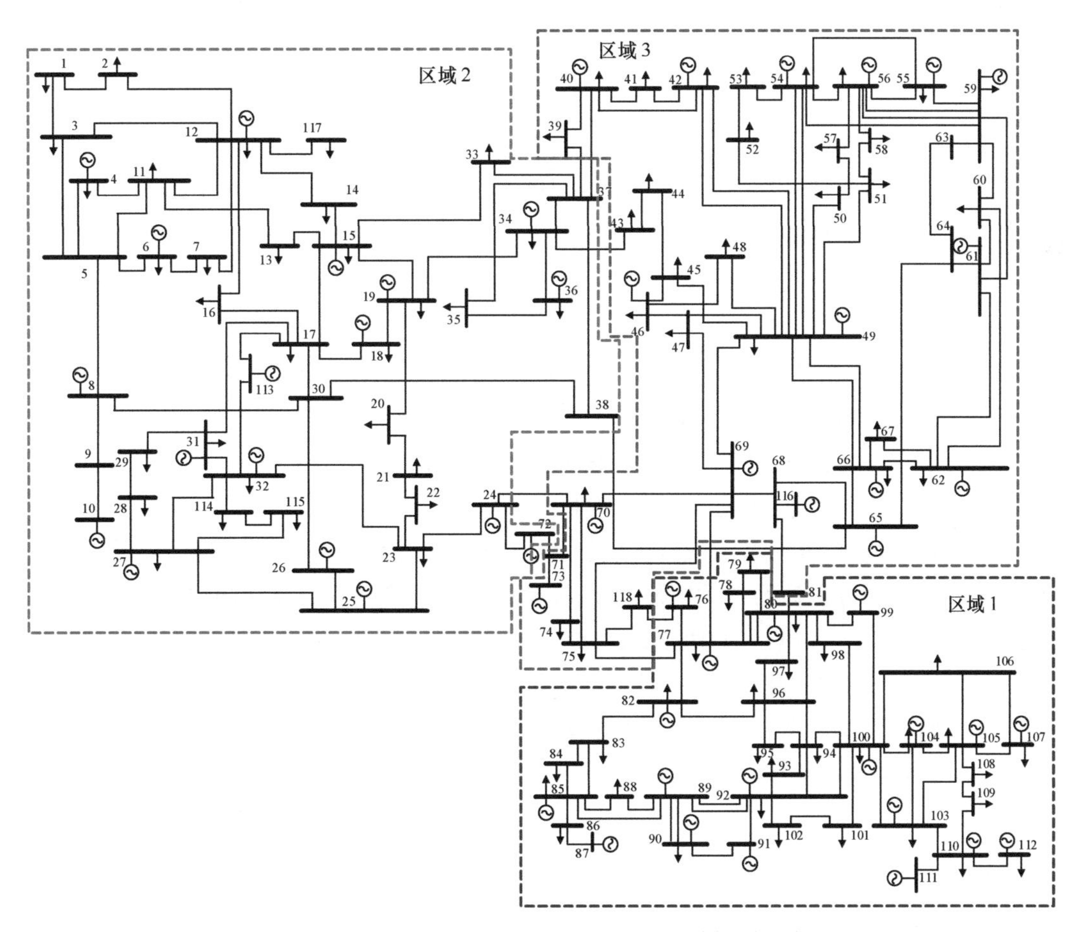

图 4-76　IEEE 118 节点测试系统电压-无功控制区域

表 4-14　IEEE 118 节点测试控制区域划分结果

控制区域	割集断面	割集权重度	顶点权重度	子图连接度
1	69—76，75—77，76—118，80—81	0.5324	18.0823	0.0294
2	24—70，34—43，37—39，37—40，38—65，71—72	0.9132	21.6318	0.0422
3	24—70，34—43，37—39，37—40，38—65，69—76，71—72，75—77，76—118，80—81	1.8951	19.6179	0.0966

4.5.3.3 UCTE

New England 39 节点测试系统和 IEEE 118 节点测试系统验证了所提方法划分电力系统电压-无功控制区域的正确性、有效性和可行性，本节进一步以 UCTE 2002 年夏季运行方式数据为例，验证所提方法在实际电力系统中的实用性。UCTE 始于 1951 年成立的协调瑞士、法国和德国电力生产与传输的协调联合组织（Union for the Coordination of Production and Transmission of Electricity，UCPTE），随着欧洲大陆区域电网互联规模的扩大，至 1991 年，UCTE 已成为覆盖欧洲大陆 24 个国家的 29 个输电网络，服务 5 亿欧洲大陆人口的同步互联电网。2009 年包括 UTEC 在内的欧洲 35 个国家的 42 个输电网络进一步合并为欧洲互联电网（European Network of Transmission System Operators for Electricity，ENTSO-E）。本节以合并前的 UCTE 2002 年夏季运行方式数据为例进行分析，该系统共有 1254 个节点，系统详细参数见文献[61]。

类似于 New England 39 节点测试系统和 IEEE 118 节点测试系统的电压-无功控制区域划分方法，这里计算 UCTE 在夏季运行方式下的潮流分布，进而获得对应的潮流雅可比矩阵；根据潮流雅可比矩阵，构建式（4-42）所示的该系统的电压-无功数学模型及对应的 QV 灵敏度矩阵 $\boldsymbol{J}$；根据 QV 灵敏度矩阵 $\boldsymbol{J}$，构建描述该系统节点间电压-无功耦合度的无向加权图，并计算该无向加权图对应的归一化拉普拉斯矩阵 $\boldsymbol{L}_{\mathrm{N}}$；分别计算 $\boldsymbol{L}_{\mathrm{N}}$ 的特征值及其相对特征间隙，结果如图 4-77 所示；显然，由图 4-77 中 $\boldsymbol{L}_{\mathrm{N}}$ 的相对特征间隙计算结果可知，$\boldsymbol{L}_{\mathrm{N}}$ 的最大相对特征间隙出现在第 12 个特征值处，即 UCTE 在 2002 年夏季运行方式下，全网可以划分为 12 个电压-无功控制区域；进一步，根据 $\boldsymbol{L}_{\mathrm{N}}$ 的前 12 个特征向量，确定 UCTE 系统各节点在 12 维空间中的坐标，然后通过谱聚类将上述 1254 个节点聚成 12 类，根据聚类结果确定各电压-无功控制区域的节点构成，进而划分出该系统的电压-无功控制区域，最终划分结果如图 4-78 所示。表 4-15 进一步计算了各电压-无功控制区域的割集权重度、顶点权重度及子图连接度，由图 4-78 中所划分的电压-无功控制区域及表 4-15 的各电压-无功控制区域评估指标可知：本节所提方法可在实际电力系统中划分出合理、可行的电压-无功控制区域。

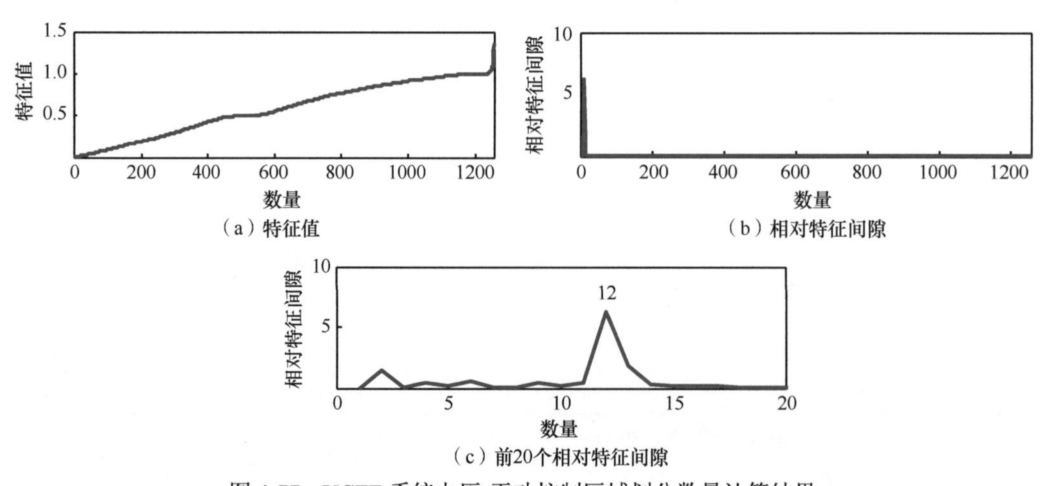

图 4-77　UCTE 系统电压-无功控制区域划分数量计算结果

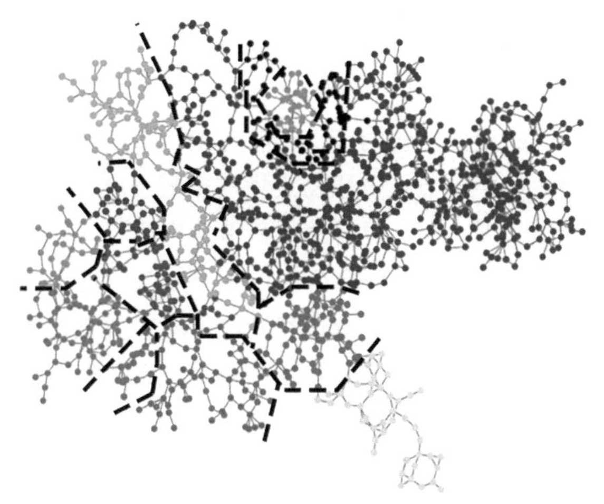

图 4-78　UCTE 系统的电压-无功控制区域划分结果

表 4-15　UCTE 电压-无功控制区域分区结果

电压-无功控制区域	割集权重度	顶点权重度	子图连接度
1	1.7649	23.1344	0.0763
2	22.1504	367.8912	0.0602
3	0.1743	20.5356	0.0085
4	0.1863	25.0806	0.0074
5	0.6208	43.3703	0.0143
6	0.3393	13.6658	0.0248
7	0.5601	37.2499	0.0150
8	0.9341	40.8368	0.0229
9	0.6598	18.8639	0.0350
10	4.3556	94.3076	0.0462
11	0.4748	24.7087	0.0192
12	0.1833	17.1536	0.0107

4.6　本章小结

本章在电力系统电压稳定控制区域划分方面，分别提出了一种基于广域电压稳定裕度灵敏度和相对增益的电压稳定控制分区方法；并借助局部电压稳定指标和相关增益法，提出一种自适应划分电力系统电压稳定关键注入区域的新算法，可自适应划分系统电压稳定的关键注入区域；进而通过 QV 灵敏度矩阵的相对增益评估方法，实现对系统中各节点间的电压-无功耦合度的评估及电压-无功控制区域划分；基于谱聚类的电力系统 VCA 划分新方法，选择合理的互相关增益阈值来划分和合并 VCA。通过仿真分析获得如下结论。

首先，分别提出了一种基于广域电压稳定裕度灵敏度和相对增益的电压稳定控制分区方法。①通过广域电压稳定裕度灵敏度的电压控制分区仿真分析可知：本节所提出的负荷节点电压稳定裕度法与各负荷节点的 $P\text{-}V$ 曲线具有相同的变化趋势，其裕度可有效反映系统各负荷节点电压的稳定程度；电压弱节点及弱节点集合能够准确地确定系统中电压最易失稳节点和电压稳定性薄弱的节点；静态电压稳定裕度灵敏度真实、有效地反映了负荷节点注入的无功功率对节点电压稳定性的影响程度，在与弱节点集合强相关的负荷节点上装设并联补偿装置，可有效提高负荷节点电压稳定裕度，改善系统电压稳定性。②通过相对增益的电压控制分区仿真分析可知：创造性地将相对增益矩阵应用于电力系统电压稳定控制区域划分中，分析节点间的电压耦合关系，识别与电压稳定关键节点存在强电压耦合的节点，通过多场景算例的分析、对比，验证了该方法的正确性和合理性；以电压稳定关键节点识别为出发点识别电压稳定控制区域，可避免以识别电压控制区域为出发点识别电压稳定关键节点时区内无电压稳定关键节点的不足，基于关键节点强电压耦合的电压控制区域合并策略，有利于统一协调控制各电压稳定关键节点的电压、改善系统电压稳定性；以电压稳定关键节点识别为出发点的电压稳定控制区域划分策略具有较强的自适应能力，该策略可随电压弱节点转移、系统网络拓扑结构变化自适应地调整电压稳定控制区域；以电压稳定关键节点识别为出发点的电压稳定控制区域划分策略有利于运行/调度人员全面掌握系统电压运行状态和各电压控制区域内各节点的电压耦合关系，采取合理措施改善系统电压稳定性，具有一定工程实用价值。

其次，提出一种自适应划分电力系统电压稳定关键注入区域的新算法，大量分析、对比结果表明：①多场景算例的分析、对比结果验证了采用互相关增益分析节点间电压耦合关系，识别与电压稳定关键节点强电压耦合的节点的正确性和有效性；②以电压稳定关键节点识别为出发点、以识别电压稳定关键注入区域为目标的电压稳定关键控制区域划分策略目标明确、方案可行，可划分出合理的电压稳定关键注入区域；③相对于系统运行方式，系统网络拓扑结构对电压稳定关键注入区域的划分起到主导性作用，在网络拓扑结构不变的条件下，节点间的电压耦合作用基本不变，电压稳定关键注入区域的划分只随电压稳定关键节点的转移而发生变化；④以电压稳定关键节点识别为出发点的电压稳定关键注入区域划分策略具有较强的自适应能力，该策略可随电压稳定关键节点转移、系统网络拓扑结构的变化自适应地调整电压稳定关键注入区域；⑤所提的电压稳定关键注入区域划分策略有利于运行/调度人员全面掌握系统电压运行状态及注入区域内各节点的电压耦合关系，采取合理措施改善系统电压稳定性，具有一定的工程实用价值。

再次，提出一种评估电力系统节点间电压-无功耦合度和划分电力系统电压-无功控制区域的新方法。基于相对增益的相关性质来评估节点间的电压-无功耦合度，进而基于所提的改进戴维南等值电路模型，快速计算各负荷节点的负荷裕度，确定电力系统的电压稳定关键节点和电压弱节点；进一步，以所确定的电压稳定关键节点和电压弱节点为电压-无功控制区域的电压稳定关键节点，借助所提的基于互相关增益的电力系统节点间电压-无功耦合度评估方法，准确识别出与电压稳定关键节点存在强耦合关系的节点，构建电力系统的电压-无功控制区域。算例分析结果表明所提方法可准确、有效、自适应地动态划分电力系统的电压-无功控制区域。

最后，根据电力系统的节点间电压-无功耦合关系，提出一种基于谱聚类的电力系统电压-无功控制区域划分的新方法，并通过标准系统和 UCTE 实际系统算例对所提方法的可行性和有效性进行分析、验证，相关结论如下：①首次将谱聚类分析方法应用于电力系统的电压-无功控制区域划分中，与其他已有的分区方法相比，所提的基于谱聚类的分析方法可更合理地确定和划分电力系统的电压-无功控制区域；②所提的电压-无功控制区域划分方法可随系统运行方式的变化，自适应地划分系统电压-无功控制区域；③基于所提的采用归一化拉普拉斯矩阵最大相对特征间隙估计系统电压-无功控制区域数量的方法，可有效、合理地确定系统可划分的电压-无功控制区域个数；④通过所定义的子图割集权重度、顶点权重度及子图连接度来定量评估所划分的电压-无功控制区域，可确保所划分的电压-无功控制区域内各节点间存在较强的电压-无功耦合关系，而电压-无功控制区域之间节点间存在较弱的电压-无功耦合关系；⑤所提方法可合理、有效地在实际电力系统中划分电压-无功控制区域，有利于提升电网电压稳定监视与控制的能力。

参考文献

[1] Dobson I, Cutsem T V, Vournas C, et al. Voltage stability assessment: Concepts, practices and tools[R]. New York: IEEE/FES Power System Stability Subcommittee, 2002.

[2] Li H, Li F, Xu Y, et al. Adaptive voltage control with distributed energy resources: Algorithm, theoretical analysis, simulation, and field test verification[J]. IEEE Transactions on Power Systems, 2010, 25(3): 1638-1647.

[3] Xu Y, Dong Z Y, Meng K, et al. Multi-objective dynamic VAR planning against short-term voltage instability using a decomposition-based evolutionary algorithm[J]. IEEE Transactions on Power Systems, 2014, 29(6): 2813-2822.

[4] Wandhare R G, Agarwal V. Novel stability enhancing control strategy for centralized PV-grid systems for smart grid applications[J]. IEEE Transactions on Smart Grid, 2014, 5(3): 1389-1396.

[5] Kabir M N, Mishra Y, Ledwich G, et al. Coordinated control of grid-connected photovoltaic reactive power and battery energy storage systems to improve the voltage profile of a residential distribution feeder[J]. IEEE Transactions on Industrial Informatics, 2014, 10(2): 967-977.

[6] Wang D, Parkinson S, Miao W, et al. Online voltage security assessment considering comfort-constrained demand response control of distributed heat pump systems[J]. Applied Energy, 2012, 96: 104-114.

[7] Mousavi A O, Cherkaoui R. Maximum voltage stability margin problem with complementarity constraints for multi-area power systems[J]. IEEE Transactions on Power Systems, 2014, 29(6): 2993-3002.

[8] 王耀瑜, 张伯明, 孙宏斌, 等. 一种基于专家知识的电力系统电压/无功分级分布式优化控制分区方法[J]. 中国电机工程学报, 1998(3): 221-224.

[9] 管霖, 吴亮, 卓映君, 等. 面向暂态电压控制的大电网区域划分方法[J]. 电网技术, 2018, 42(11): 3753-3759.

[10] 张旭, 陈云龙, 王仪贤, 等. 基于潮流断面修正的含风电电网无功-电压分区方法[J]. 电力自动化设备, 2019, 39(10): 48-54.

[11] 成煜, 杭乃善. 基于电网中枢点识别的无功电压控制分区方法[J]. 电力自动化设备, 2015, 35(8): 45-52.

[12] 刘文通, 舒勤, 钟俊, 等. 基于局部电压稳定指标及复杂网络理论的无功电压分区方法[J]. 电网技术, 2018, 42(1): 269-278.

[13] 姜涛, 陈厚合, 李国庆. 基于局部电压稳定指标的电压/无功分区调节方法[J]. 电网技术, 2012, 36(7): 207-213.

[14] 李国庆, 姜涛, 徐秋蒙, 等. 基于局部电压稳定指标的裕度灵敏度分析及应用[J]. 电力自动化设备, 2012, 32(4): 1-5, 30.

[15] Kessel P, Glavitsch H. Estimating the voltage stability of power system[J]. IEEE Transactions on Power Delivery, 1986, 1(3): 346-354.

[16] 李国庆, 李小军, 彭晓洁. 计及发电报价等影响因素的静态电压稳定分析[J]. 中国电机工程学报, 2008, 28(22): 35-40.

[17] 文学鸿, 袁越, 鞠平. 静态电压稳定负荷裕度分析方法比较[J]. 电力自动化设备, 2008, 28(5): 59-62.

[18] Bishnu S, Vijay V. Dynamic var planning in a large power system using trajectory sensitivities[J]. IEEE Transactions on Power Systems, 2010, 25(1): 461-469.

[19] 徐毅非, 蒋文波, 程雪丽. 基于谱聚类的无功电压分区和主导节点选择[J]. 电力系统保护与控制, 2016, 44(15): 73-78.

[20] Sun H, Guo Q, Zhang B, et al.An adaptive zone-division-based automatic voltage control system with applications in China[J]. IEEE Transactions on Power System, 2013, 28(2): 1816-1828.

[21] Jiang T, Bai L, Li X, et al. Volt-var interaction evaluation in bulk power systems[C]. 2016 IEEE Power and Energy Society General Meeting(PESGM) , Boston, 2016.

[22] 李雪, 姜涛, 李国庆, 等. 基于相关增益的电压稳定关键注入区域识别[J]. 电工技术学报, 2018, 33(4): 739-749.

[23] Shimizu K, Matsubara M. Singular perturbation for the dynamic interaction measure[J]. IEEE Transactions on Automatic Control, 1985, 30(8): 790-792.

[24] Farsangi M M, Song Y H, Lee K Y. Choice of FACTS device control inputs for damping interarea oscillations[J]. IEEE Transactions on Power Systems, 2004, 19(2): 1135-1143.

[25] Milanovic J V, Duque A C S. Identification of electromechanical modes and placement of PSSs using relative gain array[J]. IEEE Transactions on Power Systems, 2004, 19(1): 410-417.

[26] Bai L, Jiang T, Li X, et al. Partitioning voltage stability critical injection regions via electrical network response and dynamic relative gain[C]. 2016 IEEE Power and Energy Society General Meeting(PESGM) , Boston, 2016.

[27] Wang J, Fu C, Yao Z. Design of WAMS-based multiple HVDC damping control system[J]. IEEE Transactions on Smart Grid, 2011, 2(2): 363-374.

[28] Li Y, Rehtanz C, Ruberg S, et al. Assessment and choice of input signals for multiple HVDC and FACTS wide-area damping controllers[J]. IEEE Transactions on Power Systems, 2012, 27(4): 1969-1977.

[29] Zimmerman R D, Murillo-Sánchez C E, Thomas R J, et al. MATPOWER: Steady-state operations, planning, and analysis tools for power systems research and education[J]. IEEE Transactions on Power Systems, 2011, 26(1): 12-19.

[30] 余贻鑫, 王成山. 电力系统稳定性理论与方法[M]. 北京: 科学出版社, 1999.

[31] MATPOWER. MATPOWER[EB/OL]. [2024-04-30]. http://www.pserc.cornell.edu/matpower.

[32] 姜涛. 基于广域量测信息的电力大系统安全性分析与协调控制[D]. 天津: 天津大学, 2015.

[33] Chiang H D, Flueck A J. CPFLOW: A practical tool for tracing power system steady-state stationary behavior due to load and generation variations[J]. IEEE Transactions on Power Systems, 1995, 10(2): 623-634.

[34] Jia H, Yu X, Yu Y, et al. An improved voltage stability index and its application[J]. International Journal of Electrical Power & Energy Systems, 2005, 27(8): 567-574.

[35] Shakerighadi B, Aminifar F, Afsharnia S. Power systems wide-area voltage stability assessment considering dissimilar load variations and credible contingencies[J]. Modern Power Systems and Clean Energy,2019, 7(1): 78-87.

[36] Overbye T J, Dobson I. Q-V curve interpretations of energy measures for voltage security[J]. IEEE Transactions on Power Systems, 1994, 9(1): 331-340.

[37] Gao B, Morison G K. Voltage stability evaluation using modal analysis[J]. IEEE Transactions on Power Systems, 1992, 7(4): 1529-1542.

[38] Tamura Y, Mori H, Iwamoto S. Relationship between voltage instability and multiple load flow solutions in electric power systems[J]. IEEE Transactions on Power Apparatus and Systems, 1983, PAS-102(5): 1115-1125.

[39] de Souza A C Z, Canizares C A, Quintana V H. New techniques to speed up voltage collapse computations using tangent vectors[J]. IEEE Transactions on Power Systems, 1997, 12(3): 1380-1387.

[40] Vournas C D. Voltage stability and controllability indices for multimachine power systems[J]. IEEE Transactions on Power

Systems, 1995, 10(3): 1183-1194.

[41] Liu J H, Chu C C. Wide-area measurement-based voltage stability indicators by modified coupled single-port models[J]. IEEE Transactions on Power Systems, 2014, 29(2): 756-764.

[42] de Oliveira-de JesÚs P M, Castronuovo E D, de LeÃo M TP. Reactive power response of wind generators under an incremental network-loss allocation approach[J]. IEEE Transactions on Energy Conversion, 2008, 23(2): 612-621.

[43] Hang L, Bose A, Venkatasubramanian V. A fast voltage security assessment method using adaptive bounding[J]. IEEE Transactions on Power System, 2000, 15(3): 1137-1141.

[44] Jin Z, Nobile E, Bose A, et al. Localized reactive power markets using the concept of voltage control areas[J]. IEEE Transactions on Power Systems, 2004, 19(3): 1555-1561.

[45] Verma M K, Srivastava S C. Approach to determine voltage control areas considering impact of contingencies[J]. IEE Proceedings-Generation, Transmission and Distribution, 2005, 152(3): 342-350.

[46] Cotilla-Sanchez E, Hines P D H, Barrows C, et al. Multi-attribute partitioning of power networks based on electrical distance[J]. IEEE Transactions on Power Systems, 2013, 28(4): 4979-4987.

[47] Khan I, Xu Y, Kar S, el at. Compressive sensing and morphology singular entropy-based real-time secondary voltage control of multiarea power systems[J]. IEEE Transactions on Industrial Informatics, 2019, 15(7): 3796-3807.

[48] Jiang T, Bai L, Jia H, et al. Identification of voltage stability critical injection region in bulk power systems based on the relative gain of voltage coupling[J]. IET Generation Transmission & Distribution, 2016, 10(7): 1495-1503.

[49] 陈厚合, 运奕竹, 邢文洋, 等. 基于聚类分析方法的电力系统负荷节点分区策略[J]. 电力系统保护与控制, 2013, 41(12): 47-53.

[50] von Luxburg U. A tutorial on spectral clustering[J]. Statistics and Computing, 2007, 17: 395-416.

[51] Pferschy U, Schauer J. The knapsack problem with conflict graphs[J]. Journal of Graph Algorithms and Applications, 2009, 13(2): 233-249.

[52] Ju W, Xiang D, Zhang B, et al. Random walk and graph cut for co-segmentation of lung tumor on PET-CT images[J]. IEEE Transactions on Image Processing, 2015, 24(12): 5854-5867.

[53] Wang D, Lu H. Fast and robust object tracking via probability continuous outlier model[J]. IEEE Transactions on Image Processing, 2015, 24(12): 5166-5176.

[54] Ding L, Gonzalez-Longatt F M, Wall P, et al. Two-step spectral clustering controlled islanding algorithm[J]. IEEE Transactions on Power Systems, 2013, 28(1): 75-84.

[55] Quirós-Tortós J, Sánchez-García R, Brodzki J, et al. Constrained spectral clustering-based methodology for intentional controlled islanding of large-scale power systems[J]. IET Generation Transmission & Distribution, 2014, 9(1): 31-42.

[56] Quiros-Tortos J, Wall P, Ding L, et al. Determination of sectionalising strategies for parallel power system restoration: A spectral clustering-based methodology[J]. Electric Power Systems Research, 2014, 116: 381-390.

[57] Lee J R, Gharan S O, Trevisan L. Multiway spectral partitioning and higher-order Cheeger inequalities[J]. Journal of the ACM, 2014, 61(6): 1-30.

[58] Wang H, Yang Y, Liu B. GMC: Graph-based multi-view clustering[J]. IEEE Transactions on Knowledge and Data Engineering,2020, 32(6): 1116-1129.

[59] Sanchez-Garcia R J, Fennelly M, Norris S, et al. Hierarchical spectral clustering of power grids[J]. IEEE Transactions on Power Systems, 2014, 29(5): 2229-2237.

[60] Saad M, Amadou M D, Mehrjerdi H, et al. Area voltage control analysis in transmission systems based on clustering technique[J]. IET Generation Transmission & Distribution, 2014, 8(12): 2134-2143.

[61] Xue L, Li F. GPU-based power flow analysis with Chebyshev preconditioner and conjugate gradient method[J]. Electric Power Systems Research, 2014, 116: 87-93.

第 5 章　电力系统广域电压稳定控制

电力系统广域电压稳定控制是电力系统安全稳定分析的重要组成部分之一，电网调度、运行人员普遍采用分级分区调控原则进行电压稳定控制，其实施效果依赖于电压控制区划分的合理性，合理的电压稳定控制分区策略可有效提高系统安全稳定运行水平，降低系统电压失稳风险[1-4]。现有基于模型的电压稳定控制区划分方法以划分系统电压-无功控制区为出发点，进而识别电压稳定关键节点，并采取相应措施改善关键节点的电压稳定性[5-7]。该方法在系统电压稳定紧急状态下存在电压控制区内无关键节点、多个控制区的电压稳定关键节点间存在强电压耦合关系、需进行统一协调控制却被各控制区的分散控制策略所替代等不足，影响了系统电压稳定整体控制效果[8-10]。近年来，WAMS在电力系统中的大规模应用，为电力系统在广域范围内实现系统电压稳定控制提供了新手段，如何借助广域量测信息在线控制系统的电压稳定性，实现电力系统广域电压稳定控制具有广泛的研究前景[11-14]。

本章构建了反映系统各负荷节点间电压相互影响程度的局部电压稳定指标灵敏度，有效识别了电压/无功调节关键节点和非关键节点；在此基础上，通过电压稳定指标的灵敏度信息，研究关键注入区域内无功注入对电压稳定关键节点的影响，定量预测负荷节点电压稳定指标随负荷节点无功波动的变化趋势，计算关键节点电压稳定指标越限后的无功补偿量，并结合负荷节点的无功储备容量，提出在电压稳定关键注入区域内改善电压稳定关键节点的电压/无功调控策略；进一步以局部负荷裕度为出发点，借助广域量测信息，估计系统的网络耦合矩阵，通过节点负荷裕度来辨识电压稳定关键节点，进而提出一种基于广域负荷裕度灵敏度的电压稳定控制新方法，设计了系统关键节点的电压稳定控制策略。

5.1　基于广域电压稳定指标的电压/无功分区调节方法

本节在第 2 章广域电压稳定指标的基础上，推导出反映系统各负荷节点间电压相互影响程度的局部电压稳定指标灵敏度；利用局部电压稳定指标划分系统电压/无功调节区域，对区域内节点采用局部电压稳定指标灵敏度识别电压/无功调节关键节点和非关键节点；根据无功分层、就地平衡原则，借助动态经济压差计算关键节点补偿容量[15]。

5.1.1　局部电压稳定指标

文献[16]首次提出了局部电压稳定指标的概念，在计算该指标值时将网络节点类型分

为发电机节点集合 α_G 和负荷节点集合 α_L，对应的网络节点电压方程为

$$\begin{bmatrix} \boldsymbol{I}_G \\ \boldsymbol{I}_L \end{bmatrix} = \begin{bmatrix} \boldsymbol{Y}_{GG} & \boldsymbol{Y}_{GL} \\ \boldsymbol{Y}_{LG} & \boldsymbol{Y}_{LL} \end{bmatrix} \begin{bmatrix} \boldsymbol{V}_G \\ \boldsymbol{V}_L \end{bmatrix} \tag{5-1}$$

式中，$\boldsymbol{V}_G$ 和 $\boldsymbol{I}_G$ 为发电机节点的电压和电流向量；$\boldsymbol{V}_L$ 和 $\boldsymbol{I}_L$ 为负荷节点的电压和电流向量；$\boldsymbol{Y}_{GG}$、$\boldsymbol{Y}_{GL}$、$\boldsymbol{Y}_{LG}$、$\boldsymbol{Y}_{LL}$ 为节点导纳矩阵的子矩阵。

由 $\boldsymbol{Z}_{LL} = \boldsymbol{Y}_{LL}^{-1}$，可将式（5-1）转化为

$$\begin{bmatrix} \boldsymbol{I}_G \\ \boldsymbol{V}_L \end{bmatrix} = \begin{bmatrix} \boldsymbol{Y}_{GG} - \boldsymbol{Y}_{GL}\boldsymbol{Z}_{LL}\boldsymbol{Y}_{LG} & \boldsymbol{Y}_{GL}\boldsymbol{Z}_{LL} \\ -\boldsymbol{Z}_{LL}\boldsymbol{Y}_{LG} & \boldsymbol{Z}_{LL} \end{bmatrix} \begin{bmatrix} \boldsymbol{V}_G \\ \boldsymbol{I}_L \end{bmatrix} \tag{5-2}$$

令 $\boldsymbol{F}_{LG}=-\boldsymbol{Z}_{LL}\boldsymbol{Y}_{LG}$，对于网络中的负荷节点 $j \in \alpha_L$，由式（5-2）得

$$\dot{V}_j = \sum_{i \in \alpha_L} Z_{ji}\dot{I}_i + \sum_{k \in \alpha_G} F_{jk}\dot{V}_{Gk} \tag{5-3}$$

式中，$\dot{V}_j$ 为第 j 个负荷节点的电压相量，$j \in \alpha_L$；$\dot{V}_{Gk}$ 为第 k 个发电机节点的电压相量，$k \in \alpha_G$；F_{jk} 为负荷参与因子矩阵 $\boldsymbol{F}_{LG}$ 的第 j 行第 k 列元素。

分别定义 Y_{jj}^+、S_j^+ 和 $\dot{V}_{0j}$ 满足如下关系：

$$\begin{cases} Y_{jj}^+ = 1/Z_{jj} \\ S_j^+ = S_j + S_j^{\text{corr}} = S_j + \left(\sum\limits_{\substack{i \in \alpha_L \\ i \neq j}} \dfrac{Z_{ji}^* S_i}{Z_{jj}^* \dot{V}_i} \right) \dot{V}_j \\ \dot{V}_{0j} = -\sum\limits_{k \in \alpha_G} F_{jk}\dot{V}_{Gk} \end{cases}$$

式中，S_j^+ 为系统对节点 j 的等值负荷；上角标*表示变量的共轭。

进一步由式（5-3）及 Y_{jj}^+、S_j^+ 和 $\dot{V}_{0j}$ 推导可得

$$\dot{V}_j^2 + \dot{V}_{0j}\dot{V}_j^* = S_j^{+*}/Y_{jj}^{+*} \tag{5-4}$$

文献[1]定义了负荷节点 j 的电压稳定指标 L_j 为

$$L_j = \left| 1 + \frac{\dot{V}_{0j}}{\dot{V}_j} \right| = \left| 1 - \frac{\sum\limits_{k \in \alpha_G} F_{jk}\dot{V}_{Gk}}{\dot{V}_j} \right| = \left| \frac{S_j^+}{Y_{jj}^{+*}\dot{V}_j^2} \right| \tag{5-5}$$

将 S_j^+ 代入式（5-5）可得

$$L_j = \frac{\left| \left(\sum\limits_{i \in \alpha_L} \dfrac{Z_{ji}^* S_i}{Z_{jj}^* \dot{V}_i} \right) \dot{V}_j \right|}{\dot{V}_j^2 Y_{jj}} = \frac{\left| \sum\limits_{i \in \alpha_L} \dfrac{Z_{ji}^* S_i}{\dot{V}_i} \right|}{\dot{V}_j} \tag{5-6}$$

网络中所有负荷节点局部电压稳定指标构成的负荷节点局部电压稳定指标集合为 $L=[L_1, L_2, \cdots, L_n]$，其中 $n \in \alpha_L$。则整个网络的电压稳定指标为

$$L = \|L\|_\infty \tag{5-7}$$

局部电压稳定指标与系统电压稳定性的关系为[1-18]：①系统电压稳定时，对应指标值 $L<1.0$；②系统处于电压稳定临界点时，指标值 $L=1.0$；③系统电压失稳时，指标值 $L>1.0$。

5.1.2 补偿地点选择

5.1.2.1 电压控制区划分

电压失稳是一个典型局部问题，系统电压崩溃通常从网络中某一个或几个节点开始，逐步蔓延到整个网络[19]。为防止系统电压失稳事故的出现，需对系统电压稳定性进行评估，根据评估结果划分电压控制区，对控制区内电压采取合理的调节措施，避免系统出现电压失稳的风险。局部电压稳定指标值可有效反映节点维持电压的能力，L 值越大，该节点出现电压失稳的风险越大，L 指标变化趋势如图 4-1 所示。

通过 L 指标可对网络中各负荷节点的电压稳定程度进行评估，将评估结果与负荷节点间的电气距离相结合，根据系统电压失稳的局部性特点，将各负荷节点电压稳定评估结果相近且电气距离接近的节点划分为一个电压控制区，识别控制区内的电压/无功调节关键节点，采取相应措施改善节点的电压稳定性。

5.1.2.2 电压控制区内关键节点识别

由式（5-6）可知，L 指标不仅受本节点注入功率的影响，还与其他负荷节点的注入功率、节点电压和自、互阻抗有关。系统稳态运行时，网络结构保持不变，不计有功功率影响，节点电压稳定性主要受本节点和其他负荷节点无功功率影响。为分析负荷节点无功功率波动对系统电压的影响，根据式（5-6）定义负荷节点 L 指标灵敏度：

$$
\begin{cases}
\dfrac{\partial L_i}{\partial Q_j} = \dfrac{\mathrm{real}(X_{ij}\cos\theta_j + R_{ij}\sin\theta_j) + \mathrm{imag}(R_{ij}\cos\theta_j - X_{ij}\sin\theta_j)}{V_i^2 V_j L_i} \\
\mathrm{real} = \sum\limits_{j\in\alpha_{\mathrm{L}}} [P_i(R_{ij}\cos\theta_j - X_{ij}\sin\theta_j) + Q_i(X_{ij}\cos\theta_j + R_{ij}\sin\theta_j)] \\
\mathrm{imag} = \sum\limits_{j\in\alpha_{\mathrm{L}}} [Q_i(R_{ij}\cos\theta_j - X_{ij}\sin\theta_j) - P_i(X_{ij}\cos\theta_j + R_{ij}\sin\theta_j)]
\end{cases}
\tag{5-8}
$$

式中，L_i 为节点 i 的 L 指标；V_i 为节点 i 电压幅值；P_i、Q_i 分别为节点 i 注入的有功和无功功率；V_j、θ_j 为节点 j 的电压幅值、电压相位；R_{ij}、X_{ij} 为消去联络节点后的负荷节点 i、j 之间的电阻和电抗。

根据 L 指标灵敏度定义，对于存在 m 个负荷节点的系统，各负荷节点无功功率变化对 L 指标的影响可表示为

$$
\begin{bmatrix} \Delta L_1 \\ \Delta L_2 \\ \vdots \\ \Delta L_m \end{bmatrix} = \begin{bmatrix} \dfrac{\partial L_1}{\partial Q_1} & \dfrac{\partial L_1}{\partial Q_2} & \cdots & \dfrac{\partial L_1}{\partial Q_m} \\ \dfrac{\partial L_2}{\partial Q_1} & \dfrac{\partial L_2}{\partial Q_2} & \cdots & \dfrac{\partial L_2}{\partial Q_m} \\ \vdots & \vdots & & \vdots \\ \dfrac{\partial L_m}{\partial Q_1} & \dfrac{\partial L_m}{\partial Q_2} & \cdots & \dfrac{\partial L_m}{\partial Q_m} \end{bmatrix} \begin{bmatrix} \Delta Q_1 \\ \Delta Q_2 \\ \vdots \\ \Delta Q_m \end{bmatrix}
\tag{5-9}
$$

式中，偏导矩阵即为系统对应的负荷节点 L 指标灵敏度矩阵。

显然，结合式（5-8）可知系统负荷节点的 L 指标灵敏度矩阵各元素必大于 0。矩阵主对角线元素反映了本节点无功波动对本节点电压的影响程度，灵敏度值大说明该节点微小的无功波动可能引起节点电压幅值的大幅变化，当系统无功储备不足时，该节点最可能出现电压失稳，因此可将此节点划为电压/无功调节区域内的关键节点。在电压/无功调节区域内，对各节点对应的灵敏度矩阵主对角线上的元素进行排序，根据排完的先后顺序比较对应的灵敏度值，若最大灵敏度值显著大于其他灵敏度值，则认为该灵敏度对应的节点为控制区内的关键节点；若最大灵敏度值与若干灵敏度值相接近，则认为这几个节点都为控制区内的关键节点。

5.1.3　补偿容量确定

5.1.3.1　动态无功补偿

电网负荷实时变化，为适应系统运行方式的变化，实现无功的分层、就地补偿，使系统在各种工况下网损最小，电网运营方需在负荷中心安装一定的动态无功补偿装置，如 SVC、STATCOM 等。从提高系统电压稳定裕度和投资效益两方面综合考虑，通常的做法是将补偿的全部容量分为固定补偿容量和可调补偿容量两个部分，固定补偿部分选择并联电容器组；可调补偿部分选择 SVC，利用 SVC 的快速响应特性，实现无功的动态平滑调节。

5.1.3.2　经济压差法

经济压差指的是，维持输电线路无功功率分点恰恰位于线路中点的线路首、末端电压之差[20]。文献[21]从理论上证明了线路在经济压差状态下运行，可有效减少无功功率的穿越，降低线路因无功传输造成的有功损耗，从而改善系统电压质量和提高无功补偿的投资效益。经济压差状态下，线路电压损耗与线路传输功率满足如下关系：

$$V_i - V_j = \Delta V_{ij} = \frac{P_{ij}R_{ij} + Q_{ij}X_{ij}}{V_i} = \frac{P_{ij}R_{ij}}{V_i} \tag{5-10}$$

式中，i、j 分别为线路的首、末两端；V_i、V_j 为母线 i、j 的电压幅值；ΔV_{ij} 为线路 ij 的电压损耗；P_{ij}、Q_{ij} 分别为流过线路 ij 的有功功率和无功功率；R_{ij}、X_{ij} 分别为线路 ij 的电阻和电抗。

5.1.3.3　补偿容量的计算

系统支路运行于经济压差状态下时，各母线所需补偿的无功容量满足：

$$Q_{\text{comp}} - \sum_{i=1}^{n}(-B_{ij}V^2 + Q_{ij})/2 - \sum_{k=1}^{m}\Delta Q_{\text{T}k} - Q_{\text{load}} = 0 \tag{5-11}$$

式中，Q_{comp} 为母线上所需补偿的无功容量；V 为母线的电压幅值；B_{ij} 为支路 ij 的对地电纳；Q_{ij} 为与母线相连的支路上流过的无功功率；$\Delta Q_{\text{T}k}$ 为与母线相连的第 k 个变压器的无功损耗量；Q_{load} 为母线上的无功负荷容量；n、m 分别为与母线相连的支路条数和变压器台数。

在各种运行方式下，采用式（5-11）便可计算各母线无功补偿容量的最大值 $Q_{\max}$ 和最小值 $Q_{\min}$，则动态无功补偿容量取值范围为

$$Q_{\min} \leqslant Q_{\text{comp}} \leqslant Q_{\max} \tag{5-12}$$

由式（5-12）确定母线无功补偿容量后，需进一步计算动态补偿中固定补偿部分和可调补偿部分的容量。从改善系统电压稳定性和节省投资成本角度出发，可调补偿部分容量 Q_{factset} 和固定补偿部分容量 Q_{scset} 分别为

$$\begin{cases} Q_{\text{factset}} = 2Q_{\text{comp}}/N \\ Q_{\text{scset}} = Q_{\text{comp}}(N-2)/N \end{cases} \tag{5-13}$$

式中，N 为所需补偿容量全部采用电容器补偿时所需的电容器组数。

结合式（5-13），为实现无功功率的平滑调节，电容器组的投切策略为

$$s_{\text{c}} = \begin{cases} 1, & Q_{\text{fact}} \geqslant Q_{\text{factset}}/2 - \Delta Q_1 \\ 0, & |Q_{\text{fact}}| \leqslant Q_{\text{factset}}/2 - \Delta Q_2 \\ -1, & Q_{\text{fact}} \leqslant -Q_{\text{factset}}/2 - \Delta Q_3 \end{cases} \tag{5-14}$$

式中，1 表示电容器组投入；0 表示无操作；–1 表示电容器退出；Q_{fact} 为可调补偿部分无功补偿装置的实际补偿量；ΔQ_1、ΔQ_2、ΔQ_3 为可调阈值。

5.1.4 电压/无功分区调节实现步骤

电压/无功分区调节的步骤如下：①计算各负荷节点的局部电压稳定指标，对负荷电压稳定程度进行排序，将排序结果与负荷节点间的电气距离相结合，根据系统电压失稳的局部性特点划分电压/无功调节区域。②在电压/无功调节区域内，计算各负荷节点的局部电压稳定指标灵敏度，辨识区域内电压/无功调节关键节点和非关键节点。③对电压/无功调节关键节点，采用动态经济压差法计算无功补偿容量。

实际工程应用时，对系统最弱电压节点可考虑适当增加 SVC 的容量以有利于提高节点的静态电压稳定裕度，改善系统电压稳定性。

5.1.5 算例分析

为验证本节所提出的局部电压稳定指标灵敏度的合理性和有效性，以图 5-1 所示的 IEEE 14 节点测试系统为例，从基态增加负荷直到系统电压崩溃。

计算得到的负荷节点 L 指标值见表 5-1。负荷节点 P-V 曲线和 L 指标变化趋势如图 5-2 所示。各负荷节点的 L 指标灵敏度变化趋势曲线如图 5-3～图 5-10 所示。

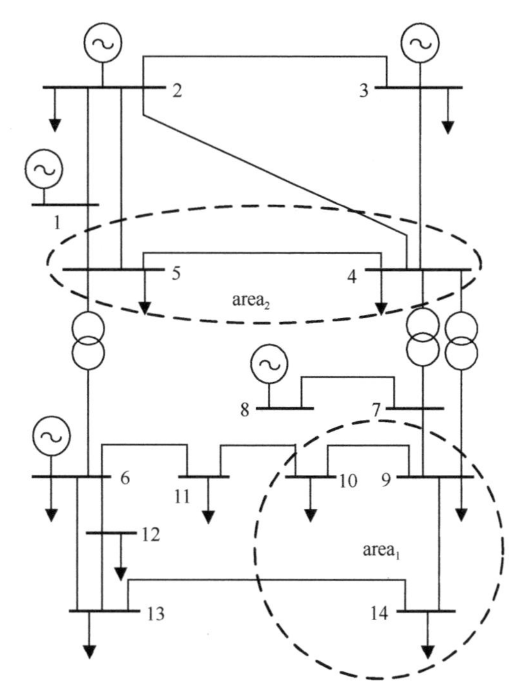

图 5-1　IEEE 14 节点测试系统

表 5-1　负荷节点 *L* 指标值

λ	节点 4	节点 5	节点 9	节点 10	节点 11	节点 12	节点 13	节点 14
0.0000	0.0413	0.0281	0.0888	0.0847	0.0486	0.0323	0.0427	0.1010
0.6907	0.0736	0.0499	0.1615	0.1540	0.0869	0.0569	0.0761	0.1860
1.0336	0.0917	0.0621	0.2033	0.1938	0.1082	0.0700	0.0943	0.2356
1.6882	0.1334	0.0901	0.3010	0.2862	0.1555	0.0975	0.1335	0.3526
1.9646	0.1558	0.1053	0.3540	0.3359	0.1796	0.1104	0.1527	0.4164
2.2015	0.1792	0.1213	0.4094	0.3873	0.2036	0.1225	0.1711	0.4829
2.3986	0.2038	0.1382	0.4669	0.4403	0.2272	0.1335	0.1884	0.5516
2.5565	0.2298	0.1563	0.5267	0.4946	0.2503	0.1434	0.2044	0.6222
2.6766	0.2572	0.1758	0.5883	0.5499	0.2726	0.1520	0.2190	0.6938
2.7608	0.2866	0.1970	0.6517	0.6058	0.2940	0.1593	0.2320	0.7655
2.8109	0.3181	0.2203	0.7161	0.6616	0.3141	0.1652	0.2430	0.8356
2.8286	0.3560	0.2492	0.7872	0.7216	0.3343	0.1700	0.2527	0.9086

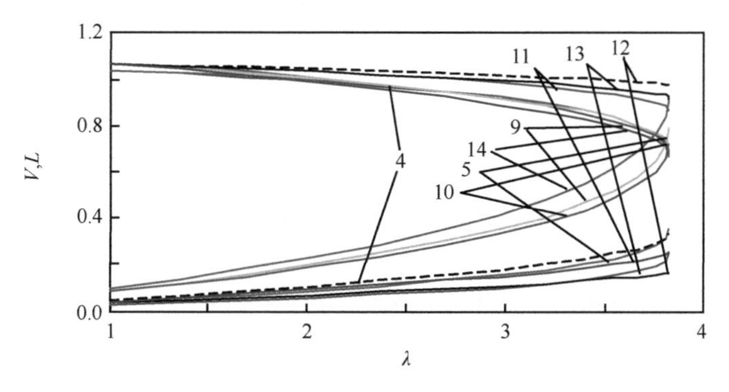

图 5-2　负荷节点 *P*-*V* 曲线和 *L* 指标曲线图

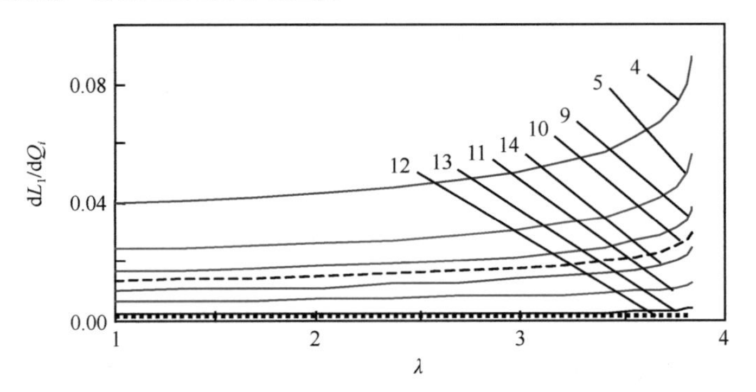

图 5-3 母线 4 的 L 指标灵敏度曲线

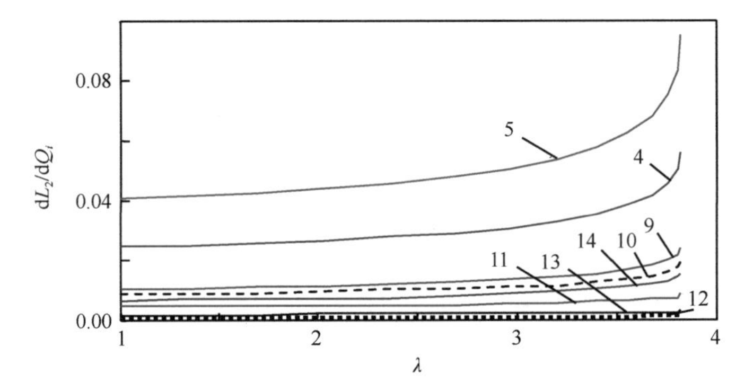

图 5-4 母线 5 的 L 指标灵敏度曲线

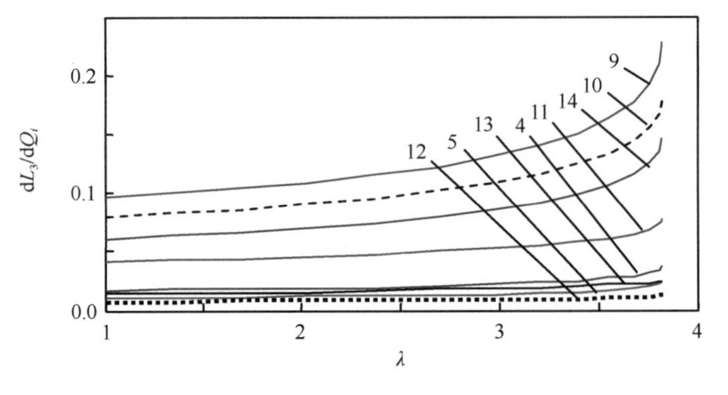

图 5-5 母线 9 的 L 指标灵敏度曲线

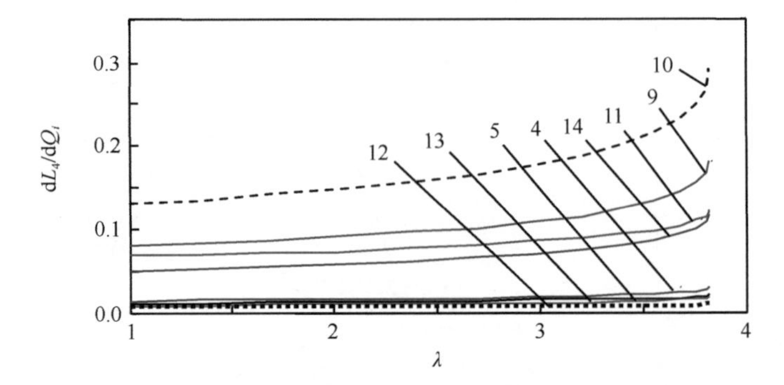

图 5-6 母线 10 的 L 指标灵敏度曲线

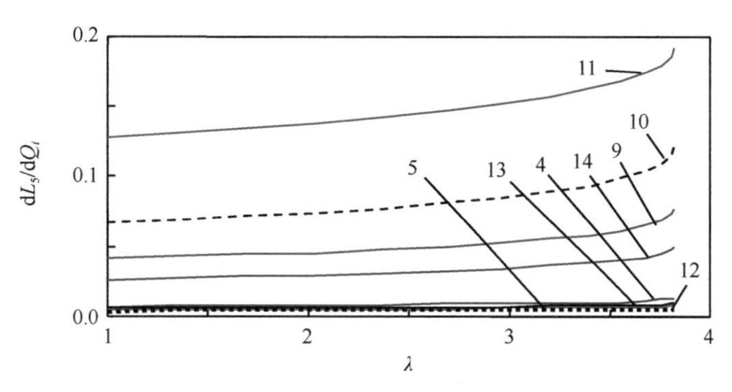

图 5-7　母线 11 的 L 指标灵敏度曲线

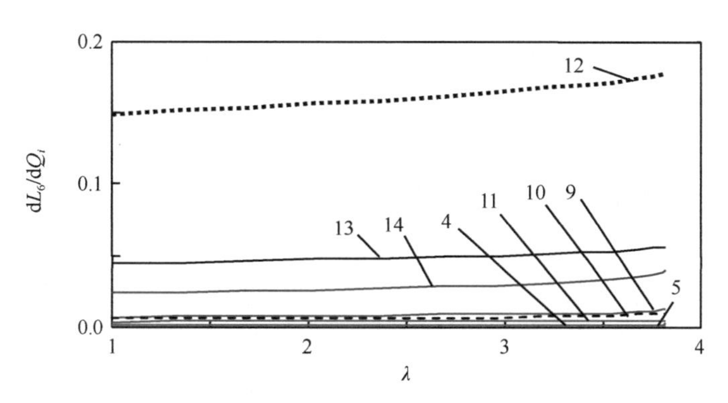

图 5-8　母线 12 的 L 指标灵敏度曲线

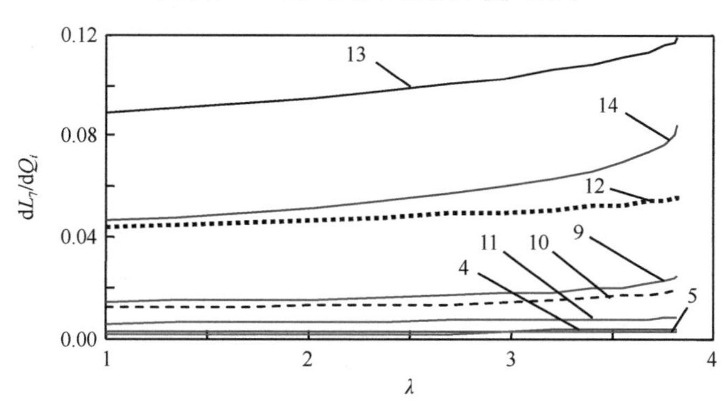

图 5-9　母线 13 的 L 指标灵敏度曲线

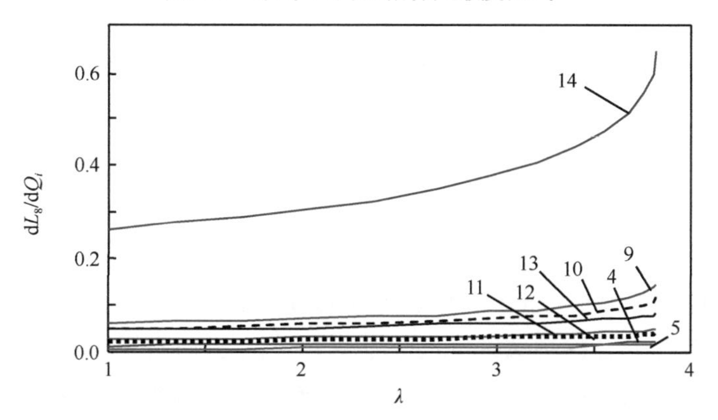

图 5-10　母线 14 的 L 指标灵敏度曲线

由表 5-1 可知，随着各节点负荷的不断增加，负荷节点的 L 指标单调递增，当系统电压出现崩溃时，系统的 L 指标接近于 1。

采用 CPF 法和 L 指标得到的系统负荷节点电压稳定裕度排序如表 5-2 所示。可知，采用 L 指标计算与 CPF 法的计算结果基本一致。

表 5-2 IEEE 14 节点测试系统负荷节点电压稳定裕度排序

方法	负荷节点
CPF 法	14、10、9、4、5、11、13、12
L 指标	14、9、10、4、11、5、13、12

图 5-3～图 5-10 给出了从基态出发增加负荷直到系统电压崩溃过程中的负荷节点 L 指标灵敏度的变化趋势，L_1～L_8 分别对应负荷节点（节点 4、5、9、10、11、12、13、14）的 L 指标。由图 5-3～图 5-10 可知，在各节点 L 指标灵敏度曲线簇中，起主导作用的曲线为本节点的灵敏度曲线，该现象进一步说明电压稳定是一典型局部问题，主要受本节点负荷功率影响。

表 5-3 给出了在系统电压崩溃点处的 L 指标灵敏度矩阵，表 5-3 数据表明 L 指标灵敏度矩阵近似为对称阵，且主对角线元素大于非主对角线元素，各行元素的排列顺序与图 5-3～图 5-10 中各灵敏度曲线排列顺序相对应，且电压崩溃点的灵敏度值最大。

表 5-3 电压崩溃点处的 L 指标灵敏度矩阵

负荷节点	节点 4	节点 5	节点 9	节点 10	节点 11	节点 12	节点 13	节点 14
4	0.0891	0.0562	0.0379	0.0304	0.0129	0.0021	0.0042	0.0244
5	0.0562	0.0949	0.0240	0.0191	0.0081	0.0012	0.0027	0.0154
9	0.0381	0.0238	0.2283	0.1827	0.0772	0.0118	0.0251	0.1469
10	0.0302	0.0191	0.1827	0.2884	0.1219	0.0094	0.0199	0.1173
11	0.0129	0.0081	0.0772	0.1219	0.1916	0.0040	0.0084	0.0496
12	0.0019	0.0012	0.0118	0.0094	0.0040	0.1786	0.0561	0.0398
13	0.0041	0.0026	0.0251	0.0199	0.0084	0.0561	0.1690	0.0843
14	0.0244	0.0154	0.1469	0.1173	0.0496	0.0398	0.0843	0.6498

若按照表 5-2 的电压稳定裕度排序选择无功补偿点，根据 CPF 法选择的 2 个无功补偿点分别为节点 14 和 10；采用 L 指标法选择的 2 个无功补偿点分别为节点 14 和 9。而根据电压失稳的局部性特点，利用 L 指标法和负荷节点电气距离相结合将电压控制区划分为 $\text{area}_1=\{14, 10, 9\}$；$\text{area}_2=\{4, 5\}$；$\text{area}_3=\{11, 13, 12\}$。

考虑到 area_3 的系统电压稳定性较好，只针对图 5-1 所示的 area_1、area_2 采取无功补偿措施改善其电压稳定性。划分完电压/无功调节区后，需辨识区内电压/无功调节关键节点和非关键节点。由于区内关键节点可能多于 1 个，此时采用 CPF 法就无法给出更多信息；而借助于 L 指标灵敏度，对比表 5-3 可辨识出 area_1 的电压/无功调节关键节点为节点 14，area_2 的电压/无功调节关键节点为节点 5。

为进一步验证所提的无功补偿点的可行性，采用 3 种补偿方案进行分析比较：方案 1，只补偿系统电压最弱节点；方案 2，补偿节点为 CPF 法所获得的电压最弱的两个节点；方案 3，补偿节点为采用 L 指标和 L 指标灵敏度求得的各电压/无功调节区内的关键节点。

以算例的基态作为最小运行方式；负荷增长因子λ=1.5 时的系统状态为最大运行方式。不同运行方式下，针对不同补偿方案，采用动态经济压差法计算的各补偿点补偿容量见表 5-4，表中下标表示节点号。根据补偿容量计算结果，在方案 1 的 14 节点上装设 1 组 10Mvar 的电容器组和一台容量为 15Mvar 的 SVC；方案 2 的节点 10 上装设 4 组 10Mvar 的电容器组和一台容量为 20Mvar 的 SVC，14 节点上装设 1 组 10Mvar 的电容器组和一台容量为 15Mvar 的 SVC；方案 3 的节点 5 上装设 3 组 10Mvar 的电容器组和一台容量为 15Mvar 的 SVC，考虑到节点 14 为系统电压最弱节点，14 节点上装设 1 组 10Mvar 的电容器组和一台容量为 20Mvar 的 SVC。

表 5-4　补偿方案

补偿方案	补偿容量/p.u.	系统总网损/p.u.
无补偿	—	0.7370+j2.6745
方案 1	Q_{14}=0.2144	0.7274+j2.6292
方案 2	Q_{10}=0.5704、Q_{14}=0.2144	0.7124+j2.5497
方案 3	Q_{5}=0.4442、Q_{14}=0.2144	0.7085+j2.5390

最大运行方式下，各种补偿方案的负荷节点电压幅值见表 5-5。表 5-5 结果表明，系统无补偿时，节点 14 的电压将越限；采用方案 1 补偿时，有效提高了节点 14 的电压稳定性，但对节点 4、5、9、10 的电压稳定性无显著改善效果；采用方案 2 补偿时，节点 14、9、10 的电压稳定性得到了明显改善，但对节点 4、5 的电压稳定性改善效果有限；采用方案 3 补偿时，各负荷节点的电压幅值都在 0.98～1.04p.u.范围内，节点电压稳定性都能得到有效改善。对比表 5-5 中的 3 种方案，采用方案 2 与 3 在改善系统电压稳定性上效果基本相同，但从表 5-4 的补偿容量和系统总网损上看，方案 3 的投资与收益比要优于方案 2。

表 5-5　不同方案下负荷节点电压幅值　（单位：p.u.）

负荷节点	无补偿	方案 1	方案 2	方案 3
4	0.9660	0.9690	0.9804	0.9880
5	0.9716	0.9738	0.9817	0.9856
9	0.9702	0.9885	1.0190	0.9971
10	0.9708	0.9860	1.0250	0.9932
11	1.0117	1.0195	1.0197	1.0232
12	1.0324	1.0391	1.0149	1.0398
13	1.0163	1.0289	1.0101	1.0303
14	0.9485	1.0040	1.0224	1.0099

5.2 基于广域电压稳定指标的电压稳定控制方法

借助 5.1 节的电压/无功分区调节方法，可确定影响系统电压稳定性的关键节点及对应的注入区域。本节在此基础上，采用已有电压稳定指标和灵敏度分析方法，研究系统中节点功率注入与节点电压稳定性间的内在关系，并预测系统电压稳定性随负荷节点无功注入的变化趋势[22-24]。

5.2.1 LQ 灵敏度

根据 L_j 指标定义，其可详细表示为

$$L_j = \frac{1}{V_j^2}\sqrt{f^2 + g^2} \tag{5-15}$$

$$\begin{cases} f = \sum\limits_{i\in\alpha_{\mathrm{L}}} \dfrac{V_j}{V_i} f_i \\ f_i = P_i\left(R_{ij}\cos\theta_{ij} - X_{ij}\sin\theta_{ij}\right) + Q_i\left(X_{ij}\cos\theta_{ij} + R_{ij}\sin\theta_{ij}\right) \\ g = \sum\limits_{i\in\alpha_{\mathrm{L}}} \dfrac{V_j}{V_i} g_i \\ g_i = Q_i\left(R_{ij}\cos\theta_{ij} - X_{ij}\sin\theta_{ij}\right) - P_i\left(X_{ij}\cos\theta_{ij} + R_{ij}\sin\theta_{ij}\right) \end{cases} \tag{5-16}$$

式中，P_i 和 Q_i 分别为负荷节点 i 注入的有功功率和无功功率；θ_{ij} 为节点 i、j 间电压相位差；R_{ij} 和 X_{ij} 分别为负荷节点 i、j 之间的电阻和电抗。

由式（5-15）可得到如下关于负荷节点 j 的电压稳定指标 L_j 的全微分方程：

$$\Delta L_j = \frac{\partial L_j}{\partial Q}\Delta Q + \frac{\partial L_j}{\partial P}\Delta P + \frac{\partial L_j}{\partial \theta}\Delta\theta + \frac{\partial L_j}{\partial V}\Delta V \tag{5-17}$$

由式（5-16）可知，式（5-17）中 L_j 对负荷节点 i 的有功功率、无功功率、电压相位和幅值的偏导分别为

$$\frac{\partial L_j}{\partial P_i} = \frac{\left[\left(R_{ij}\cos\theta_{ij} - X_{ij}\sin\theta_{ij}\right)f\right] - \left[\left(X_{ij}\cos\theta_{ij} + R_{ij}\sin\theta_{ij}\right)g\right]}{V_j^2 V_i L_j} \tag{5-18}$$

$$\frac{\partial L_j}{\partial Q_i} = \frac{\left[\left(X_{ij}\cos\theta_{ij} + R_{ij}\sin\theta_{ij}\right)f\right] + \left[\left(R_{ij}\cos\theta_{ij} - X_{ij}\sin\theta_{ij}\right)g\right]}{V_j^2 V_i L_j} \tag{5-19}$$

$$\frac{\partial L_j}{\partial \theta_{ij}} = \frac{g_i f - f_i g}{V_j^2 V_i L_j} \tag{5-20}$$

$$\begin{cases} \dfrac{\partial L_j}{\partial V_i} = -\dfrac{f_i \cdot f + g_i \cdot g}{V_i^2 V_j^2 L_j} \\ \dfrac{\partial L_j}{\partial V_j} = -\dfrac{(f_j \cdot f + g_j \cdot g) + V_j^3 L_j^2}{V_j^4 L_j} \end{cases} \tag{5-21}$$

由式（5-17）可知，电力网络中各负荷节点的电压稳定指标主要受负荷节点的 P、Q、θ及 V 的影响。而θ和 V 又直接受 P 和 Q 影响，因而影响系统各负荷节点电压稳定性的主要因素为 P 和 Q。在系统稳态运行状态下，若保持负荷节点有功注入 P 不变，就可研究负荷节点 Q 的变化对系统电压稳定性的影响。基于上述考虑，假设式（5-17）中$\Delta P=\Delta V=\Delta\theta=0$，则式（5-17）可变换为

$$\Delta L_j=\left[\frac{\partial L_j}{\partial Q_1},\frac{\partial L_j}{\partial Q_2},\cdots,\frac{\partial L_j}{\partial Q_n}\right]\left[\Delta Q_1,\Delta Q_2,\cdots,\Delta Q_n\right]^{\mathrm{T}} \tag{5-22}$$

由式（5-22）可知，系统中各负荷节点无功的波动，不仅会影响本节点的电压稳定指标，也会影响其他节点的电压稳定指标。因此，通过 LQ 灵敏度可定量分析负荷节点无功波动对系统各节点电压稳定指标的影响。

5.2.2　L′Q 灵敏度

由式（5-15）可知，网络中各负荷节点的 L 指标，是一个包含复数运算的复杂表达式，随着系统规模的扩大，L 指标的计算量将急剧增加。而在实际输电网中，由于线路电抗远大于电阻且各节点电压相位数值较小。利用这一特点，本节在 L 指标计算过程中忽略节点电压相角和线路电阻的影响，则 L 指标表达式可简化为

$$L_j'=\frac{1}{V_j^2}\sqrt{f'^2+g'^2} \tag{5-23}$$

$$\begin{cases}f'=\sum\limits_{i\in\alpha_{\mathrm{L}}}\dfrac{V_j}{V_i}f_i'\\ f_i'=Q_iX_{ij}\\ g'=\sum\limits_{i\in\alpha_{\mathrm{L}}}\dfrac{V_j}{V_i}g_i\\ g_i'=-P_iX_{ij}\end{cases} \tag{5-24}$$

对比 L 指标表达式（5-15）和式（5-23），利用实际输电网特点所得 L'指标，可实现有功功率与无功功率的解耦。类似于式（5-19）的处理方式，进一步可定义如下 L′Q 灵敏度：

$$\frac{\partial L_j'}{\partial Q_i}=\frac{X_{\mathrm{LL}ij}\sum\limits_{i\in\alpha_{\mathrm{L}}}\dfrac{Q_iX_{\mathrm{LL}ij}}{V_i}}{V_jV_i\sqrt{\left(\sum\limits_{i\in\alpha_{\mathrm{L}}}\dfrac{Q_iX_{\mathrm{LL}ij}}{V_i}\right)^2+\left(\sum\limits_{i\in\alpha_{\mathrm{L}}}\dfrac{-P_iX_{\mathrm{LL}ij}}{V_i}\right)^2}} \tag{5-25}$$

5.2.3　LQ/L′Q 灵敏度的物理意义及其应用

由式（5-19）和式（5-25）可知，LQ/L′Q 灵敏度均大于 0，即 L 和 L'指标均随负荷节点的无功注入单调递增，节点无功功率注入越多，在系统采取无补偿措施时，由线路流入节点的无功功率也越多，线路电压损耗变大，电压易失稳。同时，节点电压稳定性

不仅受本节点无功功率注入的影响，也受其他负荷节点无功功率注入的影响。当系统某负荷节点无功功率不足时，系统中大量无功功率从关联支路流过，会进一步引起与之相邻节点电压的降低。通过本节所提的两个灵敏度，刚好可以定量分析负荷节点无功注入对系统电压稳定性的影响。相较于已有很多文献所提出的各种电压稳定评估指标，本节所提的灵敏度指标，不仅可定量分析系统中某一节点电压崩溃过程中其他节点对该节点的影响，也可定量分析该节点在电压崩溃过程中对其他负荷节点的影响，有利于运行和调度人员更为全面深入地了解和掌握系统中各节点间的电压耦合关系，制定更为合理的电压调控措施。为深入挖掘 LQ 灵敏度的用途，本节提出了一种改善电力系统电压稳定性的无功补偿预测控制方法。

假设系统的电压稳定指标阈值为 L_0，当系统中负荷节点 i 的电压稳定指标 L_i 越限后，为使该节点的电压稳定指标值回归到 L_0 以内，根据负荷节点 i 的无功储备情况，本节分两种情况来对其进行改善。

（1）负荷节点 i 有足够的无功储备时，直接对节点 i 实施无功补偿，其无功补偿量为

$$\Delta Q_i = \frac{L_i - L_{i0}}{\mathrm{LQ}_{ii}} \tag{5-26}$$

式中，ΔQ_i 为负荷节点 i 的无功补偿量；L_i 为负荷节点 i 当前的电压稳定指标值；L_{i0} 为负荷节点 i 的电压稳定指标阈值；LQ_{ii} 为负荷节点 i 的 LQ 灵敏度。

（2）负荷节点 i 的无功储备不足时，先确定其对应的电压稳定关键注入区域，然后在比负荷节点 i 灵敏度大的节点 j 实施无功补偿，节点 j 所提供的无功补偿量为

$$\Delta Q_j = \frac{L_i - L_{i0} - \Delta Q_{i0}\mathrm{LQ}_{ii}}{\mathrm{LQ}_{ij}} \tag{5-27}$$

式中，ΔQ_j 为节点 j 所提供的无功补偿量；ΔQ_{i0} 为负荷节点 i 的无功储备量；LQ_{ij} 为负荷节点 i 对负荷节点 j 的 LQ 灵敏度。

需要指出的是，电力系统的电压稳定性具有局部性的特征，当多个节点出现电压稳定指标值越限情况时，可参照单个节点电压调控策略来逐一改善每个节点的电压稳定性，从而实现系统的整体改善。

5.2.4 LQ 灵敏度（或 L′Q 灵敏度）中特殊节点的处理

由 L 指标的定义可知，在求系统 LQ 灵敏度前，需对网络节点分类，而实际系统运行方式实时变化，网络中各节点类型存在相互转换的可能，因此在分类过程中需按 3.6.2 节对特殊节点进行相应处理。

5.2.5 LQ/L′Q 灵敏度计算步骤

本节所提出的电压稳定指标及其灵敏度方法的计算流程如图 5-11 所示，关键步骤如下。

步骤 1：利用系统数据形成网络导纳矩阵，并求解负荷节点阻抗矩阵 $\boldsymbol{Z}_{\mathrm{LL}}$。

步骤 2：利用广域量测系统采集到的系统电压、电流、有功、无功信息，由式（5-15）

和式（5-23）计算各负荷节点的 L 指标和简化指标 L'，进一步根据指标大小对负荷节点进行排序，确定系统的电压稳定关键节点及电压稳定水平。

步骤 3：判断系统电压稳定指标是否越限，若未越限则返回步骤 2；反之，进入步骤 4。

步骤 4：按式（5-19）和式（5-25）计算电压稳定指标越限负荷节点的 LQ 灵敏度和 L′Q 灵敏度，再利用所提电压稳定预测控制策略，根据各节点无功储备情况，按式（5-26）或式（5-27）计算这些节点所需的无功补偿量，进而对其实施补偿。

需要指出的是，在进行电压稳定指标和灵敏度计算过程中，需实时跟踪系统网络结构变化和节点类型的转变，当有任何一种变化时，都需跳回步骤 1 重新计算 $\boldsymbol{Z}_{\mathrm{LL}}$、$L$ 及 L'；反之，程序直接跳回到步骤 2，按步骤进行后续处理。

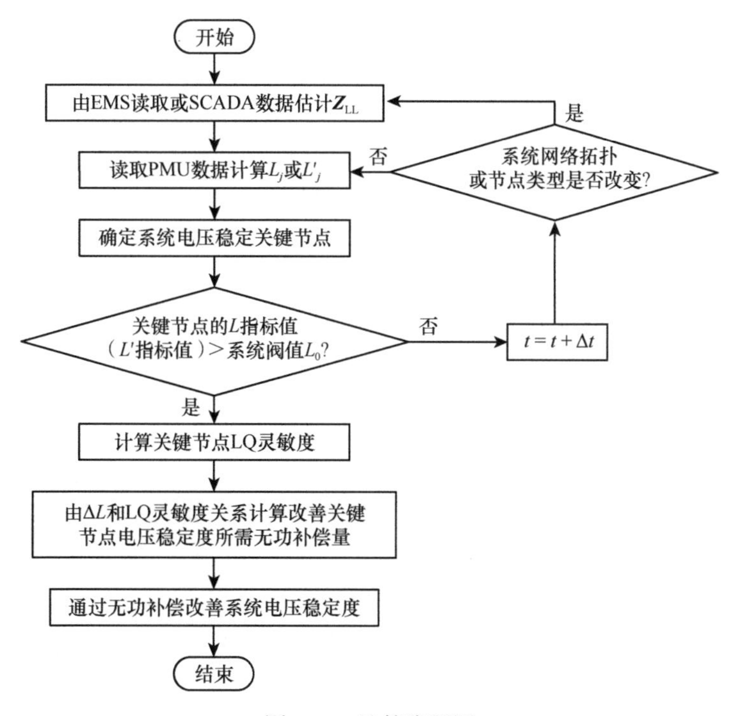

图 5-11　计算流程图

5.2.6 算例分析

本节分别以 New England 39 节点系统和波兰电网（PSE）为例验证本节所提方法的可行性和有效性。

5.2.6.1 New England 39 节点系统算例

New England 39 节点系统示于图 5-12，首先采用连续潮流（CPF）程序，在全网负荷等比例增加的情况下，得到系统的 P-V 曲线。进一步求解与 P-V 曲线对应的 L 曲线及 L'曲线，如图 5-13 所示。

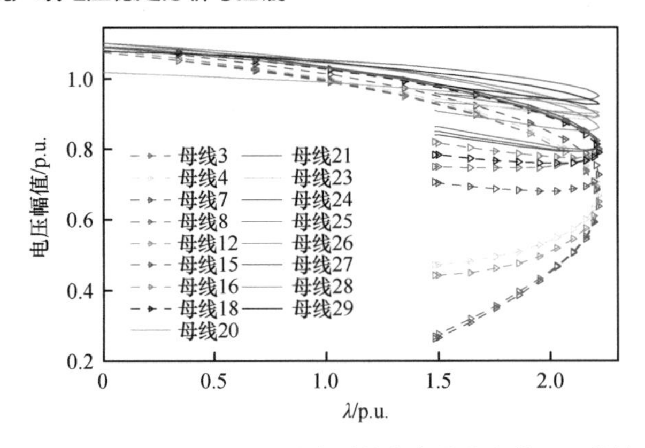

扫码见彩图

图 5-12 New England 39 节点系统各负荷节点的 *P-V* 曲线

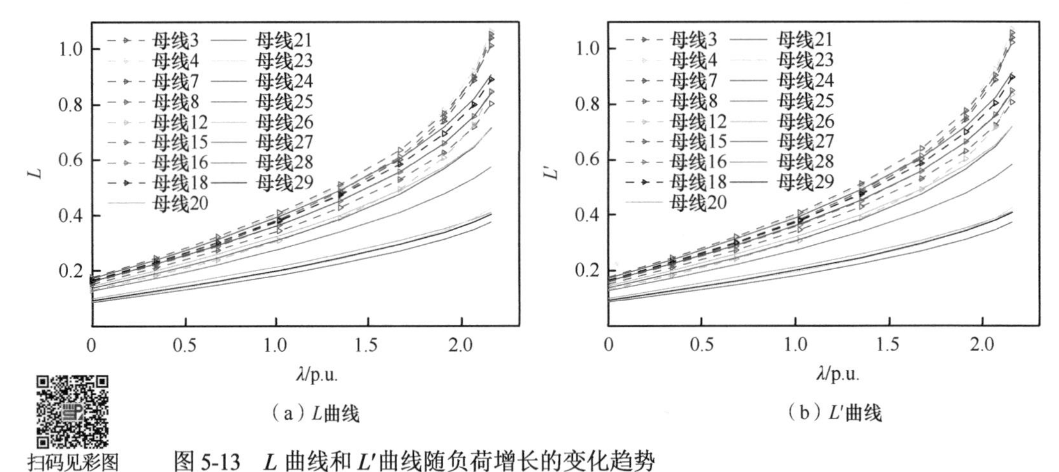

图 5-13 *L* 曲线和 *L'*曲线随负荷增长的变化趋势

对比图 5-13（a）和图 5-13（b）中各负荷节点的 *L* 曲线及 *L'*曲线的变化趋势，可知两者变化趋势完全一致。

进一步，图 5-14 给出了 *L'*指标与 *L* 指标之间相对误差的绝对值，不难发现，虽然随着系统负荷水平的加重，系统中各负荷节点的指标相对误差的绝对值不断增加，但系

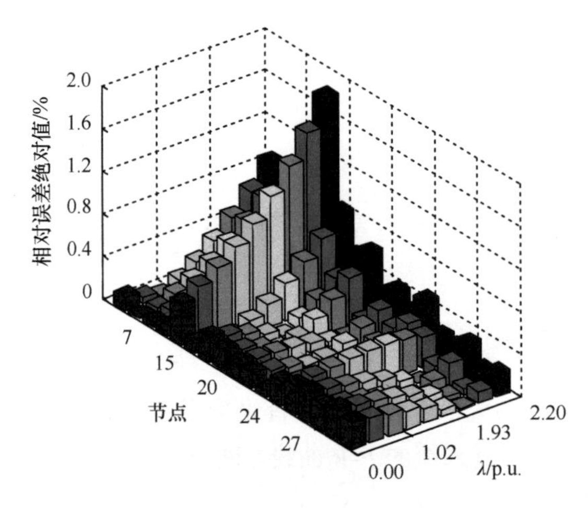

图 5-14 *L* 与 *L'*的相对误差绝对值

统中最大相对误差绝对值仅由基态下的 0.3850%上升到在电压崩溃点处的 1.8276%，数值很小。这表明 L'指标具有较高的精度，可满足电压稳定在线监视的需要。

在验证 L'指标可行性的基础上，本节进一步验证所提 LQ 灵敏度及 L′Q 灵敏度的合理性和可行性。图 5-15 给出了 New England 39 节点系统在基态下各负荷节点的 L 和 L'值，由图中结果可知，基态下节点 15 的电压稳定指标值最大，即节点 15 是系统的电压弱节点，此时，系统的 L 值及 L'值分别为 0.2005 和 0.2009。基态下，根据所提灵敏度方法计算得到的 LQ 灵敏度矩阵及 L′Q 灵敏度矩阵如图 5-16 所示。由图 5-16 可知：各节点的 LQ 及 L′Q 均为正值，即随着系统各负荷节点消耗无功的增加，各节点的 L 值和 L'值也逐步增加，系统电压稳定性逐步恶化。同时由图 5-16 进一步可知：系统的 LQ 和 L′Q 灵敏度矩阵均为对角占优矩阵，即本节点的无功对本节点的 L 及 L'值起主导作用；虽然其他节点的无功也会对本节点的 L 及 L'值产生影响，但这种影响主要体现在其他节点无功的变化导致系统潮流的重新分配，使得各负荷节点的电压发生变化，从而导致本节点的 L 及 L'值变化，因而这些影响有限。LQ 和 L′Q 灵敏度矩阵为对角占优矩阵的结果表明：系统的电压稳定性具有局部性特征，跟本节点的有功、无功消耗有强相关性。

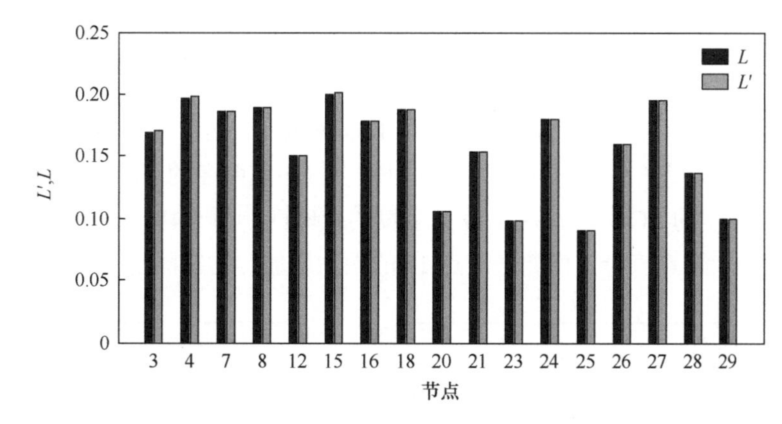

图 5-15　基态 L 和 L'值

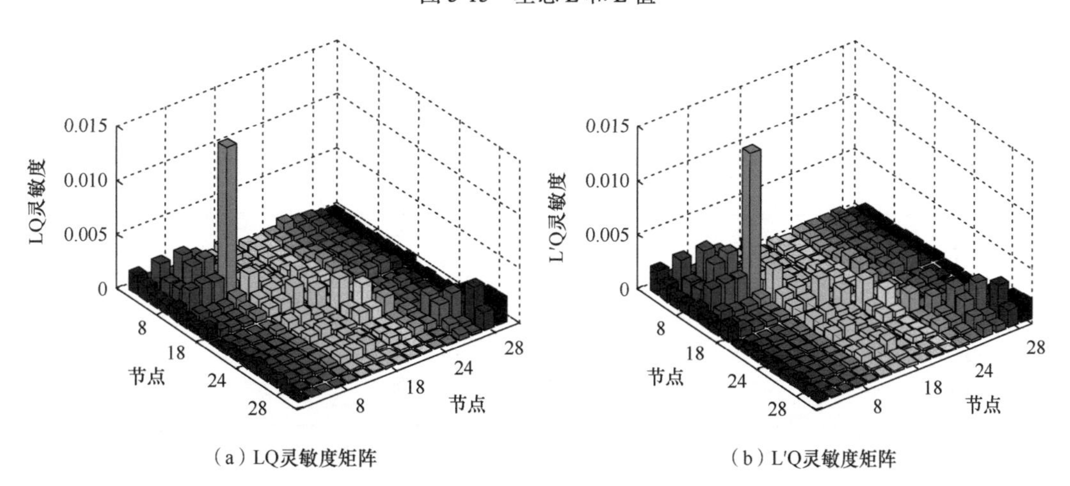

图 5-16　基态下的 LQ 和 L′Q 灵敏度矩阵

图 5-17 给出了基态下电压弱节点 15 对所有负荷节点的 LQ 和 L′Q 灵敏度。由图 5-17 可知：节点 15 对节点 15 的 LQ、L′Q 灵敏度远大于节点 15 对其他负荷节点的 LQ、L′Q 灵敏度。同时由式（5-19）和式（5-25）可知：节点 15 对其他负荷节点的 LQ、L′Q 灵敏度与系统的网络结构和负荷水平有着直接的联系，在节点 15 的电压稳定关键注入区域内，负荷节点 16 是距离节点 15 最近的负荷节点且具有较高的负荷水平，因而负荷节点 15 对负荷节点 16 的 LQ、L′Q 灵敏度要大于节点 15 对其他负荷节点的 LQ、L′Q 灵敏度，该分析结果可从图 5-17 中得以验证。

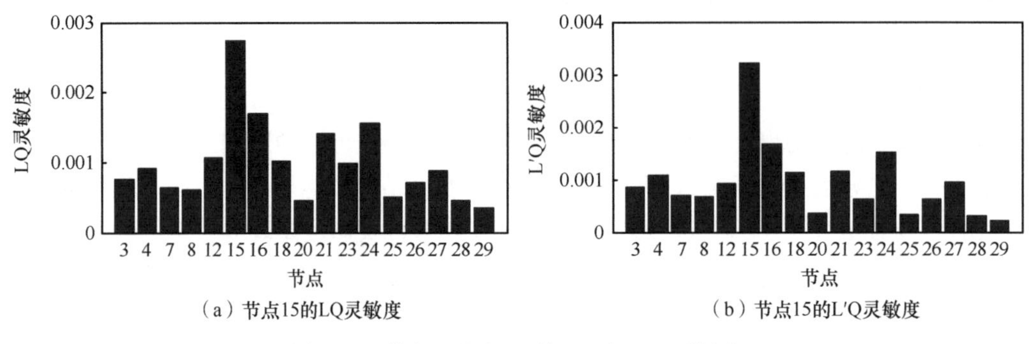

（a）节点15的LQ灵敏度　（b）节点15的L′Q灵敏度

图 5-17　基态下节点 15 的 LQ 和 L′Q 灵敏度

图 5-18 进一步验证了本节所提的 LQ 和 L′Q 灵敏度分析方法的正确性。以电压弱节点 15 为研究重点，以图 5-17 中 LQ 和 L′Q 灵敏度排序前两名的 $LQ_{15,15}$ 和 $LQ_{15,16}$ 为研究对象，验证所提的 LQ 灵敏度和 L′Q 灵敏度的准确性。图 5-18（a）和图 5-18（b）对比给出了节点 15 的 L 值和 L' 值随着节点 15 的无功增加时的实际值及采用 LQ 灵敏度和

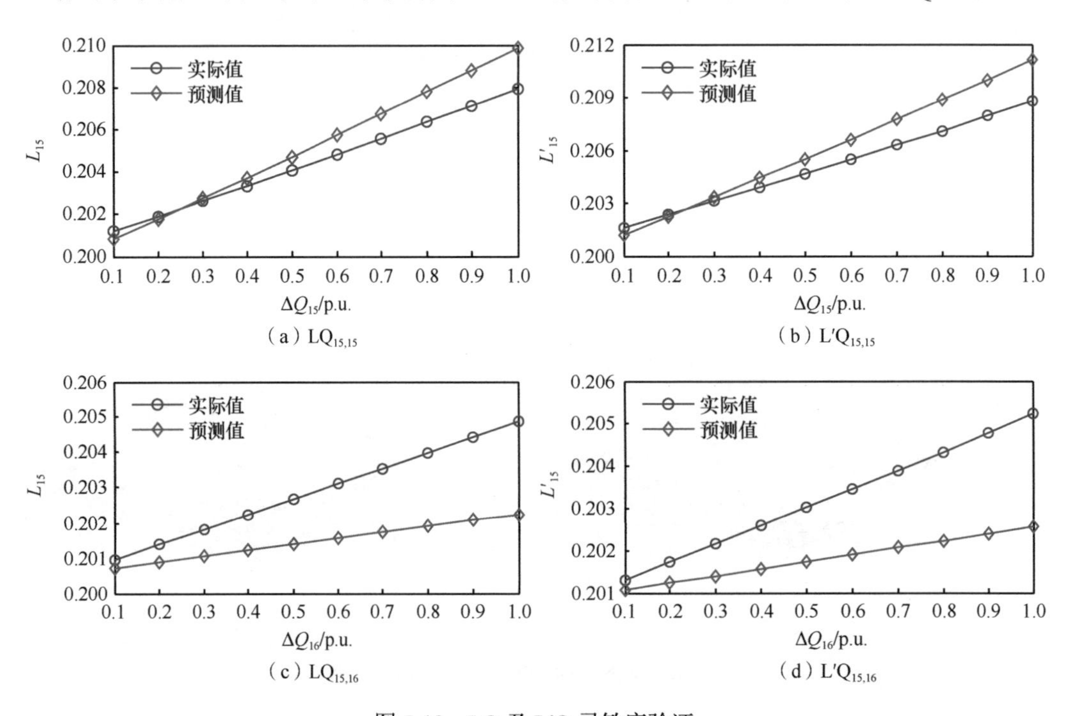

（a）$LQ_{15,15}$　（b）$L'Q_{15,15}$　（c）$LQ_{15,16}$　（d）$L'Q_{15,16}$

图 5-18　LQ 及 L′Q 灵敏度验证

L′Q 灵敏度预测得到的 L 和 L'值，图 5-18（a）和（b）及表 5-6 的结果表明：随着节点 15 所消耗的无功逐步增加，采用 LQ 灵敏度和 L′Q 灵敏度预测所得的 L 和 L'相对误差先减小到 0.0554%和 0.0495%，然后再单调增加，在ΔQ_{15}增加到 1p.u.时 L 及 L'相对误差达到最大值，分别为 0.9301%和 1.1375%。由于 LQ 灵敏度和 L′Q 灵敏度是基于系统稳定平衡点的线性化值，在系统稳定平衡点附近具有较高的精度，系统运行点远离该稳定平衡点时，其精度会降低，但图 5-19（a）和（b）及表 5-6 的结果表明：节点 15 无功增加到 1p.u.后，采用本节 LQ 灵敏度和 L′Q 灵敏度方法预测得到的 L 及 L'相对误差均小于 1.2%，因而验证了本节所提的 LQ 灵敏度和 L′Q 灵敏度方法具有较高的精度，可准确预测本节点 L 和 L'随本节点无功的变化。

图 5-18（c）和图 5-18（d）和表 5-6 进一步对比给出了节点 15 的 L 和 L'随着节点 16 的无功增加时的实际值及采用 LQ 灵敏度和 L′Q 灵敏度方法预测节点 16 的无功变化时节点 15 的 L 和 L'值。

表 5-6　L 和 L'预测的相对误差

ΔQ/p.u.	$LQ_{15,15}$		$LQ_{15,16}$	
	L 相对误差/%	L'相对误差/%	L 相对误差/%	L'相对误差/%
0.1	0.2033	0.2033	0.1233	0.1238
0.2	0.0734	0.0495	0.2479	0.2488
0.3	0.0554	0.1032	0.3739	0.3751
0.4	0.1833	0.2546	0.5010	0.5026
0.5	0.3103	0.4049	0.6295	0.6313
0.6	0.4363	0.5539	0.7592	0.7613
0.7	0.5612	0.7017	0.8902	0.8926
0.8	0.6852	0.8483	1.0225	1.0250
0.9	0.8082	0.9935	1.1560	1.1587
1.0	0.9301	1.1375	1.2907	1.2935

类似图 5-18（a）和图 5-18（b）的分析方法，由图 5-18（c）和图 5-18（d）及表 5-6 的对比结果可知：随着节点 16 的无功消耗量不断增加，采用 LQ 灵敏度、L′Q 灵敏度预测所得的节点 15 的 L、L'的相对误差会单调递增，在ΔQ_{16}增加到 1p.u.时达到最大值，分别为 1.2907%和 1.2935%。该相对误差结果进一步表明，本节所提的互 LQ 灵敏度、L′Q 灵敏度也具有较高的精度，采用该灵敏度可准确预测本节点 L 和 L'随其他负荷节点无功变化时的值。同时对比表 5-6 中 LQ 灵敏度、L′Q 灵敏度值对 L、L'值的预测相对误差可得：①采用自 LQ 灵敏度预测本节点无功变化时的 L 值一般要比采用互 LQ 灵敏度预测其他节点无功变化时本节点 L 值的精度高；②LQ 灵敏度的预测精度一般要比 L′Q 灵敏度精度高。但上述预测值的相对误差最大值均在 1.3%以下。因此可得，本节所提的 LQ、L′Q 灵敏度均具有较高的精度，可准确预测和评估各负荷节点无功变化对系统中各负荷节点电压稳定性的影响。

本节进一步将所提的LQ灵敏度及L′Q灵敏度分析方法应用于改善系统的电压稳定性中，为验证所提方法在改善系统电压稳定性中的效果，本节设置了两种场景。

场景1：节点15增加10p.u.无功，节点15有足够的无功补偿备用容量。

场景2：节点15增加10p.u.无功，节点15只有5p.u.的无功补偿备用容量。

1）场景1

以基态下系统的L指标值为系统电压稳定指标阈值，即系统的L_0=0.2。场景1下，节点15增加10p.u.无功后的系统各节点L值和L'值如图5-19所示。相比基态，各负荷节点L和L'的变化量如图5-20所示。由图5-15与图5-19可知：负荷节点15增加10p.u.无功后，系统的L值由0.2005升高到0.3275、L'值由0.2009升高到0.3317，系统的电压稳定性变差。

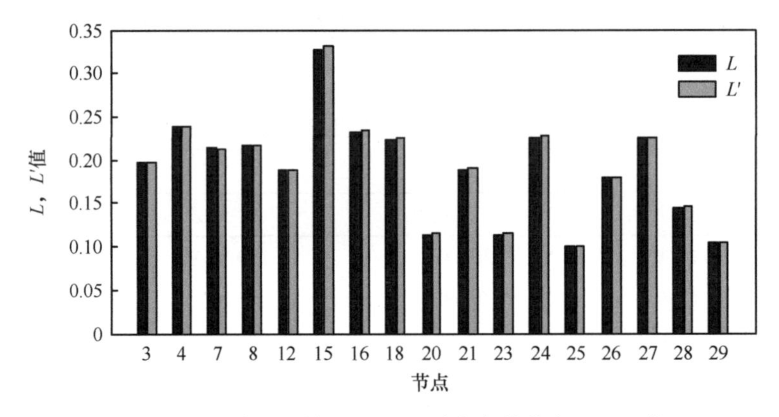

图5-19　节点15增加10 p.u.无功各负荷节点L及L'值

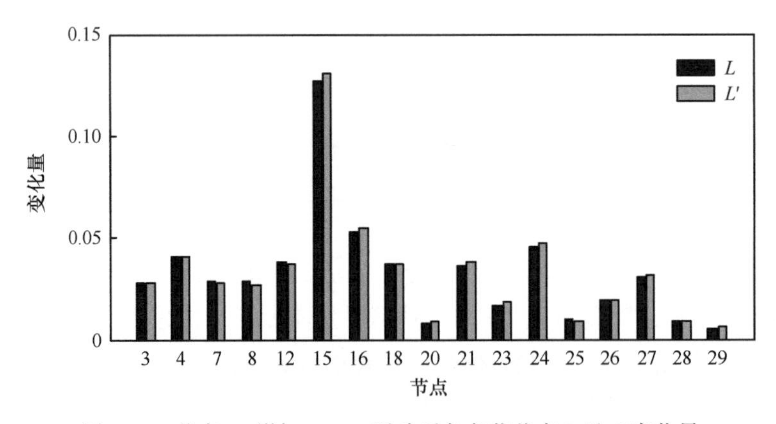

图5-20　节点15增加10 p.u.无功后各负荷节点L及L'变化量

为使系统的电压稳定指标回归到所设阈值以内，需改变的电压指标值变化量如图5-21所示。根据本节所提的改善系统电压稳定性的控制策略，首先计算场景1中节点15的LQ灵敏度及L′Q灵敏度（图5-21），此时$LQ_{15,15}$=0.0120、$L'Q_{15,15}$=0.0122。要使节点15的L、L'值由0.3275和0.3317都降至L_0时，通过计算得到分别由各节点单独提供的无功补偿容量如图5-22所示。对比图5-22中各节点所需提供的无功补偿容量可知：要使节点15的L和L'值回归到L_0，节点15所需提供的无功补偿容量最少，而其他节点所需提供的无功补偿容量均远大于节点 15，这是因为系统电压稳定具有局部性的特征，其节点的电压稳定性与本节点功率注入强相关，而与其他负荷节点的功率注入弱相关。

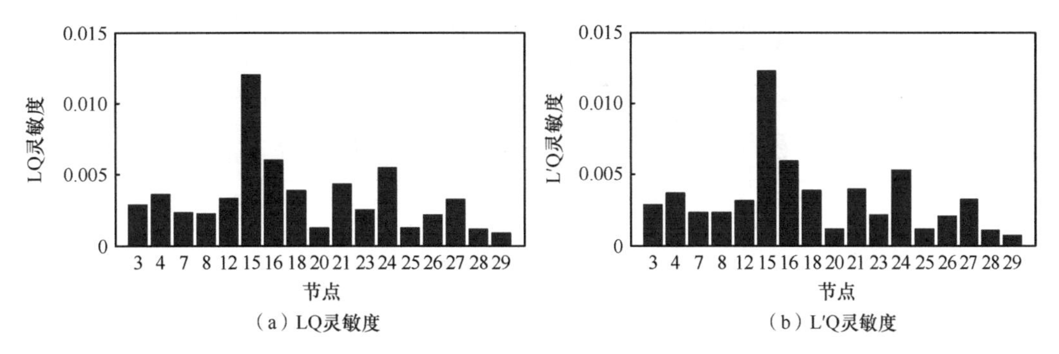

（a）LQ灵敏度　　（b）L′Q灵敏度

图 5-21　负荷节点 15 增加 10 p.u.无功负荷，负荷节点 15 的 LQ 灵敏度和 L′Q 灵敏度

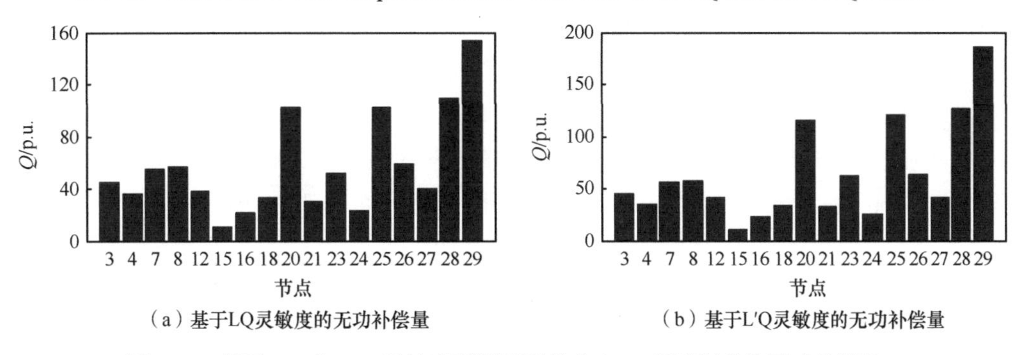

（a）基于LQ灵敏度的无功补偿量　　（b）基于L′Q灵敏度的无功补偿量

图 5-22　基于 LQ 和 L′Q 灵敏度预测得到的节点 15 所需提供的无功补偿量

通过所提的 LQ 灵敏度和 L′Q 灵敏度方法计算得到的节点 15 所需补偿的无功容量分别为 10.6250p.u 和 10.7951p.u.。根据所计算的无功补偿量，对节点 15 实施无功补偿，补偿后的各节点 L 和 L'值如图 5-23 所示。图 5-23 将各负荷节点在场景 1 采用本节所提方法得到的控制结果与基态下各负荷节点电压稳定指标值进行了对比，对比结果表明：在场景 1 下，采用本节所提的 LQ 灵敏度、L′Q 灵敏度分析方法可精确地将系统的电压稳定性调整到所预设的电压稳定范围以内。进一步对比节点 15 实际所需的无功补偿量

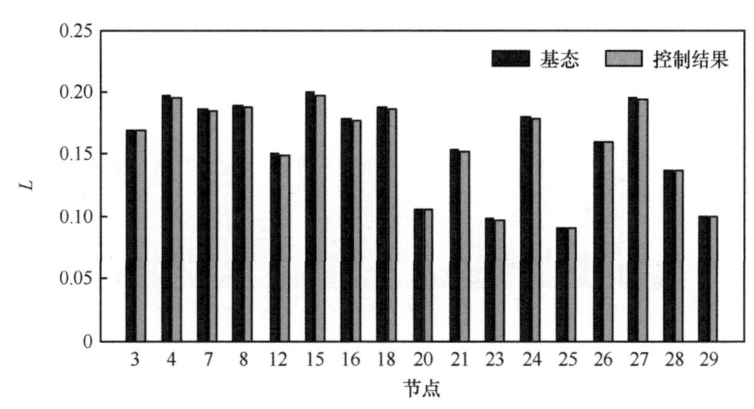

（a）基于LQ灵敏度的调控结果

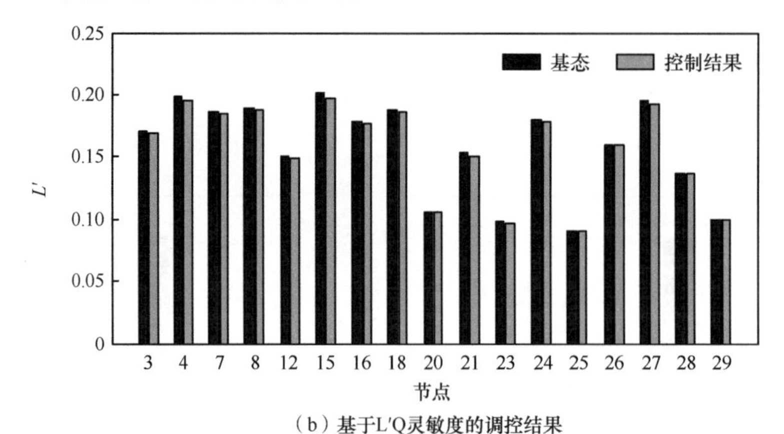

（b）基于L′Q灵敏度的调控结果

图 5-23　基于 LQ 和 L′Q 灵敏度的电压稳定最终调控结果

（10p.u.）和本节所提方法预测的无功补偿量（LQ 灵敏度预测量为 10.6250p.u.、L′Q 灵敏度的预测量为 10.7951p.u.）可知：所提的 LQ 灵敏度方法在系统较大的运行范围内仍具有极高的预测精度，能够满足系统电压稳定控制要求。

2）场景 2

在场景 1 的基础上，下面进一步验证场景 2 下本节所提策略的可行性。基态下负荷节点 15 增加 10p.u.无功后各节点的 L 和 L'如图 5-24 中的步骤 1 所示，此时的情况与场

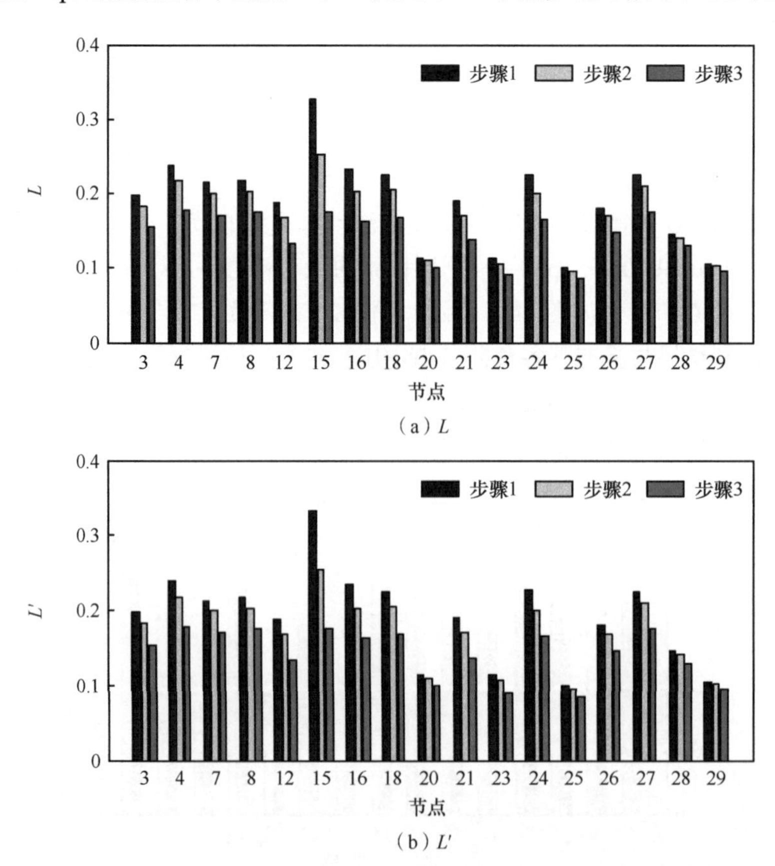

图 5-24　场景 2 本节所提电压控制策略的 L 和 L'的变化过程

景 1 中图 5-19 一致，系统的 L 和 L'值均上升到 0.3275 和 0.3317。考虑到节点 15 只拥有 5p.u.的无功备用容量，将这 5p.u.的无功储备投入后，系统各节点的 L 和 L'值如图 5-24 中步骤 2 所示，此时系统的 L 和 L'分别为 0.2518 和 0.2548。由于此时系统的 L 和 L'仍大于 L_0，系统电压仍未回归到所预设的稳定状态（阈值），且节点 15 的无功备用容量已完全消耗，需考虑通过相邻节点提供无功补偿来改善系统的电压稳定性。

根据本节所提电压控制策略，在场景 2 中，当节点 15 消耗完 5p.u.无功备用容量后，根据式（5-27）计算所得的由其他各节点分别单独提供无功补偿使系统电压稳定指标回到 L_0 的无功补偿量如图 5-25 所示。由于图 5-21 中 $LQ_{15,16}$ 和 $L'Q_{15,16}$ 的值大于节点 15 的电压稳定指标值对其他负荷节点无功的灵敏度，由式（5-27）可得：要使系统的 L 和 L'回归至 L_0，节点 16 所需提供的无功补偿量相对于其他负荷节点最少。根据式（5-27），由图 5-21 中 $LQ_{15,15}$= 0.0120、$L'Q_{15,15}$=0.0122 和 $LQ_{15,16}$=0.0060、$L'Q_{15,16}$=0.0059 可得：场景 2 中，基于本节所提的 LQ 和 L′Q 灵敏度分析方法计算得到的节点 16 所提供的无功补偿量分别为 11.1487p.u.和 11.8442p. u.，如图 5-25 所示。假设节点 16 有足够的无功备用容量，根据图 5-25 所计算得到的 16 节点的无功补偿量对节点 16 实施无功补偿，补偿后系统各负荷节点 L 和 L'值如图 5-24 中步骤 3 所示，此时系统的 L 和 L'值分别为 0.1885 和 0.1909，系统的电压稳定指标值均在所设定的电压稳定指标的阈值范围以内。

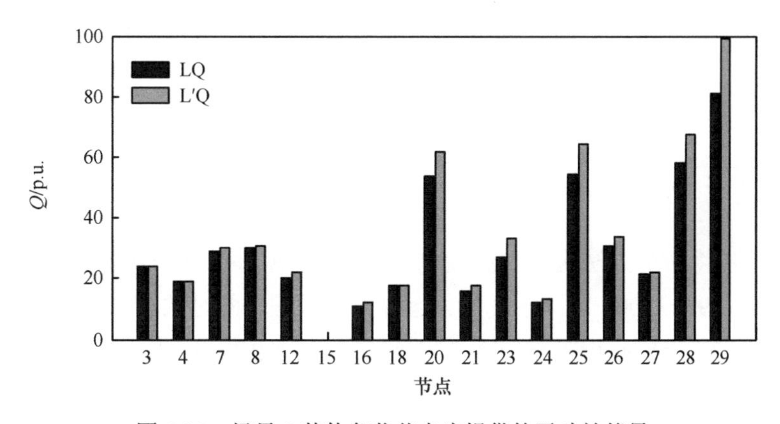

图 5-25　场景 2 其他负荷节点应提供的无功补偿量

图 5-26 进一步对比基态与控制后的负荷节点的 L 和 L'值，对比结果表明：本节所提方法的最终控制结果与目标值 L_0 间存在一个较小的误差。产生该误差的主要原因为：灵敏度方法均是在系统稳定运行点处线性化后的结果，当实际运行点远离线性化的运行点时，其精度必然会受影响。但通过对比场景 1、2 中的无功补偿量预测值与实际补偿值、采取电压控制策略后与基态下各节点的 L 和 L'值（图 5-23 和图 5-26），可知本节所提方法在系统较大的运行范围内仍具有较高的预测精度、较强的鲁棒性。需要指出的是：本节的 LQ 和 L′Q 灵敏度分析方法是一种预测控制的方法，若要对系统进行精确的电压调控，需进一步与校正控制策略相结合。

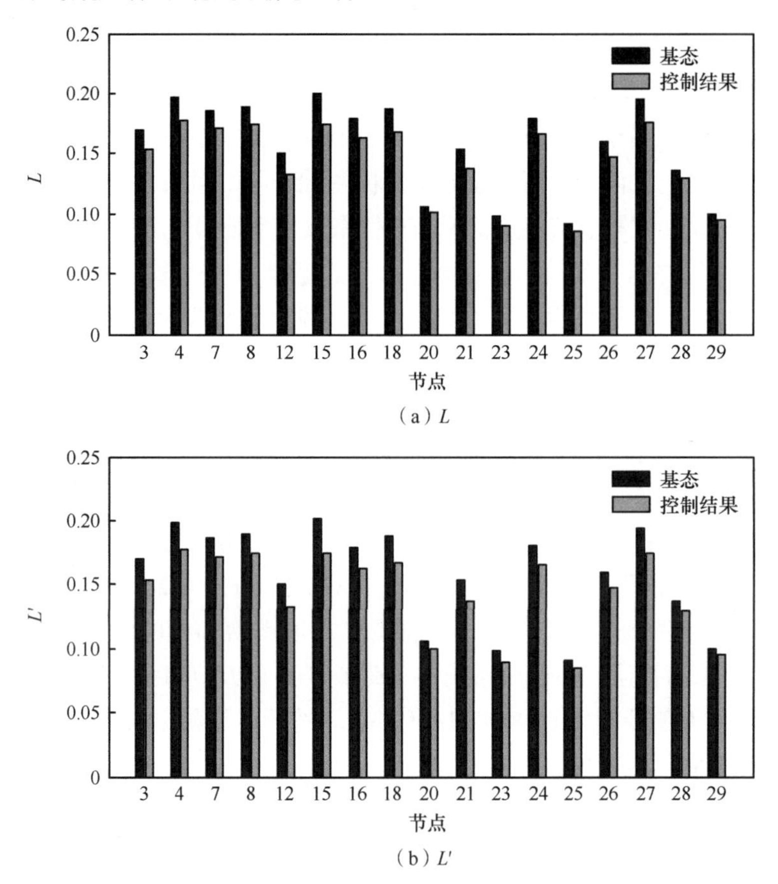

图 5-26 场景 2 最终电压调控结果对比

5.2.6.2 波兰电网

本节进一步将所提方法应用到波兰电网中，验证所提方法在实际电网中应用的可行性。这里采用 1999～2000 年该系统枯大运行方式数据，此时共有 2383 个节点，划分为 6 个区域，系统参数详见文献[25]。由于该系统包含配电网络，L'指标计算精度受限，因此该系统适用于 L 指标计算分析。系统各区域电压稳定指标 L 值如图 5-27 所示，假设系统的 L_0=0.2，则由图 5-27 可知：区域 1 的电压稳定指标 L 越限，而其他区域电压稳定指标均满足要求。图 5-28 进一步给出了区域 1 中电压稳定指标越限负荷节点的 L 值。

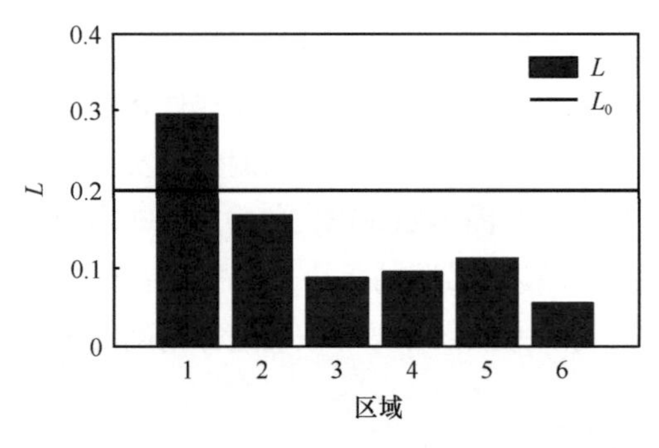

图 5-27 波兰电网各区域电压稳定指标 L 值

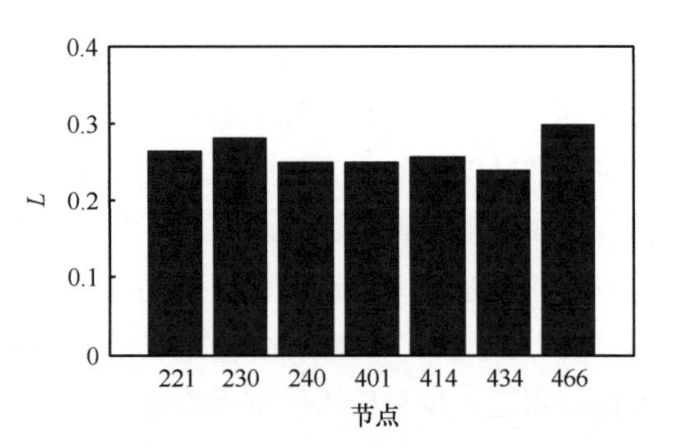

图 5-28 区域 1 中电压稳定指标越限节点的 L 值

由图 5-28 可知：节点 466 是区域 1 的电压弱节点，需首先考虑对节点 466 实施无功补偿以达到改善区域 1 的电压稳定性的目的，而其他区域的负荷节点电压稳定指标均满足要求，因而不需要对其实施电压控制。

类似于前述方法，要使区域 1 中各电压稳定指标值越限的负荷节点回到 L_0 以内，各节点 L 值所需改变的量如图 5-29 所示。用类似的方法计算各指标值越限节点的 LQ 灵敏度，如图 5-30 所示，再根据式（5-26）计算各电压稳定指标值越限节点所需补偿的无功量，根据计算得到的无功补偿量，对各节点实施无功补偿。图 5-31 给出了对电压弱节点实施无功补偿后各区域的 L 值，对比图 5-27 中各区域补偿前后的指标值可知：采用本节所提方法将区域 1 的电压稳定指标 L 从 0.2970 降至 0.2344，而其他区域的 L 在补偿前后均未发生变化。

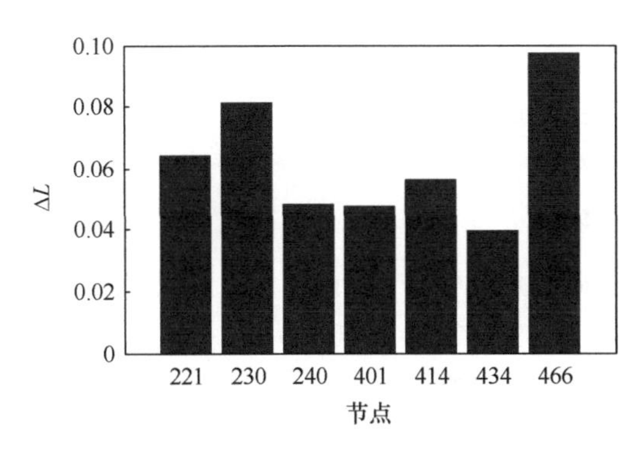

图 5-29　区域 1 中电压越限的节点需调整的指标量

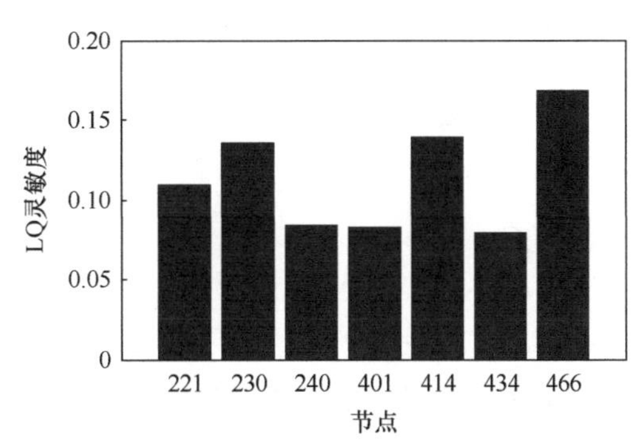

图 5-30　区域 1 中电压越限节点的 LQ 灵敏度指标

图 5-32 进一步给出了区域 1 中各电压弱节点补偿前后的 L 值，对比补偿前后各电压弱节点的指标值发现：虽然采用本节所提方法所得的控制结果与目标结果之间存在一定的误差，但相对于预测控制而言，本节方法所得的误差结果较小，是可以满足系统电压稳定预测控制的要求的，若需得到更为精确的控制效果，可在本节所提的 LQ 灵敏度分析方法的基础上，再实施校正控制，从而得到更为精确的控制效果。波兰电网算例结果表明：本节所提的 LQ 灵敏度分析方法可应用到实际电网中有效地改善系统的电压稳定性。

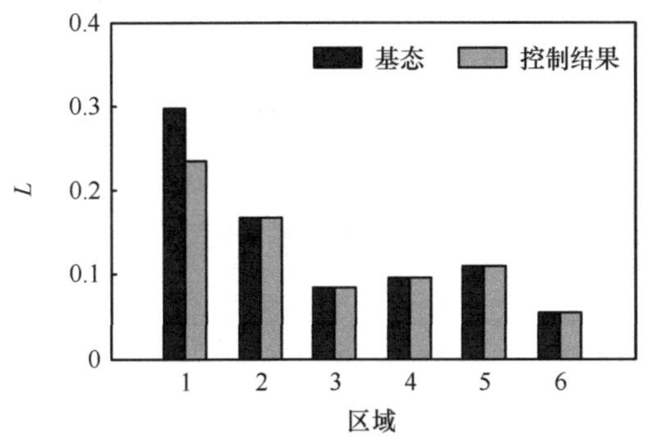

图 5-31　各区域控制前后电压稳定指标对比图

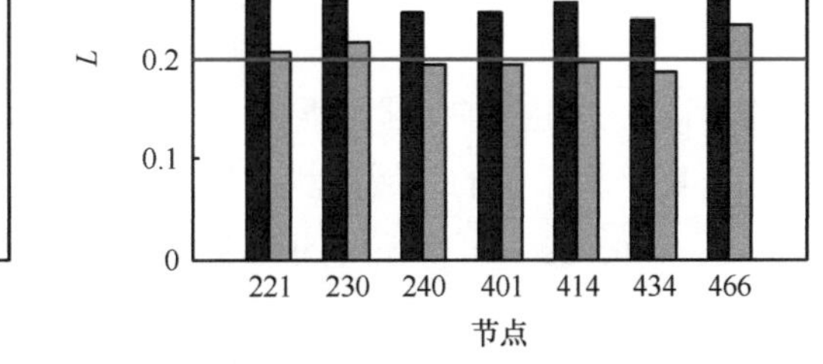

图 5-32　区域 1 控制前后各节点电压稳定指标对比

5.3 基于广域负荷裕度灵敏度的电压稳定控制方法

本节以局部负荷裕度为出发点，借助广域量测信息估计系统的网络耦合矩阵，根据所估计的网络耦合矩阵及广域量测信息，计算各节点的负荷裕度，确定系统的电压稳定关键节点；进一步提出基于广域量测信息的系统负荷裕度灵敏度（loading margin sensitivity，LMS）分析方法，计算各关键节点的 LMS，确定各关键节点电压稳定控制策略[26]。最后将所提方法应用到 New England 39 节点系统和 IEEE 118 节点系统，验证所提方法的有效性和准确性。

5.3.1 广域负荷裕度模型

在电力网络中，消去联络节点后的节点电压方程可表示为

$$\begin{bmatrix} \boldsymbol{I}_{\mathrm{G}} \\ \boldsymbol{I}_{\mathrm{L}} \end{bmatrix} = \begin{bmatrix} \boldsymbol{Y}_{\mathrm{GG}} & \boldsymbol{Y}_{\mathrm{GL}} \\ \boldsymbol{Y}_{\mathrm{LG}} & \boldsymbol{Y}_{\mathrm{LL}} \end{bmatrix} \begin{bmatrix} \boldsymbol{V}_{\mathrm{G}} \\ \boldsymbol{V}_{\mathrm{L}} \end{bmatrix} \tag{5-28}$$

式中，$\boldsymbol{I}_{\mathrm{G}}$ 为发电机节点电流注入向量；$\boldsymbol{I}_{\mathrm{L}}$ 为负荷节点电流注入向量；$\boldsymbol{V}_{\mathrm{G}}$ 为发电机节点电压向量；$\boldsymbol{V}_{\mathrm{L}}$ 为负荷节点电压向量；$\boldsymbol{Y}_{\mathrm{GG}}$、$\boldsymbol{Y}_{\mathrm{GL}}$、$\boldsymbol{Y}_{\mathrm{LG}}$ 及 $\boldsymbol{Y}_{\mathrm{LL}}$ 为节点导纳矩阵中的子矩阵。

定义负荷阻抗矩阵 $\boldsymbol{Z}_{\mathrm{LL}}$ 和负荷-发电机矩阵 $\boldsymbol{Z}_{\mathrm{LG}}$ 分别为

$$\begin{cases} \boldsymbol{Z}_{\mathrm{LL}} = \boldsymbol{Y}_{\mathrm{LL}}^{-1} \\ \boldsymbol{Z}_{\mathrm{LG}} = -\boldsymbol{Z}_{\mathrm{LL}} \boldsymbol{Y}_{\mathrm{LG}} \end{cases} \tag{5-29}$$

由式（5-29）可将式（5-28）改写为

$$\begin{bmatrix} \boldsymbol{I}_{\mathrm{G}} \\ \boldsymbol{V}_{\mathrm{L}} \end{bmatrix} = \boldsymbol{G} \begin{bmatrix} \boldsymbol{V}_{\mathrm{G}} \\ \boldsymbol{I}_{\mathrm{L}} \end{bmatrix} \tag{5-30}$$

式中，$\boldsymbol{G}$ 为网络耦合矩阵，其详细表达式为

$$\boldsymbol{G} = \begin{bmatrix} \boldsymbol{G}_1 & \boldsymbol{G}_2 \\ \boldsymbol{G}_3 & \boldsymbol{G}_4 \end{bmatrix} = \begin{bmatrix} \boldsymbol{Y}_{\mathrm{GG}} - \boldsymbol{Y}_{\mathrm{GL}} \boldsymbol{Z}_{\mathrm{LL}} \boldsymbol{Y}_{\mathrm{LG}} & \boldsymbol{Y}_{\mathrm{GL}} \boldsymbol{Z}_{\mathrm{LL}} \\ \boldsymbol{Z}_{\mathrm{LG}} & \boldsymbol{Z}_{\mathrm{LL}} \end{bmatrix} \tag{5-31}$$

假设系统中所有节点都装设有PMU，节点电压相量和电流相量均能从PMU中获取，则由式（5-31）可知：系统的网络耦合矩阵 $\boldsymbol{G}$ 可通过节点电压相量和电流相量求取。此时对 $\boldsymbol{G}$ 的求取转换为求解式（5-32）的线性最小二乘问题：

$$\min \left\| \begin{bmatrix} \boldsymbol{G}_1 & \boldsymbol{G}_2 \\ \boldsymbol{G}_3 & \boldsymbol{G}_4 \end{bmatrix} \begin{bmatrix} \boldsymbol{V}_{\mathrm{G}}' \\ \boldsymbol{I}_{\mathrm{L}}' \end{bmatrix} - \begin{bmatrix} \boldsymbol{I}_{\mathrm{G}}' \\ \boldsymbol{V}_{\mathrm{L}}' \end{bmatrix} \right\|_{\mathrm{F}} \tag{5-32}$$

式中，$\|\cdot\|_{\mathrm{F}}$ 为矩阵的弗罗贝尼乌斯（Frobenius）范数；$\boldsymbol{V}_{\mathrm{G}}' \in \mathbf{R}^{m\times p}$、$\boldsymbol{I}_{\mathrm{G}}' \in \mathbf{R}^{m\times p}$、$\boldsymbol{I}_{\mathrm{L}}' \in \mathbf{R}^{n\times p}$ 及 $\boldsymbol{V}_{\mathrm{L}}' \in \mathbf{R}^{n\times p}$ 为系统的广域量测信息，p 为量测数据的长度。

由式（5-32）可得系统的网络耦合矩阵 $\boldsymbol{G}$ 为

$$\begin{bmatrix} \boldsymbol{G}_1 & \boldsymbol{G}_2 \\ \boldsymbol{G}_3 & \boldsymbol{G}_4 \end{bmatrix} = \begin{bmatrix} \boldsymbol{I}_{\mathrm{G}}' \\ \boldsymbol{V}_{\mathrm{L}}' \end{bmatrix} \begin{bmatrix} \boldsymbol{V}_{\mathrm{G}}' \\ \boldsymbol{I}_{\mathrm{L}}' \end{bmatrix}^{+} \tag{5-33}$$

式中，$[\cdot]^{+}$为矩阵的伪逆，$[\boldsymbol{V}'_{\mathrm{G}};\ \boldsymbol{I}'_{\mathrm{L}}]^{+}$实际表达式为

$$\begin{bmatrix}\boldsymbol{V}'_{\mathrm{G}}\\ \boldsymbol{I}'_{\mathrm{L}}\end{bmatrix}^{+}=\left(\begin{bmatrix}\boldsymbol{V}'_{\mathrm{G}}\\ \boldsymbol{I}'_{\mathrm{L}}\end{bmatrix}^{\mathrm{T}}\begin{bmatrix}\boldsymbol{V}'_{\mathrm{G}}\\ \boldsymbol{I}'_{\mathrm{L}}\end{bmatrix}\right)^{-1}\begin{bmatrix}\boldsymbol{V}'_{\mathrm{G}}\\ \boldsymbol{I}'_{\mathrm{L}}\end{bmatrix}^{\mathrm{T}} \tag{5-34}$$

由式（5-34）可得系统网络耦合矩阵$\boldsymbol{G}$的最终计算公式为

$$\begin{bmatrix}\boldsymbol{G}_1 & \boldsymbol{G}_2\\ \boldsymbol{G}_3 & \boldsymbol{G}_4\end{bmatrix}=\begin{bmatrix}\boldsymbol{I}'_{\mathrm{G}}\\ \boldsymbol{V}'_{\mathrm{L}}\end{bmatrix}\left(\begin{bmatrix}\boldsymbol{V}'_{\mathrm{G}}\\ \boldsymbol{I}'_{\mathrm{L}}\end{bmatrix}^{\mathrm{T}}\begin{bmatrix}\boldsymbol{V}'_{\mathrm{G}}\\ \boldsymbol{I}'_{\mathrm{L}}\end{bmatrix}\right)^{-1}\begin{bmatrix}\boldsymbol{V}'_{\mathrm{G}}\\ \boldsymbol{I}'_{\mathrm{L}}\end{bmatrix}^{\mathrm{T}} \tag{5-35}$$

进一步，由式（5-30）和式（5-35）得，负荷节点的电压表达式为

$$\boldsymbol{V}_{\mathrm{L}}=\boldsymbol{Z}_{\mathrm{LG}}\boldsymbol{V}_{\mathrm{G}}+\boldsymbol{Z}_{\mathrm{LL}}\boldsymbol{I}_{\mathrm{L}}=\boldsymbol{G}_3\boldsymbol{V}_{\mathrm{G}}+\boldsymbol{G}_4\boldsymbol{I}_{\mathrm{L}} \tag{5-36}$$

由式（5-36）得负荷节点i的电压表达式为

$$\begin{cases}V_{\mathrm{L}i}=E_{\mathrm{eq},i}-Z_{\mathrm{LL}ii}I_{\mathrm{L}i}-E_{\mathrm{coupled},i}\\ E_{\mathrm{eq},i}=\sum\limits_{k=1}^{m}Z_{\mathrm{LG}ik}V_{\mathrm{G}k}\\ E_{\mathrm{coupled},i}=\sum\limits_{j=1,j\neq i}^{n}Z_{\mathrm{LL}ij}I_{\mathrm{L}j}\end{cases} \tag{5-37}$$

式中，$Z_{\mathrm{LL}ij}$为负荷节点i与j之间的阻抗；$I_{\mathrm{L}j}$为负荷节点j的注入电流；$Z_{\mathrm{LG}ik}$为负荷节点i与发电机节点k之间的阻抗；$V_{\mathrm{G}k}$为发电机k的机端电压。

定义$Z_{\mathrm{coupled},i}$为负荷节点i的耦合阻抗，则有

$$\begin{aligned}Z_{\mathrm{coupled},i}=R_{\mathrm{coupled},i}+\mathrm{j}X_{\mathrm{coupled},i}&=\frac{E_{\mathrm{coupled},i}}{I_{\mathrm{L}i}}\\ &=\sum_{j=1,j\neq i}^{n}Z_{\mathrm{LL}ij}\frac{I_{\mathrm{L}j}}{I_{\mathrm{L}i}}\\ &=\sum_{j=1,j\neq i}^{n}Z_{\mathrm{LL}ij}\left(\frac{S_{\mathrm{L}j}^{*}}{S_{\mathrm{L}i}^{*}}\right)\times\left(\frac{V_{\mathrm{L}i}^{*}}{V_{\mathrm{L}j}^{*}}\right)\end{aligned} \tag{5-38}$$

式中，$S_{\mathrm{L}i}=P_i+\mathrm{j}Q_i$为负荷节点$i$注入的视在功率；$V_{\mathrm{L}i}$为负荷节点$i$的端电压；上标*表示共轭。

进一步，由式（5-37）和式（5-38）得，负荷节点的等值阻抗$Z_{\mathrm{eq},i}$为

$$Z_{\mathrm{eq},i}=Z_{\mathrm{LL}ii}+Z_{\mathrm{coupled},i}=R_{\mathrm{eq},i}+\mathrm{j}X_{\mathrm{eq},i}=\left(R_{\mathrm{LL}ii}+R_{\mathrm{coupled},i}\right)+\mathrm{j}\left(X_{\mathrm{LL}ii}+X_{\mathrm{coupled},i}\right) \tag{5-39}$$

若全网等功率因数增加负荷，则节点i的负荷裕度可表示为[27, 28]

$$\begin{aligned}\lambda_i&=f\left(E_{\mathrm{eq},i},R_{\mathrm{eq},i},X_{\mathrm{eq},i},Z_{\mathrm{eq},i},P_i,Q_i\right)\\ &=\frac{\left|E_{\mathrm{eq},i}\right|^2\left(-R_{\mathrm{eq},i}\cos\delta_i-X_{\mathrm{eq},i}\sin\delta_i+\left|Z_{\mathrm{eq},i}\right|\right)}{2\left|S_i\right|\left(X_{\mathrm{eq},i}\cos\delta_i-R_{\mathrm{eq},i}\sin\delta_i\right)^2}-1\end{aligned} \tag{5-40}$$

由式（5-40）可得系统的负荷裕度为

$$\lambda_{\mathrm{sys}}=\min\left(\lambda_1,\lambda_2,\cdots,\lambda_n\right) \tag{5-41}$$

5.3.2 广域负荷裕度灵敏度

式（5-40）表明，负荷节点的负荷裕度是一个关于等值电势、等值阻抗及节点注入功率的函数，由式（5-40）可得节点负荷裕度λ_i对节点$j(i\neq j)$有功的偏导为

$$\begin{aligned}\frac{\partial\lambda_i}{\partial P_j}&=\frac{\partial f}{\partial R_{\mathrm{eq},i}}\frac{\partial R_{\mathrm{eq},i}}{\partial P_j}+\frac{\partial f}{\partial X_{\mathrm{eq},i}}\frac{\partial X_{\mathrm{eq},i}}{\partial P_j}+\frac{\partial f}{\partial Z_{\mathrm{eq},i}}\frac{\partial Z_{\mathrm{eq},i}}{\partial R_{\mathrm{eq},i}}\frac{\partial R_{\mathrm{eq},i}}{\partial P_j}+\frac{\partial f}{\partial Z_{\mathrm{eq},i}}\frac{\partial Z_{\mathrm{eq},i}}{\partial X_{\mathrm{eq},i}}\frac{\partial X_{\mathrm{eq},i}}{\partial P_j}\\&=\frac{\left|E_{\mathrm{eq},i}\right|^2\left(-\frac{\partial R_{\mathrm{eq},i}}{\partial P_j}\cos\delta_i-\frac{\partial X_{\mathrm{eq},i}}{\partial P_j}\sin\delta_i\right)}{2\left|S_i\right|\left(X_{\mathrm{eq},i}\cos\delta_i-R_{\mathrm{eq},i}\sin\delta_i\right)^2}+\frac{\left|E_{\mathrm{eq},i}\right|^2\left(R_{\mathrm{eq},i}\frac{\partial R_{\mathrm{eq},i}}{\partial P_j}+X_{\mathrm{eq},i}\frac{\partial X_{\mathrm{eq},i}}{\partial P_j}\right)}{2\left|S_i\right|\left|Z_{\mathrm{eq},i}\right|\left(X_{\mathrm{eq},i}\cos\delta_i-R_{\mathrm{eq},i}\sin\delta_i\right)^2}\\&\quad-\frac{2\left(\lambda_i+1\right)\left(\frac{\partial R_{\mathrm{eq},i}}{\partial P_j}\cos\delta_i-\frac{\partial X_{\mathrm{eq},i}}{\partial P_j}\sin\delta_i\right)}{X_{\mathrm{eq},i}\cos\delta_i-R_{\mathrm{eq},i}\sin\delta_i}\end{aligned}\tag{5-42}$$

式中

$$\frac{\partial R_{\mathrm{eq},i}}{\partial P_j}=\frac{V_{\mathrm{L}i}\left(f_1\cos\theta_{ji}-f_2\sin\theta_{ji}\right)}{S_i^2V_{\mathrm{L}j}}$$

$$\frac{\partial X_{\mathrm{eq},i}}{\partial P_j}=\frac{V_{\mathrm{L}i}\left(f_1\sin\theta_{ji}+f_2\cos\theta_{ji}\right)}{S_i^2V_{\mathrm{L}j}}$$

$$f_1=R_{\mathrm{LL}ij}P_i-X_{\mathrm{LL}ij}Q_i$$

$$f_2=R_{\mathrm{LL}ij}Q_i+X_{\mathrm{LL}ij}P_i$$

同理，负荷裕度λ_i对节点$j(i\neq j)$无功的偏导为

$$\begin{aligned}\frac{\partial\lambda_i}{\partial Q_j}&=\frac{\partial f}{\partial R_{\mathrm{eq},i}}\frac{\partial R_{\mathrm{eq},i}}{\partial Q_j}+\frac{\partial f}{\partial X_{\mathrm{eq},i}}\frac{\partial X_{\mathrm{eq},i}}{\partial Q_j}+\frac{\partial f}{\partial Z_{\mathrm{eq},i}}\frac{\partial Z_{\mathrm{eq},i}}{\partial R_{\mathrm{eq},i}}\frac{\partial R_{\mathrm{eq},i}}{\partial Q_j}+\frac{\partial f}{\partial Z_{\mathrm{eq},i}}\frac{\partial Z_{\mathrm{eq},i}}{\partial X_{\mathrm{eq},i}}\frac{\partial X_{\mathrm{eq},i}}{\partial Q_j}\\&=\frac{\left|E_{\mathrm{eq},i}\right|^2\left(-\frac{\partial R_{\mathrm{eq},i}}{\partial Q_j}\cos\delta_i-\frac{\partial X_{\mathrm{eq},i}}{\partial Q_j}\sin\delta_i\right)}{2\left|S_i\right|\left(X_{\mathrm{eq},i}\cos\delta_i-R_{\mathrm{eq},i}\sin\delta_i\right)^2}+\frac{\left|E_{\mathrm{eq},i}\right|^2\left(R_{\mathrm{eq},i}\frac{\partial R_{\mathrm{eq},i}}{\partial Q_j}+X_{\mathrm{eq},i}\frac{\partial X_{\mathrm{eq},i}}{\partial Q_j}\right)}{2\left|S_i\right|\left|Z_{\mathrm{eq},i}\right|\left(X_{\mathrm{eq},i}\cos\delta_i-R_{\mathrm{eq},i}\sin\delta_i\right)^2}\\&\quad-\frac{2\left(\lambda_i+1\right)\left(\frac{\partial R_{\mathrm{eq},i}}{\partial Q_j}\cos\delta_i-\frac{\partial X_{\mathrm{eq},i}}{\partial Q_j}\sin\delta_i\right)}{X_{\mathrm{eq},i}\cos\delta_i-R_{\mathrm{eq},i}\sin\delta_i}\end{aligned}\tag{5-43}$$

式中

$$\frac{\partial R_{\mathrm{eq},i}}{\partial Q_j}=\frac{V_{\mathrm{L}i}\left(f_2\cos\theta_{ji}-f_3\sin\theta_{ji}\right)}{S_i^2V_{\mathrm{L}j}}$$

$$\frac{\partial X_{\mathrm{eq},i}}{\partial Q_j}=\frac{V_{\mathrm{L}i}\left(f_2\sin\theta_{ji}+f_3\cos\theta_{ji}\right)}{S_i^2V_{\mathrm{L}j}}$$

$$f_3 = X_{\mathrm{LL}ij} Q_i - R_{\mathrm{LL}ij} P$$

而节点负荷裕度对于本节点的有功偏导为

$$\begin{aligned}
\frac{\partial \lambda_i}{\partial P_i} &= \frac{\partial f}{\partial P_i} + \frac{\partial f}{\partial R_{\mathrm{eq},i}} \frac{\partial R_{\mathrm{eq},i}}{\partial P_i} + \frac{\partial f}{\partial X_{\mathrm{eq},i}} \frac{\partial X_{\mathrm{eq},i}}{\partial P_i} + \frac{\partial f}{\partial Z_{\mathrm{eq},i}} \frac{\partial Z_{\mathrm{eq},i}}{\partial R_{\mathrm{eq},i}} \frac{\partial R_{\mathrm{eq},i}}{\partial P_i} + \frac{\partial f}{\partial Z_{\mathrm{eq},i}} \frac{\partial Z_{\mathrm{eq},i}}{\partial X_{\mathrm{eq},i}} \frac{\partial X_{\mathrm{eq},i}}{\partial P_i} \\
&= \frac{\left|E_{\mathrm{eq},i}\right|^2 \left(-\dfrac{\partial R_{\mathrm{eq},i}}{\partial P_i} \cos\delta_i - \dfrac{\partial X_{\mathrm{eq},i}}{\partial P_i} \sin\delta_i \right)}{2\left|S_i\right| \left(X_{\mathrm{eq},i} \cos\delta_i - R_{\mathrm{eq},i} \sin\delta_i \right)^2} + \frac{\left|E_{\mathrm{eq},i}\right|^2 \left(R_{\mathrm{eq},i} \dfrac{\partial R_{\mathrm{eq},i}}{\partial P_i} + X_{\mathrm{eq},i} \dfrac{\partial X_{\mathrm{eq},i}}{\partial P_i} \right)}{2\left|S_i\right| \left|Z_{\mathrm{eq},i}\right| \left(X_{\mathrm{eq},i} \cos\delta_i - R_{\mathrm{eq},i} \sin\delta_i \right)^2} \\
&\quad - \frac{2(\lambda_i + 1) \left(\dfrac{\partial R_{\mathrm{eq},i}}{\partial P_i} \cos\delta_i - \dfrac{\partial X_{\mathrm{eq},i}}{\partial P_i} \sin\delta_i \right)}{X_{\mathrm{eq},i} \cos\delta_i - R_{\mathrm{eq},i} \sin\delta_i} - \frac{2(\lambda_i + 1) P_i}{\left|S_i\right|^2}
\end{aligned} \tag{5-44}$$

式中

$$\frac{\partial R_{\mathrm{eq},i}}{\partial P_i} = \frac{V_{\mathrm{L}i}}{S_i^2} \sum_{\substack{j=1 \\ j \neq i}}^{n} \frac{1}{V_{\mathrm{L}j}} \left(f_4 \cos\theta_{ji} - f_5 \sin\theta_{ji} \right) - \frac{2 P_i R_{\mathrm{coupled},i}}{S_i^2}$$

$$\frac{\partial X_{\mathrm{eq},i}}{\partial P_i} = \frac{V_{\mathrm{L}i}}{S_i^2} \sum_{\substack{j=1 \\ j \neq i}}^{n} \frac{1}{V_{\mathrm{L}j}} \left(f_4 \sin\theta_{ji} + f_5 \cos\theta_{ji} \right) - \frac{2 P_i X_{\mathrm{coupled},i}}{S_i^2}$$

$$f_4 = R_{\mathrm{LL}ij} P_j + X_{\mathrm{LL}ij} Q_j$$

$$f_5 = X_{\mathrm{LL}ij} P_j - R_{\mathrm{LL}ij} Q_j$$

同理，节点负荷裕度对于本节点的无功偏导为

$$\begin{aligned}
\frac{\partial \lambda_i}{\partial Q_i} &= \frac{\partial f}{\partial R_{\mathrm{eq},i}} \frac{\partial R_{\mathrm{eq},i}}{\partial Q_i} + \frac{\partial f}{\partial X_{\mathrm{eq},i}} \frac{\partial X_{\mathrm{eq},i}}{\partial Q_i} + \frac{\partial f}{\partial Z_{\mathrm{eq},i}} \frac{\partial Z_{\mathrm{eq},i}}{\partial R_{\mathrm{eq},i}} \frac{\partial R_{\mathrm{eq},i}}{\partial Q_i} + \frac{\partial f}{\partial Z_{\mathrm{eq},i}} \frac{\partial Z_{\mathrm{eq},i}}{\partial X_{\mathrm{eq},i}} \frac{\partial X_{\mathrm{eq},i}}{\partial Q_i} \\
&= \frac{\left|E_{\mathrm{eq},i}\right|^2 \left(-\dfrac{\partial R_{\mathrm{eq},i}}{\partial Q_i} \cos\delta_i - \dfrac{\partial X_{\mathrm{eq},i}}{\partial Q_i} \sin\delta_i \right)}{2\left|S_i\right| \left(X_{\mathrm{eq},i} \cos\delta_i - R_{\mathrm{eq},i} \sin\delta_i \right)^2} + \frac{\left|E_{\mathrm{eq},i}\right|^2 \left(R_{\mathrm{eq},i} \dfrac{\partial R_{\mathrm{eq},i}}{\partial Q_i} + X_{\mathrm{eq},i} \dfrac{\partial X_{\mathrm{eq},i}}{\partial Q_i} \right)}{2\left|S_i\right| \left|Z_{\mathrm{eq},i}\right| \left(X_{\mathrm{eq},i} \cos\delta_i - R_{\mathrm{eq},i} \sin\delta_i \right)^2} \\
&\quad - \frac{2(\lambda_i + 1) \left(\dfrac{\partial R_{\mathrm{eq},i}}{\partial Q_i} \cos\delta_i - \dfrac{\partial X_{\mathrm{eq},i}}{\partial Q_i} \sin\delta_i \right)}{X_{\mathrm{eq},i} \cos\delta_i - R_{\mathrm{eq},i} \sin\delta_i} - \frac{2(\lambda_i + 1) Q_i}{\left|S_i\right|^2}
\end{aligned} \tag{5-45}$$

式中

$$\frac{\partial R_{\mathrm{eq},i}}{\partial Q_i} = \frac{V_{\mathrm{L}i}}{S_i^2} \sum_{\substack{j=1 \\ j \neq i}}^{n} \frac{1}{V_{\mathrm{L}j}} \left(f_6 \cos\theta_{ji} - f_5 \sin\theta_{ji} \right) - \frac{2 Q_i R_{\mathrm{coupled},i}}{S_i^2}$$

$$\frac{\partial X_{\mathrm{eq},i}}{\partial Q_i} = \frac{V_{\mathrm{L}i}}{S_i^2} \sum_{\substack{j=1 \\ j \neq i}}^{n} \frac{1}{V_{\mathrm{L}j}} \left(f_4 \cos\theta_{ji} + f_6 \sin\theta_{ji} \right) - \frac{2 Q_i X_{\mathrm{coupled},i}}{S_i^2}$$

$$f_6 = R_{\mathrm{LL}ij} Q_j - X_{\mathrm{LL}ij} P_j$$

进一步，可得节点负荷裕度对发电机机端电压的偏导为

$$\frac{\partial \lambda_i}{\partial V_{Gk}}=\frac{\partial f}{\partial E_{eq,i}}\frac{\partial E_{eq,i}}{\partial V_{Gk}}=\frac{2(\lambda_i+1)}{\left|E_{eq,i}\right|^2}f_7+\frac{2(\lambda_i+1)}{\left|E_{eq,i}\right|^2}f_8 \tag{5-46}$$

式中

$$f_7=\left[\sum_{k=1}^{m}V_{Gk}\left(R_{LGik}\cos\theta_k-X_{LGik}\sin\theta_k\right)\right]\left(R_{LGik}\cos\theta_k-X_{LGik}\sin\theta_k\right)$$

$$f_8=\left[\sum_{k=1}^{m}V_{Gk}\left(R_{LGik}\sin\theta_k+X_{LGik}\cos\theta_k\right)\right]\left(R_{LGik}\sin\theta_k+X_{LGik}\cos\theta_k\right)$$

由式（5-42）～式（5-46）可得节点负荷裕度对节点有功、无功及发电机机端电压的灵敏度，根据上述灵敏度可以分析节点有功、无功及机端电压对系统电压稳定性的影响，确定影响系统电压稳定性的关键性参数。当系统负荷裕度低于所设定的阈值时，可根据上述灵敏度采取相关措施改善系统的负荷裕度，提高系统的电压稳定性。

5.3.3 广域负荷裕度灵敏度应用

根据上述所提的广域 LMS 的思想，当系统出现负荷裕度过低时，可按照以下四种实际情况采取不同措施来改善系统的电压稳定性。

（1）负荷节点有足够的无功储备。当负荷节点有足够的无功储备时，可根据式（5-47）来计算系统中负荷裕度过低节点的无功补偿量，显然式（5-47）计算出的是理论无功补偿量，与实际负荷裕度目标值λ_0之间会存在一定误差，但上述误差可以通过后续的反馈环节来补偿。

$$\Delta Q_i=\frac{\lambda_0-\lambda_i}{\partial\lambda_i/\partial Q_i} \tag{5-47}$$

（2）负荷节点无功储备不足，且离发电机节点很近。当负荷节点无功储备不足且距离发电机节点很近时，可通过式（5-48）来计算发电机机端电压改变量从而提高系统的负荷裕度。需要指出的是发电机的机端电压受电压幅值约束，因而其对节点负荷裕度的提升效果有限。

$$\Delta V_{Gi}=\frac{\lambda_0-\lambda_i-\Delta Q_{i0}\cdot\partial\lambda_i/\partial Q_i}{\partial\lambda_i/\partial V_{Gi}} \tag{5-48}$$

式中，ΔQ_{i0}为负荷节点的无功储备量。

（3）负荷节点无功储备不足，且邻近的负荷节点拥有无功备用。当负荷节点无功储备不足且邻近的负荷节点拥有无功备用时，可通过式（5-49）来计算相邻负荷节点所提供的无功补偿来改善系统的负荷裕度。需要指出的是相邻负荷节点的无功补偿效果与本节点与相邻节点的互无功灵敏度有关，互无功灵敏度越大，其补偿效果越好。

$$\Delta Q_j=\frac{\lambda_0-\lambda_i-\Delta Q_{i0}\cdot\partial\lambda_i/\partial Q_i}{\partial\lambda_i/\partial Q_j} \tag{5-49}$$

（4）负荷节点处于负荷中心，无功储备已消耗殆尽。处于负荷中心的节点一般为受端系统，其内部发电机数量有限，当其难以支撑整个受端系统的电压时，需采用式（5-50）

的切负荷策略改善系统的电压稳定性：

$$\Delta P_i = \frac{\lambda_0 - \lambda_i}{\partial\lambda_i/\partial P_i + \xi_i \cdot \partial\lambda_i/\partial Q_i},\quad \xi_i = Q_i/P_i \tag{5-50}$$

综合上述改善系统电压稳定性的方法，基于所提的广域 LMS 方法改善系统电压稳定性的整体流程如图 5-33 所示，关键步骤如下。

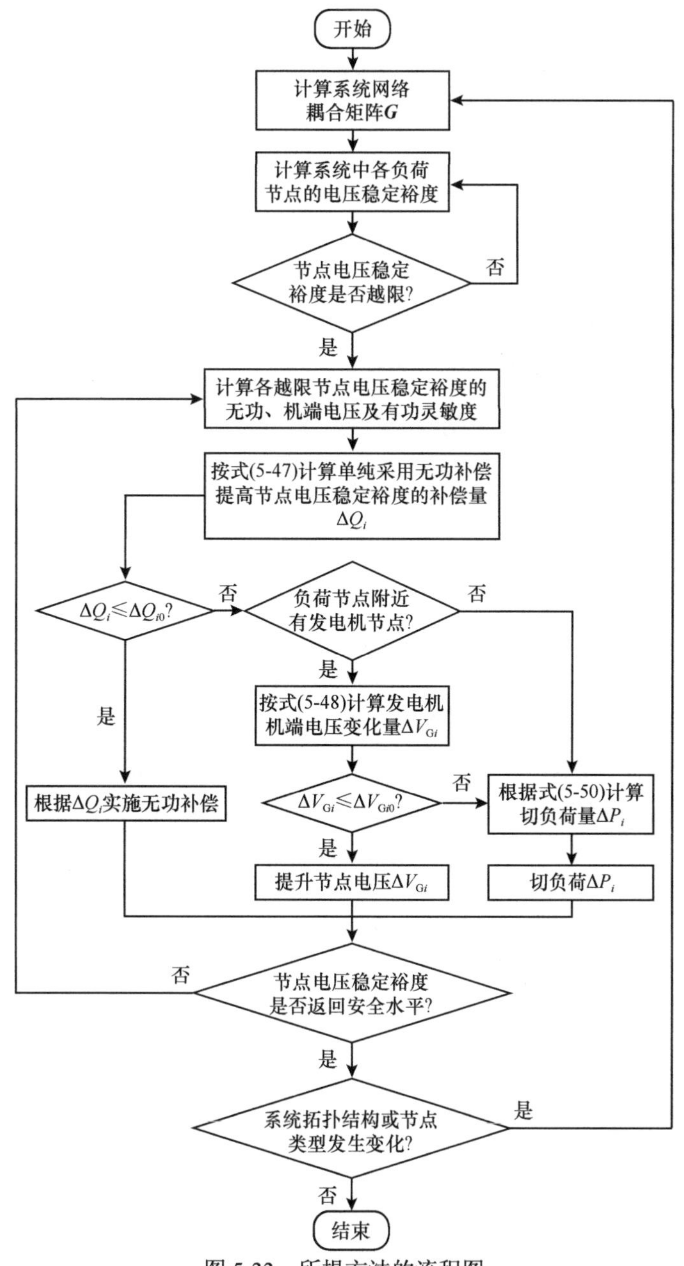

图 5-33 所提方法的流程图

（1）通过所采集的广域量测信息，依据式（5-35）估计系统的网络耦合矩阵 $\boldsymbol{G}$。

（2）利用所估计的网络耦合矩阵 $\boldsymbol{G}$ 及量测得到的节点电压相量和电流相量，按式（5-40）计算各节点的负荷裕度，进一步按式（5-41）确定系统的负荷裕度。

（3）评估系统负荷裕度是否越限，若越限，根据负荷节点的无功储备及与发电机间的电气距离，计算相应的LMS，按照式（5-47）～式（5-50）制定对应的策略，提高系统的负荷裕度，改善系统的电压稳定性。若系统的负荷裕度未越限，则返回步骤（2）继续计算、监测系统的负荷裕度。

需要注意的是：用于估计网络耦合矩阵 $\boldsymbol{G}$ 的广域量测信号应是平稳信号，当系统中发生故障后，系统的网络结构必然会发生变化，此时需等待故障平息后再估计新的网络耦合矩阵 $\boldsymbol{G}$，否则在系统故障过程中采用非平稳信号估计系统的网络耦合矩阵 $\boldsymbol{G}$ 时，其计算结果与实际值之间会存在较大的偏差。网络耦合矩阵 $\boldsymbol{G}$ 并不需要实时估计，只有系统发生故障或者系统节点类型发生转变后才需要更新。

5.3.4 算例分析

为验证所提的广域LMS方法的可行性和有效性，分别以New England 39节点系统和IEEE 118节点系统为例进行分析、验证。

5.3.4.1 New England 39节点系统

首先为验证所提的基于广域量测信息估计系统网络耦合矩阵 $\boldsymbol{G}$ 的可行性和合理性，选择广域量测信息长度 p，定义网络耦合矩阵 $\boldsymbol{G}$ 的绝对误差 ε 为实际网络耦合矩阵 $\boldsymbol{G}_0$ 与估计网络耦合矩阵 $\boldsymbol{G}_{\mathrm{E}}$ 之差中绝对值最大的元素。图5-34给出了网络耦合矩阵 $\boldsymbol{G}$ 估计误差 ε 随广域量测信息长度 p 变化的趋势。图中结果表明，在 $p=27$ 时，网络耦合矩阵 $\boldsymbol{G}$ 估计误差最小。对比式（5-34）可知：在New England 39节点系统中负荷节点数 n 与发电机节点数 m 之和为27，此时式（5-34）可逆，式（5-35）有唯一解；而当 $p\neq27$ 时，式（5-34）不可逆，式（5-35）有多个解。因此在估计网络耦合矩阵 $\boldsymbol{G}$ 时，当广域量测信息长度 $p=n+m$ 时，可得到高精度的网络耦合矩阵 $\boldsymbol{G}$ 的估计值。

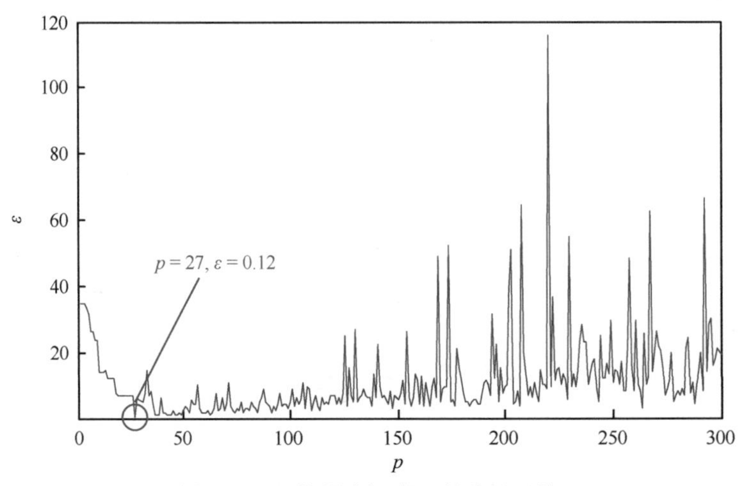

图5-34 网络耦合矩阵 $\boldsymbol{G}$ 的估计误差

根据所估计的网络耦合矩阵及广域量测信息，由式（5-40）计算得到的负荷节点负荷裕度如图 5-35 所示。由图 5-35 可知，节点 15 的负荷裕度为 1.1250p.u.，是整个系统中负荷裕度最低的节点，即节点 15 是系统电压稳定关键节点，系统负荷裕度为 1.1250p.u.。基态下根据所提的负荷裕度，计算得到负荷裕度的有功灵敏度、无功灵敏度及机端电压灵敏度，如图 5-36 所示。由图 5-36 可知：节点负荷裕度的有功灵敏度和无功灵敏度均为负值，而机端电压灵敏度均为正值，即随着负荷节点的有功、无功的增加，系统中各节点负荷裕度均单调减小，系统的负荷裕度也随之降低；而随着发电机机端电压提升，系统中各节点负荷裕度均单调增加，系统负荷裕度也随之提高。

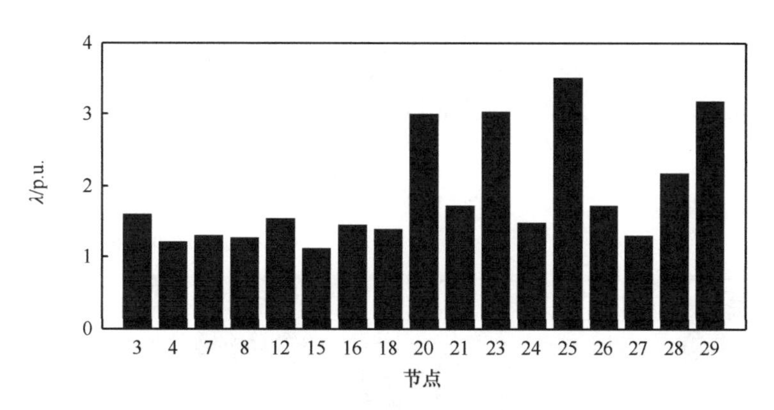

图 5-35 New England 39 节点系统的节点负荷裕度

图 5-37 进一步详细给出了图 5-36 中节点 15 对所有负荷节点的有功灵敏度、无功灵敏度及发电机节点的机端电压灵敏度。由图 5-37（a）和图 5-37（b）可知，节点 15 对节点 15 的有功灵敏度、无功灵敏度绝对值远大于对其他负荷节点的有功灵敏度、无功灵敏度绝对值，验证了电力系统的电压稳定性具有局部特征，即所得的负荷节点负荷裕度有功灵敏度、无功灵敏度矩阵必为对角占优矩阵（图 5-36（a）和图 5-36（b））。同时

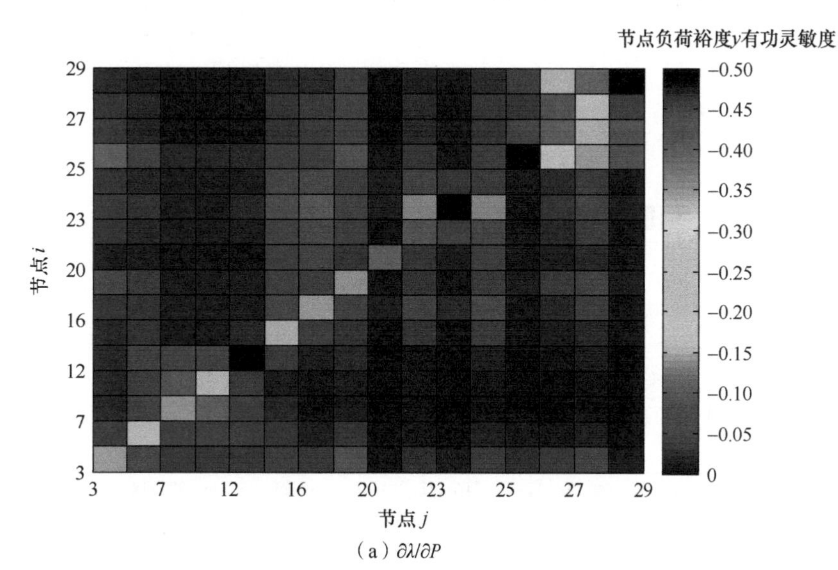

（a）$\partial\lambda/\partial P$

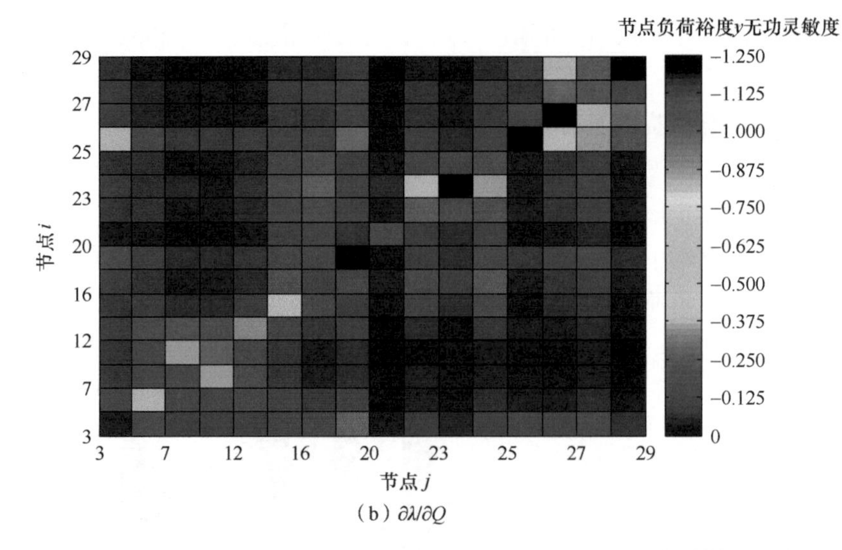

（b）$\partial\lambda/\partial Q$

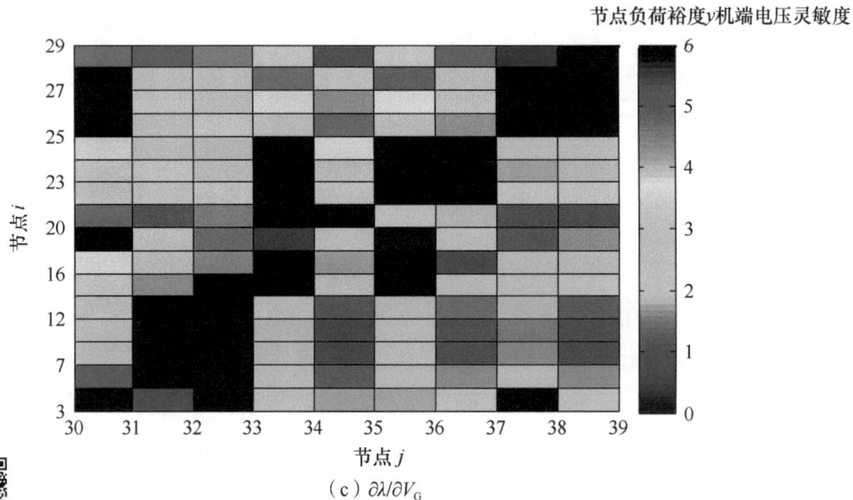

（c）$\partial\lambda/\partial V_G$

扫码见彩图

图 5-36　基态下 New England 39 节点系统的负荷裕度灵敏度

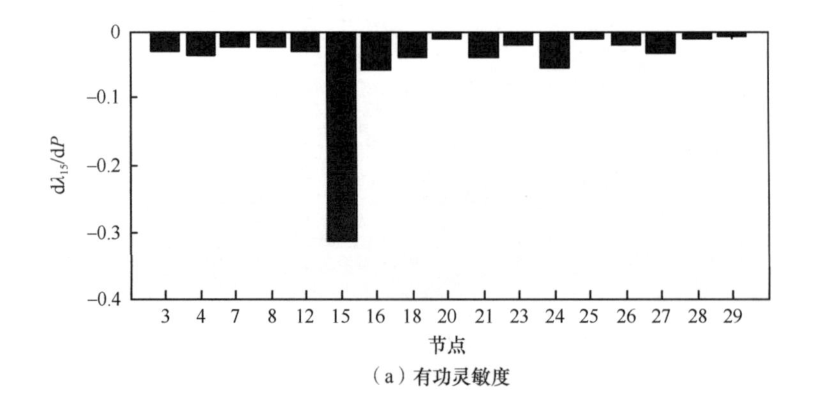

（a）有功灵敏度

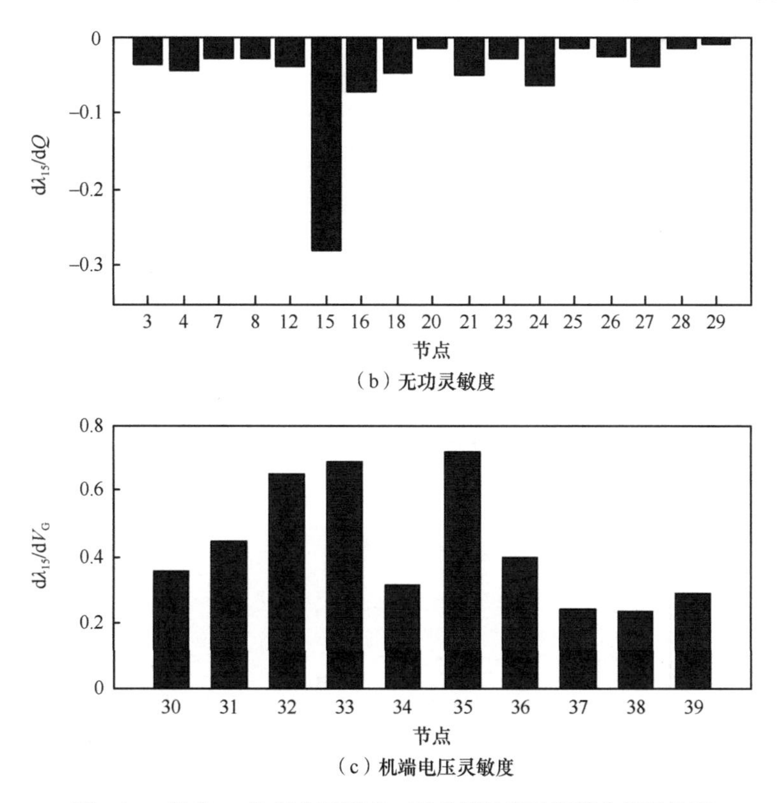

（b）无功灵敏度

（c）机端电压灵敏度

图 5-37　节点 15 的有功灵敏度、无功灵敏度及机端电压灵敏度

由图 5-37（c）可得：负荷裕度对机端电压的灵敏度为正值，即机端电压的提升可改善系统的电压稳定性。图 5-38 给出了各负荷节点负荷裕度对有功灵敏度、无功灵敏度及对平衡节点机端电压灵敏度随全网负荷同比例增加时的变化趋势，由图可见：随着系统中负荷等比例增加，系统各节点负荷裕度的灵敏度都单调递减，当λ=0 时，各负荷节点的 LMS 均等于或接近于 0，此时表明系统已运行于临界状态（电压崩溃点）。图 5-37 和图 5-38 的结果验证了所提的 LMS 具有一定的物理意义。

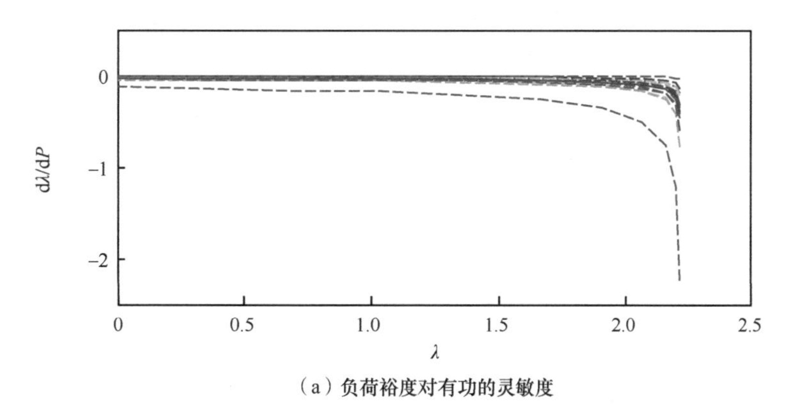

（a）负荷裕度对有功的灵敏度

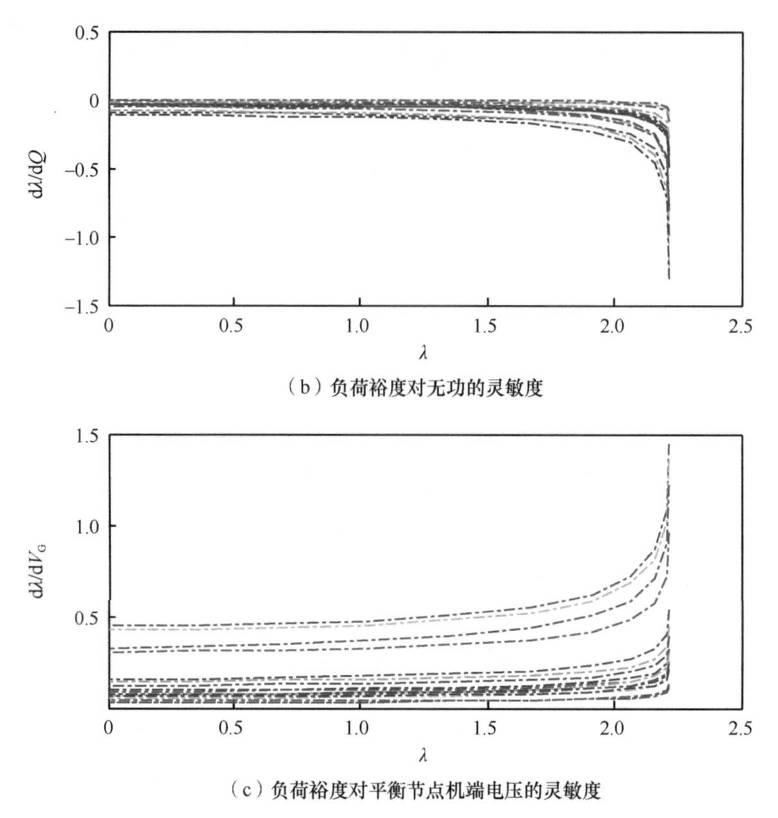

（b）负荷裕度对无功的灵敏度

（c）负荷裕度对平衡节点机端电压的灵敏度

图 5-38 广域负荷裕度灵敏度的变化趋势

图 5-39 进一步验证了所提的 LMS 的正确性。以系统中电压稳定关键节点 15 为研究重点，以图 5-37（a）和图 5-37（b）中有功灵敏度、无功灵敏度绝对值最大的节点 15 和互有功灵敏度、无功灵敏度绝对值最大的节点 16 为研究对象，验证负荷裕度对节点自有功灵敏度、无功灵敏度和互有功灵敏度、无功灵敏度的正确性；以图 5-37（c）中机端电压灵敏度最大的节点 35 为对象，验证负荷裕度对机端电压灵敏度的正确性。分别在基态下逐步增加节点 15、16 的有功、无功及节点 35 的机端电压，在此基础上，采用所提的 LMS 方法预测节点 15 的负荷裕度，结果如图 5-39 所示。

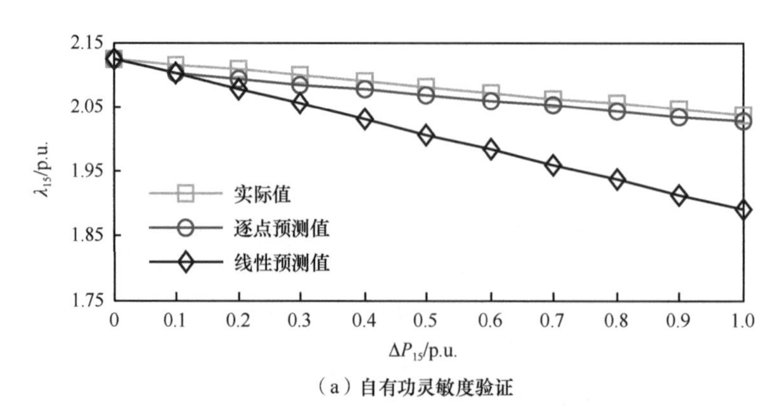

（a）自有功灵敏度验证

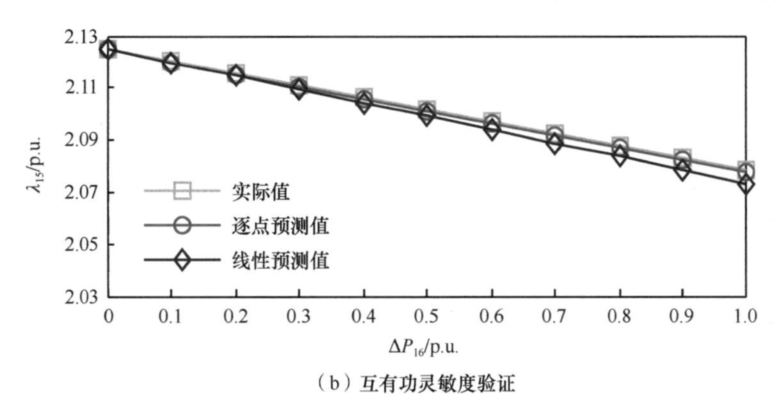

（b）互有功灵敏度验证

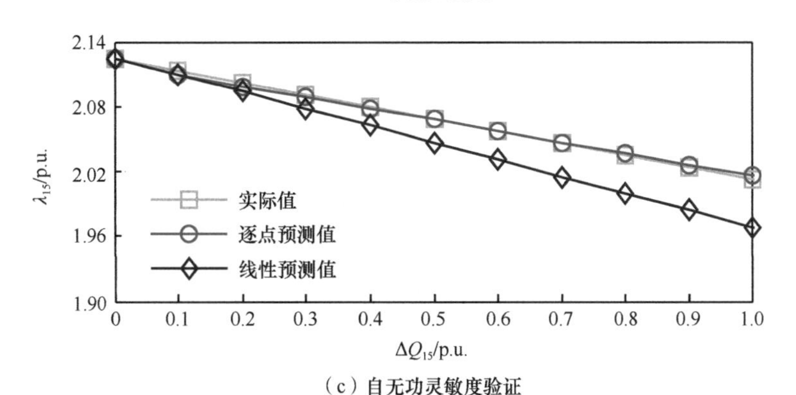

（c）自无功灵敏度验证

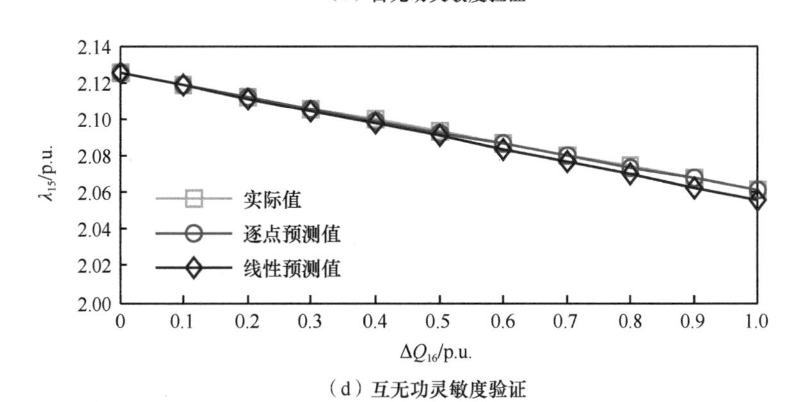

（d）互无功灵敏度验证

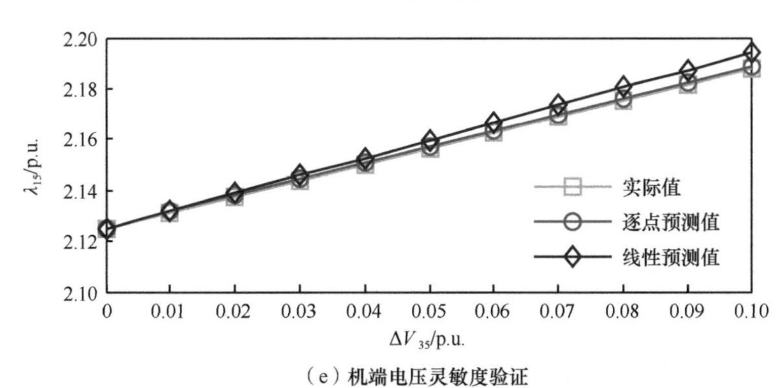

（e）机端电压灵敏度验证

图 5-39　广域负荷裕度灵敏度正确性验证

图 5-39 中，实际值为在每个运行点采用式（5-40）计算的实际负荷裕度；逐点预测值为根据每一个运行点的灵敏度预测得到的下一个运行点的负荷裕度；线性预测值为根据基态下的灵敏度预测得到的各个运行点的负荷裕度。图 5-39 中结果表明：所提的 LMS 方法具有较高的精度。为进一步定量分析、对比图 5-39（a）～图 5-39（d）中所提的 LMS 方法的精度，表 5-7 和表 5-8 分别给出了图 5-39（a）～图 5-39（d）中采用有功灵敏度、无功灵敏度方法计算得到的负荷裕度的相对误差。表 5-7 和表 5-8 结果表明：除节点 15 的自有功灵敏度的线性预测值误差较大外，其他有功灵敏度、无功灵敏度的预测误差均在 4.400%以下，且绝大部分的预测误差均在 1%以下，即使节点 15 的自有功灵敏度的预测较大，但其最大相对误差 14.2003%在电力系统的预测控制中仍是可以接受的。因此，通过分析、对比图 5-39 和表 5-7、表 5-8 结果可得：所提负荷裕度有功灵敏度、无功灵敏度及机端电压灵敏度具有较高的预测精度，可满足电力系统负荷裕度预测要求，具有一定的应用价值。

表 5-7　有功灵敏度的相对预测误差

ΔP_{15}/p.u.	自灵敏度		互灵敏度	
	逐点预测/%	线性预测/%	逐点预测/%	线性预测/%
0.1	1.2940	1.2940	0.0422	0.0422
0.2	1.2528	2.6150	0.0412	0.0851
0.3	1.2138	3.9633	0.0402	0.1289
0.4	1.1768	5.3394	0.0391	0.1734
0.5	1.1418	6.7436	0.0381	0.2188
0.6	1.1086	8.1763	0.0371	0.2650
0.7	1.0770	9.6379	0.0361	0.3120
0.8	1.0470	11.1288	0.0350	0.3599
0.9	1.0184	12.6495	0.0340	0.4086
1.0	0.9912	14.2003	0.0330	0.4583

表 5-8　无功灵敏度的相对预测误差

ΔQ_{15}/p.u.	自灵敏度		互灵敏度	
	逐点预测/%	线性预测/%	逐点预测/%	线性预测/%
0.1	0.3701	0.3714	0.0426	0.0426
0.2	0.2787	0.7562	0.0426	0.0877
0.3	0.1894	1.1547	0.0426	0.1353
0.4	0.1023	1.5672	0.0426	0.1855
0.5	0.0174	1.9942	0.0426	0.2383
0.6	0.0652	2.4360	0.0426	0.2938
0.7	0.1456	2.8930	0.0426	0.3519
0.8	0.2237	3.3658	0.0426	0.4128
0.9	0.2995	3.8546	0.0426	0.4765
1.0	0.3732	4.3599	0.0426	0.5429

进一步将所提LMS方法应用到改善系统电压稳定性中，设置三种场景：场景C1，节点15负荷增加50%，且节点15有2p.u.的无功备用；场景C2，节点15负荷增加1倍，且节点15有的2p.u.的无功储备，节点16有3.5p.u.的无功备用；场景C3，全网负荷增加60%，支路15—16开断。其中，场景C1和C2的电压控制目标采用无功补偿策略使节点15的负荷裕度回到基态时的值；场景C3的控制目标采用切负荷策略使节点15在N–1时仍有5%的负荷裕度[29]。

1）场景C1

场景C1中，节点15负荷增加50%后，各节点的负荷裕度如图5-40（a）所示，此时节点15的负荷裕度由1.1250p.u.降至1.0103p.u.。对应的节点15的无功灵敏度如图5-40（b）所示，其中节点15的自无功灵敏度为–0.1404。要使节点15的负荷裕度回到基态，

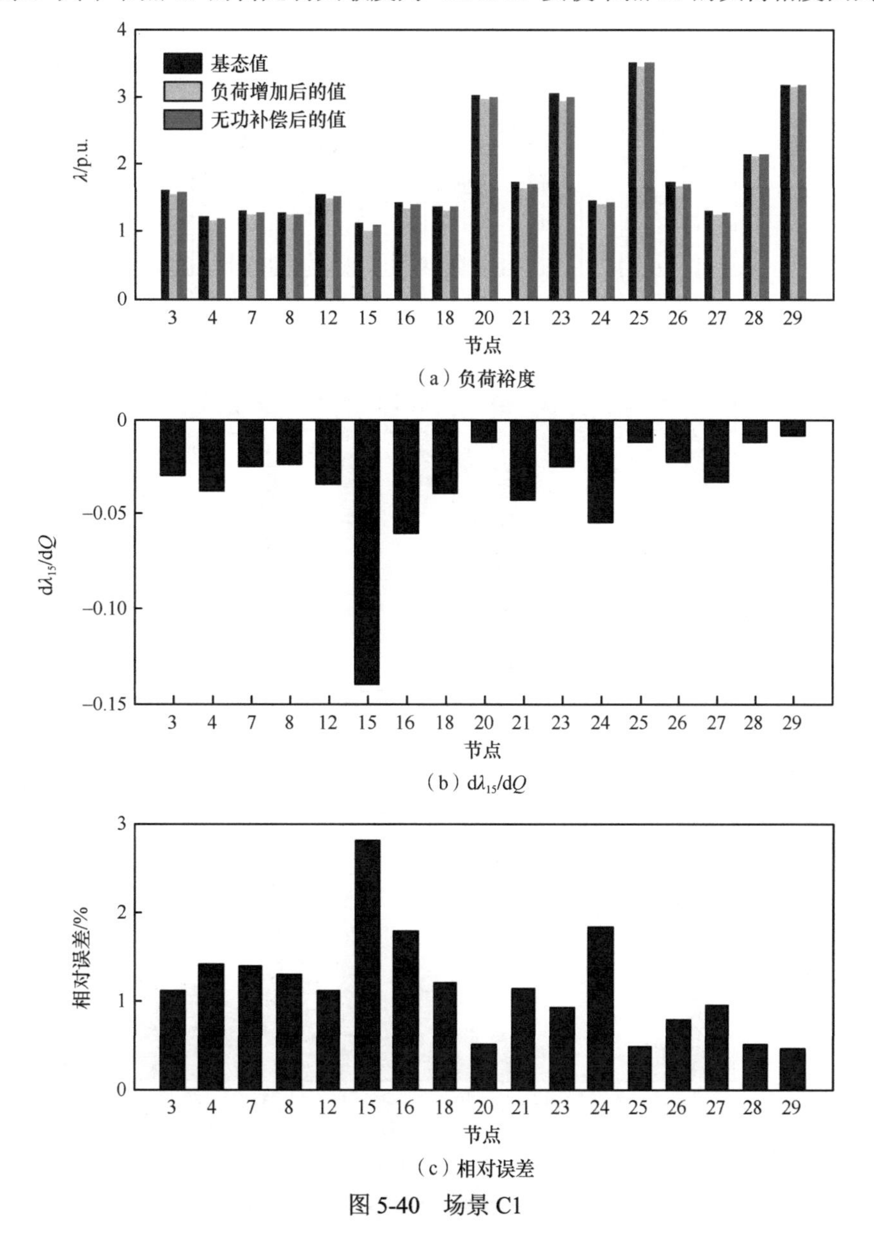

（a）负荷裕度

（b）$d\lambda_{15}/dQ$

（c）相对误差

图5-40　场景C1

由式（5-47）计算得到的节点 15 的无功补偿量为 0.8162p.u.。由于节点 15 无功储备为 2p.u.，所计算得到的无功补偿量在其无功备用容量以内，可完全实现补偿。根据所计算得到的结果对节点 15 实施无功补偿后，各节点的负荷裕度如图 5-40（a）所示，此时节点 15 的负荷裕度由 1.0103p.u.上升到 1.0933p.u.，基本回到基态下节点 15 的负荷裕度。进一步，图 5-40（c）计算了图 5-40（a）中各节点负荷裕度准确值与补偿后的实际负荷裕度相对误差，图 5-40（c）的结果表明：除节点 15 的误差在 2.8113%外，其他节点的误差均在 2%内。该结果表明所提方法在无功补偿中具有较高的计算精度。

2）场景 C2

场景 C2 中，节点 15 负荷增加 1 倍后，各节点的负荷裕度如图 5-41（a）所示，此

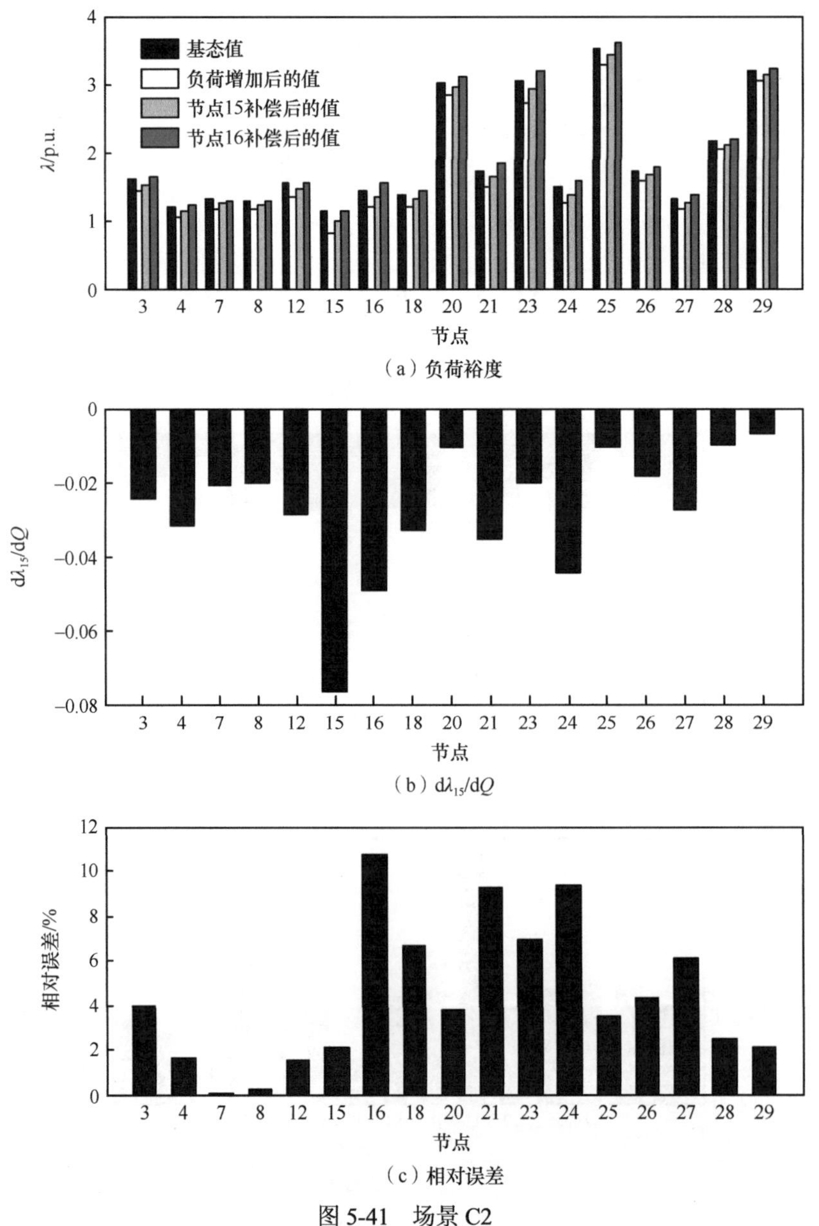

（a）负荷裕度

（b）$d\lambda_{15}/dQ$

（c）相对误差

图 5-41　场景 C2

时节点 15 的负荷裕度降至 0.8200p.u.。对应的节点 15 的无功灵敏度如图 5-41（b）所示，其中节点 15 的自无功灵敏度为–0.0768，节点 15 对节点 16 的互无功灵敏度为–0.0493。要使节点 15 的负荷裕度回到基态，根据式（5-47）计算得到的节点 15 所需的无功补偿量为 3.9705p.u.。但节点 15 的无功储备只有 2p.u.，所计算得到的无功补偿量超出了节点 15 的实际无功备用容量。因此可根据所提的策略，由相邻负荷节点提供无功补偿。由图 5-41（b）可知，节点 15 对节点 16 的互无功灵敏度最大，且节点 16 拥有 3p.u.无功备用，因此根据式（5-49）计算得到的结果节点 16 所提供的无功补偿量为 3.0696p.u.，该补偿容量在节点 16 的无功备用容量以内，可以实现完全补偿。

对节点 15 和节点 16 实施 2p.u.和 3.0696p.u.无功补偿后，各节点的负荷裕度如图 5-41（a）所示，此时节点 15 的负荷裕度由 1.0103p.u.上升到 1.1488p.u.，回到基态下节点 15 的负荷裕度。进一步，图 5-41（c）计算了图 5-41（a）中各节点目标值与补偿后的实际负荷裕度相对误差，图 5-41（c）的结果表明：采用所提方法实施无功补偿后节点 15 的相对误差为 2.1198%，但由于对节点 16 实施了无功补偿，因此节点 16 的负荷裕度由基态下的 1.4351p.u.上升到补偿后的 1.5896p.u.，其相对误差达 10.7658%。同时节点 16 的无功补偿使其他负荷节点的负荷裕度都有小幅增加，相对于场景 C1，相对误差均变大。由场景 C2 和场景 C1 的相对误差结果可得：本节点无功的就地补偿对系统的其他节点的电压稳定性影响最小，而通过对其他节点实施无功补偿来间接改善本节点的电压稳定性会对系统中其他节点的电压稳定性带来较大影响。

3）场景 C3

在场景 C3 中，当全网负荷增加 60%后支路 15—16 开断，此时系统各节点的负荷裕度如图 5-42 所示，此时节点 15 的负荷裕度为 0.0340。为保证系统的负荷裕度在 5%以上[29]，此时需采取相关措施改善节点 15 的负荷裕度。由于该场景中负荷节点均有无功备用，因此根据所提策略，通过提升机端电压来改善系统的电压稳定性。图 5-43（a）给出该场景下节点 15 对各发电机机端电压的灵敏度，由式（5-48）的计算结果可得，若将节点 15 的负荷裕度调整到 5%以内，各发电机机端电压需提升的量如图 5-43（b）所示。由图 5-43（b）可知：要是节点 15 的负荷裕度达到 5%，节点 32 所提升的机端电压最少，为 0.6070p.u.，而其他发电机节点所需提升的量均在 1p.u.以上。结合实际情况，发电机的机端电压最大变化量在 0.2p.u.内，因而采用提升发电机的机端电压来改善节点 15 的负荷裕度不可行。

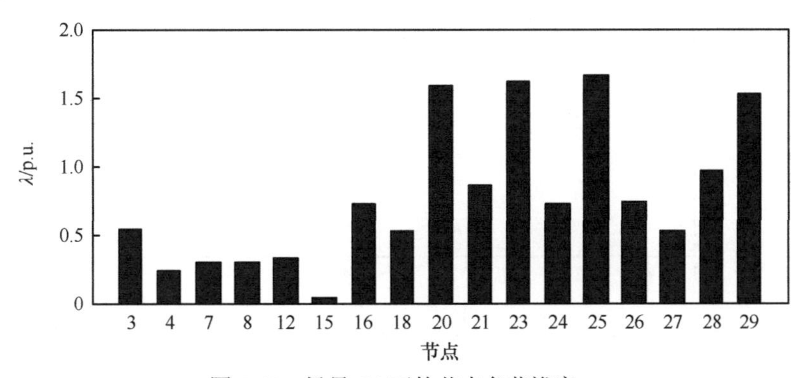

图 5-42 场景 C3 下的节点负荷裕度

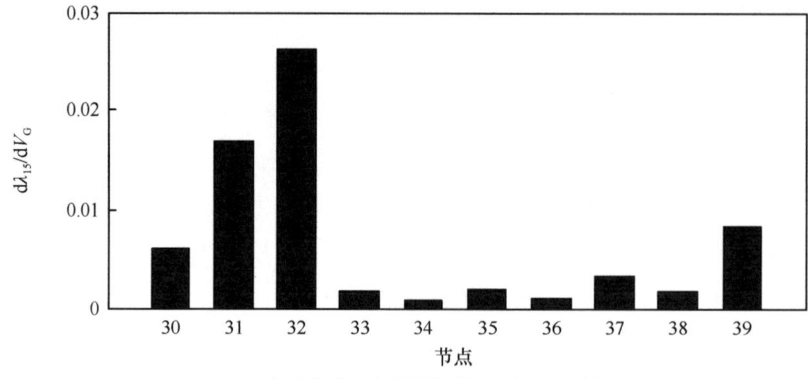

（a）节点15负荷裕度对机端电压的灵敏度

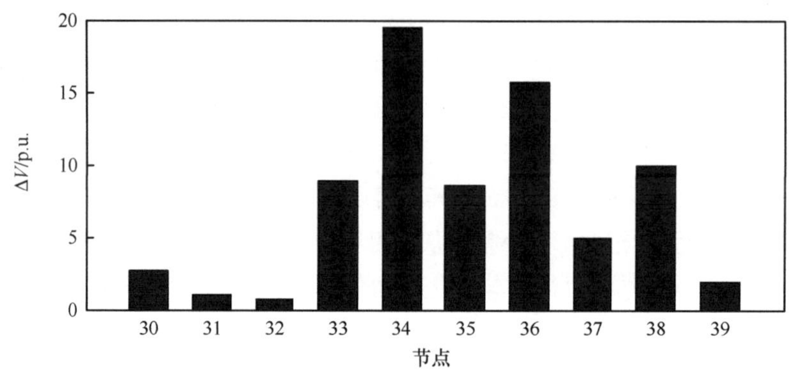

（b）发电机机端电压提升量

图 5-43　发电机机端电压控制策略

根据所提流程图，进一步考虑所提的策略，在紧急情况下可通过切负荷改善系统的负荷裕度。根据式（5-49）计算得到的切负荷量为 0.11+j0.05p.u.，根据该切负荷量实施切负荷后节点 15 的负荷裕度为 4.08%，距离目标值仍有 1 个百分点的缺额。同时由前述有功灵敏度验证结果可知，节点的有功灵敏度预测误差较大。为实现理想的控制效果，进一步参考文献[30]，基于式（5-50）通过多轮切负荷（图 5-44），最终在节点 15 切除 0.2545+j0.1218p.u.后节点 15 的负荷裕度到达 4.98%（图 5-45），基本达到系统的最低负荷裕度要求。

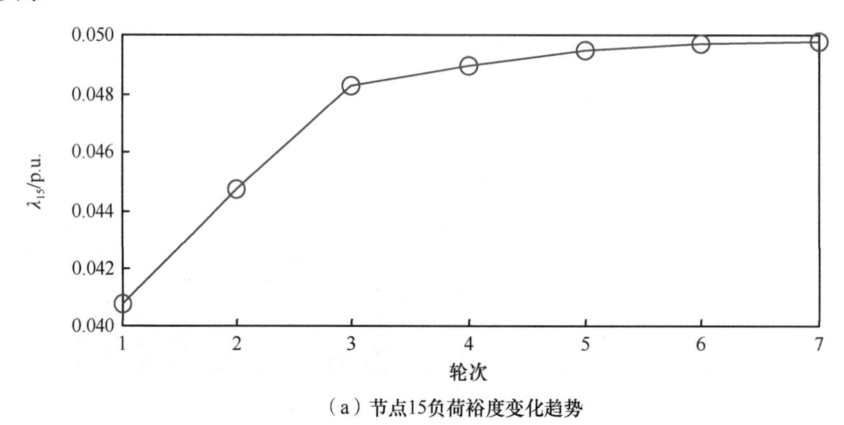

（a）节点15负荷裕度变化趋势

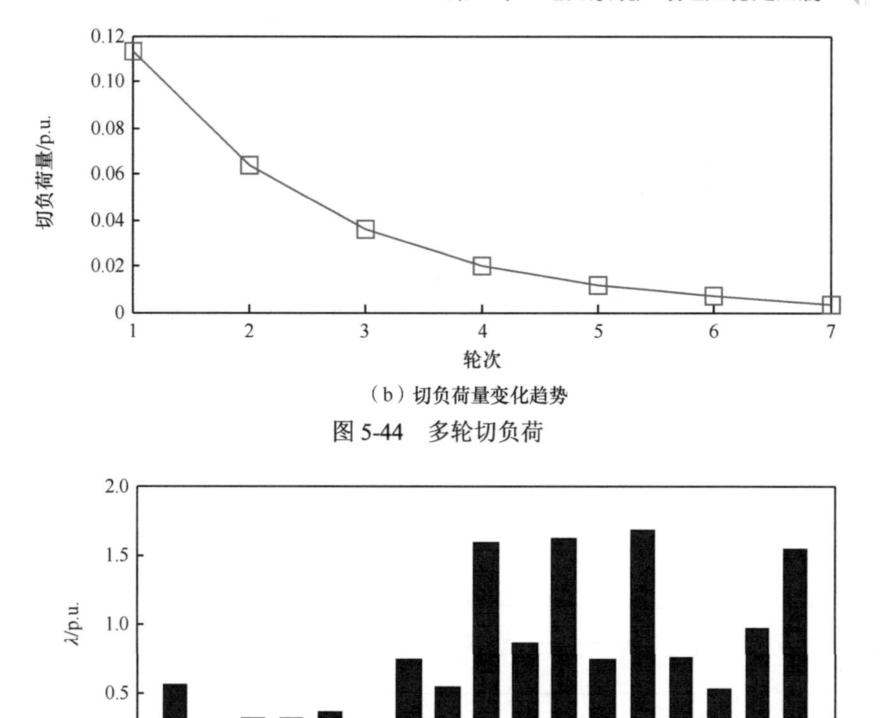

（b）切负荷量变化趋势

图 5-44　多轮切负荷

图 5-45　场景 C3 的最终控制结果

场景 C1、C2 和 C3 的验证结果表明：基于所提广域 LMS 方法，均能得到较为理想的电压稳定控制结果。

5.3.4.2　IEEE 118 节点系统

New England 39 节点系统验证了所提方法的正确性和有效性，本节进一步将所提方法应用到 IEEE 118 节点系统中，验证所提方法的实用性。IEEE 118 节点系统有 54 个发电机节点、54 个负荷节点。在该系统中，设置了 2 种场景：场景 C′1，全网负荷增加 1.5 倍，节点 44 有 1p.u.的无功储备；场景 C′2，在场景 C′1 的基础上，支路 44—45 开断，节点 44 无无功储备。

场景 C′1 下，系统中负荷裕度最小的 15 个节点的计算结果如图 5-46 所示，由图 5-46 可知：此时，系统电压最弱节点为节点 44，其负荷裕度为 0.7910p.u.，其他负荷节点的负荷裕度均在 1p.u.之上。若在此场景下，假设系统的稳定裕度为 1p.u.，根据式（5-47）计算得到节点 44 的无功补偿量为 0.7910p.u.。对节点 44 实施无功补偿后，图 5-46 中各节点的负荷裕度如图 5-47 所示，此时节点 44 的负荷裕度为 1.1090p.u.，满足系统稳态时对负荷裕度的最低要求。

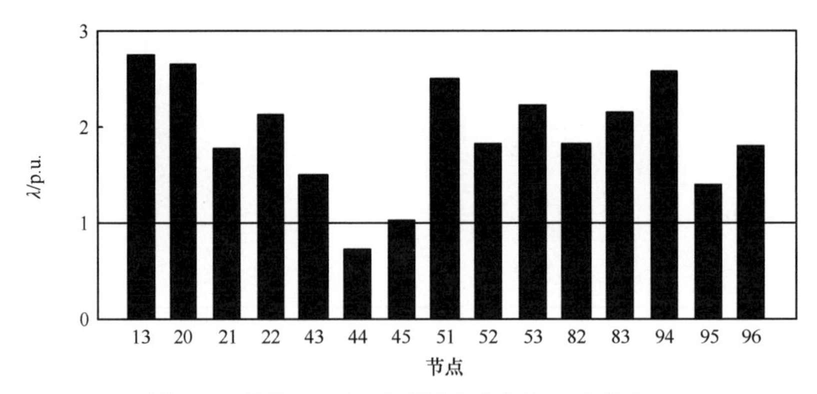

图 5-46 场景 C′1 下，负荷裕度最小的 15 个节点

场景 C′2 中，支路 44—45 开断后，系统中负荷裕度最小的前 15 个节点的结果如图 5-48 所示，此时节点 44 为系统电压弱节点，其负荷裕度为 0.044p.u.。根据文献[29]，要保证系统在 *N*–1 下仍有 5%的负荷裕度，依据式（5-50）计算节点 44 的切负荷量，切除节点 44 中 0.0045+j0.0042p.u.负荷后，图 5-48 中各节点的负荷裕度如图 5-49 所示。此时，节点 44 的负荷裕度达到 0.0510p.u.，基本满足文献[29]要求。

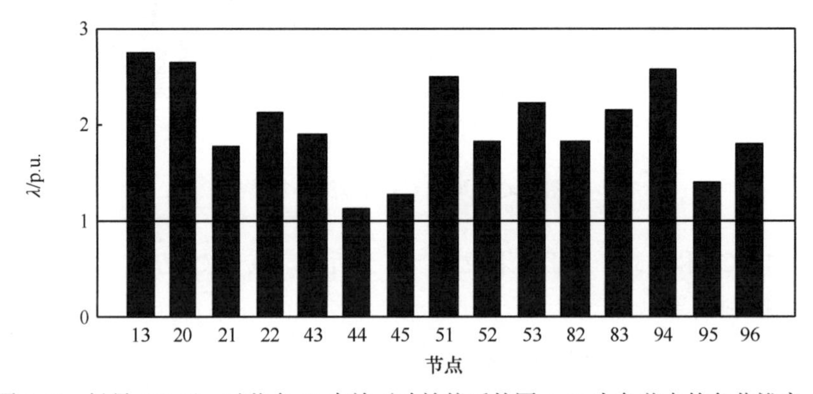

图 5-47 场景 C′1 下，对节点 44 实施无功补偿后的图 5-46 中各节点的负荷裕度

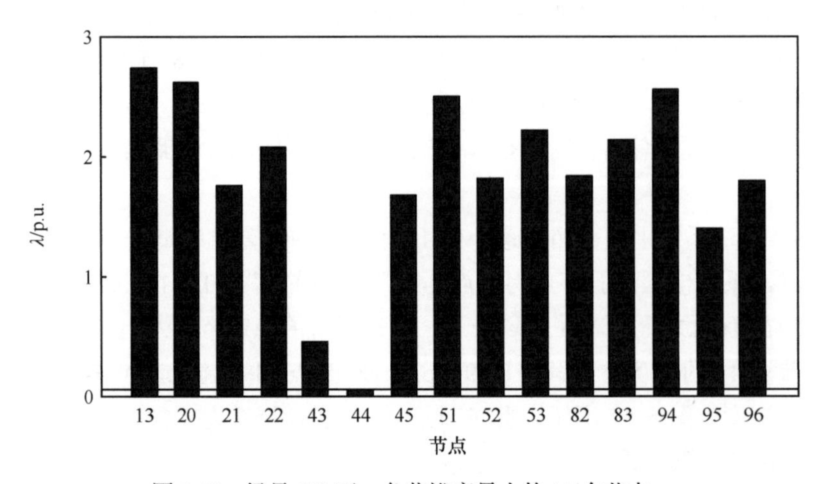

图 5-48 场景 C′2 下，负荷裕度最小的 15 个节点

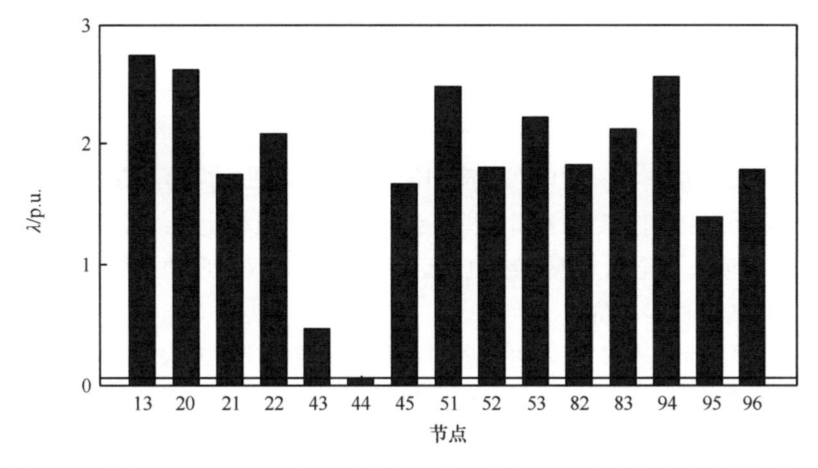

图 5-49　场景 C′2 下，对节点 44 实施切负荷后的图 5-48 中各节点的负荷裕度

上述算例结果表明：所提的灵敏度方法在改善和提高电力系统电压稳定性中具有较好的实用性。

5.4　本 章 小 结

基于电力系统的广域量测信息，本章提出了基于广域电压稳定指标的电压/无功分区调节方法、基于广域电压稳定指标的电压稳定控制和基于广域负荷裕度灵敏度的电压稳定控制新方法。

（1）利用局部电压稳定指标划分系统电压/无功调节区域，对区域内的节点采用局部电压稳定指标灵敏度识别电压/无功调节关键节点和非关键节点，仿真分析表明：①局部电压稳定指标真实反映网络中各负荷节点的电压稳定裕度，采用局部电压稳定指标得到的节点电压稳定裕度评估结果与 CPF 计算结果一致；②局部电压稳定指标灵敏度定量给出了电压/无功调节区内各节点电压稳定关联程度，并准确、有效地识别出区内的电压/无功调节关键节点和非关键节点；③动态经济压差合理地确定了电网中动态无功补偿的容量，有效降低了线路上无功穿越引起的有功损耗，同时补偿了支路的电压损耗。研究成果为无功补偿装置安装地点选择及补偿容量确定提供了依据，具有较好的工程实用性。

（2）在现有电压稳定指标的基础上，提出了一种用于分析、评估负荷节点无功波动对系统各节点电压稳定性影响的广域电压稳定灵敏度分析方法；同时将现有的电压稳定指标与输电网的运行特性相结合，提出一种可快速评估系统中各负荷节点电压稳定性的简化电压稳定指标及对应灵敏度分析方法；基于所提的电压稳定灵敏度分析方法，结合系统实际运行情况，进一步提出了改善系统电压稳定性的相关预测控制策略。将所提方法应用到 New England 39 系统和波兰电网，多场景的分析、对比结果表明：所提出的简化电压稳定指标在未降低计算精度的同时提高了输电网电压稳定在线评估速度；基于所提出的 LQ 灵敏度和 L′Q 灵敏度的合理性、可行性，可定量分析负荷节点间的电压稳定影响程度，准确预测负荷节点无功波动对节点电压稳定性的影响结果；基于 LQ 灵敏度和 L′Q 灵敏度的电压稳定预测控制策略，可准确、有效地在系统运行大范围内给出较为准确的预测控制结果，可减轻系统后续校正控制的工作量；同时波兰电网的算例结果进一步验证了所提方法在实际大电网中应用的可行性；所提的 LQ 灵敏度和 L′Q 灵敏度分析方法及电压预防控制策略与 L 和 L' 相结合，为系统电压稳定在线监控提供了多元信息，有利于运行/调度人员全面掌握系统电压运行状态，采取合理的措施改善系统电压稳定性，具有一定的工程实用价值。

（3）提出了一种基于广域量测信息的负荷裕度灵敏度计算及应用方法，通过广域量测信息估计系统的网络耦合矩阵，根据网络耦合矩阵计算系统各负荷节点的负荷裕度，进而确定系统的负荷裕度，进一步提出多种利用广域 LMS 改善系统电压稳定性的策略。算例结果表明：①所提出的最佳广域量测信息长度合理、可行，可准确估计系统的网络耦合矩阵，计算精度高、实用性强；②不同于基于连续潮流崩溃点处 0 特征值对应的特征向量的 LMS 计算方法，所提 LMS 计算模型完全基于广域量测信息和多端口电压稳定模型，具有较强的物理意义和实用性，同时不同于基于单端口电压稳定模型，基于多端口的 LMS 计算模型，可分析不同负荷节点的有功、无功及发电机机端电压对各负荷节点电压稳定性的影响，可得到更为全面的电压稳定信息；③基于有功、无功及机端电压的 LMS 分析及应用方法，可在系统多种运行工况下，根据不同的运行条件，给出相应的改善电压稳定性的策略，有利于运行人员更全面、充分地实施相关措施预防系统电压失稳，且所提的灵敏度分析方法在改善系统负荷裕度中具有较高的鲁棒性和计算精度，可满足系统电压稳定预防控制的要求；④所提灵敏度分析方法是一种线性化的分析方法，在运行点邻域内具有较高的精度，当系统远离当前线性化的运行点时，会存在一定的计算误差，不能实现对系统负荷裕度的精确控制，但作为电压稳定的预防控制，其计算精度是可以满足要求的，如果需要在此基础上对负荷裕度进行精确控制，可进一步引入优化算法对负荷裕度实施校正控制，从而实现负荷裕度精确控制。

参 考 文 献

[1] Li H, Li F, Xu Y, et al. Adaptive voltage control with distributed energy resources: Algorithm, theoretical analysis, simulation, and field test verification[J]. IEEE Transactions on Power Systems, 2010, 25(3): 1638-1647.

[2] 姜涛, 李国庆, 贾宏杰, 等. 电压稳定在线监控的简化 L 指标及其灵敏度分析方法[J]. 电力系统自动化, 2012, 36(21): 13-18.

[3] 郑超. 直流逆变站电压稳定测度指标及紧急控制[J]. 中国电机工程学报, 2015, 35(2): 344-352.

[4] 顾卓远, 汤涌. 基于响应信息的电压与功角稳定实时紧急控制方案[J]. 中国电机工程学报, 2014, 34(28): 4876-4885.

[5] Canizares C A. Voltage stability assessment: Concepts, practices and tools[R]. IEEE/PES Power System Stability Subcommittee Special Publication, 2002.

[6] Greene S, Dobson I, Alvarado F L. Sensitivity of the loading margin to voltage collapse with respect to arbitrary parameters[J]. IEEE Transactions on Power Systems, 1997, 12(1): 262-272.

[7] Overbye T J, Dobson I, de Marco C L. Q-V curve interpretations of energy measures for voltage security[J]. IEEE Transactions on Power Systems, 1994, 9(1): 331-340.

[8] Yorino N, Harada S, Chen H. Method to approximate a closest loadability limit using multiple load flow solutions[J]. IEEE Transactions on Power Systems, 1997, 12(1): 424-429.

[9] Vournas C D. Voltage stability and controllability indices for multimachine power systems[J]. IEEE Transactions on Power Systems, 1995, 10(3): 1183-1194.

[10] de Souza A C Z, Canizares C A, Quintana V H. New techniques to speed up voltage collapse computations using tangent vectors[J]. IEEE Transactions on Power Systems, 1997, 12(3): 1380-1387.

[11] Smon I, Verbic G, Gubina F. Local voltage-stability index using Tellegen's theorem[J]. IEEE Transactions on Power Systems, 2006, 21(3): 1267-1275.

[12] Sodhi R, Srivastava S, Singh S. A simple scheme for wide area detection of impending voltage instability[J]. IEEE Transactions on Smart Grid, 2012, 3(2): 818-827.

[13] Gong Y, Schulz N, Guzman A. Synchrophasor-based real-time voltage stability index[C]. Proceedings of IEEE Power Systems Conference and Exposition, Atlanta, 2006: 1029-1036.

[14] Jia H, Yu X, Yu Y. An improved voltage stability index and its application[J]. International Journal of Electrical Power Energy Systems, 2005, 27(8): 567-574.

[15] 姜涛, 陈厚合, 李国庆. 基于局部电压稳定指标的电压/无功分区调节方法[J]. 电网技术, 2012, 36(7): 207-213.

[16] Kessel P, Glavitsch H. Estimating the voltage stability of a power system[J]. IEEE Transactions on Power Delivery, 1986, 1(3): 346-354.

[17] 余贻鑫, 贾宏杰, 严雪飞. 可准确跟踪鞍节点分岔的改进局部电压稳定指标 LI[J]. 电网技术, 1999, 23(5): 19-23.

[18] 贾宏杰, 余贻鑫, 王成山. 利用局部指标进行电压稳定在线监控的研究[J]. 电网技术, 1999, 23(1): 45-49.

[19] 贾宏杰. 电力系统小扰动稳定域的研究[D]. 天津: 天津大学, 2001.

[20] 汤广福, 刘文华. 提高电网可靠性的大功率电力电子技术基础理论[M]. 北京: 清华大学出版社, 2010.

[21] 钱峰, 郑健超, 汤广福, 等. 利用经济压差确定动态无功补偿容量的方法[J]. 中国电机工程学报, 2009, 29(1): 1-6.

[22] 姜涛. 基于广域量测信息的电力大系统安全性分析与协调控制[D]. 天津: 天津大学, 2015.

[23] 李筱婧. 电力系统局部电压稳定指标及其裕度灵敏度的研究[D]. 吉林: 东北电力大学, 2015.

[24] 陈厚合, 李筱婧, 运奕竹.改善电力系统局部电压稳定指标精度的策略[J].电网技术, 2014, 38(3): 723-730.

[25] Zimmerman R D, Murillo- Sánchez C E, Thomas R. MATPOWER: Steady-state operations, planning and analysis tools for power systems research and education[J]. IEEE Transactions on Power Systems, 2011, 26(1): 12-19.

[26] 姜涛, 李筱婧, 李国庆, 等. 基于广域量测信息的负荷裕度灵敏度计算新方法[J]. 电工技术学报, 2016, 31(21): 102-113.

[27] Wang Y, Pordanjani I, Li W, et al. Voltage stability monitoring based on the concept of coupled single-port circuit[J]. IEEE Transactions on Power Systems, 2011, 26(6): 2154-2163.

[28] Liu J H, Chu C C. Wide-area measurement-based voltage stability indicators by modified coupled single-port models[J]. IEEE Transactions on Power Systems, 2014, 29(2): 756-764.

[29] Abed A M. WSCC voltage stability criteria, undervoltage load shedding strategy, and reactive power reserve monitoring methodology[C]. IEEE PES Summer Meeting, Edmonton, 1999: 191-197.

[30] Wang Y, Pordanjani I, Li W, et al. Strategy to minimize the load shedding amount for voltage stability prevention[J]. IET Generation Transmission & Distribution, 2011, 5(3): 307-313.